5G R17 标准技术演进与增强

洪　伟　赵　群　沈　洋
江小威　郭胜祥　张　明　编著

北京邮电大学出版社
www.buptpress.com

内 容 简 介

Release 17 作为 5G 标准演进的重要版本,对 5G 产业的发展将产生巨大的影响。本书深入浅出地介绍了 5G 标准的演进版本 Release 17 中的关键技术,包括 NTN、能力简化终端、终端省电、直连通信增强和中继、MIMO、终端射频、无线网络切片、定位增强、多卡终端、卫星接入、定位业务、核心网网络切片、测距业务等,并对 5G 后续演进进行了展望。本书不仅介绍了 Release 17 各个关键技术的标准,还生动地介绍了这些关键技术标准形成的过程和背后的故事。

本书不仅可以作为专门从事 5G 技术及标准化研究人员的工具书,还可以作为对 5G 及 5G 后续演进技术感兴趣人员的参考书。

图书在版编目(CIP)数据

5G R17 标准技术演进与增强 / 洪伟等编著 . - - 北京 : 北京邮电大学出版社,2022.10
ISBN 978-7-5635-6778-2

Ⅰ. ①5… Ⅱ. ①洪… Ⅲ. ①无线电通信—移动通信—通信技术—技术标准 Ⅳ. ①TN929.5-65

中国版本图书馆 CIP 数据核字(2022)第 188368 号

策划编辑:彭 楠 责任编辑:彭 楠 陶 恒 责任校对:张会良 封面设计:七星博纳

出版发行	北京邮电大学出版社
社 址	北京市海淀区西土城路 10 号
邮政编码	100876
发 行 部	电话:010-62282185 传真:010-62283578
E-mail	publish@bupt.edu.cn
经 销	各地新华书店
印 刷	保定市中画美凯印刷有限公司
开 本	787 mm×1 092 mm 1/16
印 张	25.5
字 数	634 千字
版 次	2022 年 10 月第 1 版
印 次	2022 年 10 月第 1 次印刷

ISBN 978-7-5635-6778-2 定 价:98.00 元

序

随着人们对移动通信的需求和要求越来越高,移动通信技术在最近几十年内以十年一代的速度获得了迅猛的发展。移动通信经历了从人与人的连接,到人与物的连接,乃至迈向万物互联的历程,如今,已经发展到了第五代。

为了满足人们对移动通信更高性能和效率的需求,国际电信联盟(ITU)针对第五代移动通信系统提出了三大应用场景,即增强移动带宽(EMBB)、大规模机器通信(MMTC)、超可靠低时延通信(URLLC),并提出了八大关键能力的增强,即峰值速率、用户体验速率、时延、移动性、连接密度、流量密度、频谱效率、能量效率。这八大关键能力的提升使得移动通信网络能够适应目前与垂直行业相互融合、促进的应用需求,从而能够实现融合化、灵活化、弹性化、智能化的移动通信系统。

为实现 5G 移动通信网络的目标,科学家们在无线传输、无线网络、与 AI 的结合等关键技术的研究方面取得了重大的突破,并且 5G 首次实现了全球标准的统一。3GPP 于 2018年完成的 R15 版本是 5G 的第一个基础标准版本,之后 3GPP 于 2020 年完成了 R16 这一增强的版本。基于对 5G 移动通信网络更高的要求,3GPP 在 R16 版本之后又开始了 R17 版本的研究。R17 版本作为 5G 标准演进的重要版本,对 5G 产业的发展将产生巨大的影响,并为移动通信能够平滑演进到 5G-Advanced 奠定一定的基础。

该书介绍了 R17 标准中无线接入网侧和核心网侧的关键技术,除此之外,该书还根据作者参加标准化工作的经历并结合相关会议的讨论过程以及官方的会议文件,详细讲述了这些关键技术的方案选择以及标准形成的过程,更加有利于读者理解标准中的关键技术以及这些关键技术的方案被标准采纳的原因。该书不仅可以作为专门从事 5G 技术及标准化研究人员的工具书,还可以作为对 5G 及 5G 后续演进技术感兴趣人员的参考书。

该书的作者均长期从事移动通信技术研究和 3GPP 标准化工作,并亲身经历了 5G 标准的制定过程,部分作者还担任过 3GPP 多个重要技术的项目报告人,对移动通信技术的发展和标准的产生过程有着非常深刻的理解和认识。

移动通信技术以及 5G 标准还在持续地增强和演进。目前,3GPP 已经开始了针对 R18标准的研究和制定,R18 的部分在研课题是基于 R17 在研课题的进一步增强和演进,除此之外,R18 还引入了一些全新的在研课题,例如无线 AI 等。相信该书的出版能够为移动通信行业的从业者和关注者带来更多的启发和收获,能够吸引更多的力量加入到移动通信的标准制定工作中,为移动通信行业的不断发展贡献一份力量。

北京邮电大学教授

前　言

随着第一代移动通信系统(1G)在 20 世纪 80 年代的提出,移动通信系统基本以每十年一代的速度进行着快速的演进和迭代,并且几乎每一代移动通信系统都对人们的生活产生了巨大的影响,催生了一系列的"杀手"级应用,例如微信、短视频、移动支付、云游戏等,甚至改变了人们的生活方式。目前 5G 已经开始了大规模的商用,而 5G 的下一个重要演进版本——5G-Advanced 也由国际标准化组织 3GPP 在 Release 18 阶段开始进行研究和标准化工作。

Release 17 是移动通信系统从 5G 到 5G-Advanced 演进过程中一个重要的版本。Release 17一方面针对先前 Release 版本已有的聚焦 EMBB、URLLC、MMTC 三大场景的多个功能和特性进行了增强,另一方面还引入了先前 Release 版本没有考虑到的一系列功能和特性。可以说,Release 17 作为 5G 标准演进的重要版本,对 5G 产业的发展将产生巨大的影响,并为移动通信能够平滑地演进到 5G-Advanced 奠定一定的基础。

全书共 15 章。第 1 章为概述部分,介绍了截至目前 5G 标准的制定过程;第 2 章介绍了 Release 17 无线侧非地面通信项目 NTN 的标准化进展;第 3 章介绍了 Release 17 能力简化终端 RedCap,即针对工业传感器、智能监控摄像头、可穿戴设备等中低端物联网设备的标准化进展;第 4 章介绍了终端省电技术在 Release 17 阶段的标准化进展;第 5 章介绍了直连通信技术在 Release 17 阶段针对先前 Release 版本未支持的一些特性和未满足的一些需求进行的增强;第 6 章介绍了在 Release 15 和 Release 16 的基础上,MIMO 技术在 Release 17阶段引入的新特征;第 7 章介绍了 Release 17 阶段关于终端射频的相关热点技术;第 8 章介绍了无线侧的网络切片技术在 Release 17 阶段的标准化进展;第 9 章针对 Release 17无线侧定位增强技术进行了介绍,定位增强技术能够支持更高精度的定位需求、更低的定位延迟、更高的网络效率和设备效率;第 10 章介绍了核心网侧为了更好地支持多卡终端所做的标准化工作;第 11 章介绍了 Release 17 核心网侧卫星接入项目的标准化进展;第 12 章针对 Release 17 核心网侧定位业务进行了介绍;第 13 章介绍了核心网侧的网络切片在 Release 17 阶段的标准化进展;第 14 章介绍了测距业务的标准化进展;第 15 章对 5G-Advanced Release 18 的立项情况进行了介绍。

本书作者均为北京小米移动软件有限公司集团技术委员会标准与新技术部专家,均为长期从事 3GPP 技术研究和标准化工作的 3GPP 一线参会代表和研究人员,有着丰富的技术研究和标准化经验,深入参与了 3GPP Release 15、Release 16 和 Release 17 的 5G 和 5G 增强的标准制定过程,有些作者更是深入参与了 3G 和 4G 的标准制定过程,并且担任过多个重要技术方向的项目报告人或者负责人,提出的多项技术方案都被 3GPP 标准采纳,对 5G 和 5G 增强的标准知其然更知其所以然。本书的核心作者曾出版译著《LTE 小基站优化:3GPP 演进到 R13》,该书出版后广受读者好评和欢迎。除本书署名作者外,池连刚、陈栋、段高明、朱亚军、刘敏、熊艺、李小龙、牟勤、李艳华、乔雪梅、付婷、胡子泉、杨星、赵文素、Gordon Young、李明菊、高雪媛、罗星熠、张振宇、周锐、张娟、刘晓菲、刘建宁、毛玉欣、王鑫丽、吴锦花、吴昱民、王磊等对本书也进行了审核和校对,提出了宝贵的修改意见,在此一并致谢!

由于作者水平所限,对一些技术的理解和标准化过程的解读难免存在疏漏和不足之处,恳请读者批评指正。

作　者

目　　录

第 1 章

概　述

1.1　移动通信的发展历程

　　移动通信和互联网技术在最近几十年内获得了迅猛的发展,极大地改善了人们的生产、生活方式,促进了社会经济的快速发展。近 30 年来,地面蜂窝移动通信系统得到大规模的普及应用,成为全球 2/3 以上人口所使用的移动通信系统。截至目前,移动通信系统经历了五个发展阶段,从第一代发展到了现在的第五代,如图 1-1 所示。

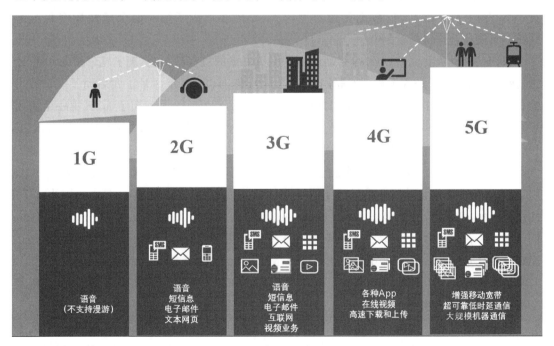

图 1-1　移动通信系统的发展历程

　　20 世纪 80 年代,第一代移动通信系统(1G)诞生,标志着人类进入了移动互联的时代。第一代移动通信系统使用模拟调制技术与频分多址接入(Frequency Division Multiple

Access,FDMA)技术,仅支持话音业务,并且传输速率仅有 2.4 kbit/s,通话质量较差,可接入用户数量有限,安全性和保密性较差。这时候的移动通信系统并没有形成全球统一的标准,相关的通信标准有美国的移动电话系统(AMPS)、英国的全球接入通信系统(TACS)和日本的电报电话系统(NMT)等。中国的 1G 研究是空白,采用了英国的 TACS 作为我国的第一代移动通信系统。

第二代移动通信系统(2G)诞生于 20 世纪 90 年代,不同于 1G 的模拟调制技术,2G 采用了数字调制技术,用户体验速率为 10 kbit/s,峰值速率为 100 kbit/s。第二代移动通信系统采用了时分多址(Time Division Multiple Access,TDMA)和码分多址(Code Division Multiple Access,CDMA)技术。经过 1G 时代的标准混战,第二代移动通信系统的主流标准只剩下欧洲的 GSM 和美国的 IS-95CDMA,我国则引进了 GSM。2G 业务以语音和短信服务为主,克服了模拟系统的缺点,提高了话音质量和保密性,并可进行省内、省际自动漫游。

21 世纪初期,国际电信联盟(ITU)提出了 IMT-2000,用于 2000 年左右的国际移动通信,也就是第三代移动通信系统(3G)。3G 融合了无线通信和互联网技术,形成了一种全新的移动通信体系。3G 不仅支持传统的话音、短信业务,还可以处理图像、音乐等多媒体业务,同时还支持诸如远程会议等商业应用。3G 支持的移动终端上网功能开启了移动互联网时代。ITU 确定了全球四大 3G 标准,分别是 WCDMA、CDMA2000、TD-SCDMA 和 WIMAX,其中 TD-SCDMA 是由中国提出的。第三代移动通信系统可以提供 2 Mbit/s、384 kbit/s 与 144 kbit/s 的数据传输速度。3G 时代还形成了统一的全球性标准化组织 3GPP(第三代合作伙伴计划)。

第四代移动通信系统(4G)是移动通信发展历史上的里程碑,它实现了宽带接入和全 IP 化,使人类社会真正进入了移动互联网的时代。3GPP 于 2005 年 3 月正式启动了空口技术的长期演进(Long Term Evolution,LTE)项目,并于 2008 年 12 月发布了 LTE 第一个商用版本 Release 8(R8)系列规范。截至 2022 年,3GPP 已经发布了 Release 9(R9)到 Release 17(R17)共 9 个增强型规范,并将持续进行后续版本的演进。3GPP 在制定 LTE 无线接入方案的同时,还制定了新的核心网规范,即演进的分组核心网(Evolved Packet Core,EPC)。LTE 的一个重要的设计目标是灵活支持不同的载波带宽(最高可达 20 MHz)。另外,LTE 使用统一的帧结构,支持频分双工(Frequency Division Duplex,FDD)和时分双工(Time Division Duplex,TDD),即支持对称频谱和非对称频谱的使用。LTE 的基本传输方案是正交频分复用(Orthogonal Frequency Division Multiplexing,OFDM)。此外,LTE 中 OFDM 与多输入多输出(Multiple Input Multiple Output,MIMO)技术的结合使用,能使接收机复杂度保持在较低的水平。

第五代移动通信系统(5G)与 4G 相比,具有更高的速率、更小的延迟、更高的能效,能够支持大规模超密集的连接,为万物互联的实现奠定了基础。同时,5G 不仅在传统通信技术上取得了突破,还初步融合了大数据、AI 等新兴技术,极大地扩展了应用场景。5G 将满足增强移动宽带(EMBB)、超高可靠低时延通信(URLLC)和大规模机器通信(MMTC)三大应用场景的需求。在满足用户体验的同时,还为工业控制、自动驾驶、远程医疗、智慧家居、智慧城市等应用提供了支撑。此外,NR 还引入了网络切片功能,该技术通过将物理网络设施划分为多个虚拟网络,使得不同类型的业务、不同的用户可以享受特定的网络服务,增强了用户体验。

1.2 5G 系统的业务需求与性能指标

1.2.1 5G 系统的业务需求

5G 三大应用场景包含了人们生产、生活的方方面面,涉及衣食住行等各种领域,尤其是部分特殊场景,例如密集住宅区、演唱会、办公室、高铁和部分广域覆盖等场景。这些场景对连接密度、流量密度、移动性、传输速率、定位精度等具有较高的要求,对 5G 系统形成了新的挑战,对 5G 通信系统的设计提出了更高的要求。

1. 高速率需求

未来 5~10 年的商业需求要求 5G 能够提供更高的速率。增强现实(Augmented Reality,AR)、虚拟现实(Virtual Reality,VR)和全息通信等沉浸式交互多媒体业务为高速率传输带来了挑战。例如在用 AR/VR 观看视频时,需要多角度、全方位地将采集到的超高清视频数据及时传输至终端,从而保证用户的体验,这一过程中所需要的无线传输能力远远超过了 4G 的能力。对于全息通信的应用场景来说,只有满足更大数量级的传输速率,才能实现"身临其境"的用户体验。

2. 大容量需求

在一些用户密集的区域,存在极大的数据吞吐量需求和用户容量需求,比如,大型演唱会的场景。5G 需要支持每平方千米 100 万终端的接入,而 4G 网络无法满足这种需求,只有通过 5G 广覆盖、大连接的能力,才可以让海量的终端接入网络。这类需求在智慧家居、物联网、智慧电网、智慧城市、物流实时追踪等方面具有重要意义,万物互联、无线医疗、无人驾驶等都将成为现实。

3. 超高可靠、低时延需求

通信系统在满足传输速率需求的基础上,还需要让用户获得"即时连接"的极致体验,这就需要等待的时间被尽量压缩。这种需求在工业生产、远程医疗、无人驾驶和运输安全保障等场景中尤为重要,因为任何细小的差错、延迟带来的后果将是非常严重的。超高可靠、低时延通信是 5G 的三大典型应用场景之一。

4. 高速移动需求

高铁已经成为很多人远途出行的主要交通工具,高峰时期的高铁单日客流量可破千万次,高速移动下的通信保障已经不再是小众场景。为了在高铁、地铁等高速移动环境下也能使用户获得一致的业务体验,5G 系统需要满足高速移动的需求,从而同时为静态用户、动态用户、高峰用户提供最佳的用户体验。

5. 高精度定位需求

4G 时代涌现了打车软件、共享单车等基于用户位置的新应用,这些都极大地方便了我们的交通出行。4G 定位主要针对室外场景,定位精度不高,并且 4G 系统难以满足一些新应用、新场景对定位精度的需求,例如机场、车站、商场、医院等人员密集场所的定位需求。室内高精度定位技术可以为我们提供高效的引导服务,提高运营效率;此外,在地下矿井等特殊场所,出现突发事件或自然灾害时,借助于高精度定位技术,人们可以快速地紧急避险,救援部门也可以迅速掌握被困人员的精确位置,从而可以灵活地部署救援工作,达到高效救援的目的;物联网和车联网对基于位置的服务提出了更高的要求,定位精度甚至要达到厘米级,因此高精度定位是 5G 需求的一个新方向。

1.2.2　5G 系统的性能指标

与 4G 相比,5G 应用场景更加丰富,关键性能指标也更加多样化。ITU-R 为 5G 系统定义了 3 种应用场景和 8 个关键性能指标,包括峰值速率、用户体验速率、时延、移动性、连接密度、流量密度、频谱效率和能量效率,见表 1-1[1]。其中,用户体验速率、时延和连接密度是 5G 最重要的 3 个指标。5G 的用户体验速率可达 100 Mbit/s～1 Gbit/s;空口时延低至 1 ms;连接密度可达到 100 万连接数/平方千米。

表 1-1　5G 关键性能指标

指标	指标说明
峰值速率	理想条件下,终端的最大可达数据速率
用户体验速率	真实网络环境下,用户可获得的传输速率
时延	数据包从源节点开始传输,到目的节点正确接收的时间
移动性	在保证服务质量的条件下,最大的相对移动速度
连接密度	单位区域内的总连接
流量密度	单位区域内的总流量
频谱效率	每个小区内单位频谱资源提供的吞吐量
能量效率	每焦耳能量所能传输的比特数

ITU 在《IMT 愿景建议书》中提出的 IMT-2020 与 IMT-Advanced 的主要性能指标对比如图 1-2 所示。图 1-2 展示了 IMT-2020 的关键能力及其示意性的目标值,其目的是更详细地为 IMT-2020 需求提供一个初步的宏观指导,可以看到,这些目标值有的是绝对数值,有的是相对于 IMT-Advanced 能力的相对数值。这些关键能力的目标值不需要同时满足,甚至某些目标在一定程度上是相互排斥的。

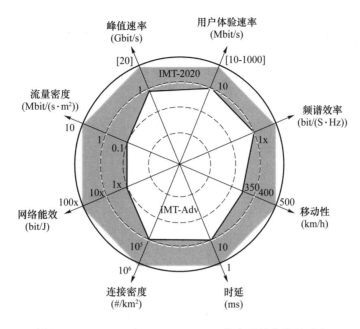

图 1-2　IMT-2020 与 IMT-Advanced 的主要性能指标对比

1.3　5G 标准的制定过程

　　3GPP 首次提出 5G 是在 2015 年 9 月举办的 workshop 会议上,这次会议讨论和确定了 5G 标准化的时间规划。3GPP 5G 的具体标准化工作开始于 2016 年,R14 主要开展 5G 系统框架和关键技术的研究,R15 是 5G 的第一个标准版本,之后相继完成了 R16、R17 的标准化工作。3GPP 5G 的标准化可分为三个阶段:第一阶段是业务需求定义;第二阶段是总体技术方案;第三阶段是定义各接口的具体协议。5G 标准 R15、R16、R17 的时间安排及主要功能见表 1-2。

表 1-2　3GPP 5G R15/R16/R17 的时间安排及主要功能

标准版本	开始时间	完成时间	NR 支持的主要功能	5GC 支持的主要功能
R15	2016-06-01	2019-06-07	中低频 EMBB 低频段毫米波 URLLC 基础能力	服务化架构(SBA) 4G/5G 互操作 网络切片 边缘计算 会话与业务连续性(SSC)模式选择 基于流的 QoS 控制 基于 IMS 的语音业务

标准版本	开始时间	完成时间	NR 支持的主要功能	5GC 支持的主要功能
R16	2017-03-22	2020-07-03	多天线技术增强 URLLC 增强 接入回传一体化 免许可频谱接入 支持时延敏感网络 支持 V2X 支持定位 终端节能	URLLC SBA 增强 网络自动化 切片增强 非公共网络（NPN）
R17	2018-06-15	2022-06-10	多天线技术增强 支持 52.6~72 GHz 频段 工业互联网及 URLLC 增强 支持 NTN 网络 NR 定位增强 支持能力简化（RedCap）终端 终端节能增强 覆盖增强 接入回传一体化增强 支持组播和广播	位置业务增强 非公共网络（NPN）增强 卫星通信接入 工业互联网 边缘计算增强 切片增强 多 USIM 卡设备使能

1.4　NR 概 述

1.4.1　NR 的基本特性

R15 是 NR 的第一个版本。R15 的重点是满足 EMBB 业务和一定类型的 URLLC 业务。相比于 LTE，NR 引入了以下的技术特征，具体如下。

① 支持毫米波频段，以获得超大的传输带宽和超高的数据速率；

② 采用极简设计，提高网络能效，减少系统内的干扰；

③ 具有前向兼容性，为未来业务和技术的引入预留空间；

④ 具有灵活统一的帧结构，支持灵活的调度粒度，支持低时延传输；

⑤ 基于波束的设计和多天线增强技术，支持大规模天线的混合波束赋形。

NR 的基本特性如下。

1. 灵活的参数集

NR 大幅度地拓展了无线接入的频谱范围。NR 从第一个版本开始就支持从低于 1 GHz 到高达 52.6 GHz 范围的频谱，R16 中支持的频谱扩展到了非授权频谱。R17 把支持的频谱拓展到了 71 GHz,同时引入了新的子载波间隔(Subcarrier Spacing,SCS)480 kHz、960 kHz。

NR 支持多种参数集(子载波间隔、循环前缀长度),子载波间隔以 15 kHz 为基准,并以 2 的整次幂为倍数进行扩展。这样的设计能确保不同参数集的业务在空口能够良好地共存、互不干扰。随着 SCS 的增加,OFDM 符号长度成比例地缩短。小的子载波间隔的优点是,具有持续时间较长的 OFDM 符号,能以合理的开销提供较长的循环前缀,从而实现更广的覆盖;而大的子载波间隔,具有持续时间较短的 OFDM 符号,能更好地抵抗高频情况下的相位噪声,较短的 OFDM 符号也有助于实现较低的空口传输时延。总体来说,高频段或低时延的业务,适合采用大的子载波间隔;低频段、广覆盖的业务适合采用小的子载波间隔。

2. 灵活统一的帧结构

NR 的一个无线帧的持续时间为 10 ms,每个无线帧被划分为 10 个子帧,每个子帧 1 ms,子帧又被划分为时隙,每个时隙由 14 个 OFDM 符号组成,每个时隙的绝对时长取决于参数集。NR 从设计之初就考虑了帧结构的灵活性,即不再区分 FDD 和 TDD 帧结构,而是支持更小颗粒度的上下行调度,包括时隙以及 OFDM 符号粒度,以此来灵活地实现 TDD 的效果。NR 支持基于微时隙(mini-slot)的传输,从而能更好地满足低时延的要求。这种传输还可以抢占其他终端正在进行的、基于时隙的传输资源,以便能够即时发送低时延要求的业务数据。

NR 支持在时隙内部的某个 OFDM 符号开始传输数据,这种灵活性为 NR 工作在非授权频谱也提供了很大的便利。工作在非授权频谱,发射机在发送之前要进行信道探测,即"先听后说"。为了高效地利用传输机会,一旦发现信道可用,发射机应该立即进行传输,而不是等到下一个时隙的开始才进行传输。

NR 的微时隙传输也为快速"波束扫描"提供了一种手段。在模拟波束赋形的情况下,一个时刻只能发送一个波束,即只能通过时分复用(Time Division Multiplexing,TDM)的方式为多个用户服务。微时隙的引入,能够确保在较短的时间内完成对多个用户的服务。

3. 极简设计

NR 的极简设计原则旨在最大限度地减少小区级的常开(always-on)信号,从而实现更高的网络能效和更高的系统部署灵活性。LTE 的设计主要是基于小区级的特定参考信号,终端假设这些信号始终存在,并在信道估计、时频跟踪、移动性测量等过程中使用它们。这些常开信号带来了一些负面影响,例如:降低了网络的能效;对其他小区造成干扰,从而降低了系统的传输效率。NR 最大程度地减少了这些常开信号,只保留了同步块(SSB)信号作为可驻留小区的常开信号,其他参考信号均设计成了 UE 级参考信号,可以进行灵活的配置或关闭。

4. 前向兼容性

NR 在设计之初就把前向兼容性作为一个重要的设计目标。前向兼容性为将来的技术演进预留出空间,即未来可以根据新的业务需求和新技术的发展引入新的特性,同时还能不影响存量终端的接入和对已有业务的支持。为了更好地满足前向兼容性,NR 在以下几个方面进行了相应的设计。

① 可以灵活地配置预留资源;

② 尽量减少小区级常开信号;

③ 物理层参考信号和物理层信道在可配置的时频资源内发送。

5. 信道编码设计

信道编码方案对无线通信系统的性能有重要的影响。3GPP 对 Turbo 码、LDPC 码和 Polar 码进行了重点研究和评估。这三种纠错编码方案也是 3GPP 的候选方案。Turbo 码在高吞吐率与误码率平层方面存在短板;Polar 码的误码率性能比较优异,但是在大码块传输的时候译码复杂度偏高;LDPC 码适合并行译码,具有较低的译码复杂度,支持高吞吐率的传输,同时 LDPC 码也具有较低的误码平层,评估结果表明,在 AWGN 信道情况下其性能优于 Turbo 码。基于以上原因,最终 NR 采用 LDPC 码作为数据信道的编码方式,采用 Polar 码作为控制信道的编码方式。

6. NR 对协议栈的增强

NR 的协议栈继承了 LTE 协议栈的框架,然而 LTE 主要以移动宽带业务为设计目标,未考虑低时延、高可靠的垂直行业的业务。NR 对高层协议栈进行了大量的增强和优化,以便更好地支持低时延、高可靠的业务,主要对空口的以下 3 个层进行了增强和优化。

NR 对媒体接入控制层(Medium Access Control,MAC)的 MAC PDU 格式进行了增强。LTE 中 MAC PDU 的所有子包头位于数据包的头部,而 NR 中 MAC PDU 的每个子包头放置在其对应的 SDU 前面。NR 的 MAC PDU 由一个或多个子 PDU 组成,每个子 PDU 包含自己的子包头和 SDU。基于这样的 MAC PDU 设计,发送端和接收端可以实时地组装和处理到达的数据包,从而降低数据的处理时延。

NR 对无线链路控制层(Radio Link Control,RLC)的处理流程进行了简化。NR 的 RLC 层不再支持按序递交和 SDU 级联的功能,按序递交功能统一在 PDCP 层实现。取消按序递交的限制,能够确保接收端 RLC 层能及时地向高层递交数据。取消 SDU 的级联功能,使发送端可以在收到底层的资源指示之前开始组装 RLC PDU,从而减少处理的时延。

NR 的分组数据汇聚协议层(Packet Data Convergence Protocol,PDCP)执行 IP 报头压缩、加解密功能。PDCP 层还负责重复数据包的删除(可选)和数据包的按序递交,主要用于 gNB 内切换的场景。PDCP 层支持数据包重复功能,用于提供分集增益。在发送端,数据包被复制,在多个小区中被发送,增加了正确接收的概率,提供了实现超高可靠业务的手段。

1.4.2 NR 的关键技术特性

1. 大规模多天线技术

更高频率的毫米波为 NR 提供了大量的可用新频谱,可以支持非常高的传输速率。然而,更高的频谱也意味着更严重的无线信道衰减,从而限制了网络的覆盖范围。多天线发射和接收技术在某种程度上可以弥补这样的不足,这也是 NR 采用以波束为中心的设计原则的原因。高频段的毫米波可以为用户提供高速率的业务,这将减少带宽有限的低频频谱的负担,从而使低频频谱可以重点用于解决覆盖问题。

基于波束赋形的发射方案,可以通过高增益、窄波束把信号发射到预期的区域。模拟波束赋形能够节省数/模、模/数转换的通道数目,实现起来比较简单。模拟波束赋形的限制是,在特定的时间接收或发射波束只能在一个方向上赋形,在覆盖范围内需要进行波束扫描。数字波束赋形,也称为预编码,是通过在基带对信号进行加权实现的,具有很高的灵活性,可以实现波束在时域/频域的复用。而数字波束赋形的限制是,需要大量的数/模、模/数转换通道,产品的实现比较复杂。为了给产品实现提供较大的自由度,以及在性能和复杂度之间取得良好的折中,NR 支持混合波束赋形,既支持模拟波束赋形,也支持数字波束赋形。为了更好地支持模拟波束赋形,NR 引入了波束测量、波束管理的机制。为了更好地支持数字波束赋形,NR 基于 LTE 已有的成果,对 MIMO 的层映射、SU-MIMO 及 MU-MIMO 的 CSI 反馈码本进行了增强。

R15 支持波束测量、波束管理,支持 Type Ⅰ 和 TypeⅡ CSI 反馈码本。Type Ⅰ 码本是针对 SU-MIMO 的场景进行设计的,Type Ⅱ 码本是针对 MU-MIMO 的场景进行设计的。R16 对 TypeⅡ 码本进行了增强,引入了 eTypeⅡ 码本。R17 主要在多波束、多 TRP 方面进行了增强。

2. URLLC 增强

R15 初步实现了对 URLLC 功能的支持,在 NR 灵活框架的基础上针对 URLLC 增强了处理能力,引入了新的 MCS 表格,引入了上行免调度传输和下行抢占技术。R16 针对 URLLC 进行了进一步的增强,增强的主要方向包括:下行控制信道增强、上行控制信息增强、上行数据信道增强、免调度传输技术增强、半持续传输技术增强、不同用户间的优先传输和上行功率控制增强。R17 在 HARQ-ACK 反馈、免许可频段的操作、UE 内业务复用和优先级方面进行了增强。

3. 直连通信(Sidelink)

LTE R12 引入了设备之间的直接通信(Device to Device,D2D),后续 LTE 版本扩展到了 V2X 通信。3GPP 在 NR R16 引入了 Sidelink,作为 NR V2X 项目的一部分。

NR 的 Sidelink 支持 3 种基本的传输模式。

① 单播:Sidelink 传输针对一个特定的接收终端。

② 组播:Sidelink 传输针对一组特定的接收终端。

③ 广播:Sidelink 传输针对覆盖范围内的任意终端。

按照 Sidelink 传输与蜂窝网络的关系,NR Sidelink 可以分为 3 种工作模式。

① 覆盖内:Sidelink 所涉及的终端均处于蜂窝网络覆盖范围内。这种情况下,蜂窝网络可以对 Sidelink 进行管理。

② 覆盖外:Sidelink 所涉及的终端均处于蜂窝网络覆盖范围外。

③ 部分覆盖:Sidelink 所涉及的终端,只有部分终端处于蜂窝网络的覆盖范围内。

Sidelink 链路有两种资源分配方式。

① Mode 1：基站控制 Sidelink 链路使用的资源，UE 不需要资源感知、资源评估和资源选择。

② Mode 2：UE 在配置或者预先配置的资源池内自主选择 Sidelink 链路使用的资源，UE 需要资源感知、资源评估和资源选择。

R17 在基于节能的资源分配、Mode 2 模式下 UE 间的资源协调等方面进行了增强。

4. RedCap 终端

在 5G 的三大应用场景中，一个重要的场景是 MMTC，该场景包含的一些典型应用要求终端具有低成本、低能耗的特性，并且能满足中低传输速率的要求。为了满足这一类的业务需求，NR R17 引入一种低能力终端类型，这类终端被称为 RedCap 终端。为了降低终端实现的复杂度和降低终端的成本，RedCap 终端主要在以下 4 个方面做了能力调整。

1）缩减终端带宽

（1）FR1：从 100 MHz 缩减为 20 MHz。

（2）FR2：从 200 MHz 缩减为 100 MHz。

2）缩减接收天线或天线振子的数目

（1）FR1 TDD 模式：从 4 个接收天线减少到 1 个接收天线。

（2）FR1 FDD 模式：从 2 个接收天线减少到 1 个接收天线。

（3）FR2 的情况：一个天线面板最少可以只包含 2 个天线振子。

3）双工模式

支持 type A HD-FDD。

4）调制方式

FR1 下行信道的调制阶数由 256QAM 降低到 64QAM。

5. 终端节能

R15 的终端节能主要是基于非连续接收（DRX）技术和带宽部分（BWP）功能实现的，分别从时域和频域的角度降低终端的处理复杂度。R16 在唤醒信号、跨时隙调度、MIMO 层数自适应、RRM 测量放松等方面进行了增强。R17 在以下 3 个方面进行了增强。

1）寻呼增强；

2）空闲态 UE 的时间/频率跟踪 RS（TRS）配置；

3）基于下行控制信息（DCI）的 DRX 激活时长。

6. NTN

为了满足地面蜂窝网络未覆盖或覆盖弱的区域的人们的通信需求，以及公共安全、海事、飞机上的连接等业务需求，3GPP 在 5G 讨论初期就将非地面网络（Non-Terrestrial Network，NTN）纳入考虑。3GPP 在 R17 标准正式引入了对 NTN 的支持。

NTN 的网络部署目前分为两种载荷类型，透明载荷以及再生载荷。透明载荷是指卫星在上下行传输时只实现变频或者射频放大以及滤波功能；再生载荷是指除了变频和信号放大功能，还在卫星上实行信号的编解码等完整或者部分的基站功能。针对 NTN 的场景，NR 在时频同步、时序关系、混合自动重传请求（HARQ）机制方面进行了增强。

1.5 5GC 概 述

1.5.1 5GC 的基本特性

1. 服务化网络架构

服务化架构(Service-Based Architecture,SBA)是 5G 标志性的创新,在 4G 控制面和数据面分离的基础上,5GC 结合移动核心网的网络特点和技术发展趋势,将控制面的功能划分为可重用的若干个"服务","服务"之间采用松耦合的接口来实现相互通信。这样的模块化设计带来诸多优点,例如便于运营商自有或第三方业务开发、快速部署等。

5G 核心网控制面的服务化架构设计如图 1-3 所示。

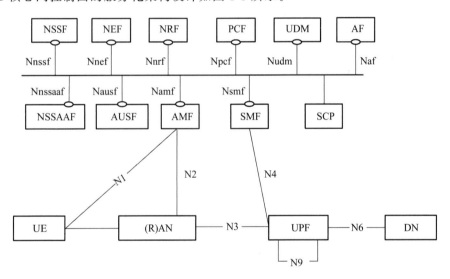

图 1-3 5G 核心网控制面的服务化架构设计[2]

2. QoS 流传输用户面数据

用户面数据通过协议数据单元(Protocol Data Unit,PDU)中的 QoS 流来传输。5G QoS 模型支持需要保证流比特率的 QoS 流(GBR QoS 流)和不需要保证流比特率的 QoS 流(非 GBR QoS 流)。

在 5GS 中,QoS 模型基于 QoS 流,根据 QoS 配置支持"GBR"和"Non-GBR"。QoS 流是由 SMF 控制的,建立一条 PDU 会话时,SMF 会将相应的 QoS 参数配置给 UPF、AN 和 UE。

用户面数据的分类和标记与 QoS 流映射到 AN 资源的规则流程如图 1-4 所示。

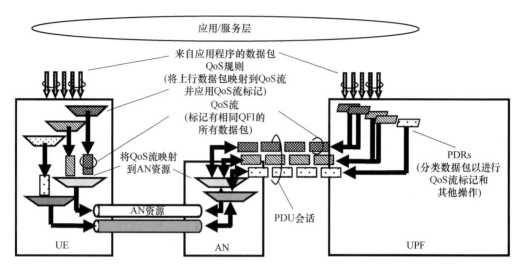

图 1-4　用户面数据的分类和标记与 QoS 流映射到 AN 资源的规则流程[2]

1.5.2　5GC 的关键技术特性

1. 网络切片

5G 端到端网络切片是指基于 5G 网络虚拟出多个逻辑子网,这些逻辑子网物理上资源共享,逻辑上相互独立。每个端到端网络切片均由无线网、核心网、终端子切片组合而成,并通过 5G 系统的端到端切片管理系统进行统一管理。

无线网切片主要切分时间-频率相关的空口资源,网络的调度管理服务会根据切片间的负载情况来分配时间、频率相关的空口资源,保证每个切片之间的资源分布较为均衡,极大地提高了无线网尤其是空口的使用效率。

5G 核心网以模块化的方式将网络的各项功能进行解耦与集成,使核心网更加灵活、开放、易于拓展,方便用不同模块通过配置实现 5G 核心网切片。

2. 边缘计算

边缘计算使运营商和第三方应用能够部署在靠近 UE 接入位置的网络上,从而通过减少传输网络上的端到端延迟和负载,实现高效的业务交付。5GS 支持在 PSA UPF 之外的 DN(数据网络)中部署边缘承载环境(Edge Hosting Environment,EHE)。EHE 可能处于运营商或第三方的控制之下。

图 1-5 给出了边缘计算部署的一个范例,图中的边缘应用服务器(Edge Application Server,EAS)是 DN 的本地部分,它和中心 DN 构成完整的 DN。

3. 时间敏感网络

时间敏感网络(Time Sensitive Network,TSN)考虑应用程序的带宽保证、时间同步或低延迟等个性化要求,对数据流进行控制和优先级排序以确保系统的实时性能。即使网络中的数据流量增加,某个应用程序也不会干扰其他应用程序的通信,反之亦然。网络中所有的实时关键通信都组织成流,并根据相关数据包的要求和优先级为其提供特定的服务质量(带宽、延迟等)保证。

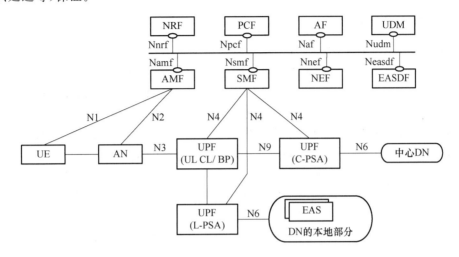

图 1-5 边缘计算部署范例[3]

为了实现传输时延有界、低传输抖动和低丢包率的 TSN,将 5G 网络设计成一个 TSN 网桥,以支持时延敏感传输调度的特定 QoS 要求,如图 1-6 所示。

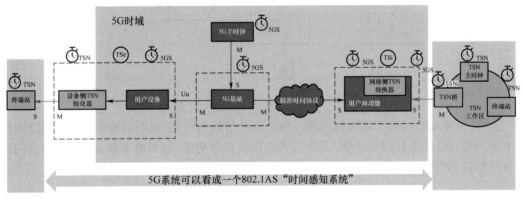

图 1-6 5G 网络示意图[2]

为了更好地支持工业互联网,3GPP R17 在 R15、R16 的基础上研究了 5G 系统的增强功能,以进一步增强对时间敏感通信(Time Sensitive Communication,TSC)和确定性应用的支持,具体包括以下几点:

1) 增强对 IEEE TSN 集成的支持。

(1) 支持通过 5GS 进行上行同步;

(2) 支持连接到 UE 的多个工作时钟域(考虑以 UE 为主的上行同步);

(3) 支持 UE 与通过 5G 系统连接到 UE 侧的主控 TSN GM 的时间同步。

2) 增强对确定性应用的支持。

（1）支持通过相同 UPF 的端到端时间敏感通信通过相同的 UPF；

（2）支持暴露网络能力以满足时间敏感通信；

（3）支持视听服务制作所需的特定 TSC 相关要求。

4. 卫星接入和回程业务

3GPP 定义的 5G 新无线接入技术和核心网服务化架构使得 5G 不仅可以提供高速的数据传输服务，而且可以支持超大规模接入和超低时延的通信需求。然而，因为建设和维护成本较高，且使用地面蜂窝网络覆盖范围有限，在偏远地区，例如荒漠、海洋、山区等，难以实现 5G 网络的广域覆盖。人为灾害或者自然灾害也会造成业务的临时性中断。然而，一些潜在用户可能希望在这些"未提供服务""业务中断"或"服务不足"的地区访问 5G 服务。随着卫星通信技术的发展，宽带卫星通信可以在某些特殊情况下，以地面蜂窝网络难以比拟的成本优势或者技术优势提供广域甚至全球通信覆盖，因此卫星通信可以作为地面网络覆盖的补充。

图 1-7 为卫星通信作为地面网络补充的示意图，展示了卫星接入网和 5G 陆地接入网络接入同一个核心网。

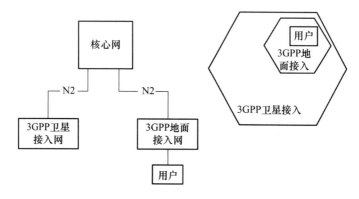

图 1-7　卫星通信作为地面网络补充[4]

此外，卫星通信可作为接入网和核心网之间的传输网络，在核心网和地面接入网之间使用卫星回程（backhaul），为 N1/N2/N3 参考点提供传输功能，透明地承载 3GPP 参考点的通信有效载荷（如图 1-8 所示），从而解决孤岛覆盖问题。

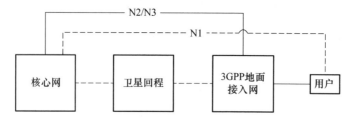

图 1-8　卫星通信作为传输网络[4]

5. 近距离通信

近距离通信服务最早在 4G 系统的 R12 中已经支持，主要服务于商用和公共安全场景，以及对 V2X 的支持。基于 5G 系统的近距离通信继承 4G 系统近距离通信的架构及原理，增加了对 U2N（UE-to-Network）中继的支持。

基于 5G 系统的近距离通信服务在 R17 中完成标准化。基于 NR 技术的近距离通信业务（Proximity Communication Service，PCS）主要包括近距离直接发现、通信技术、近距离 U2N 中继等技术。

3GPP 的近距离通信基本架构如图 1-9 所示，UE 间可通过 PC5 直连进行近距离通信。

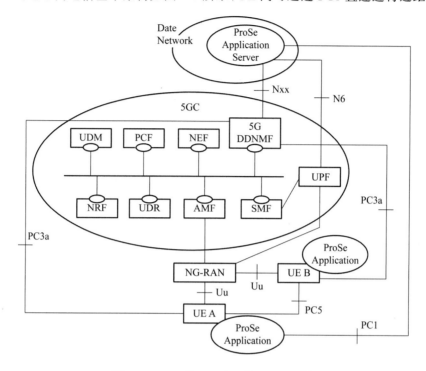

图 1-9　3GPP 的近距离通信基本架构[5]

图 1-10 给出了 U2N 中继架构示意图，近端 UE（层 3 U2N 中继）通过 Uu 口接入 5G 系统，远端 UE 通过 PC5 和近端 UE 相连，经过转发，接入 5G 系统。

图 1-10　U2N 中继架构示意图[5]

6. 多卡终端

受用户市场的驱动，3GPP 定义了多卡终端（MUSIM）技术，一个终端能够支持多张来自同一或不同运营商的 USIM 卡。

但是由于多卡终端能力的问题，双卡可能相互干扰而无法同时正常地工作，给用户带来很差的体验。最为典型的是单发单收多卡终端，即在一张卡通话过程中，无法接收到另一张卡的寻呼消息；再例如用户在一张卡上玩游戏时，常常会被另外一张卡的寻呼打断。

3GPP 在多卡终端这个终端增强项目中指出，多卡终端须先与网络进行多卡能力协商，然后再根据多卡终端的能力进行优化处理，该项目具体对连接释放、寻呼原因增强、寻呼拒绝响应、寻呼限制、寻呼碰撞解决等方面进行了增强。

参 考 文 献

［1］ ITU-R M. 2083-0. IMT Vision—Framework and overall objectives of the future development of IMT for 2020 and beyond，Sep. 2015.

［2］ 3GPP TS 23. 501 V17. 4. 0. System architecture for the 5G System （5GS） March. 2022.

［3］ 3GPP TS 23.548 V17. 2. 0. 5G System Enhancements for Edge Computing；Stage 2 March. 2022.

［4］ 3GPP TR 23. 737 V17. 2. 0. Study on architecture aspects for using satellite access in 5G March. 2021.

［5］ 3GPP TR 23. 304 V17. 2. 1. Proximity based Services （ProSe） in the 5G System （5GS） March. 2022.

第 2 章

NTN

在无线通信技术的研究中,卫星通信被认为是未来无线通信技术发展的一个重要方面。卫星通信是指地面上的无线电通信设备利用卫星作为中继而进行的通信。卫星通信系统由卫星部分和地面部分组成。卫星通信的特点是:通信范围大;只要在卫星发射的电波所覆盖的范围内,任何两点之间都可进行通信;不易受陆地灾害的影响(可靠性高)。

可以预见,在未来的无线通信系统中,卫星通信系统和陆地上的蜂窝通信系统会逐步实现深度的融合,真正地实现万物智联。

2.1　NTN 概述和场景研究

3GPP(3rd Generation Partnership Project,第三代合作伙伴计划)从 R15 开始非地面网络(Non-Terrestrial Networks,NTN)项目的研究,并在 3GPP RAN(Radio Access Network,无线接入网)第 76 次全会上,批准了 NTN SI(Study Item,研究项目)[1],该项目计划从第 76 次全会开始研究,到第 80 次全会结束研究,具体的研究内容包括 NTN 的场景、信道模型等,并最终形成官方的研究报告[2]。

在 3GPP RAN 第 80 次全会上,3GPP 批准了 RAN3 工作组牵头的 R16 NTN SI[3],该项目从第 80 次全会开始研究,计划到第 86 次全会结束研究,研究内容包括 NTN 相关的关键技术的影响,并最终形成官方的研究报告[4]。

在 3GPP RAN 第 87e 次会议上,3GPP 批准了 RAN2 工作组牵头的 R17 NTN WI(Work Item,工作项目)[5],该工作项目从第 87e 次全会开始,计划到第 95e 次全会结束。

2.1.1　NTN 参考场景

在 3GPP 的研究过程中,主要考虑了透明传输和再生传输这两种场景。

透明传输场景如图 2-1(a)所示,在该场景下,卫星上没有任何基站处理功能,仅仅实现信号的透明转发。再生传输场景如图 2-1(b)所示,卫星上有部分或全部的基站处理功能。

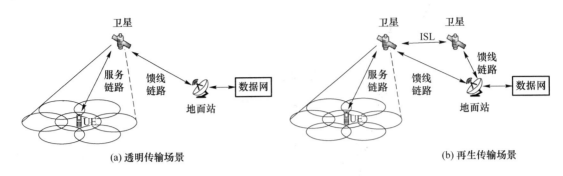

图 2-1 透明传输场景和再生传输场景[2]

2.1.2 NTN 网络架构

在 3GPP 的研究过程中,讨论了多种 RAN 的架构,包括透明传输架构(如图 2-2 所示)、再生传输架构(如图 2-3 所示)、双连接架构(如图 2-4 所示)等,在 R17 的标准化进程中,仅仅标准化了针对透明传输架构的空口设计。

图 2-2 透明传输架构[2]

图 2-3 再生传输架构[2]

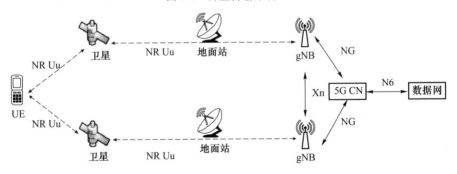

图 2-4 双连接架构[2]

2.2 NTN 系统中存在的问题

2.2.1 物理层存在的问题

在地面移动通信系统中,传输时延往往小于 1 ms,但是在 NTN 网络中,由于卫星的高度以及载荷类型导致传输时延非常大,为了处理大时延带来的问题,需要在物理层对 NR 的很多方面进行修正,尤其是针对各个信道的时序关系方面。

由于非同步卫星的快速移动造成的时频漂移,对地面网络中主要针对终端移动性设计的同步方案提出了很大的挑战,需要对 NR 包括上行/下行的时间/频率同步进行仿真评估,以确定是否能满足 NTN 中的高速环境要求,并进行相应的增强。

另外,由于 NTN 中单个波束的覆盖范围很大,相邻波束的重叠区域也很大,相邻波束之间可能存在较大的干扰。3GPP 在 SI 阶段发现,在相邻波束上使用不同的频率或者不同的天线极化方向,可以有效降低干扰。因此 3GPP 同意将 R15 的波束管理和带宽部分(Band Width Part,BWP)设计作为 NTN 中研究频率复用因子(Frequency Reuse Factor,FRF)大于 1 场景下的基准,并在 WI 阶段研究是否需要进一步增强。

在 2.3 节中将分别针对时序关系、同步、HARQ、波束和极化 4 个方面的增强进行描述。

2.2.2 高层存在的问题

在 NTN 中,由于卫星的高度较高、移动速度较快,使得 NTN 中存在许多陆地蜂窝网络中不存在的问题。

1. 用户面存在的问题

如前文所述,由于 NTN 中的传播时延大,用户面会受到较大的影响,主要涉及随机接入信道(Random Access Channel,RACH)、定时提前(Timing Advance,TA)、混合自动重传请求(Hybrid Automatic Repeat Request,HARQ)、非连续接收(Discontinuous Reception,DRX)、逻辑信道优先级(Logical Channel Prioritization,LCP)、调度请求(Scheduling Request,SR)、上行调度、无线链路控制(Radio Link Control,RLC)层和分组数据汇聚协议(Packet Data Convergence Protocol,PDCP)层等多个方面。

2. 控制面存在的问题

同样地,NTN 中过大的传播时延以及较大的小区覆盖面积、卫星的高速移动等因素,使得 NTN 中的控制面也面临很大的挑战,主要涉及寻呼、跟踪区域更新、移动性管理以及测量等。

2.3 物理层相关的增强

2.3.1 时序关系

1. 背景

在地面网络中,为了保证基站调度的灵活性,R16 定义了多种时序关系。例如 K_2 用来定义上行传输 PUSCH 与下行调度信息 PDCCH 之间的时隙间隔,假设终端在下行 slot n 收到下行控制信息(DCI),并从中读取 K_2 的值,那么终端在上行 slot $\left\lfloor n \cdot \dfrac{2^{\mu_{\mathrm{PUSCH}}}}{2^{\mu_{\mathrm{PDCCH}}}} \right\rfloor + K_2$ 发送 PUSCH,其中 K_2 是根据 PUSCH 的子载波间隔(SCS)计算的,μ_{PUSCH} 和 μ_{PDCCH} 分别表示 PUSCH 和 PDCCH 的 SCS,如图 2-5 所示。

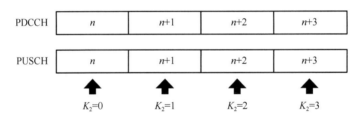

图 2-5 上下行 SCS 相同时上行 PUSCH 调度

但是上述 K_2 在定义时假设 TA=0,且并未考虑 UE 的处理时间,比如 DCI 解调时间和 PUSCH 准备时间,在基站的实际调度中,是需要考虑上述因素的。如图 2-6 所示,考虑 TA 和 UE 处理时间,在进行 PUSCH 调度时 K_2 的值应该大于 TA 长度以及终端处理时长的和,因此 K_2 的可取值范围缩小了。

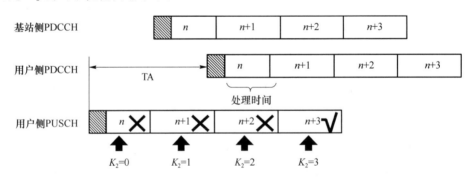

图 2-6 考虑 TA 和 UE 处理时间的 PUSCH 调度

在地面网络中,包括上述例子中提到的 K_2 在内,与 TA 相关的时序关系如下。

1)终端发送 PUSCH 与随机接入响应(RAR)调度的时序关系:假设终端收到的 RAR

消息的最后一个符号在 slot n,那么终端在 slot $n+K_2+\Delta$ 发送 PUSCH,其中 K_2 和 Δ 的定义可参见本章参考文献[6]。

2)终端发送 PUSCH 与 DCI 调度的时序关系:假设终端在 slot n 收到 DCI 调度,那么终端在 $\left\lfloor n\cdot\dfrac{2^{\mu_{\mathrm{PUSCH}}}}{2^{\mu_{\mathrm{PDCCH}}}}\right\rfloor+K_2$ 发送 PUSCH,其中 K_2 基于 PUSCH 的子载波间隔计算,μ_{PUSCH} 和 μ_{PDCCH} 分别表示 PUSCH 和 PDCCH 的子载波间隔。

3)终端反馈 CSI 与接收 CSI-RS 的时序关系:假设终端在 slot n' 上报 CSI,那么终端在 $n-n_{\mathrm{CSI\_ref}}$ 处接收 CSI-RS,其中 $n=\left\lfloor n'\cdot\dfrac{2^{\mu_{\mathrm{DL}}}}{2^{\mu_{\mathrm{UL}}}}\right\rfloor$,$\mu_{\mathrm{DL}}$ 和 μ_{UL} 分别表示下行和上行的子载波间隔,$n_{\mathrm{CSI\_ref}}$ 由 CSI 上报的类型决定,具体定义可参见本章参考文献[6]。

4)终端反馈 HARQ-ACK 与 PDSCH/DCI 的时序关系:假设终端收到的 PDSCH 或者 SPS PDSCH 释放的最后一个符号在 slot n,那么终端在 $n+K_1$ 反馈 HARQ-ACK,其中 K_1 由 DCI 中的 PDSCH-to-HARQ-timing-indicator 域指示,以 slot 为单位。

5)终端发送非周期 SRS 与接收 SRS 触发的时序关系:假设终端在 slot n 收到非周期 SRS 的触发信息,那么终端在 $\left\lfloor n\cdot 2^{\frac{\mu_{\mathrm{SRS}}}{\mu_{\mathrm{PDCCH}}}}\right\rfloor+k$ 发送非周期 SRS,其中 k 由基站通过高层参数 slotOffset 配置,μ_{SRS} 和 μ_{PDCCH} 分别表示 SRS 和 PDCCH 的子载波间隔。

6)对于指示上行行为或者上行配置的媒体接入控制-控制单元(MAC-CE),比如 PUCCH 的空间关系的激活/去激活,假设终端在下行 slot n 收到 MAC-CE,那么终端在上行 slot $n+K_1+3N_{\mathrm{slot}}^{\mathrm{subframe},\mu}+1$ 应用该命令,其中终端在 slot $n+K_1$ 反馈针对携带该 MAC-CE 的 PDSCH 的 HARQ-ACK 反馈,μ 是子载波间隔,$N_{\mathrm{slot}}^{\mathrm{subframe},\mu}$ 是每个子帧中的时隙个数。对于指示下行行为或者下行配置的 MAC-CE,比如 PDCCH 的 TCI 状态,假设终端在 slot n 收到 MAC-CE,那么终端认为该命令在 slot $n+K_1+3N_{\mathrm{slot}}^{\mathrm{subframe},\mu}+1$ 开始生效,其中终端在 slot $n+K_1$ 反馈针对携带该 MAC-CE 的 PDSCH 的 HARQ-ACK 反馈。

2. 问题

一般来说,TA 至少是两倍的传输时延,在非地面网络中,由于卫星与地面终端的距离较远,且一般采用透明传输的方式,因此传输时延远大于地面网络。同步卫星和不同高度、不同载荷类型的非同步卫星的传输时延见表 2-1 和表 2-2。相应地,前文提到的时序关系需要进行增强。

表 2-1　高度为 35 786 km 的地球同步卫星的传输时延[2]

传输模式	路径	距离/km	时延/ms
透明传输	网关-卫星-UE	81 712.6	272.375
	网关-卫星-UE-卫星-网关	163 425.3	544.751
再生传输	卫星-UE	40 586	135.286
	卫星-UE-卫星	81 172	270.572

表 2-2　不同高度不同载荷类型的非同步卫星传输时延[2]

传输模式	路径	LEO-600 km		LEO-1 500 km		MEO-10 000 km	
		距离/km	时延/ms	距离/km	时延/ms	距离/km	时延/ms
透明传输	网关-卫星-UE	4 261.2	14.204	7 749.2	25.83	28 557.6	95.192
	网关-卫星-UE-卫星-网关	8 522.5	28.408	15 498.4	51.661	57 115.2	190.38
再生传输	卫星-UE	1 932.24	6.44	3 647.5	12.16	14 018.16	46.73
	卫星-UE-卫星	3 864.48	12.88	7295	24.32	28 036.32	93.45

3. 解决方案

针对大时延带来的时序问题,根据基站侧的上下行帧是否对齐有两种解决方案。一种方案如图 2-7 所示,由于终端补偿了所有的 TA,因此在基站侧上下行帧是一致的,此时在终端侧上下行帧之间有较大的偏差。另一种方案如图 2-8 所示,此时终端只需补偿部分 TA,基站侧和终端侧的上下行帧都不是对齐的。这两种 TA 方式分别对应了不同上行同步时间参考点,如图 2-7 对应了上行同步时间参考点在基站,而图 2-8 对应了上行同步时间参考点在卫星。

仍以 K_2 为例,在 R16 中 K_2 最大等于 32。假设 SCS＝30 KHz,对应的时间是 16 ms。对于传输距离最短的 LEO-600 km 的情况,当终端补偿所有的传输时延时,对应图 2-7 中的情况,其 TA 的取值范围为 8～28 ms,大部分的 K_2 值不可用。因此有必要为地面网络中上行调度的时序关系增加一个偏移量如 K_{offset},从而弥补非地面网络中的大时延,满足非地面网络中基站灵活调度的需求。对于 K_2,假如终端在 slot n 收到 DCI 调度,那么终端在 $\left\lfloor n \cdot \dfrac{2^{\mu_{PUSCH}}}{2^{\mu_{PDCCH}}} \right\rfloor + K_2 + K_{offset}$ 发送 PUSCH。

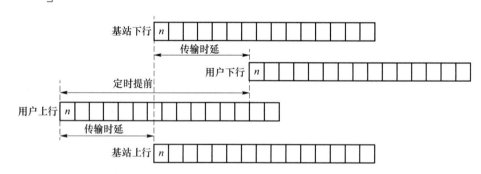

图 2-7　上行同步时间参考点在基站[2]

另一方面,要使基站和终端对 MAC CE 的执行动作有相同的理解,仅仅增加一个偏移量 K_{offset} 可能无法满足要求。针对图 2-7 和图 2-8 中基站侧上下行帧是否对齐的情况,对上行 MAC CE 和下行 MAC CE 的命令执行时间进行分析。如图 2-9 所示,终端在上行 slot $n+K_{offset}+K_1$ 处发送针对携带该 MAC CE 的 PDSCH 的 HARQ-ACK 反馈,slot $m＝$slot $n+K_{offset}+K_1+3$ ms+1。如果是上行 MAC CE,那么终端在 slot m 激活该命令,基站在上行 slot $n+K_{offset}+K_1$ 收到终端的反馈,同时认为在 slot m 时 MAC CE 的命令已生效,由于收

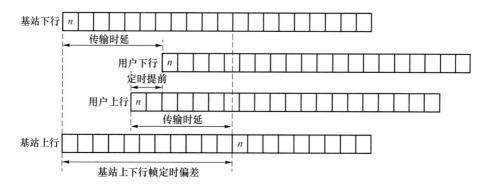

图 2-8　上行同步时间参考点在卫星[2]

到的反馈和命令执行都在上行,因此基站总是在收到终端的上行 ACK 反馈后,再确认上行 MAC CE 命令已生效。如果是下行 MAC CE,那么终端认为该命令在下行 slot m 生效,基站在上行 slot $n+K_{offset}+K_1$ 收到终端的反馈,在下行 slot m 应用该命令,此时,由于在基站侧上下行帧是对齐的,因此基站总是在收到终端的上行 ACK 反馈后,再执行下行 MAC CE 命令。

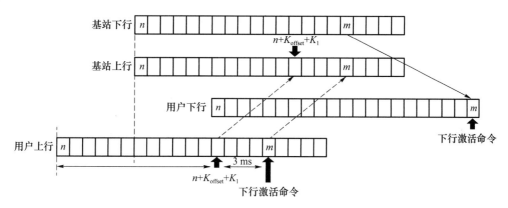

图 2-9　基站上下行帧对齐的 MAC CE 命令执行时间[7]

对于图 2-10 的情况,同样地,终端在上行 slot $n+K_{offset}+K_1$ 处发送针对携带该 MAC CE 的 PDSCH 的 HARQ-ACK 反馈,slot $m=$ slot $n+K_{offset}+K_1+3$ ms$+1$。如果是上行 MAC CE,由于收到的反馈和命令执行都在上行,因此基站总是在收到终端的上行 ACK 反馈后,再确认上行 MAC CE 命令已生效。但是对于下行 MAC CE,终端认为该命令在下行 slot m 生效,基站在其上行 slot $n+K_{offset}+K_1$ 收到终端的反馈,此时,由于在基站侧上行帧是晚于下行帧的,因此基站在其下行 slot m 还未收到上行 slot n 的 ACK 反馈,此时基站在下行 slot m 执行 MAC CE 命令是不可靠的。如果可以增加一个额外的时延用来补偿基站侧上下行帧之间的偏差,如 K_{mac},那么基站在 slot m' 执行 MAC CE 命令,slot $m'=$ slot $m+K_{mac}$,基站的下行 slot m' 是晚于上行 ACK 的接收时隙 slot $n+K_{offset}+K_1$ 的,此时基站在下行 slot m' 执行 MAC CE 命令是可靠的。因此 3GPP 在 K_{offset} 之外又定义了 K_{mac} 来补偿上下行未对齐的部分,保证基站是在基于终端的 HARQ-ACK 反馈后执行下行 MAC CE 指令的。假设终端在下行 slot n 收到 MAC CE,那么终端认为该命令在下行 slot $n+K_{offset}+$

$K_1+3N_{\text{slot}}^{\text{subframe},\mu}+K_{\text{mac}}+1$ 开始生效,其中终端在 slot $n+K_{\text{offset}}+K_1$ 反馈针对携带该 MAC CE 的 PDSCH 的 HARQ-ACK 反馈。

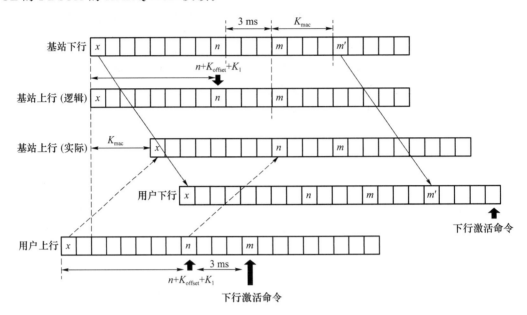

图 2-10 基站上下行帧不对齐的 MAC CE 命令执行时间[8]

以上初步介绍了解决方案,接下来介绍 K_{offset} 和 K_{mac} 的具体定义和信令指示方式。

与地面网络类似,终端通过发送 PRACH 发起随机接入,并在一段时间后在特定的时频资源上检测来自基站的 RAR。由于非地面网络中的传输时延很大,为了降低终端的能耗,终端需要预估往返时延(RTD)并在发送完 PRACH 后等待一个往返时延再开始检测 RAR。终端通过 TA 可以获得终端到上行同步参考点的往返时延,终端获得 TA 的过程详见 2.3.2 小节。由于上行同步参考点的位置由基站决定,那么上行同步参考点到基站的往返时延只能通过基站在系统信息中广播给终端,终端预估的往返时延是 TA 值和 K_{mac} 值的和。

终端在接收到来自基站的 RAR 后发送 Msg.3,其时序关系通过 K_{offset} 增强,即假设终端收到的 RAR 消息的最后一个符号在 slot n,那么终端在 slot $n+K_2+K_{\text{offset}}+\Delta$ 发送 Msg.3。根据网络的配置,终端可以在 Msg.3 中上报 UE-specific TA 值,以帮助基站实现更合理的调度。这是由于卫星波束的覆盖范围更大,不同位置终端的 UE-specific TA 之间相差超过了 1 个 slot,获取该信息后基站可以更早、更及时地调度距离基站更近的终端。

从上述过程中可以看出,终端在检测 RAR 之前就需要知道 K_{mac} 的值,在发送由 RAR 调度的 PUSCH 时就需要知道 K_{offset} 的值,因此 K_{offset} 和 K_{mac} 至少支持在系统信息中广播。关于 K_{offset} 如何在系统信息中指示,主要围绕以下问题进行讨论。

(1) K_{offset} 是针对小区配置还是针对波束配置

虽然相较于针对波束的配置,针对小区配置的 K_{offset} 准确度比较低,但是其具有更低的信令开销。考虑针对小区的颗粒度已经足够用于调度的指示,而且支持终端上报 UE-specific TA,将进一步提高调度的有效性,因此 3GPP 最终同意在系统信息块(System Information Block,SIB)中广播针对小区的 K_{offset} 值。

（2）K_{offset} 是显式指示还是隐式指示

显式指示，就是基站配置一个专门的 K_{offset} 值，其优点是基站可以更加灵活地配置该值，并且具有良好的后向兼容性，由于不和其他值，如公共定时提前量进行绑定，因此不会受公共定时提前量的配置方法的影响；其缺点是信令开销较大。

隐式指示，就是通过公共定时提前量或者 TA 相关的参数来间接指示 K_{offset} 值，而不需要专门配置 K_{offset} 参数，其优点是可以节省信令开销，缺点是由于和其他参数，如公共定时提前量绑定，会对 K_{offset} 的配置灵活性造成影响。

为了保证 K_{offset} 的配置灵活性，3GPP 最终同意在 SIB 中显性地广播 K_{offset} 值。K_{offset} 的生效时间以所在系统信息块生效的时间为准。

由于非同步卫星的快速移动将造成 K_{offset} 的变化，因此 NTN 中还支持基站在终端接入网络后通过 MAC CE 为终端配置差分的 K_{offset} 值对系统信息中广播的 K_{offset} 进行更新，其取值范围为 0～63 ms。如果没有这个值，UE 将始终使用 SIB 里的 K_{offset}。此外 NTN 还支持基于事件触发的 UE-specific TA 上报。对于 PDCCH ordered PRACH 发送，终端使用系统信息里广播的 K_{offset} 值，不考虑 MAC CE 中的差分影响。

K_{offset} 的取值范围是 0～1 023 ms，K_{mac} 的值（K_{mac} 取值范围，适用于所有场景，为 1～512 ms）如果没提供，假设为 0。R17 的 NTN 中不支持通过 MAC CE 去更新 K_{mac} 的值。

除了上述时序关系，非地面网络还对波束失败恢复过程中，终端检测基站对终端发送的 PARCH 的 PDCCH 响应的起始时间进行了增强。假设终端在上行 slot n 发送 PRACH，那么终端在下行 slot $n+K_{mac}+4$ 开始检测来自基站的响应。

2.3.2 同步

1. 背景

在地面网络中，终端在初始接入时通过主同步信号和辅同步信号获取下行同步，基站通过 PRACH 信号的到达时间对终端的上行发送时间进行初次调整。终端在接入网络后，通过下行参考信号获取下行同步，基站通过测量上行信号的到达时间，以差分的方式在终端上一次提前定时的基础上不断调整终端的上行提前定时量，以保证上行同步。对于上行同步，即定时提前的计算方式，根据[9]中的描述，对于上行帧 i，终端应该在接收到下行帧 i 时提前 $T_{TA}=(N_{TA}+N_{TA,offset})T_c$ 发送上行帧 i，如图 2-11 所示。N_{TA} 是基站指示的定时提前值，$N_{TA,offset}$ 是一个固定偏移值，T_c 是 5G NR 中的基础时间单元，其大小为 $T_c=1/(\Delta f_{max} \cdot N_f)$，其中 $\Delta f_{max}=480 \cdot 10^3$ Hz，而 $N_f=4\ 096$。

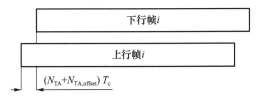

图 2-11　上-下行时间关系[9]

根据[10]中的描述,当终端接收到随机接入响应或者绝对定时提前命令控制单元时,定时提前指示的值为 T_A,则终端通过公式 $N_{TA} = T_A \cdot 16 \cdot 64/2^\mu$ 计算定时提前的值,其对应的子载波间隔为 $2^\mu \cdot 15$ kHz。当终端接收到其他定时提前命令时,定时提前指示的值为 T_A,当前使用的定时提前值为 N_{TA_old},则终端通过公式 $N_{TA_{new}} = N_{TA\_old} + (T_A - 31) \cdot 16 \cdot 64/2^\mu$ 计算定时提前的值。

2. 问题

在卫星网络中,非同步卫星的高速移动不仅会带来明显的多普勒频移,还会导致与终端之间的传输距离不断发生改变,继而导致终端的定时提前需要不断改变。不同高度中低轨道卫星造成的多普勒频移和频偏变化见表 2-3,从表中可以看出,在高度为 600 km 的低轨道卫星场景下,卫星速度高达 7.56 km/s,最大相对频偏高达 24 ppm。

综上,需要对地面网络中的同步技术进行增强。

表 2-3　不同高度中低轨道卫星造成的多普勒频移和频偏变化[2]

卫星高度	载频/GHz	最大多普勒频移/kHz	相对频偏/%	最大多普勒频偏变化/(Hz·s⁻¹)
LEO-600 km	2	+/−48	0.002 4	−544
	20	+/−480	0.002 4	−5 440
	30	+/−720	0.002 4	−8 160
LEO-1 500 km	2	+/−40	0.002	−180
	20	+/−400	0.002	−1 800
	30	+/−600	0.002	−2 700
MEO-10 000 km	2	+/−15	0.000 75	−6
	20	+/−150	0.000 75	−60
	30	+/−225	0.000 75	−90

3. 解决方案

目前,3GPP R17 主要讨论的是在基于透明卫星场景中,假设终端具有全球导航卫星系统(Global Navigation Satellite System,GNSS)能力的情况下处理卫星带来的大时延和大多普勒频偏的方法,以尽快完成一个可以在主要场景中工作的版本。本章介绍的解决方案也基于这种假设。终端与卫星之间的链路称为服务链路(service link),卫星与地面网关或者地面基站之间的链路称为馈线链路(feeder link)。

1) 下行同步

在初始接入过程中,终端通过搜索主同步信号和辅同步信号获取小区 ID 并完成帧同步和符号同步,较大的频偏将导致同步信号不能被成功检测,那么,整体下行同步性能,包括符号定时与无线帧定时以及频率同步都将无法实现。根据[11]中的仿真结果,在平坦衰落信道中典型的多普勒频移最大容忍值见表 2-4,当载频为 2 GHz 时,最大多普勒频移为 48 kHz,远大于子载波间隔 60 kHz 对多普勒频移的最大容忍值。因此,下行同步技术的关键是如何处理同步参考信号中的大频偏。

表 2-4 平坦衰落信道中典型的多普勒频移最大容忍值

子载波间隔/kHz	PSS 或 SSS 长度/μs	在 −6 dB SNR 下的最大多普勒频移容忍值/kHz
15	66.67	7
30	33.33	14
60	16.67	28
120	8.33	56
240	4.17	112

在非地面网络研究的 SI 阶段,为了克服由卫星高速移动造成的高频偏,主要提出了两种解决方案。第一种方案是基于以波束中心为参考点的下行公共频偏预补偿的技术方案:基站以各个波束的中心点为参考点,计算出卫星到各个参考点处的公共多普勒频偏并分别进行预补偿。基于该方案进行的仿真结果[4]显示,预补偿之后的同步信号中的主要频偏被抵消,降低了终端下行同步的频率搜索范围,5G 现有同步参考信号显示出了很好的稳健性。第二种方案是以提高终端复杂度和 PSS(主同步信号)搜索时间为代价,通过使用不同的频率偏移量多次搜索,直到成功解调 PSS。以上两种方案均不需要对 SSB 进行增强。

对于下行信号,R17 支持基站仅补偿馈线链路部分,终端在成功读取广播信道中的星历信息后,可以根据自身位置信息和卫星星历信息对服务链路部分的多普勒频移进行后补偿(post-compensation)。

2) 上行同步

终端在未建立网络连接时,通过发送 PRACH 获取上行时间和频率同步。

与下行同步类似,终端发送的 PRACH 信号受到的高速移动的卫星的影响包括服务链路和馈线链路的多普勒频偏。与下行信号不同的是,由于基站要服务多个终端,因此要保证终端之间的正交性,就要求位于不同位置、经历不同传输时延的终端发送的信号在相同的时间到达基站侧,否则基站可能无法解调出正确的 PRACH 信号,或者无法从接收到的 PRACH 信号中分辨出来自不同终端的 PRACH 信号。因此,上行同步技术的关键是如何处理 PARCH 信号中的大频偏以及保证不同位置的终端所发送的 PRACH 信号在相同的时间〔至少在同一个 CP(循环前缀)范围内〕到达基站。

对于上行频率同步,终端依靠自身的 GNSS 模块获取自身位置,依靠基站的广播信息获取卫星星历信息,计算出服务链路的多普勒频移并对发送的 PRACH 信号进行预补偿。

对于上行时间同步,终端发送 PRACH 时要进行 TA 预补偿。终端预补偿的 TA 的大小与基站设置的上行时间同步参考点有关,如图 2-12 所示。当上行时间同步参考点为基站时,终端需要补偿的总的 TA 为服务链路的往返时间和馈线链路的往返时间。当上行时间同步参考点为卫星时,那么终端需要补偿的总的 TA 只有服务链路的往返时间。

对于服务链路,由于终端位置无法在网络安全建立之前上报给基站,基站无法在未获取终端位置或者无法验证终端上报的位置是否可信的情况下对服务链路进行补偿,因此服务链路的 TA 由终端来补偿,终端通过自身的 GNSS 模块获取自身位置,通过基站的广播信息获取卫星星历信息,计算出服务链路的时延并进行补偿。

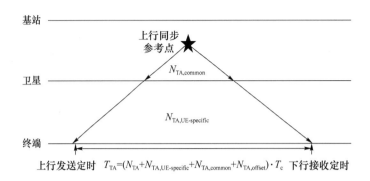

图 2-12　透明卫星场景下的下行参考时间和定时提前

对于馈线链路,如果这部分的 TA 由基站进行估计和补偿,此时时间同步参考点,即上下行帧的对齐点位于卫星处。当卫星移动时,基站需要处理时变的馈线链路传输时延,使传输调度更加复杂,对基站的能力要求比传统地面通信系统对基站的能力要求更高。如果这部分的 TA 由终端进行估计和补偿,此时时间同步参考点,即上下行帧的对齐点位于基站侧,不随卫星的移动而变化,基站不需要处理时变的馈线链路传输时延,对基站的能力要求和传统地面通信系统对基站的能力要求类似。

因此,R17 中支持基站指定的某一点为上行时间同步参考点,该点可以位于卫星上或者地面基站上。需要指出的是,当基站将上行时间同步参考点设置在卫星上时,公共定时提前量等于 0。

由基站对馈线链路的传输时延进行估计,然后广播公共 TA 及相关参数给用户,终端根据该信息进行预补偿。由于该方案不涉及安全和保密问题,于是最终被 R17 采纳。

终端发送完 PRACH 后,基站通过 PRACH 的到达时间估计残留的定时偏差,然后通过 RAR 中的 TA 命令反馈给终端,这是一种 TA 闭环控制方式。终端在收到该 RAR 后,将 TA 命令中的 TA 值和自身估计的开环 TA 值相加,得到完整的 TA 值。

以上描述的非地面网络中 TA 值的计算公式可以表示为开环 TA 值和闭环 TA 值的组合:

$$T_{TA} = (N_{TA} + N_{TA, \text{UE-specific}} + N_{TA, \text{common}} + N_{TA, \text{offset}}) \times T_{c} \qquad (2\text{-}1)$$

其中,

① N_{TA} 在初始接入前为 0,之后会根据基站发出的 TA 命令进行调整或者 UE 自行调整;

② $N_{TA, \text{UE-specific}}$ 是终端根据基站广播的卫星星历信息和自身位置计算的服务链路 TA;

③ $N_{TA, \text{common}}$ 是终端根据基站广播的公共定时提前量参数信息计算的馈线链路 TA;

④ $N_{TA, \text{offset}}$ 是一个固定的偏移值,其定义与地面通信网络中的定义相同;

⑤ T_{c} 是 5G NR 中的基本时间单位,其定义与地面通信网络中的定义相同。

由于 N_{TA}、$N_{TA, \text{offset}}$ 在地面网络通信中已经定义,接下来主要针对式(2-1)中 $N_{TA, \text{UE-specific}}$ 和 $N_{TA, \text{common}}$ 的计算所需要的信息,比如星历信息和公共定时提前量相关参数进行描述。

(1)星历信息

R17 中支持以下两种星历格式。一是直接指示卫星位置和速度的状态向量。在地心地固坐标系下,将位置坐标分量 X、Y、Z 和速度坐标分量 V_x、V_y、V_z 指示给用户。这种格式需要 17 字节的载荷,具体指示信息如下。

① 对于位置,需要 78 比特,单位为 m。位置的范围由地球静止轨道(GEO)场景决定,为 +/−42 200 km;位置的量化步长为 1.3 m。

② 对于速度,需要 54 比特,单位为 m/s。速度的范围由 LEO-600 场景决定,为 +/−8 000 m/s;速度的量化步长为 0.06 m/s。

虽然基站广播的卫星位置和卫星速度只是瞬时值,但是终端可以根据特定的算法,比如开普勒定律,在已知当前卫星位置和速度的生效时间点的情况下,推导出下一段时间卫星的位置和速度。

二是以轨道参数的格式指示星历信息。这种格式需要 21 字节的载荷,具体指示信息如下。

① 半长轴 a,需要 33 比特,单位为 m;范围为 6 500~43 000 km;量化步长是 4.249×10^{-3} m。

② 离心率 e,需要 20 比特;范围为小于等于 0.015;量化步长是 1.431×10^{-8}。

③ 近心点辐角 ω,需要 28 比特,单位为 rad;范围为 $[0, 2\pi]$;量化步长是 2.341×10^{-8}。

④ 升交点经度 Ω,需要 28 比特,单位为 rad;范围为 $[0, 2\pi]$;量化步长是 2.341×10^{-8}。

⑤ 轨道倾角 i,需要 27 比特,单位为 rad;范围为 $[-\pi/2, \pi/2]$;量化步长是 2.341×10^{-8}。

⑥ 平均近点角 M,需要 28 比特,单位为 rad;范围为 $[0, 2\pi]$;量化步长是 2.341×10^{-8}。

当给定上述星历信息的生效时间点后,终端可以根据轨道参数推导出相应的卫星位置和速度。

由于卫星受到多种扰动,基于上述两种星历格式对卫星位置和速度的推导只在一定时间内有效。因此,终端需要在卫星星历的有效时长内获得新的星历信息以保证终端可以精确地补偿服务链路部分的传输时延。关于星历信息的有效时长和生效时间点将在下文详细讨论。

值得注意的是,服务小区卫星或者相邻小区卫星的星历信息由基站通过系统信息广播,该信息对于小区内的所有用户内容都是一样的;目标小区卫星的星历信息可以通过切换消息发送,该信息对于每个用户内容可以是不同的。

(2)公共定时提前量相关参数

公共定时提前量用于补偿卫星到上行同步参考点的传输时延,当上行同步参考点在卫星时,公共定时提前量等于零。在低轨卫星场景,卫星具有高移动性,公共定时提前量的值会不断变化。因此,基站指示的公共定时提前量需要以一定的频率进行更新。当公共定时提前量参数包含的变化率阶数越高,公共定时提前量的有效时长越长,终端读取系统信息的频率越低,但是相应地,公共定时提前量相关参数的信令开销越大且 UE 计算复杂度越高;相反,当公共定时提前量参数包含的变化率阶数越低,公共定时提前量的有效时长越短,终端读取系统信息的频率越高,相应的公共定时提前量相关参数的信令开销越小且 UE 计算复杂度越低。在经过多次讨论和权衡后,3GPP 最终决定由基站指示公共定时提前量值、公共定时提前量一阶变化率和公共定时提前量二阶变化率,其取值范围以及颗粒度等见表 2-5。

公共定时提前量及其相关参数由基站通过系统信息广播,在小区切换时,服务卫星或者相邻卫星的公共定时提前量信息还可以通过用户专属的 RRC 信令发送给 UE。

表 2-5　公共定时提前量相关参数量化表

参数名	取值范围	颗粒度	比特个数
公共定时提前量	$0 \sim 66\,485\,757$	$4.07 \times 10^{-3} \mu s$	26
公共定时提前量一阶变化率	$-261\,935 \sim +261\,935$	$0.2 \times 10^{-3} \mu s/s$	19
公共定时提前量二阶变化率	$0 \sim 29\,470$	$0.2 \times 10^{-4} \mu s/s^2$	15

终端根据收到的公共定时提前量参数利用以下公式计算出相应的公共定时提前量值。

$$\text{Delay}_{\text{common}}(t) = D_{\text{Common}}(t_{\text{epoch}}) + D_{\text{CommonDrift}} \cdot (t - t_{\text{epoch}}) +$$
$$D_{\text{CommonDriftVariation}} \cdot (t - t_{\text{epoch}})^2 \tag{2-2}$$

其中,

① $D_{\text{Common}} = \dfrac{\text{TA}_{\text{Common}}}{2}$,$D_{\text{CommonDrift}} = \dfrac{\text{TA}_{\text{CommonDrift}}}{2}$,$D_{\text{CommonDriftVariation}} = \dfrac{\text{TA}_{\text{CommonDriftVariation}}}{2}$,$\text{TA}_{\text{Common}}$ 表示基站指示的公共定时提前量值,$\text{TA}_{\text{CommonDrift}}$ 表示基站指示的公共定时提前量一阶变化率,$\text{TA}_{\text{CommonDriftVariation}}$ 表示基站指示的公共定时提前量二阶变化率;

② $\text{Delay}_{\text{common}}(t)$ 表示卫星和上行时间同步参考点的距离除以光速;

③ t_{epoch} 表示公共定时提前量相关参数的生效时间点。

(3) 卫星星历和公共定时提前量相关参数的有效时长和生效时间点

① 有效时长

有效时长是指卫星星历和公共定时提前量在该时长内是有效的,如果终端无法在该有效时长内收到新的卫星星历和公共定时提前量相关参数,终端会认为上行失步发生。考虑终端在计算总的 TA 值时,需要包含服务链路的 TA 和馈线链路的公共定时提前量,任何一个 TA 值的失效都会影响整体 TA 的有效性,如果配置两个 timer,终端需要频繁地读取系统信息,造成很大的信令开销并且增加了 UE 功耗,因此为卫星星历和公共定时提前量相关参数仅配置一个 timer,并且卫星星历和公共定时提前量相关参数在同一个 SIB 里传输。

R17 中定义了多个卫星星历和公共定时提前量相关参数的有效时长的候选值,基站将从多个候选值中选择一个值配置给终端。候选值有 5,10,15,20,25,30,35,40,45,50,55,60,120,180,240,单位为秒。针对对地同步卫星的情况,由于其公共定时提前量的值基本不会变化,因此定了更长的有效时间(900 秒),但信令的开销不变,仍然为 4 个比特。

② 生效时间

卫星星历和公共定时提前量相关参数(也叫作上行同步辅助信息)的生效时间是指基站广播的卫星星历信息和公共定时提前量相关参数可以认为是有效的起始时刻,终端也会在该时刻重启相应的计时器。

生效时间的指示有两种方法,分别是显式方式和隐式方式。其中,显式方式是在 SIB 里包含一个子帧号,该子帧号对应的子帧的起始位置为生效时间;隐式方式是指 UE 以接收到该 SIB 所在的 SI window 的终止位置为生效时间。对于显式方式的指示方法,有以下两个问题。

一是由于系统帧号(SFN)范围是 $0 \sim 1\,023$,因此无法确定是前一个无线帧号还是后一个无线帧号。二是 UE 在当前上行同步辅助信息的有效时间内获得了新的上行同步辅助信息,但是新的上行同步辅助信息的生效时间晚于上一个辅助信息的失效时间,这样就出现了

UE 行为模糊的一段时间,UE 的上一个辅助信息已经失效,但是下一个辅助信息还没有开始生效。

针对问题一,一种可能的解决方法是规定 UE 始终假设 SFN 指示的是下一个即将到来的 SFN;另一种可能的解决方法是规定 UE 始终假设 SFN 指示的是距离接收该 SIB 更近的那个 SFN。针对问题二,一种可能的解决方法是暂时悬停 timer,保持 UE 不进入上行失步状态,而是依赖于用户实现保持上行同步状态。截至本书成文时,上述问题还没有结论。

(4) 开环与闭环 TA 调整结合时的二次补偿问题

如上文所述,TA 的更新同时采用了开环和闭环的调整机制。但是,当两个调整机制结合时,可能出现如下二次补偿问题。

用户采用开环 TA 调整时,可能会随着时间的推移产生一定的残余误差。该残余误差会被闭环 TA 调整补偿。但是,当开环 TA 调整的相关参数(包括卫星星历、用户位置和公共 TA 参数)更新时,这部分残余误差会被又一次补偿,从而出现一个误差被二次补偿的现象。这种二次补偿现象会造成 TA 的跳变,使得 TA 的调整出现不稳定的问题。为了消除这种现象,3GPP 提出了多种方案,主要分为以下两种思路。

一是在二次补偿发生时,用户自行调整 TA 值,以消除二次补偿现象。例如,当卫星星历或用户位置更新时,用户可以计算出 $N_{\text{TA,UE-specific}}$ 在参数更新前后的值 $N_{\text{TA,UE-specific,new}}$ 和 $N_{\text{TA,UE-specific,old}}$,然后将其差值在累积的闭环 TA 即 N_{TA} 中减去,即 $N_{\text{TA}} - (N_{\text{TA,UE-specific,new}} - N_{\text{TA,UE-specific,old}})$,以保持总的 TA 值不变。类似地,当公共 TA 参数更新时,则通过 $N_{\text{TA}} - (N_{\text{TA,common,new}} - N_{\text{TA,common,old}})$ 保持总的 TA 值不变。

二是用户依据新参数计算出 $N_{\text{TA,UE-specific,new}}$ 或 $N_{\text{TA,common,new}}$ 后,以较小的变化率,在一定时间内完成对 $N_{\text{TA,UE-specific}}$ 和 $N_{\text{TA,common}}$ 的调整,避免跳变的出现。该方法可能需要对 5G 中的渐变定时提前调整要求(Gradual Timing Adjustment Requirement)进行修改。

最终,3GPP 同意以第二种渐变定时提前调整的方式处理二次补偿问题。

2.3.3　HARQ

1. 背景

HARQ 是一种重要的提高无线通信系统可靠性的技术手段,并在 LTE 和 5G NR 中被广泛使用。HARQ 的工作机制,简单来说,就是终端/基站对数据包进行解调并根据解调结果生成 ACK/NACK 的反馈信息反馈给基站/终端,对于反馈信息是 NACK 的数据包,终端/基站会进行重传操作。

HARQ 本质是一种停-等机制,即发送端等待接收端反馈后,再确定下一步的动作,比如是新传还是重传。为了提高 HARQ 机制的效率,3GPP 支持同时使用多个 HARQ 进程传输,这样当某一个 HARQ 进程的反馈还未收到,但是又有新的数据包需要发送时,可以使用另一个 HARQ 进程开始新的数据包传输。

2. 问题

在卫星网络中,由于卫星的高度较高以及采用透明传输的网络架构,导致一次往返时延的时间过大,在 GEO 网络中一次往返时延可以高达 540 ms,而在地面网络中,一次往返时延一般小于 1 ms。如果仍然复用地面网络中的 HARQ 机制,将大大地降低非地面网络的传输效率。

3. 解决方案

在 NTN 中,为了解决由于大时延导致的 HARQ 效率变低的问题,RAN1 考虑从两个方面提高 HARQ 的效率,分别是在 NR NTN 中增加 HARQ 进程的个数和在 NR NTN 中禁用 HARQ-ACK 反馈。

1) 增加 HARQ 进程的个数

首先根据 HARQ 停-等机制的特性做一个简单的估算,公式如下:

$$N_{\text{HARQ, min}} \geqslant \frac{T_{\text{HARQ}}}{T_{\text{slot}}} \tag{2-3}$$

其中,T_{slot} 表示 1 个调度单元的时间长度,T_{HARQ} 表示一个 HARQ 过程所需要的时间,$N_{\text{HARQ, min}}$ 表示对应的最少 HARQ 进程个数。以 SCS＝15 kHz,slot 长度为 1 ms 为例,表 2-6 中给出了依照式(2-3)计算的不同卫星轨道下理论上需要的最少 HARQ 进程个数。

表 2-6　不同卫星轨道下理论上需要的 HARQ 进程个数

卫星轨道	往返时延/ms	HARQ 进程个数
LEO	28	28
MEO	180	180
GEO/HEO	544	544

但是,HARQ 进程个数不能无限制地增加,因为每个 HARQ 进程都有对应的缓存器,HARQ 进程个数的增加意味着终端需要同时维持更多的 HARQ 缓存器,也意味着更大缓存空间。考虑终端的复杂度和成本,需要在保证通信效率提高的情况下,适量地增加 HARQ 进程个数。值得一提的是,由于非地面网络信道一般只有一条直视径,所以非地面网络中不会使用多发多收来提高单个 HARQ 进程所承载的数据包的大小,而且由于非地面网络的传输距离比较远,信号的信噪比一般比较低,所以也不会使用比较高阶的调制方式来提高单个 HARQ 进程所承载的数据包的大小。基于以上两点,即使在非地面网络中增加了 HARQ 进程的个数,对终端缓存器的大小造成的影响也是有限的。

根据[12]的仿真结果(如图 2-13 所示),HARQ 进程个数为 32 时比 HARQ 进程个数为 16 时的吞吐量提高了接近 1 倍。

对于非回退的 DCI 格式,比如 1-1/0-1 和 1-2/0-2,将 DCI 中的 HARQ 进程域增大到 5 bit,以支持 HARQ 进程序号 0~31 的指示;对于回退的 DCI 格式,比如 1-0/0-0,由于增加比特个数可能会增大终端盲检控制信道的复杂度,因此在 R17 中回退格式的 DCI 不支持 32 个 HARQ 进程的调度。

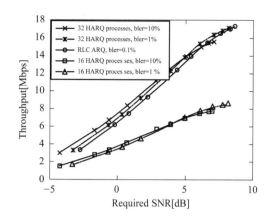

图 2-13　QPSK 调制下不同 HARQ 进程个数性能比较[12]

2）禁用 HARQ-ACK 反馈

类似于 HARQ 个数的增加,禁用 HARQ-ACK 反馈也是一种能显著提高大传输时延下系统效率的方法。考虑卫星场景的大时延特性不会动态地改变,另外担心过于动态的设计会对 DCI 的改动过大,因此 R17 中仅支持通过 RRC 命令对每个 HARQ 进程的反馈进行禁用。针对 HARQ 反馈被禁用,围绕以下三个方面进行讨论。

第一方面的问题在于,对于禁用 HARQ-ACK 反馈的 HARQ 进程,由于缺少了反馈重传的机制,这些 HARQ 进程所承载的信息的稳健性降低。关于如何增强这些 HARQ 进程的稳健性,在 3GPP 讨论过程中提出了多种不同的方案,比如:增加重复传输次数,如 RRC 配置的半静态的重复次数;通过 DCI 指示的方式动态指示重传次数或者利用在时间上交错的重传以获得不同时间下的传输增益;通过交织的方式实现多次重传,以获取信道时变增益。由于 PDSCH 本身的稳健性要高于其他信道,并且在 R18 中会针对非地面网络中的覆盖增强问题进行研究,因此不在 R17 非地面网络中对 PDSCH 的重传次数进行增强。

另外,对包含的重要信息如 MAC CE 信息,为了保证其可靠性,是否需要始终使用未禁用 HARQ-ACK 反馈的 HARQ 进程调度包含 MAC CE 的 PDSCH？在讨论过程中形成了两个主流观点,一是通过标准化的形式强制基站始终使用未禁用 HARQ-ACK 反馈的 HARQ 进程调度包含 MAC CE 的 PDSCH。二是不对基站行为做约束,对于基站认为重要的信息使用未禁用 HARQ-ACK 反馈的 HARQ 进程调度包含 MAC CE 的 PDSCH,没有必要限制基站的行为。考虑标准影响和对基站调度灵活性的影响,最终 R17 不支持强制基站使用未禁用 HARQ-ACK 反馈的 HARQ 进程调度包含 MAC CE 的 PDSCH。

第二方面的问题在于,当部分 HARQ 进程的 HARQ-ACK 反馈被禁用时,可能会影响现有的 HARQ 码本构建方法。R17 中对 5G NR 现有的三种码本构建方法均进行了相应的增强。针对 Type1 码本,对于被调度的 HARQ 进程是反馈禁用的情况,终端在码本对应的位置填入 NACK。针对 Type2 码本,对于被调度的 HARQ 进程是反馈禁用的情况,终端不生成 HARQ ACK/NACK 比特也不上报 HARQ ACK/NACK 比特。不同于 Type1 码本的半静态特性,Type2 码本是一种动态码本,其码本大小由真实调度情况决定。为了避免 DCI 漏检的情况,引入 c-DAI 和 t-DAI 来计算接收到的 DCI 个数,在一定程度上可以避免 DCI 漏检造成的 Type2 码本的 HARQ-ACK 反馈比特乱序。在非地面网络中由于终端不对禁用反馈的 HARQ 进程生成 HARQ ACK/NACK 比特也不上报 HARQ ACK/NACK

比特,因此,c-DAI 和 t-DAI 的值也需要进行相应的调整。在调度未禁用反馈的 HARQ 进程的 DCI 中,c-DAI 和 t-DAI 的值表示调度了未禁用反馈的 HARQ 进程的 DCI 个数。调度包含禁用反馈的 HARQ 进程的 DCI 中,c-DAI 和 t-DAI 的值被 UE 忽略。针对 Type3 码本,对于 HARQ 进程是反馈禁用的情况,终端不生成 HARQ ACK/NACK 比特也不上报 HARQ ACK/NACK 比特。

针对 SPS PDSCH 所使用的 HARQ 进程的反馈禁用,R17 也进行了增强。通过新定义的 RRC 参数判断该功能是否被使能,当该功能被使能,不管 SPS 的第一个 PDSCH 对应的 HARQ 进程是反馈禁用还是反馈未禁用,终端均针对 SPS 的第一个 PDSCH 进行反馈;当该功能未被使能,那么终端根据 SPS 的第一个 PDSCH 对应的 HARQ 进程的反馈禁用情况进行反馈。

第三方面的问题在于,针对被禁用反馈的 HARQ 进程的调度限制的增强。在 R16 中,考虑终端的处理能力以及 HARQ 进程的时序问题,协议中限定了部分基站的调度行为。例如对于同一个 HARQ 进程,终端不希望在反馈该 HARQ 进程的 HARQ-ACK 之前收到同一个 HARQ 进程调度的另一个 PDSCH。由于在非地面网络中对部分 HARQ 进程禁用了反馈,上述调度约束也需要进行相应的改变,因此在非地面网络中约定,对于同一个反馈被禁用的 HARQ 进程,终端不希望在上一个 PDSCH 还未处理完的情况下再接收一个新的 PDSCH。

2.3.4 波束和极化

1. 背景

在地面网络中,一种常见的降低小区间干扰的方法就是通过频率正交来降低干扰。比如在 R8 中就可以通过预配置或者网络规划的方法(如为邻小区分配不同的频段),限定小区的可用资源和分配策略。

在非地面网络 SI 讨论阶段,在系统仿真假设中定义了三种频率复用因子(Frequency Reuse Factor,FRF)(不同 FRF 的示意图如图 2-14 所示),并对不同 FRF 进行了仿真,仿真结果显示 FRF>1 时下行和上行的信干噪比都显著大于 FRF=1 的情况,表明 FRF>1 对于抵抗干扰有很大的帮助。具体的仿真结果可见[4]。

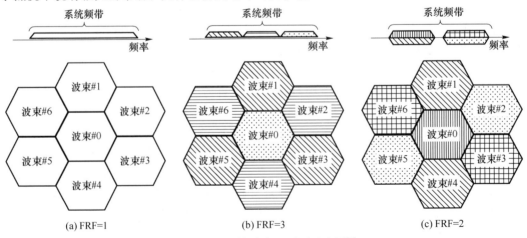

图 2-14　不同频率复用因子示意图[4]

2. 问题

由于 5G NR 地面网络中使用的 FRF＝1,因此 5G NR 地面网络中现有的技术,比如波束管理、BWP 切换很难照搬到非地面网络中来,尤其是针对一个卫星小区下有多个卫星波束的场景。

另外,不同于地面网络中基站和终端一般都采用线性极化方式,非地面网络中卫星使用圆极化天线的情况更为常见。圆极化天线只能接收相同圆极化方向的信号,当终端使用线性天线进行发送,卫星使用圆极化天线进行接收时,会有 3 dB 的损失,如图 2-15 和图 2-16 所示。因此,如何在非地面网络中处理极化方向也是待解决的问题。

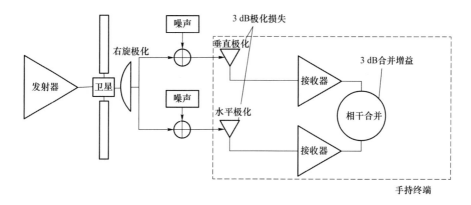

图 2-15 卫星使用圆极化天线,终端使用线性天线情况下下行信号的接收[4]

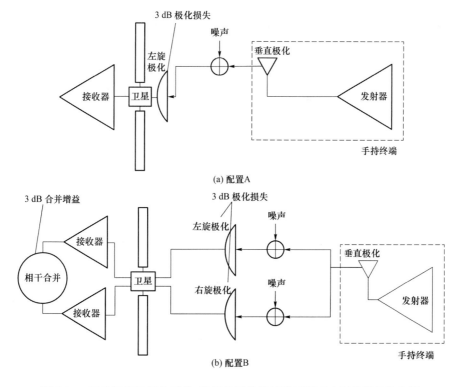

图 2-16 卫星使用圆极化天线,终端使用线性天线情况下上行信号的接收[4]

3. 解决方案

1) BWP 以及波束管理

3GPP 首先对部署场景以及波束管理在不同场景中的适用性进行了讨论。在 SI 阶段的讨论中,NTN 中有两种卫星波束和物理小区 ID 映射的方案,分别是每个物理小区中包含多个卫星波束和每个物理小区中包含 1 个卫星波束。

对于每个小区包含多个卫星波束的情况,其最大的好处就是不用因为卫星的移动而做频繁的小区切换,只需要在同一个小区内做不同卫星波束的切换即可,由于不涉及高层信令,节省了很大的信令开销和时延。因此每个小区一个波束和每个小区多个波束的场景均在 R17 标准中被支持。

针对每个小区多个波束的情况,为了避免邻区干扰可能会使用 FRF=3,此时 BWP 和卫星波束具有一定的对应关系。另外,由于终端会认为完成初始接入的 BWP 是初始 BWP (initial BWP/ BWP♯0),后续的 BWP 回落等行为都和 BWP♯0 有关,因此 3GPP 进一步讨论了多波束的布局方式,尤其是 BWP♯0 的波束布局,比如多层布局和单层布局。

基于以上每个小区多个波束的场景以及波束布局方式,BWP 与波束管理围绕以下几个问题展开。

一是是否通过 RRC 定义波束与 BWP 的绑定关系。在现有地面网络协议中,波束和 BWP 是通过不同的信令指示的,比如 PDSCH 的波束通过包含在 DCI 中的 TCI 域进行指示,PDSCH 的 BWP 通过包含在 DCI 中的 BWP 域进行指示。由于在 NTN 中波束和 BWP 具有特定的对应关系,BWP/波束的切换会导致相应的波束/BWP 切换,这种分开指示的方式在这种情况下带来了额外的信令开销。因此有公司提出可以通过 RRC 提前绑定 BWP 和波束的关系,对两者进行统一的切换和指示。但是在一些特定的场景下,波束的切换并不会带来 BWP 的切换,比如两个相邻的波束使用了相同的 BWP 但是使用了不用的极化方向;类似地,BWP 的切换也不会带来波束的切换。因此,3GPP 最终未对波束与 BWP 的绑定关系进行 RRC 预先定义,仍然使用分开指示的方式以保证基站指示的灵活性。

二是波束选择的方法。在 NTN 中,由于卫星信道具有大时延和高速移动特性,导致终端反馈的信道测量结果可能已经不能反馈当前信道的信道特征。有公司提出基于卫星位置和终端位置而不是基于测量结果进行波束选择,比如基站可以基于卫星的星历信息和终端的位置信息提前配置一组波束和相应的定时信息给终端,终端在特定的时间切换到特定的波束上。3GPP 认为基站要提前配置一组波束及定时器需要终端上报具体的位置信息,然而终端的位置信息对于基站来说是不可信的,对基站来说该方法难以实现,加之允许终端自行调整波束方向的方案可能会带来干扰等影响,因此 3GPP 最终同意不在 R17 NTN 中对波束选择进行增强。

三是 BWP 切换及指示。各个公司针对该问题的不同方面提出了改进方法,比如将 UL BWP 和 DL BWP 同时切换,在不调度数据的情况下切换 BWP,预定义一组 BWP 提前指示给终端进行顺序切换,以及针对一组终端进行 BWP 切换。3GPP 经过反复论证,认为上述改进的动机不足,最终没有对 BWP 的指示进行增强。

四是 BWP 回退机制。地面网络中定义了 BWP inactivity timer 参数,如果终端在 BWP inactivity timer 内没有在当前 BWP 收到任何调度信息,那么为了减少功耗,终端会自动回退到初始 BWP。在非地面网络中,如果将波束和 BWP 进行绑定,那么由于终端无法在一个波束覆盖范围内自由地切换到另一个 BWP,该功能将无法适用。3GPP 认为 BWP 回退机制可以由基站决定是否开启,当基站认为该部署场景下 BWP 回退机制无法适用时可以关闭该机制。因此,3GPP 最终同意不在 R17 NTN 中对 BWP 回退机制进行增强。

2) 极化信息

在相邻波束使用不同极化方向的场景下,相邻波束之间的干扰得到了有效的降低。针对如何使天线极化场景适用于 NTN,3GPP 围绕以下几点展开了讨论。

(1) 天线极化的方式有哪些;

(2) 天线极化通过哪些信令来指示;

(3) 是否上行极化和下行极化都需要指示;

(4) 天线极化是否和波束管理一起进行增强;

(5) 是否允许基站通过极化复用的方式提高吞吐量。

在讨论过程中,3GPP 在天线极化方式上取得了统一意见,即支持左旋和右旋的圆极化方式和线性极化方式。对于其他问题,不同公司基于不同的出发点主要有两类看法:一类认为天线极化是用来抗干扰的,因此对于同一个小区内的每个波束来说,极化方向是准静态的,对该波束内的所有终端都是相同的;另一类认为天线极化不仅可以用来抗干扰,还可以用来提高终端的吞吐量,因此对于同一个小区内的每个波束来说,可能存在多种极化方向,而且极化方向是可以动态改变的,对该波束内的所有终端可以是不同的。最后,由于 R17 的时间问题和 SI 阶段设定的讨论范围问题,3GPP 最终采用了比较保守的持有第一类看法的公司的方案,即每个波束采用一种准静态的极化方式。对协议的改动具体表现为在系统信息里广播服务小区的上行及下行极化方向,以及为了支持终端的无限资源管理测量和邻小区切换,支持基站在用户专属 RRC 信令中指示其他小区的极化方向信息。

2.4 高层相关的增强

2.4.1 用户面增强

1. TA 上报

由于基站进行上行调度需要知道 UE 和基站间的往返时延,以便保证调度的上行子帧距离在当前时刻至少大于一个往返时延时间,因此,UE 需要将自己的 TA 预补偿值(TA 预补偿请参见 2.3.2 小节)告知基站。

3GPP 同意在初始接入阶段通过 MAC CE 来上报 TA,由网络通过系统消息指示 UE 是否需要在初始接入阶段上报 TA。由于 TA 上报的 MAC CE 会在 Msg3 里面传输,为了减小 TA 上报 MAC CE 的大小,3GPP 同意 TA 上报 MAC CE 使用预留的逻辑信道标识(Logical Channel IDentification,LCID),该结论同样适用于连接态。

一个有争议的焦点是上报 TA 值还是上报终端位置信息。上报终端位置信息的好处是只用上报一次,随后基站便可以基于终端位置实时地知道 UE 到 gNB 的往返时延。如果上报 TA 值,随着卫星的移动,当 UE 到 gNB 的往返时延发生变化时,终端还需要更新 TA,从而增加信令开销。但是上报终端位置信息的问题是增加了终端的隐私泄露风险。最终,3GPP 同意上报 TA 值。

对连接态终端,由于卫星的移动,终端的 TA 值会发生变化,因此终端需要发送更新后的 TA 给网络。有以下几种触发 TA 上报的方案:方案 1 是周期性上报,方案 2 是基于 TA 变化量来触发上报,方案 3 是网络请求终端上报 TA。

3GPP 最终仅采纳了基于 TA 变化量来触发上报,主要原因是基于 TA 变化量触发已经足够,其他两种方式并没有太多增益。此外,前面提到过在初始接入时,终端是否上报 TA 是由网络通过系统消息进行配置的。对连接态终端,3GPP 同样讨论了系统消息里的 TA 上报使能配置是否同样适用于连接态,最终的结论是连接态基于触发事件配置来使能 TA 上报即可,并且在第一次配置触发事件时,如果终端之前没有上报过 TA,则触发一次 TA 上报。不过,切换时,向目标小区发起的接入时的 TA 上报应以目标小区的系统消息广播配置为准,但该配置是通过切换命令发送给 UE 的,所以如果切换命令里指示了使能 TA 上报,那么 UE 在向目标小区发起随机接入时需要携带 TA 报告。对于重建场景,UE 根据重建小区广播的 TA 上报使能配置来判断是否在重建时上报 TA。

由于引入了 TA 上报的 MAC CE,3GPP 还针对 TA 上报的 MAC CE 的优先级进行了讨论。TA 上报的 MAC CE 的逻辑信道(Logical Channel,LC)的优先级应低于小区无线网络临时标识(Cell Radio Network Temporary Identifier,C-RNTI)MAC CE 或上行公共控制信道(Uplink Common Control Channel,UL-CCCH)数据的优先级,高于除 UL-CCCH 数据外的任何逻辑信道数据的优先级。TA 上报的 MAC CE 的优先级高于 BSR。此外,在 UE 触发基于 MAC CE 的 TA 上报但没有可用上行资源时,网络可以通过配置的方式来决定是否触发 SR。

2. RACH

1) 前导码(Preamble)接收模糊性问题

在随机接入过程中,当终端在一个随机接入时机(RO)发送前导码后,网络在接收到该前导码时需要知道接收的前导码所对应的发送 RO,以便在随机接入响应时正确寻址该随机接入请求,以及进行上行定时调整。对 TN,前导码设计允许的最大往返时延是 0.68 ms(对应 100 km 覆盖半径),小于一个子帧。因此,基站接收到的前导码的子帧与该前导码发送所对应的 RO 子帧相同,上行定时偏差通过子帧边界偏差即可获得。但对于 NTN,不同终端到达基站的往返时延差值最高可达 10.3 ms,基站无法从接收到的前导码推测出其发送的 RO 子帧以及上行定时偏差,除非 RO 之间的间隔大于最大往返时延差值从而保证不同 RO 的前导码接收窗口不重叠。但这样会对 RO 资源带来较大限制。

针对上述前导码接收模糊性问题,可以通过 TA 预补偿来解决(具体参见前文 NTN 物理层增强中的上行同步部分),即终端在发送前导码前,将 UE 的上行定时根据终端和基站之间的往返时延来进行提前,从而保证不同 UE 采用相同 RO 发送的前导码到达基站的时间差均限制在 1 个子帧以内。

2) RACH 窗口和定时器

（1）Random Access Response Window(随机接入响应窗口)

对 TN,UE 在发送完 RA Preamble(Random Access Preamble,Msg1)后,便开始监听和接收随机接入响应（Random Access Response,RAR)消息（即消息 2,Msg2)。如果在 ra-Response Window 期间没有收到有效的响应,则发送一个新的 Preamble。

对 NTN,UE 在发送 Preamble 后,需要至少一个往返时间（RTT)才有可能收到基站的 RAR。对 TN,这个 RTT 可以忽略不计。但对于 NTN,RTT 可能非常大。如果直接在发送完 Preamble 后就启动 RAR 窗口,那就需要扩展 RAR 窗口的时间,会让 UE 增加很多不必要的监听时间。因此,3GPP 同意在发送完 Preamble 后延迟 UE 到基站的 RTT,再启动 RAR 窗口。

（2）Contention Resolution Timer(争用解决定时器)

当 UE 发送 Msg3 后,UE 将启动 ra-Contention Resolution Timer(CRT)来等待接收 Msg4。类似于对 RAR 接收的讨论,3GPP 同意在发送完 Msg3 后延迟 UE-gNB RTT,再启动 ra-Contention Resolution Timer。但是 CRT 延迟 UE-gNB RTT 会导致 CRT 在下次重启前超时,如图 2-17 所示。

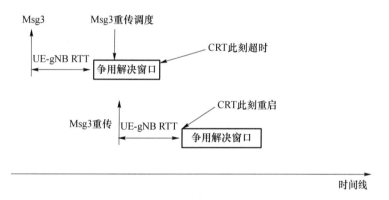

图 2-17　争用解决定时器超时问题

从图 2-17 中可以看出,CRT 的重启会先延迟一个 RTT 后才执行,所以导致 CRT 重启前,之前启动的 CRT 已经超时。如果 CRT 超时,UE 会认为争用解决失败。为了避免该问题,3GPP 讨论了以下 3 种方案。

① 方案一:如果 CRT 在 CRT 重启前超时,UE 不认为争用解决失败。

② 方案二:UE 在 PDCCH 上收到 Msg3 的重传调度后,停止 CRT。

③ 方案三:如果 CRT 启动后没有在 PDCCH 上收到 Msg3 的重传调度,认为争用解决失败。

方案二的增益是 UE 可以少监听一会 PDCCH,但问题是,UE 一旦在收到 Msg3 的重传调度后停止 CRT,UE 就无法再监听后续的 Msg3 盲重传调度了。Msg3 的盲重传调度既可以用于 HARQ enable(启用)的情况,也可以用于 HARQ disable(禁用)的情况,现网支持 Msg3 的盲重传调度。方案一和方案三类似,主要是写法不同。由于部分公司认为方案一存在理解歧义,3GPP 最终同意了方案三。

3）2 步随机接入和 4 步随机接入选择

NTN 具有较大的传播时延,2 步随机接入相对于 4 步随机接入可以减小一半的时延,所以 2 步随机接入对于 NTN 减少时延非常有吸引力。为此,3GPP 讨论了如下 9 种随机接入(Random Access,RA)类型选择的增强方案。

(1) 基于 UE 和卫星间的 RTT。如果 RTT 低于一定的阈值,则选择 2 步随机接入;否则,选择 4 步随机接入。

(2) 基于 UE 和卫星间的距离。如果距离低于一定的阈值,则选择 2 步随机接入;否则,选择 4 步随机接入。

(3) 基于 UE ID。把 UE 分成两组,一组使用 2 步随机接入,另一组使用 4 步随机接入。

(4) 基于逻辑信道。根据不同逻辑信道对业务时延需求的不同来选择 2 步随机接入还是 4 步随机接入。

(5) 基于 QoS 需求。根据不同业务 QoS 需求的不同来选择 2 步随机接入还是 4 步随机接入。

(6) 基于切片 ID。

(7) 基于小区的仰角。如果 UE 位于小区中心,则选择 2 步随机接入。

(8) 基于相位位置。如果 UE 位于小区中心,则选择 2 步随机接入。

(9) 将 UE 基于其类型、功率级别、全球导航卫星系统(GNSS)能力、时频同步准确性来分组,基于分组来选择 2 步随机接入还是 4 步随机接入。

以上的增强方案依据其原理可以划分为三类。

(1) 类别一:基于与小区位置关系的 RA 类型选择,如方案(1)、方案(2)、方案(7)、方案(8)。

(2) 类别二:基于业务需求的 RA 类型选择,如方案(4)、方案(5)、方案(6)。

(3) 类型三:基于 UE 特征分组的 RA 类型选择,如方案(3)、方案(9)。

对于类别一,其考虑点有两点,一是不同位置的 UE 距离卫星的 RTT 不同,RTT 越大时延越大,采用 2 步随机接入有利于缩短时延;二是基于位置来限制可以使用 2 步随机接入资源的 UE,避免 2 步随机接入资源的拥塞。对于第一点,由于不同位置 UE 的最大差分 RTT 为 20.6 ms(GEO)、6.24 ms(600 km)和 6.36 ms(1 200 km),其相对各自的 RTT (541.46 ms、25.77 ms、41.77 ms)来说,都只占很小的比例,所以增强意义不大。对于第二点,由于 NTN 立项之初 RA 类型选择要解决的问题是时延而不是拥塞,所以针对第二点进行优化的呼声不高。

对于类别二,现有技术已经可以做到逻辑信道的数据直接触发随机接入而不是 SR(通过不为该逻辑信道配置 SR 资源来实现),一定程度上减小了时延。如果进一步在选择随机接入类型时仅根据业务时延要求来选择而不考虑 RSRP,则会存在较高的随机接入失败的风险。但当考虑 RSRP 阈值后,业务类型的限制条件的意义也就等同于限制对时延要求不高的业务不使用 2 步随机接入资源,即回到解决 2 步随机接入资源拥塞问题。

类别三,同样是解决 2 步随机接入资源拥塞问题。

由于以上所有方案都最终落脚到 2 步随机接入资源拥塞问题,导致最后增强的呼声不高,因此,R17 没有引入对随机接入类型选择的增强。

3. HARQ

R15 通过支持上行和下行的 HARQ 重传来提高数据传输的可靠性。对于上行 HARQ,基站在收到终端发送的上行数据后,如果译码失败,会进行重传调度,而不需要再发送 HARQ ACK/NACK 反馈。对于下行 HARQ,终端在收到基站发送的下行数据后,会进行 HARQ ACK/NACK 反馈,基站基于 ACK/NACK 反馈来决定是否调度重传。

对于 NTN,HARQ 重传机制带来的问题是,基站至少要等待一个往返时延才能进行重传调度,从而大大地增加了调度时延。为了减小调度时延,3GPP 同意引入 HARQ 禁用机制,即下行数据不进行 HARQ ACK/NACK 反馈,上行重传调度不需要基于接收物理上行共享信道(Physical Uplink Shared CHannel,PUSCH)的译码结果,基站可以通过盲重传来调度。不过,对于时延不敏感业务,还可以继续使用现有的 HARQ 启用机制。需要说明的是,3GPP 将上行重传调度基于接收 PUSCH 的译码结果称为 HARQ 模式 A,将不基于接收 PUSCH 的译码结果称为 HARQ 模式 B。但为了描述方便,对于上行 HARQ,下文仍然用 HARQ 启用/禁用(enable/disable)来分别指代上行 HARQ 模式 A 和 B。对于下行 HARQ,HARQ 启用/禁用则分别指代对下行数据启用/禁用 HARQ ACK/NACK 反馈。

对于动态调度,HARQ 启用/禁用可以由每个 HARQ 进程单独配置,然而对于配置调度,由于配置调度所使用的 HARQ 进程号是与发送时机相关联的,所以需要保证关联到该配置调度的 HARQ 进程有同样的 HARQ 启用/禁用配置,否则,对使用该配置调度的业务就难以保证使用同样 HARQ 启用/禁用配置的 HARQ 进程。也正因为如此,部分公司建议对于配置调度,HARQ 启用/禁用配置应该是每配置调度配置的,而不是每 HARQ 进程配置的。但是大多数公司认为通过网络实现可以保证关联到同一个配置调度的 HARQ 都具有相同的 HARQ 启用/禁用配置。所以,3GPP 最终采用每 HARQ 进程的配置。

4. DRX

NTN 对非连续接收(DRX)的影响主要体现在较大的往返时延对 DRX 定时器取值的影响和 HARQ 禁用带来的影响。

与往返时延相关的 DRX 参数是 drx-HARQ-RTT-TimerDL 和 drx-HARQ-RTT-TimerUL。drx-HARQ-RTT-TimerDL 是 UE 在发送针对下行数据的上行 ACK/NACK 反馈后到开始接收下行重传调度的时间间隔,drx-HARQ-RTT-TimerUL 是 UE 在发送上行数据后到开始接收上行重传调度的时间间隔。在 drx-HARQ-RTT-TimerUL/DL 超时后,UE 会启动 drx-RetransmissionTimerUL/DL 来监听重传调度。可以看出,以上两个定时器都与 UE 和基站间的往返时延直接相关。因此,如果下行重传调度需要基于上行 ACK/NACK 反馈,上行重传调度需要基于接收 PUSCH 的译码结果,那么这两个定时器均需要延长 UE 到基站的往返时延。

但是,如果下行重传调度不需要基于上行 ACK/NACK 反馈,上行重传调度不需要基于接收 PUSCH 的译码结果,即基站对上/下行重传进行盲调度或者不进行重传调度,那么终端并不需要等待往返时延后才开始监听盲重传调度或者根本不需要监听重传调度。因此,3GPP 规定,对 UL/DL HARQ 启用/禁用不配置的情况,drx-HARQ-RTT-TimerUL/DL 按照现有协议工作;对 UL/DL HARQ enable 的情况,drx-HARQ-RTT-TimerUL/DL

的时长需要扩展 UE-gNB 往返时延;对 UL/DL HARQ disable 的情况,针对 HARQ-RTT-TimerUL/DL 的行为,3GPP 讨论了以下两种方案。

(1) 方案 1:drx-HARQ-RTT-TimerUL/DL 设为 0。

(2) 方案 2:drx-HARQ-RTT-TimerUL/DL 不启动。

这两种方案的最大区别是前者会启动后面的 drx-RetransmissionTimerUL/DL,而后者不会。支持方案 2 的公司认为没有必要启动 drx-RetransmissionTimerUL/DL,因为 UE 在收到上/下行调度后会启动 drx-InactivityTimer 来监听 PDCCH 调度,其时间长度足够监听盲调度了。另外,如果网络不想进行重传调度,那么启动重传定时器会额外增加终端监听时间。因此,无须启动 drx-HARQ-RTT-TimerUL/DL。支持方案 1 的公司认为需要启动 drx-RetransmissionTimerUL/DL,因为 drx-InactivityTimer 只会在新传启动,而不会在重传时启动,这就要求 drx-InactivityTimer 的时长必须大于所有可能的盲重传调度需要的时间。考虑盲重传调度的多次调度之间可能会利用时间分集增益,即在两次调度之间有一定的时间间隔,如果利用 drx-InactivityTimer,则该定时器需要设置为一个较长的值,这会使终端增加不必要的 PDCCH 监听时长。另外,即使网络不想重传调度,启动 drx-RetransmissionTimerUL/DL 也不会额外增加终端监听 PDCCH 的时间,因为 drx-InactivityTimer 会启动,而重传定时器的时长通常小于 drx-InactivityTimer 的时长,所以重传定时器的时长正好落在 drx-InactivityTimer 的监听范围内,不会额外监听 PDCCH。最终,由于部分公司认为 drx-InactivityTimer 足以保证 UE 接收盲重传调度,重启重传定时器的方案属于优化方案,不需要在 R17 中考虑,所以 3GPP 决定不启动 drx-RetransmissionTimerUL/DL。

5. LCP

对不同的业务,因其对时延/可靠性要求的不同,需要分别用 HARQ enable 的 HARQ 进程和 HARQ disable 的 HARQ 进程来传输。逻辑信道优先级(LCP)承担着将逻辑信道映射到不同的 UL grant 的工作,因为 UL grant 与所使用的 HARQ 进程有对应关系,所以 LCP 可以将不同的逻辑信道映射到不同的 HARQ 进程。具体来说,主要有以下两种映射方案。

(1) 方案 1:重用 LCP 中的 allowedPHY-PriorityIndex 参数。

(2) 方案 2:引入新的 LCP 限制参数,以将 LCH(逻辑信道)映射到一个或多个 HARQ 进程。

对于方案 1,allowedPHY-PriorityIndex 本来是用于区分 URLLC 业务在发生碰撞时的发送优先级的,映射到高优先级的 UL grant 的业务在与低优先级的 UL grant 的发送时间存在碰撞时可以优先发送。通常,高优先级的业务对时延比较敏感,因此这类业务也正好需要 HARQ disable 的 HARQ 进程。通过 allowedPHY-PriorityIndex 便可以同时实现这两种需求。但是,该方案的问题是 allowedPHY-PriorityIndex 仅适用于动态调度,而不适用于配置调度。另外,该方案对物理层业务优先级机制的潜在影响也需要评估。最终,3GPP 采用了方案 2。新的 LCP 限制参数只将逻辑信道映射到两种 HARQ 状态(HARQ enable 或 HARQ disable),而不是映射到具体的 HARQ 进程,因为没有必要细到进程的粒度。

3GPP 支持以下 LCH 到 HARQ 的进程映射规则:LCH 只映射到配置了 HARQ enable 的 HARQ 进程;LCH 只映射到配置了 HARQ disable 的 HARQ 进程。如果一个

LCH 没有配置映射规则,它可以映射到任何 HARQ 进程(HARQ enable/disable)。

有公司提出对于 MAC CE 需要保证其传输的可靠性,因此建议将 MAC CE 只映射到 HARQ enable 的 HARQ 进程。然而,很多公司指出 MAC CE 没有必要保证传输可靠性,因为即使它丢失也不会造成严重问题。另外,采用 HARQ disable 的 HARQ 进程,MAC CE 的传输可靠性不一定降低很多。而且,按照现有标准,MAC CE 本就既可能在可靠性高的 UL grant 发送,也可能在可靠性低的 UL grant 发送,也没有出问题。因此,3GPP 同意不对 MAC CE 进行增强。

6. SR

UE 可以使用调度请求(SR)向 gNB 请求 UL-SCH 资源,用于新传或更高优先级的传输。当发送 SR 后,UE 等待网络下发的 UL grant,同时启动禁止计时器(sr-ProhibitTimer),在禁止计时器超时前,UE 不能再发送 SR。禁止计时器的长度需要能覆盖 UE 接收网络 UL grant 的时间。在 SR 发送后,最快经过 UE-gNB 往返时延后才可能开始接收网络的 UL grant。对于 GEO 系统,UE-gNB 的往返时延达到 541 ms。所以,sr-ProhibitTimer 的可配长度需要至少大于 UE-gNB 往返时延,而目前 sr-ProhibitTimer 可以配置的最大值为 128 ms,所以需要扩展 sr-ProhibitTimer 的长度。

因此 3GPP 同意对 sr-ProhibitTimer 的时长进行扩展,同时可以增加小于 UE-gNB 往返时延的值,其目的是允许 UE 在等待网络 UL grant 前可以重发多次 SR。协议目前支持的 sr-ProhibitTimer 的取值是{1,2,4,8,16,32,64,128}(单位为 ms),3GPP 同意将其进行扩展,增加以下取值:{192,256,320,384,448,512,576,640,1 082}(单位为 ms)。最大值 1 082 是为了允许 prohibit 2 * 往返时延＝2 * 542＝1 084,因为 legacy 的取值是允许 prohibit 多个往返时延的。640 ms 对应一个往返时延,计算方式为 640 ms＝128 ms+512 ms,其中 512 ms 是将最大往返时延 542 ms 做了一定的规律性处理得出,128 ms 是现有协议支持的 SR 抑制定时器的最大取值。128 到 640 之间的数值按照 64 的步长递增。

7. 上行调度

当数据到达缓存时,UE 通常会触发缓存状态报告(Buffer Status Report,BSR)。如果 UE 没有任何上行资源来传输 BSR,UE 将发送 SR 来请求资源。SR 并不携带任何缓存大小相关的信息,只是告诉网络 UE 需要上行资源。网络在收到 SR 后通常会发送一个 UL grant,用于 UE 发送 BSR。在 UE 发送 BSR 后,网络可以根据 BSR 来进行上行调度,如图 2-18 所示。

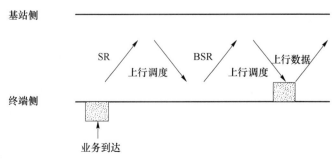

图 2-18　上行调度[4]

从图 2-18 中可以看出,数据从到达 UE 缓存到可以被发送给基站需要至少 2 个往返时延,由于 NTN 中传输时延很大,所以这个时间也会变得非常大。

对于上行调度增强,RAN2 主要讨论了如下方案。

(1)方案一:SR-BSR 流程。

(2)方案二:在响应 SR 的时候发送一个大的上行资源的授权调度。

(3)方案三:配置调度(Configured grant)。

(4)方案四:SR 中的 BSR 指示。

(5)方案五:BSR 触发 2 步随机接入。

其中,方案一是现有的方案,方案二也是现有的方案,但是方案二也取决于网络实现。方案四对协议的影响较大,所以在 R17 中可能不会被考虑。方案五也可以基于现有技术实现,即逻辑信道不配置 SR 资源时可以直接触发随机接入,至于触发 2 步随机接入还是 4 步随机接入,涉及随机接入类型选择,请参见随机接入类型选择部分的内容。

在后续会议流程中,3GPP 主要讨论了方案三配置调度。3GPP 同意 Type 1 和 Type 2 的配置调度在 NTN 中都是可行的。且在 NTN 中,UE 可以同时配置 2 步随机接入和配置调度。

对 configuredGrantTimer,3GPP 主要讨论了该定时器是否需要进行扩展。configuredGrantTimer 的主要作用是确定一个 HARQ 进程等待重传调度的时间,过了这一时间,可以使用该 HARQ 进程进行新传。所以,对于 NTN 的较大往返时延,现有 configuredGrantTimer 的取值可能难以保证重传调度时间。configuredGrantTimer 的单位是配置调度资源周期的倍数,取值范围是 1 ~ 64。如果配置调度资源的周期小,configuredGrantTimer 的长度可能不足以覆盖 UE 与 gNB 之间的往返时延(UE-gNB 往返时延)。为了确保 HARQ 进程能够接收到重传调度,3GPP 同意扩展 configuredGrantTimer。扩展的方式有两种,第一种是将 configuredGrantTimer 的时长增加一个 UE-gNB 往返时延的时间,第二种是将网络配置的 configuredGrantTimer 的取值进行增加。第一种方式的一个问题是 UE-gNB 往返时延是一个变化值,会导致 UE 和网络侧维护的 configuredGrantTimer 的运行状态不匹配,从而导致基站期待 UE 进行上行传输时 UE 没有进行上行传输,或者基站不期待 UE 进行上行传输时 UE 却进行了上行传输;另一个问题是运行状态的错误匹配同样导致网络无法进行无线资源的规划,因为基站不知道何时可以将配置调度资源给另一个 UE 使用。所以,最终 3GPP 同意采用第二种方式。

8. RLC/PDCP 增强

对 RLC,3GPP 主要讨论了对 t-Reassembly 定时器的扩展增强,因为该定时器的大小跟 HARQ 的重传次数及往返时延(RTD)相关。目前,协议可以配置的 t-Reassembly 的值为 200 ms,其远小于最大的 UE-gNB 往返时延 541 ms,因此,需要对该定时器进行扩展。3GPP 讨论了如下几个候选方案。

(1)方案一:NTN 的 t-Reassembly =(minimum _ NTN _ delay + R16 的 t-Reassembly Timer value)• scaling factor,其中 minimum_NTN_delay 为预期的最小的 UE-gNB往返时延。

（2）方案二：t-Reassembly 定时器的扩展留给网络实现。

（3）方案三：在 R16 的 t-Reassembly 定时器的取值基础上增加以下取值（单位为 ms）：210，220，340，350，550，1 100，1 650，2 200。

（4）方案四：NTN 的 t-Reassembly＝（R16 的 t-Reassembly＋k_reassembly·往返时延），其中 k_reassembly 和往返时延为新的 RRC 参数。

最终，3GPP 决定把 t-Reassembly 的计算公式留给网络实现，只是增加以下可以配置的取值（单位为 ms）：210，220，340，350，550，1 100，1 650，2 200。这些增加的取值考虑最大 RTD 为 541 ms，重传次数取值 1，2，4，并按照取整获得 550 ms，1 100 ms，1 650 ms，2 200 ms。200～550 ms 之前的取值按插值插入。之所以没有考虑重传次数 8，是因为大于 4 s 以上的时延已经没有意义。

对 PDCP，3GPP 主要讨论了对 t-Reordering 和 discardTimer 的增强，因为这两个定时器也跟 RTD 相关。目前，协议支持的 discardTimer 的最大取值为 1 500 ms，t-Reordering 的最大取值为 3 000 ms。通常 PDCP discardTimer 和 PDCP 的 t-Reordering 的取值至少不小于 RLC 的 t-Reassembly。由于 RLC 的 t-Reassembly 的最大取值已扩展到 2 200 ms，所以 3GPP 同意将 PDCP discardTimer 的取值上限扩展到 2 000 ms。而 PDCP 的 t-Reordering的最大取值已经是 3 000 ms，所以 3GPP 最终没有同意扩展 t-Reordering 的取值。

2.4.2 控制面增强

1. 跟踪区域更新(TAU)增强

1) TAU 中面临的问题

（1）寻呼容量

由于在 NTN 中，卫星小区覆盖范围大，故假设小区的覆盖半径为 250 km，那么其覆盖区域的面积 $A=163\,000\ \text{km}^2$，根据表 2-7 中的参数可以计算出对应寻呼信道负载[13]。

表 2-7 寻呼信道覆盖[13]

N_{PF}，$N_{POperPF}$，$N_{UEperPO}$	用户密度	平均到达率	M	r/km	寻呼信道负载/%
4，100，32	400	每小时 1 个用户	1	250	141
4，100，32	400	每 24 小时 1 个用户	1	250	5
4，100，32	20	每小时 1 个用户	1	250	7
4，100，32	20	每 24 小时 1 个用户	1	250	0.25

从表 2-7 中可以看出，在用户密度为 400 和平均到达率为每小时 1 个用户的情况下，寻呼信道负载达到了 141%，即此时网络能够提供的寻呼容量不能满足小区内用户的容量需求。

（2）跟踪区域更新

卫星小区的覆盖范围很大,小区半径高达数百平方千米。如果采用较小的跟踪区域(Tracking Area,TA),则会使得两个 TA 之间的边界处存在大量的 TAU 信令,如图 2-19 所示。

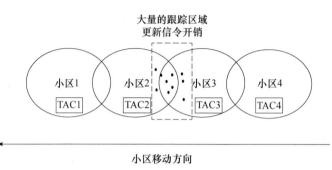

图 2-19　移动小区和较小的跟踪区域导致大量的 TAU 信令[4]

另一方面,如果采用较大的跟踪区域,TAU 信令减少,但是寻呼负载可能会很高,因为寻呼负载与 TA 中的 UE 数量有关,如图 2-20 所示。

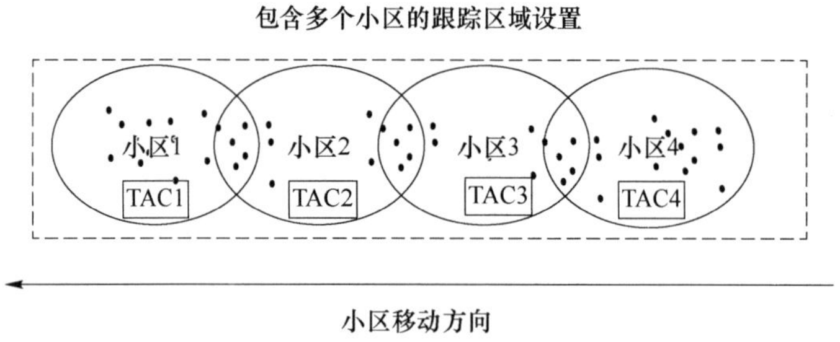

图 2-20　移动小区和较大的跟踪区域导致较高的寻呼负载[4]

2）NTN 中 TAU 的优化方案

根据 NR TAU 方案,即使 UE 静止,随着卫星的移动,UE 也会频繁地进行 TAU,增加了信令开销和 UE 的功耗,所以 NTN 中引入了基于网络广播的固定跟踪区域方案。

将地理区域与跟踪区域编码(Tracking Area Code,TAC)进行对应,不同地理区域对应不同的 TAC,当卫星移动覆盖不同的地理区域时,网络广播不同的 TAC。从 UE 角度看,如果其不移动,从网络接收到的 TAC 则不改变,从而不需要进行跟踪区域更新,降低了信令开销。如果 UE 进入了新的跟踪区域,则进行跟踪区域更新。

对于 NR,网络广播的 TAC 不会改变,而 NTN 会随着卫星的移动而改变其广播的 TAC,对于网络如何改变 TAC,有以下两个方案。

（1）"硬切换"方案

一个小区对每个公共陆地移动网(Public Land Mobile Network,PLMN)只广播一个 TAC。新的 TAC 将取代旧的 TAC,因此在新旧 TAC 的交界区域可能会存在反复,如图 2-21所示,UE 在 T1 到 T3 时间内看到的 TAC 改变的过程为,TAC2→TAC1→TAC2,因此即使 UE 没有移动,仍然存在其需要进行 TAU 的情况。

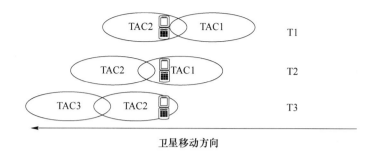

图 2-21 边缘区域的 TAC 波动[4]

（2）"软切换"方案

一个小区对于每个 PLMN 可以广播多个 TAC。小区添加新的 TAC，过一段时间再移除旧的 TAC。因此，当小区在 TAC 区域交界处时，可以先添加一个 TA，然后再移除旧的 TA，如此，相较于硬切换方案，可以减少 UE 进行 TAU 的次数。但是，一个小区广播多个 TAC，会增加小区的寻呼负载。

经过讨论，3GPP 最终决定网络广播一个或多个 TAC 由网络的实现决定，即网络可以广播一个或多个 TAC，并且只要网络广播的任何一个 TAC 在 UE 的跟踪区域标识（TAI）列表中，则 UE 不需要进行 TAU。

另外，当网络停止广播某个 TAC 后，如果 UE 错过读取该信息，则可能导致 UE 没有进行 TAU，从而网络无法寻呼到 UE，因此，当网络停止广播 TA 时，网络可以通过系统消息更新流程来通知 UE 重新获取网络广播的 TAU。如果网络广播多个 TAC，UE 的接入层（Access Stratum，AS）不进行 TAC 选择，而是 AS 层向非接入层（Non-Access Stratum，NAS）指示所有接收到的每个 PLMN 的 TAC。基站将 UE 上报的所有 TAC 都发送给核心网，基站也可以将根据 UE 位置得到的 TAC 发送给核心网。每个 NR NTN 小区最多有 12 个 TAC，包括相同或不同的 PLMN。

2. 网络类型指示

如果 UE 知道网络类型（TN 或 NTN），则有利于 UE 在小区选择/重选中选择合适的小区。所以 3GPP 同意了 UE 应该知道网络类型（TN 或 NTN）的提议。对于如何指示网络的类型，有如下两种方案。

（1）方案 1：隐式网络类型指示

隐式网络类型指示可以为 NTN 小区分配特定的 PCI、PLMN ID 或频段，或通过星历信息、SIB1 中 NTN 特定的信息、NTN 特定的 SIB 来获得网络类型。

（2）方案 2：显式网络类型指示

显式网络类型指示可以通过系统信息指示每个小区或每个频率的网络类型，可以通过 MIB 或 SIB1 来指示。

由于 NTN 引入了新的 SIB 来发送 NTN 特定的信息，例如卫星的星历信息，并且该新引入的 SIB 消息为必需的系统消息，其调度信息在 SIB1 中，因此 UE 可以通过 SIB1 中的调度信息来隐式地确定网络为 NTN 网络。

3. NTN 中的移动性增强

1）NTN 中移动性所面临的挑战

（1）移动性管理信令的传输时延

由于 NTN 中的传输时延比 TN 高几个数量级，给移动性信令的传输，例如测量报告、切换命令的接收等引入了额外的时延。

如果不考虑 RRC 处理时延和 UE RF retuning（小于往返时延）等的时延，那么下行中断时间为 2 倍往返时延（在 GEO 中约 1 080 ms），上行中断时间为 1.5 倍往返时延（在 GEO 中约 810 ms）。

（2）测量失效

将 R15 基于测量的移动性管理机制扩展到 NTN 可能会造成测量失效的风险，因为测量报告的传输和切换命令的接收之间存在较大的时延。这可能使得测量不再有效，失效的测量结果会导致不正确的移动性操作，例如过早或过晚切换。

（3）远近效应不明显

在 TN 系统中，由于小区边缘与小区中心的信号强度有明显的差异，UE 可以根据信号强度确定它是否在小区边缘，如图 2-22（a）所示。但是这种差异在 NTN 的部署中可能不那么明显，导致重叠区域两个波束之间的信号强度只有微小差异，如图 2-22（b）所示。然而 R15 的切换机制是基于测量事件的（例如 A3 事件），NTN 中的 UE 难以凭此区分更好的小区。

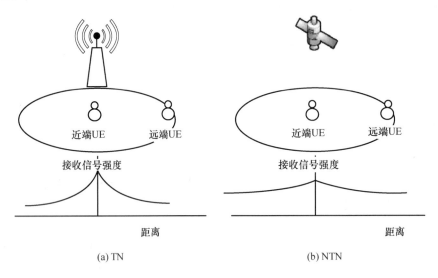

图 2-22　不同场景下的远近效应[4]

（4）频繁且不可避免的切换

非对地静止轨道（NGSO）卫星相对于地球上的固定位置进行高速运动，导致静止 UE 与移动 UE 均面临频繁且不可避免的切换。这可能会导致显著的信令开销，影响 UE 的功耗，并加剧对与移动性相关的其他潜在问题的影响，例如由于信令时延而导致的业务中断。

为了判断 UE 切换的频率,[4]中针对以恒定速度和方向运动的 UE,计算其能够保持连接到小区的最大时间,以此来判断 NTN 中的切换频率。UE 保持连接到某个小区的最大时间近似为用此小区的直径除以 UE 相对于卫星小区的移动速度。对于 LEO 系统,用小区直径除以 UE 与卫星小区之间的相对速度即可得到连接到此小区的最大时间。当 UE 的移动方向与卫星相同时,相对速度为卫星速度加上 UE 速度的相反值;当 UE 的移动方向与卫星相同时,相对速度为卫星速度加上 UE 速度,可以由以下方程描述[4]:

$$切换间隔时长(Time\ to\ HO) = \frac{小区直径}{UE\ 速度 \cdot \left(\frac{1}{3\,600}\right) + 卫星速度} \quad (2\text{-}4)$$

式(2-4)中,切换间隔时长的单位是 s;小区直径的单位是 km;UE 速度的单位是 km/h;卫星速度的单位是 km/s。

表 2-8 所示为小区直径为 50 km 和 1 000 km 的情况下,根据式(2-4)计算出的 UE 可以连接到一个小区的最长时间,即切换间隔时长。

表 2-8 不同 UE 移速和小区直径下的切换间隔时长[4]

小区直径/km	UE 移速/(km·h⁻¹)	卫星移速/(km·s⁻¹)	切换间隔时长/s
50	+500	7.56	6.49
	−500		6.74
	+1 200		6.33
	−1200		6.92
	忽略		6.61
1 000	+500		129.89
	−500		134.75
	+1 200		126.69
	−1 200		138.38
	忽略		132.28

(5)大量进行切换的 UE

考虑 NTN 小区规模大,大量 UE 在同一个小区的覆盖范围内,根据卫星的传输时延、卫星速度和 UE 的密度,在较小的一段时间内可能有非常多的 UE 需要执行切换,从而导致较大的信令开销,使得业务连续性面临较大的挑战。实际执行切换的 UE 与给定时间内 UE 的密度有关。定义切换率为每秒内必须执行切换的 UE 的数目,单位为 UEs/s。为了计算简便,可以观察小区波束完全移出原有覆盖范围的时间,如图 2-23 所示,从 a 时刻到 c 时刻,小区覆盖范围完全移出了原有的覆盖范围,则在这段时间内,所有处于原覆盖区域的 UE 在时间 T 内必须切换到一个新的小区。将原区域内连接态 UE 的总数除以此小区移出("hand-out")此范围所需的时间 T,就可以得出此场景下,"hand-out"给定直径小区的切换移出率。

在 UE 数目为最大小区无线网络临时标识(Cell Radio Network Temporary Identifier,C-RNTI)值(即 65 519),卫星移动速度为 7.56 km/s 时,忽略 UE 的移动速度,不同小区直

径下的平均切换率如表 2-9 所示。

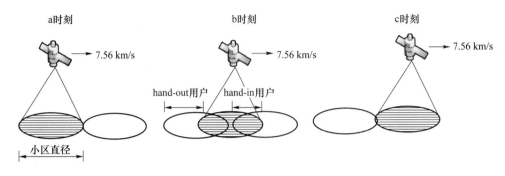

图 2-23　一个小区完全移出原始覆盖区域的示意图[4]

表 2-9　不同小区直径下的平均切换率(65 519 个连接态 UE/小区)[4]

小区直径/ km	小区近似 面积/km²	平均 UE 密度/ (UE·km⁻²)	卫星移速/ (km·s⁻¹)	切换间隔 时长/s	平均"hand-out" 概率/(UE·s⁻¹)	平均切换率 (in+out)/(UEs·s⁻¹)
50	1 964	33.36		6.61	9 912	19 824
100	7 854	8.34		13.23	4 952	9 904
250	49 087	1.33	7.56	33.07	1 981	3 962
500	196 000	0.33		66.14	991	1 982
1 000	785 000	0.08		132.28	495	990

在 LEO 中,由于卫星的快速移动,超高的切换率会对 LEO 中的移动性造成较大的影响。但是在 GEO 中,由于小区覆盖范围大,重叠区域大,UE 的相对速度较低,不存在此类问题。

2) 小区选择与小区重选增强

在 NTN 中远近效应不明显,UE 无法根据信号强度判断自身是否位于小区边缘;由于 NTN 中传输时延大,UE 还会面临测量失效的风险。所以 NTN 中的小区选择和重选并不能只依赖于现有的基于测量结果〔RSRP 与参考信号接收质量(Reference Signal Received Quality,RSRQ)〕的小区选择和重选,需要对小区选择和重选进行必要的增强,并以现有 TN 的小区选择/重选机制(S 和 R 准则)为基准。

(1) 基于时间的小区重选

在准地面固定场景中,网络可以提供小区何时停止服务的时间信息,此时间信息可以用绝对时间(UTC 时间)表示,UE 可以利用此时间信息来决定何时启动邻小区测量。其中,"小区停止对本区域服务的时间信息"是指小区停止覆盖当前区域的时间。

UE 应在服务小区停止覆盖当前区域之前开始对邻小区进行测量,即指定 UE 应该在服务小区广播的停止时间(即服务小区停止覆盖当前区域的时间)之前开始对邻小区进行测量,既不考虑 UE 与服务小区参考位置之间的距离,也不考虑服务小区的 Srxlev/Squal 是否满足不启动低优先级或者同优先级邻区测量的要求。即使服务小区的 Srxlev/Squal 一直优于阈值,即满足不启动低优先级或者同优先级邻区测量的要求,UE 也应在服务小区停止覆盖当前区域之前开始对邻小区进行测量。确切的测量开始时间取决于 UE 实现。对于更高优先级的频点或者 RAT,与 TN 中传统的方案一样,无论服务小区的剩余服务时间如何,UE 总是需要对其进行测量。在基于停止时间的测量被触发之前,UE 的测量遵循 TN 中的行为(即基于 Srxlev/Squal),并且没有测量放松。

(2)基于位置的小区重选

由于 NTN 中远近效应不明显,UE 的位置信息也可以用来辅助 UE 小区重选,对于准地面固定的小区,在系统信息中广播服务小区的参考位置。对于准地面固定的小区,支持位置辅助小区重选。考虑 UE 与服务小区参考位置的距离,支持基于距离的小区重选准则。经过讨论,最终确定了 UE 可以通过其与参考点之间的距离与阈值的关系来进行邻小区测量。具体地,UE 通过以下规则来确定是否对邻小区进行测量。

对于同频测量,或者相同或低优先级的异频测量,当服务小区 Srxlev/Squal 满足条件时,如果 UE 与服务小区参考位置的距离小于阈值,则 UE 可以不执行邻小区测量;如果 UE 与服务小区参考位置的距离大于等于阈值,则 UE 进行邻小区测量。如果服务小区 Srxlev/Squal 不满足条件,无论 UE 与服务小区参考位位置的距离与阈值的关系如何,UE 均进行邻小区测量。其中,对于同频测量,服务小区 Srxlev/Squal 满足的条件为 $Srxlev > S_{IntraSearchP}$ 且 $Squal > S_{IntraSearchQ}$;对于相同或低优先级的异频测量,Srxlev/Squal 满足的条件为 $Srxlev > S_{nonIntraSearchP}$ 且 $Squal > S_{nonIntraSearchQ}$。对于高优先级的频点,无论 UE 与服务小区参考点的距离如何,UE 都应该执行测量。

3)切换增强

由于 NTN 中存在测量过时的风险,考虑测量报告的传输和切换命令的接收之间存在较大的时延,为了提升 NTN 中切换的稳健性,3GPP 同意在 NTN 中引入条件切换(Conditional Handover,CHO),同意将 R16 中条件切换的流程作为 NTN 中条件切换的基准。

CHO 是指网络给 UE 配置切换触发条件和相应的候选小区,当 UE 满足一个或多个 CHO 触发条件时,由 UE 执行切换,接入到相应的候选小区。考虑 NTN 的特点,CHO 能够有效地解决测量过时的问题,降低切换失败的概率,提升 NTN 中切换的稳健性和可靠性。

在 R16 中,CHO 是基于测量事件(如 A3 事件、A5 事件)触发的,但在 NTN 中,远近效应不明显,所以,简单的只基于测量的 CHO 并不完全适用于 NTN 系统,[4]中还研究了 4种其他类型的触发事件并分析了不同类型 CHO 触发事件的优缺点,如表 2-10 所示。

表 2-10　不同类型 CHO 触发事件的优缺点[4]

触发类型	优点	缺点
基于测量的触发	• 对标准的影响小; • R16 的移动性增强中已支持该触发类型; • 基于接收功率和小区质量	• 需要邻小区列表,但是由于 NGSO 卫星的快速移动,邻小区列表是动态变化的; • NTN 中远近效应不明显,可能使基于测量的触发(例如 A3 事件)不可靠; • 难以确保 UE 能够切换到特定的国家
基于位置的触发	• 有助于解决 NTN 中远近效应不明显、小区边界不清晰给切换带来的影响; • 可以根据 UE 位置信息启用强制切换; • 可以利用卫星星历和确定性的卫星运动预测/预先配置触发条件; • 可以减少为了切换 UE 而执行测量的次数; • 基于 UE 与卫星之间的距离来触发 CHO 时,该距离可以直接用于 TA 的计算	• 对于单独配置的基于位置的触发,可能会触发 UE 接入不可用的小区; • 需要 UE 具备定位能力; • UE 必须持续跟踪卫星的轨迹,还需要获取 UE 的位置信息,这可能会带来较大的开销

触发类型	优点	缺点
基于时间的触发	• 如果 UE 失去 TN 的覆盖,可以让 UE 在失去覆盖的时间内切换到 NTN 小区,维持业务的连续性; • 可基于时间启用强制切换; • 网络可以配置不同的触发时间来减轻可能的 RACH 拥塞; • 能够利用卫星星历信息并利用卫星的确定性运动来确定触发时间; • 可以减少为了切换 UE 而执行测量的次数	• 对于单独配置的基于时间的触发,可能会触发 UE 接入不可用的小区; • 由于星历表数据的精确度不够以及 UE 的移动性,所以基于时间的触发可能不够准确,可能导致过早或者过晚的切换; • 为每个 UE 维护多个定时器可能会引入较大的开销
基于 TA 的触发	• 适用于 UE 在发送 RACH 前导码时需要预补偿时间的场景,以便目标小区能够正确接收前导码,无须重复计算 TA; • 有助于解决 NTN 中远近效应不明显给切换带来的影响	• 需要 UE 支持 GNSS
基于卫星仰角的触发	• 适用于形状不规则的切换区域	• UE 需要基于 UE 的位置和卫星星历数据计算仰角

综合考虑上述 5 种触发事件的优缺点,3GPP 同意在 NTN 中引入基于位置的 CHO 触发事件和基于时间的 CHO 触发事件,且目前只支持这两种触发事件与 R16 中基于测量的 CHO 触发事件联合配置。

考虑在 UE 触发 CHO,接入候选小区时,候选小区的信号质量需要满足一定的阈值要求,所以除了 A3 事件和 A5 事件,还在 R17 NTN 中额外引入了 A4 作为 CHO 触发事件。

后续 3GPP 又讨论了基于位置的 CHO 触发事件和基于时间的 CHO 触发事件的具体表示方法。

（1）基于位置的 CHO 触发事件

基于位置的 CHO 触发事件,支持基于服务小区和候选目标小区的参考位置进行触发,引入了新的 CHO 事件 CondEvent D1:UE 和服务小区的参考位置 referenceLocation1 之间的距离大于阈值 distanceThreshFromReference1,而且 UE 和 CHO 候选目标小区的参考位置 referenceLocation2 之间的距离小于阈值 distanceThreshFromReference2。基于位置的 CHO 触发事件支持配置迟滞值和触发时间。

（2）基于时间的 CHO 触发事件

在包含了基于时间的 CHO 触发事件的 CHO 配置中,相关的 CHO 候选小区关联一个持续的时间范围[t1,t2],在此时间范围内 UE 可以对相应的候选小区执行 CHO。如果其他所有配置的 CHO 执行条件（例如与其联合配置的基于测量的触发条件）都满足,且只有一个被触发的候选小区,则 UE 将在此时间段内对该候选小区执行 CHO,并且规定 UE 只允许在 t1 到 t2 期间切换到此候选小区。RAN2 决定采用 UTC 时间＋时长表示基于时间的 CHO 触发事件的 t1 和 t2,其中 t1＝UTC 时间,t2＝t1＋时长。3GPP 引入了新的 CHO 事件,CondEvent T1:UE 测得的时间晚于 t1-Threshold,且早于 t1-Threshold＋duration。

CondEventT1 的配置中不包含迟滞值和触发时间。如果 CHO 没有在 t2 执行,则 UE 的服务小区仍为源小区,并继续评估其他候选小区的 CHO 执行条件(如果配置了的话)。在 T2 之后,UE 不能利用 CondEventT1 对应的 CHO 小区的配置进行失败恢复。

(3) CHO 触发事件的联合配置

如前文所述,目前 3GPP 通过了基于位置的 CHO 触发事件和基于时间的 CHO 触发事件与 R16 中基于测量的 CHO 触发事件联合配置的方案。

NTN 中 CHO 的可选配置目前只包括位置联合 RRM(Radio Resource Management,无线资源管理)和时间联合 RRM 这两种联合的配置方法,在 R17 中不支持基于位置的 CHO 和基于时间的 CHO 联合配置的方法,如果网络为候选小区配置了 condEventD1 或 condEventT1,则需要为同一候选小区配置第二个触发事件 condEventA3,condEventA4 或 condEventA5,而且网络不能为同一候选小区同时配置 condEventD1 和 condEventT1。UE 如何评估位置联合 RRM 事件和时间联合 RRM 事件的 CHO 触发条件取决于 UE 的实现。

4. 测量配置增强

除了移动性增强,3GPP 还讨论了测量的准则和架构,同意将现有的测量架构(例如测量配置、测量执行和测量上报)作为基线,现有的全部测量准则和测量上报事件都可以在 NTN 中使用。但是由于 NTN 场景的特殊性,现有的测量架构并不能完全适用于 NTN 系统,需要进一步的增强和完善。

1) 基于位置的测量上报事件

与 CHO 中触发事件面临的问题类似,由于 NTN 中远近效应不明显,现有的基于信号强度的测量事件无法满足 NTN 中测量上报的需求。

类似地,3GPP 同意在 NTN 中引入基于位置的测量上报事件,基于 UE 与小区参考位置之间的距离触发 UE 进行测量上报。基于位置的测量上报事件支持配置迟滞值、触发时间以及 reportOnLeave。

2) SMTC 和测量 Gap 的增强

考虑 NTN 的特点和基本需求,3GPP 通过了一些 SMTC 和测量 Gap 配置需要遵循的基本准则。

为了尽可能地沿用 TN 的配置,R17 NTN 支持现有的 TN 的 SSB 周期。为了避免 UE 端和网络端对 UE 启动测量的时间理解不一致,与 TN 中一样,不应该强制 UE 在 NTN 配置的 SMTC 窗口外检测 SSB burst。考虑 UE 的隐私和位置信息获取带来的功耗,在 NTN 中配置 SMTC 窗口时,RAN2 不能假定网络总是有 UE 精确的位置信息。关于 SMTC 和测量 Gap 配置的基准时间,以 PCell(主小区)的时间为基准时间。在 NTN 中,UE 和网络应该对时间有同样的理解,包括测量 Gap 的时间,以避免 UE 和网络之间调度不同步。

但是 NTN 的传输环境与 TN 有较大的差别。在 TN 中,小区半径小,不同小区之间的传输时延差小于 1 ms,远小于 SMTC 的长度(至少为 1 ms)。所以在 TN 中不同小区之间的传输时延差较小,使得 UE 错过邻区 SSB burst 的风险极低。但是在 NTN 中,小区半径大,不同卫星覆盖区域的重叠范围也较大,当卫星 1 为 UE 提供服务时,UE 也可能正处于卫星 2/卫星 3 的覆盖范围内。考虑 UE 的移动性,UE 需要执行卫星 2/卫星 3 覆盖的邻区的测量,需要考虑传输时延差的影响。如图 2-24 所示,SA1 为服务小区卫星,SA2 为邻小区卫星。UE 接收服务小区信号时的传输时延可以表示为 $T1g$(馈线链路传输时延)＋$T1u$(服务链路传输时延)，UE 接收邻区信号时的传输时延为 $T2u$＋$T2g$。传输时延差为 $T1g$＋$T1u$－($T2g$＋$T2u$)。考虑不同卫星与 UE 和地面站之间的距离不同，UE 接收服务小区的信号与接收邻区信号之间的传输时延将会有很大的差距，即 $T1g$＋$T1u$－($T2g$＋$T2u$)将不会趋近 0，可能会大于 SMTC/测量间隔的长度。

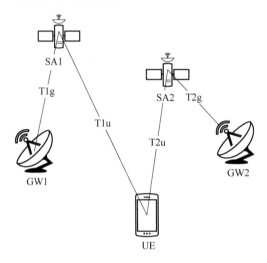

图 2-24　UE 与不同小区之间的传输时延

在 NTN 中，UE 与不同卫星之间的传输时延差较大，大于 SMTC 的长度。由于由服务卫星配置的 SMTC 窗与邻区卫星的 SSB burst 存在不同的时延，UE 侧会感知到较大的定时 gap。如图 2-25 所示，对于 NTN 系统，邻小区产生的 SSB burst 信号可能在服务小区配置的相应的 SMTC 窗口之外。类似地，不同卫星之间的大传输时延差也会导致测量 Gap 的配置与邻区的 SSB burst 无法对齐，甚至使得 UE 在配置的测量 Gap 内无法检测到相应的 SSB burst。

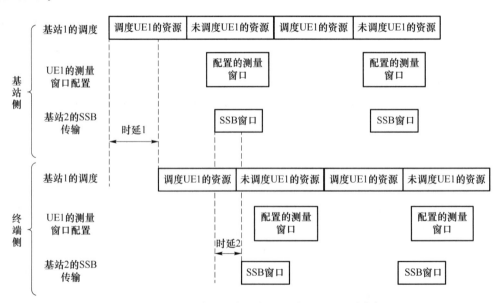

图 2-25　NTN 中测量窗口与 SSB 窗口无法对齐[14]

3GPP 针对 SMTC 和测量 Gap 的配置讨论了如下方案。

(1) UE 辅助 SMTC/测量 Gap 的配置

由于 SMTC 和测量 Gap 的配置需要考虑传输时延差的影响,不同 UE 所在的位置不同导致传输时延差也不相同,所以只基于网络能够获取的信息是无法为 UE 配置合适的 SMTC 和测量 Gap 的。因此 3GPP 同意在 R17 NTN 中定义新的 UE 辅助信息,用于辅助网络准确地配置/重配 SMTC 和/或测量 Gap。RAN2 认为 UE 有必要向网络上报辅助信息(可由网络配置或应网络的要求配置)以辅助网络计算 SMTC/测量 Gap 的偏移量,因此引入服务小区与邻小区的服务链路的传输时延差作为辅助信息,假定馈线链路的传输时延已知,并由网络补偿,还假设 UE 需要根据邻小区星历表来进行传输时延估计;并且支持通过事件触发 UE 上报传输时延差,当服务小区和邻小区之间的服务链路传输时延差与上次上报的传输时延差的值相比,变化量超过网络配置的阈值 threshPropDelayDiff 时,UE 上报传输时延差。

(2) SMTC 配置

R17 的 NTN 中,可以配置一个或多个与一个频率相关联的 SMTC 配置。SMTC 配置可以与一组小区(例如,一个卫星对应的一组小区或其他基站确定的合适的小区组)相关联。除了传统的 SMTC 配置,3GPP 支持在 NTN 中引入不同的新的偏移量来启用多个 SMTC 配置。如何配置偏移量由网络实现决定。

在 NTN 中,由于卫星高度高、移动速度快,所以在 NTN 中配置多套 SMTC 时还有一些潜在的问题需要解决。基于网络的解决方案可以是基于特定 UE 的至少一个目标小区和服务小区之间的传输时延差,由网络生成并提供最终的 SMTC 配置。基于 UE 的解决方案可以是网络为 UE 配置多个 SMTC 配置,对应不同的传输时延,UE 根据自身计算获得的传输时延差来选择合适的测量配置。此外,为了在 UE 和网络之间达成一致的理解,UE 需要显式或隐式地上报网络所选择的配置。

为了保证 UE 的行为网络可知可控,最终 3GPP 同意,对于连接态 UE,支持基于网络的解决方案,即 SMTC 配置由 NTN 中的网络生成并提供给特定的 UE(基于至少一个目标小区与此 UE 的服务小区之间的传输时延差)。由于 3GPP 支持了基于网络更新的 SMTC 配置,所以 3GPP 认为连接态 UE 不允许对网络配置的 SMTC 进行移位,也不支持激活/去激活 SMTC。连接态 UE 应用哪些 SMTC 仅基于 RRC 配置。

空闲态或者非激活态 UE,支持基于 UE 的 SMTC 的调整方案。空闲态或者非激活态的 UE 基于 UE 的位置信息和星历信息进行调整。但是,基于 UE 位置和卫星星历,UE 只能计算出服务链路的传输时延,只能根据服务链路的传输时延对 SMTC 进行调整。所以在确定 SMTC 窗口的位置时,馈线链路的传输时延也需要被考虑,这部分问题可以通过网络提供辅助信息来解决,辅助信息包括公共 TA 参数和 K_{mac}。综上所述,空闲态或者非激活态 UE 基于上述三种信息,即 UE 位置信息、卫星星历信息和网络提供的辅助信息来调整 SMTC。

(3) 测量 Gap 配置

对于测量 Gap 的增强,RAN2 认为应该尽可能地最小化监听 NTN 中配置的 SMTC 所需的测量 Gap 的数量。与 SMTC 的配置类似,测量 Gap 的配置也需要遵从网络的配置,即测量 Gap 的配置也是由网络生成并配置给 UE 的,不支持 UE 自行调整测量 Gap。

R17 测量 Gap 增强课题中引入了并行的测量 Gap,所以最终 RAN2 决定 NTN 中支持的测量 Gap 的数目与测量 Gap 增强课题中的结论保持一致,即最多支持同时配置 2 个同样类型的测量 Gap(per UE/per-FR1/per-FR2)。基于网络实现来保证测量 Gap 可以覆盖一个频率层配置的所有 SMTC。由于在 R17 Gap 增强课题中,一个频率层只能与一个测量 Gap 关联,但是在 NTN 中一个频率层可能会配置多个 SMTC,多个测量 Gap 才能更好地覆盖所有 SMTC,所以,在 NTN 中两个测量 Gap 可以与同一频率层关联。

5. NTN 与 TN 之间的移动性管理

NTN 和 TN 既可以在两个不同的频带(如 FR1 与 FR2)中工作,也可以在同一个频带中工作。NTN-TN 服务连续性和移动性研究的重点应该是在 UE 的连接从 NTN 变化到 TN("hand-in")和在 UE 的连接从 TN 变化到 NTN("hand-out")的情况下,最小化标准影响的方法。3GPP 确定了通过网络的配置实现 TN 的优先级高于 NTN。例如,如果 TN 的频率和 NTN 不相同,则可以配置 TN 的频率优先级高于 NTN,如果 TN 的频率和 NTN 的频率相同,则可以通过配置计算 R 值时的 Q offset,使得 TN 的 R 值更高。

在连接态中,适用于 NTN 内移动性的 CHO 触发条件以及相应的 RRM 事件同样能够应用于 NTN 与 TN 之间的移动性,只需要 UE 支持这些条件。由于 R17 研究时间有限,进一步增强 NTN 与 TN 之间连接态的移动性在 R17 中不再讨论。

6. UE 位置上报

对 TN 小区,基站/核心网可以基于 UE 的服务小区全球标识/跟踪区域标识进行初始接入阶段的接入与移动管理功能(AMF)选择、注册区域更新等操作。但对 NTN 小区,由于其小区半径比 TN 小区的半径大很多,这就需要一种方案来保证基站/核心网可以获取到与小区全球标识/跟踪区域标识相当的 UE 位置信息。另外,在一些情况下,一个 NTN 小区可能覆盖几个国家,有些地区的监管要求根据 UE 所处的国家来确定是否允许接入网络,这也需要网络能够识别 UE 所处的国家。

基于以上基站/核心网对 UE 位置信息的诉求,RAN2 分别讨论了初始接入阶段及连接态的 UE 位置信息上报。对初始接入阶段的 UE 位置信息上报,由于接入层安全还未激活,SA3 认为在安全没激活的情况下上报位置信息(包括粗粒度位置信息)会有隐私问题,没有完整性保护的位置信息也不可靠。因此,3GPP 最终没有同意在初始接入阶段上报位置信息。对连接态的 UE 位置信息上报,由于接入层安全已经激活,SA3 认为只要基站得到 NTN 特定用户的许可,就可以向 UE 获取位置信息。不过,由于时间关系,SA3 R17 无法完成 NTN 特定用户许可的流程设计,但提供了一个临时方案,即基于运营商与用户间的签约信息在基站上配置用户许可。基于此,RAN2 最终通过了基于网络请求 UE 上报粗略 GNSS 位置信息(2 km 精度)的方案,支持两种信令方式:基于 UE 信息请求及 UE 信息上报流程、基于测量上报流程。

参 考 文 献

[1] RP-171450，Study on NR to support Non-Terrestrial Networks，Thales，Dish network，HUGHES Network Systems Ltd，ESA，3GPP TSG RAN WG1 Meeting 88bis，West Palm Beach，USA，5th-9th June 2017.

[2] 3GPP TR 38. 811 V1. 0. 0，Study on New Radio （NR） to support non terrestrial networks，June. 2018.

[3] RP-190710，Study on solutions for NR to support non-terrestrial networks （NTN），Thales，3GPP TSG RAN meeting ♯83，Shenzen，China，18th—21st March，2019.

[4] 3GPP TR 38. 821 V16. 0. 0，Solutions for NR to support non-terrestrial networks （NTN），Dec. 2019.

[5] RP-193234，Solutions for NR to support non-terrestrial networks （NTN），Thales，3GPP TSG RAN meeting ♯86，Sitges，Spain，9th-13th December，2019.

[6] 3GPP TS 38. 214 V16. 8. 0，NR；Physical layer procedures for data，Dec. 2021.

[7] R1-2009733，Feature lead summary ♯ 4 on timing relationship enhancements，Moderator （Ericsson），3GPP TSG-RAN WG1 Meeting ♯ 103-e e-meeting，26th October-13th November，2020.

[8] R1-2106254，Feature lead summary ♯ 4 on timing relationship enhancements，Moderator （Ericsson），3GPP TSG-RAN WG1 Meeting ♯105-e e-Meeting，10th-27th May，2021.

[9] 3GPP TS 38. 211 V16. 8. 0，NR；Physical channels and modulation，Dec. 2021.

[10] 3GPP TS 38. 213 V16. 8. 0，NR；Physical layer procedures for control，Dec. 2021.

[11] RP-180333，NR-NTN：NR impact area identification，initial downlink synchronization，Thales，3GPP TSG-RAN meeting ♯79，Chennai，India，19th-22nd March，2018.

[12] R1-1912125，Delay-tolerant re-transmission mechanisms in NR-NTN，MediaTek Inc，3GPP TSG RAN WG1 Meeting ♯ 99，Reno，Nevada，US，18th-22nd November，2019.

[13] 3GPP TS 38. 321 V16. 7. 0，NR；Medium Access Control （MAC） protocol specification，Dec. 2021.

[14] R2-2008834，Open Issues for Measurements in NTN，CATT，3GPP TSG-RAN WG2♯112-e e-Meeting，2nd-13th November，2020.

第3章

能力简化终端

3.1 项目背景

3.1.1 引入需求

5G 的一项重要目标是实现万物互联。5G 连接可以作为下一波工业转型和数字化浪潮的催化剂,提高生产力和效率、降低维护成本并提高运营的安全性。工业物联网环境中的设备包括压力传感器、湿度传感器、温度计、运动传感器、加速度计、执行器等。3GPP TR 22.804、3GPP TS 22.104、3GPP TR 22.832 和 3GPP TS 22.261 中描述的海量工业无线传感器网络用例和要求不仅包括要求较高的超可靠低时延服务,还包括较小设备形式以及电池寿命长达数年的要求。这些服务的要求高于低功率广域覆盖(LPWA)业务,但低于超可靠低时延(URLLC)业务和增强移动宽带(EMBB)。

此外,5G 连接可以成为下一波智慧城市创新的催化剂。例如,3GPP TR 22.804 描述了智慧城市用例及其要求。智慧城市垂直涵盖数据收集和处理,以更有效地监控城市资源,并为城市居民提供服务。特别地,监控摄像头的部署是智慧城市的重要组成部分,也是工业生产的重要组成部分。

近年来,智能生活、健康生活的理念催生了大批的可穿戴设备,可穿戴设备用例包括智能手表、戒指、eHealth 相关设备和医疗监控设备。这些设备用于监测人们的运动和健康参数,并将参数上传到网络,例如智能手表等可以监测儿童的轨迹,提供语音和简单的视频通话业务等。相较于正常的智能手机终端,这一类终端对数据速率的需求较低,但由于终端的尺寸较小,电池容量有限,因此对功率节省的需求较高。

工业传感器、智能监控摄像头、可穿戴设备等中低端物联网设备所面临的境况是传统的低端物联网设备,例如 MTC、NB-IoT 等无法满足其业务需求。而在 NR 系统所定义的 5G NR 终端,R15/R16 主要针对的是 EMBB、URLLC 等高 KPI 的业务,终端的造价也相对较高。因此,为了填补中低端物联网设备的空白,3GPP Release 17(R17)引入了能力简化终端(Reduced Capability,RedCap)。

3.1.2　主要应用场景

RedCap 终端主要的应用场景为工业传感器、智能监控以及可穿戴设备,如图 3-1 所示。这三种应用场景针对 RedCap 终端的要求如下[1]。

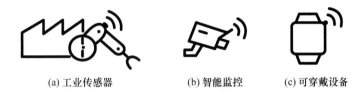

(a) 工业传感器　　　　(b) 智能监控　　　(c) 可穿戴设备

图 3-1　RedCap 应用场景

1. 基本要求

1) 设备复杂性:与 R15/R16 的高端 EMBB 和 URLLC 设备相比,新类型的设备具有更低的成本和复杂性。

2) 设备尺寸:大多数用例的要求是支持具有紧凑外形的设备设计。

3) 部署场景:系统应支持频分双工(FDD)和时分双工(TDD)的所有 FR1/FR2 频段。

2. 用例特定要求

1) 工业无线传感器:参考用例和要求在 3GPP TR 22.832 和 3GPP TS 22.104 中的描述为,通信服务可用性为 99.99%,端到端延迟小于 100 ms。对于所有用例,参考比特率都小于 2 Mbit/s,并且设备是静止的,电池至少可以使用几年。对于安全相关的传感器,延迟要求较高,为 5~10 ms(TR 22.804)。

2) 视频监控:如 TR 22.804 中所述,参考比特率为 2~4 Mbit/s,延迟小于 500 ms,可靠性为 99%~99.9%。对于高端视频监控,例如农业监控,所要求的速率为 7.5~25 Mbit/s。另外,在视频监控用例中,流量模式由 UL 传输主导。

3) 可穿戴智能设备:可穿戴智能应用的参考比特率为下行 5~50 Mbit/s,上行 2~5 Mbit/s;下行峰值速率最高为 150 Mbit/s,上行峰值速率最高为 50 Mbit/s;设备的电池应持续数天(最多可达 1~2 周)。

Release 17 RedCap 项目的目的是设计出一类更加经济(省电)的终端,以服务于上述三种应用场景。

3.1.3　总体功能

综合考虑 RedCap 的应用场景和承载的业务,Release 17 RedCap 具有如下的功能设计目标。

1. 低成本/低复杂度

通过裁剪终端的软硬件能力,例如缩减带宽、减少天线数、简化双工模式等方式达到降低成本的目的。

2. 低功耗

1）通过增强 DRX 来延长休眠时间。

2）放松 RRM 测量要求，减少不必要的测量。

3. 良好的兼容性

1）通过提前指示终端类别，使得网络能够尽早识别 RedCap 终端，采取对应的接入应对策略。

2）支持网络采取相应的接入控制策略，控制 RedCap 终端是否允许驻留在小区内。

3.2 复杂度降低

3.2.1 候选方案

RedCap 终端基于基本的 NR 终端能力进行了各项能力的简化，其中基本的 NR 终端能力定义如下[2]。

- 支持 R15 所有的必选功能。
- 单 RAT。
- 在相同时间内只在一个频带上工作。
- 最大带宽：FR1，上下行均为 100 MHz；FR2，上下行均为 200 MHz。
- 天线：FR1 FDD,2Rx /1Tx；FR1 TDD,4Rx /1Tx；FR2,2Rx/1Tx。
- 功率等级：PC3。
- 处理时间：Capability 1。
- 最大调制方式：FR1 的最大调制方式为 256QAM（下行）/64QAM（上行）；FR2 的最大调制方式为 64QAM（上下行）。
- 接入：UE 与 gNB 之间直连通信。

在项目讨论初期，各个公司提供了多种降低终端复杂度的方案，3GPP 工作组针对这些方案，从成本/复杂度对传输性能指标的影响，与传统终端的共存以及标准化影响等角度进行了评估。本书总结了比较主流的复杂度降低方案的讨论情况和结论。

1. 终端收发带宽缩减

在带宽缩减的讨论中，在决定 RedCap 终端具体所支持的最大带宽时主要考量了对目前速率的支持、造价减少以及对 R15 和 R16 标准的改动等因素。在标准的改动方面，大多数公司希望能复用现有的同步块（SSB）。

1）针对 FR1

在 R15/R16 中，NR 终端的最大带宽是 100 MHz。在带宽缩减的讨论中，出现了将

RedCap 终端的带宽降低到 5 MHz，10 MHz，20 MHz 以及 40 MHz 等选项。5 MHz，10 MHz 等选项会对 SSB 的配置有很大的限制，因此，考虑需要复用现有的 SSB 这一原则，在讨论初期排除了 5 MHz 以及 10 MHz 选项。对于 40 MHz 选项，支持它的公司认为当设备终端仅设置一个接收天线，例如手表终端时，支持 40 MHz 可以使得终端满足 150 Mbit/s 的下行峰值速率[3,4]。但反对它的公司认为，若终端有较高的速率需求，终端可以配置两根接收天线[5,6]。最终的讨论综合考虑了 RedCap 项目的讨论进度以及支持 40 MHz 的紧迫性等因素，40 MHz 选项最终被排除，最后确定 RedCap 的最大终端带宽为 20 MHz。20 MHz 的选项能很好地复用 SSB 的设计，同时达到较好的降低造价的目的，也能满足终端的速率需求。

2）针对 FR2

在 R15/R16 中，NR 终端的最大带宽是 200 MHz。在关于 RedCap 的讨论中，出现了将 RedCap 终端的带宽降低到 50 MHz[5] 和 100 MHz 的选项。对于 50 MHz 的选项，绝大多数公司认为虽然这个选项能达到很好的降低终端造价的目的，但是它对于 SSB 的限制太多，最终 3GPP 决定将 RedCap 终端的最大带宽降低到 100 MHz，100 MHz 的带宽能很好地实现降低造价以及影响标准化等因素的平衡。

2. 接收天线结构简化

1）针对 FR1 FDD

目前 NR 系统中参考终端的接收天线数为 2，针对 RedCap 终端，可在此基础上将最小天线数降为 1。

2）针对 FR1 TDD

目前 NR 系统中参考终端的接收天线数为 4。在接收天线结构简化的讨论中，各公司对于 FR1 TDD 场景下 RedCap 终端应该支持的最小接收天线数产生了分歧。一类公司认为，RedCap 终端应该支持的最小接收天线数应该为 2，原因是 2 根接收天线能提供较好的降低终端造价与传输性能/覆盖性能之间的折中[7]。但以终端公司为代表的公司强烈支持将 RedCap 终端的最小接收天线数降为 1[8,9]。一方面，考虑 RedCap 终端尺寸较小，在较小的空间内放置 2 根接收天线，对于硬件实现的挑战较大。另一方面，在小的空间内，放置 2 根接收天线会造成较强的相关性，实际部署中并不能很好地达到提高频谱效率的目的。因此，考虑相对于 1 根接收天线来说，2 根接收天线未能达到与之匹配的造价降低增益和频谱效率提升增益，并综合考虑终端造价、频谱效率、覆盖性能、实现挑战等各方面的因素，3GPP 最终决定在 FR1 TDD 频谱下支持将最小接收天线数降为 1。

3）针对 FR2

目前 NR 系统中参考终端的接收天线结构为 1 个天线面板中包含 2 根接收天线分支，每个接收天线分支又进一步对应多个天线振子，例如 4 个或 8 个。在讨论 FR2 下的天线结构缩减时出现了两个选项。一个选项是缩减接收天线分支的个数，例如从 2 缩减到 1；另一个选项是缩减天线面板中的天线振子。在讨论过程中，考虑传输效率和实现复杂度等，最后确定通过缩减天线面板中天线振子的个数来达到缩减天线结构的目的。RAN4 101bis 会议确定了一个天线面板最少可以只包含 2 个天线振子[10]。

另外，在讨论中，为了让 RedCap 终端同时具备支持较高速率的业务的能力，例如下行峰值速率为 150 Mbit 的可穿戴终端业务,RedCap 终端在 FR1 下也可以支持 2 根接收天线,在 FR2 下,可以配置具有正常天线结构的天线面板。

3．最大 MIMO layer 数缩减

1）针对 FR1 FDD/TDD

在 FR1 下,随着接收天线数的减少,RedCap 终端所支持的最大 MIMO layer 数随之减少。经过讨论,RedCap 终端所支持的最大 MIMO layer 数与接收天线数一一对应,即只有 1 根接收天线的终端,其所支持的最大 MIMO layer 数为 1,有 2 根接收天线的终端,其所支持的最大 MIMO layer 数为 2。

2）针对 FR2

在 FR2 下,所有 RedCap 终端都支持 2 根接收天线,在此基础上,终端所支持的 MIMO layer 数可以是 1 或 2。

4．Half-duplex FDD

LTE 中已经引入了 HD-FDD 的终端,分别为 type A 以及 type B 两类终端。在硬件上,type A 中的双工器(duplexer)被一个开关(switch)和一个低通滤波器(lower pass filter)取代。type B 在 type A 的硬件基础上进一步减少了晶振,让上行链路和下行链路共享一个晶振(oscillator)。因此在造价上,type B 比 type A 更节省。但是,由于双工器被替换,终端在进行上下行切换时会引入一定的切换间隔。切换间隔会造成通信的中断。type A 的切换间隔较短,并且考虑 timing advance(TA)等因素的影响,只有在下行切换至上行时才会造成通信的中断。相较于 type A HD-FDD 终端,type B HD-FDD 终端的切换间隔更长,并且在上行切换至下行,下行切换至上行时都会造成通信的中断。因此,综合考虑降低造价以及对传输的影响,3GPP 最终决定在 RedCap 中只考虑引入 type A HD-FDD。

5．终端处理时间放松

NR R15 中分别定义了终端处理 PDSCH 的时间以及准备 PUSCH 传输的时间。基于 PDSCH 的处理时间,可以约束终端进行 HARQ 反馈的时间。基于 PUSCH 的准备时间,可以约束从终端接收到 PDCCH 到 PUSCH 传输的时间间隔。PDSCH 的处理时间及 PUSCH 的准备时间与终端能力相关,所要求的时间越短,对终端处理能力的要求越高,同时造价也越高。因此,在 RedCap 的讨论中,有公司提出通过放松 PDSCH 的处理时间和 PUSCH 的准备时间来达到降低造价的目的,但通过分析,这种方法对降低整体造价的影响较小,同时会给基站的调度带来一定的复杂度。因此 R17 在对 RedCap 的标准化中并未支持此功能。

6．调制阶数放松

对于 NR R15/R16 中终端的调制阶数,FR1 下行支持 256QAM,而 FR1 上行和 FR2 上下行则将 256QAM 作为可选特性。调制方式对终端的复杂度和成本具有一定的影响,主要影响部分包括:射频部分的收发器、基带部分的 ADC/DAC 转换器、接收机处理单元、LDPC 解码器和 HARQ 缓存等。为降低 RedCap 终端的复杂度和成本,多数公司在 SI 阶段提出

降低 RedCap 终端所必须支持的最高调制阶数。SI 阶段提出的调制阶数降低方案包括:对于上行信道,FR1 和 FR2 下的调制阶数均由 64QAM 降低到 16QAM;对于下行信道,FR1 下的调制阶数由 256QAM 降低到 64QAM,而 FR2 下的调制阶数由 64QAM 降低到 16QAM。考虑对峰值速率的影响以及上行信道的调制阶数降低对于成本节省的增益有限,最终大家同意将 FR1 下的下行信道的调制阶数由 256QAM 降低至 64QAM。经过评估分析,对于 FR1 的全部 TDD 与 FDD 频段,若将下行信道的调制阶数从 256QAM 降低到 64QAM,终端成本大概能够降低 6%。RedCap 终端调制阶数的降低对调制与编码方案 (MCS) 和信道质量指示 (CQI) 表格等相关能力上报、配置等标准化工作造成了一定的影响。

7. 其他方案

除了物理层复杂度降低方案,3GPP RAN2 还讨论了以下用于高层的 UE 复杂性降低技术。

1) 减少 UE 需要强制支持的数据无线承载 (DRB) 的最大数量。经过讨论,确定 RedCap 终端强制支持的 DRB 最大数量由 16 减少到 8。

2) 减少 L2 缓冲区大小。根据 TS 38.306 中的计算,随着峰值数据速率的降低,RedCap UE 的 L2 缓冲区需求也相应地隐式降低。如果要考虑降低 L2 缓冲区需求,那么进一步减少 L2 缓冲区大小的好处和可行性需要在规范阶段进行评估。在 RedCap 规范阶段,由于各个公司对于这种方案能达到的增益并未形成共识,因此该方案在 Release 17 中并未被采纳。

3) PDCP 和 RLC 中的序列号 (SN) 为 18 位,如果确定了减少 SN 数量的明显好处,则可以根据 RedCap UE 支持的功能来减少 SN 数量。在 RedCap 规范阶段,经过讨论,RedCap 终端强制支持的 SN 数量由 18 bit 减少到 12 bit。

4) 没有研究放宽 RRC 处理延迟要求的收益,如果要考虑该研究,需要在规范阶段进一步评估。

因此,经过 3GPP 的讨论和评估,最终决定标准化如下复杂度降低方案。

1) 减少最大 UE 带宽

(1) FR1 RedCap UE 在初始访问期间和之后的最大带宽为 20 MHz。

(2) FR2 RedCap UE 在初始访问期间和之后的最大带宽为 100 MHz。

2) 减少接收天线分支的最小数量

(1) FR1

① 对于要求传统 NR UE 至少配备 2 个接收天线端口的频段,RedCap UE 规范支持的接收天线分支的最小数量为 1。在这些频段 RedCap UE 还可以支持 2 个接收天线分支。

② 对于传统 NR UE(2-接收天线车载 UE 除外)需要配备至少 4 个接收天线端口的频段,RedCap UE 规范支持的最小接收天线分支数为 1。在这些频段 RedCap UE 还可以支持 2 个接收天线分支。

(2) FR2

RedCap UE 规范支持的最小接收天线数至少为 2,每个天线面板所包含的最小天线振子数为 2。

3) DL MIMO 层的最大数量

(1) FR1:对于具有 1 个接收天线分支的 RedCap UE,支持 1 个 DL MIMO 层;对于具有 2 个接收天线分支的 RedCap UE,支持 2 个 DL MIMO 层。

（2）FR2：支持 1 个 DL MIMO 层或 2 个 DL MIMO 层。

4）最大调制阶数放松

对于 FR1 RedCap UE,在 DL 中支持 256QAM 是可选的（而不是强制的）。

5）双工操作

支持 Type A HD-FDD 操作。

3.2.2 带宽缩减

在 NR 系统中,考虑终端节能等因素,引入了带宽部分（BWP）这一概念。根据终端在不同的状态下使用 BWP,BWP 可以分为初始 BWP 和专属信令配置的 BWP。其中初始 BWP 主要用于承载系统消息、寻呼消息和随机接入的下行消息。初始 BWP 主要通过广播信令进行配置,供整个小区的终端使用。而专属信令配置的 BWP 是终端在建立 RRC 连接后,网络给终端配置的专属 BWP,主要供终端在连接态使用。RedCap 终端的收发带宽缩减,主要对 BWP 的配置带来影响。下面将首先分析终端带宽缩减对 NR 已有的 BWP 框架的影响,在此基础上介绍针对 RedCap 终端的 BWP 设计。

1. 上行初始 BWP（Initial UL BWP）

1）带宽缩减对上行初始 BWP 配置的影响

在 NR 系统中,上行初始 BWP 内包含终端在初始接入过程中需要使用的 PRACH 资源,以及承载 Msg.3 的 PUSCH 资源和承载 Msg.4 HARQ 反馈的 PUCCH 资源。在 NR R15/R16 中,上行初始 BWP 的频率位置、参数集等信息是通过通用的 BWP IE 进行配置的[11]。BWP IE 中的 locationAndBandwidth 参数能够配置的带宽最大为 275 PRB,由此可见,Initial UL BWP 配置中,并未限制上行初始 BWP 的带宽大小,系统配置的上行初始 BWP 是可能超过 RedCap 的终端带宽的。

一个上行初始 BWP 中可以包含多个 RACH 时机（RO）,多个 RACH 时机以频分复用的方式共存。频分复用因子可以为 1,2,4,8。每个 RACH 时机所占用的频域资源是基于 TS 38.211 中的 Table 6.3.3.2-1 进行配置和资源映射的。具体地,一个 RACH 时机是以 PUSCH 所占用的 RB（资源块）的个数,即使用的子载波间隔来确定的[12]。当频分复用因子为 4 或 8 时,使用 Table 6.3.3.2-1 中的某些配置会导致整个 RACH 时机所占用的频率宽度超过 RedCap 终端的发送带宽。这种配置会造成 RedCap 的发送带宽无法覆盖所有的 PRACH 资源。

另外,在现有的上行初始 BWP 中,为了获得分集增益,PUCCH 的传输是默认使用时隙内跳频（intra-slot frequency hopping）的。PUCCH 跳频传输所占用的第一个 PRB 和第二个 PRB 由下述流程确定[12]。

若终端由 pucch-ResourceCommon 并非 useInterlacePUCCHCommon-r16 配置了一个 PUCCH 资源：如果 $\lfloor r_{PUCCH}/8 \rfloor = 0$,那么 PUCCH 第一跳和第二跳所对应的 PRB 索引分别由 $RB_{BWP}^{offset} + \lfloor r_{PUCCH}/N_{CS} \rfloor$ 和 $N_{BWP}^{size} - RB_{BWP}^{offset} - 1 - \lfloor r_{PUCCH}/N_{CS} \rfloor$ 确定；如果 $\lfloor r_{PUCCH}/8 \rfloor = 1$,那么 PUCCH 第一跳和第二跳所对应的 PRB 索引分别由 $N_{BWP}^{size} - RB_{BWP}^{offset} - 1 - \lfloor r_{PUCCH}/N_{CS} \rfloor$ 和

$\text{RB}_{\text{BWP}}^{\text{offset}} + \lfloor r_{\text{PUCCH}}/N_{\text{CS}} \rfloor$ 确定。其中，r_{PUCCH} 为终端确定的 PUCCH 资源索引；N_{CS}，$\text{RB}_{\text{BWP}}^{\text{offset}}$ 分别是网络配置根据 TS 38.213 Table 9.2.1-1 的初始循环移位的总数和 RB 参数[13]。

根据上述流程可知，PUCCH 跳频传输所占用的第一个 PRB 和第二个 PRB 位于上行初始 BWP 的两端。当配置的上行初始 BWP 带宽超过 RedCap 的终端带宽时，会造成 RedCap 无法在一个 slot 内在上行初始 BWP 两端无缝跳频传输 PUCCH。

2）针对 RedCap 的上行初始 BWP 设计

为了解决上述问题，在标准的制定中，有以下几种解决问题的思路。

第一个思路是依靠网络的配置和实现来避免这个问题。例如，当网络中存在 RedCap 终端时，网络应该避免配置超过 RedCap 终端的上行初始 BWP。虽然这个方法不会对现有的标准带来影响，但是它对实际网络的限制太大。因此该方法没有被采纳。

第二个思路是当所配置的上行初始 BWP 超过终端的带宽时，依靠 RF 调谐（retuning）在对应的频域位置进行发送[14,15]。具体来说，当信道质量最好的 SSB 所对应的 PRACH 资源没有在 RedCap 终端当前的频率覆盖范围内时，RedCap 可以通过重新调整中心频率使得前述的 PRACH 资源在终端的发送频率范围内。传输 PUCCH 时，首先在上行初始 BWP 的一侧传输 PUCCH 的前半部分，然后重新调整中心频率，在上行初始 BWP 的另外一侧传输 PUCCH 的后半部分。这个方法的主要问题是 RF retuning 会带来时延，会造成传输的中断，或者打乱已有的终端处理时间线，同时 RAN4 还需要定义终端进行 RF retuning 的时延，对标准的影响太大。考虑这些问题，第二个思路最后也被放弃。

第三个思路是当所配置的上行初始 BWP 超过 RedCap 的带宽时，网络需要再为 RedCap 配置独立上行初始 BWP(Separate Initial UL BWP)[16,17]。所配置的独立上行初始 BWP 不能超过 RedCap 的终端带宽。考虑这个思路能为 PRACH、PUCCH 的传输提供统一的解决方法，并且能最大程度地复用传统的流程，对标准的影响比较小。因此，3GPP RAN1 最后采纳了这个方法。

（1）独立上行初始 BWP

针对 RedCap，协议规定允许网络配置独立上行初始 BWP，并且独立上行初始 BWP 的带宽不能超过 RedCap 的最大收发带宽。当配置给非 RedCap 的上行初始 BWP 超过 RedCap 的最大收发带宽时，RedCap 终端就默认网络会给终端配置独立上行初始 BWP。另外，值得注意的是，虽然引入独立上行初始 BWP 的初衷是解决当原始的上行初始 BWP 配置的带宽大于 RedCap 的终端带宽时出现的问题，但协议并没有限制只能在这种场景中使用独立上行初始 BWP。为了提供更多的灵活性，即使原始的上行初始 BWP 在 RedCap 的终端带宽内，网络仍然可以根据部署的需要，配置独立上行初始 BWP。

在确定了支持独立上行初始 BWP 这个方向后，在讨论可支持配置的独立上行初始 BWP 的数量时，出现了两种方案。方案一是最多支持配置 1 个独立上行初始 BWP(如图 3-2 所示)[18]。方案二是可以支持配置大于 1 个独立上行初始 BWP(如图 3-3 所示)[19]。方案一的优点是对标准的影响较小，之前 NR 中上行初始 BWP 的配置框架和终端行为能大部分复用；这种方案的缺点是，当原始的上行初始 BWP 中所包含的 PRACH 资源超过 RedCap 的终端带宽时，只能为 RedCap 终端配置单独的 PRACH 资源，无法实现 PRACH 资源的复用。方案二的优点可以弥补方案一的缺点，即多个上行初始 BWP 可以共同复用原始上行初始 BWP 上的 PRACH 资源。但是这种方案对协议的影响很大,并且考虑在每个上行初始 BWP 还需要配置单独的 PUCCH 传输资源,会带来较多的频率资源碎片。因此,最后标准采纳了方案一,即针对 RedCap 最多可配置 1 个独立上行初始 BWP。

图 3-2 最多支持配置 1 个独立上行初始 BWP 的设计

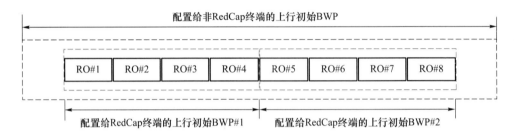

图 3-3 支持配置多个独立上行初始 BWP 的设计

（2）独立上行初始 BWP 中的 RACH

当网络中配置了独立上行初始 BWP 后,如果原始的上行初始 BWP 也在 RedCap 的终端带宽之内,对于 RedCap 来说,此时就存在两个可用的上行初始 BWP。那么,如何在这两个上行初始 BWP 上进行 RACH 流程,该问题也在 3GPP 中被讨论过。有的公司认为,可以在独立上行初始 BWP 上进行 4 步 RACH,而在原始的上行初始 BWP 上进行 2 步 RACH。但是考虑尽可能地避免在随机接入过程中进行 BWP 切换,3GPP 最终确定一旦网络给 RedCap 终端配置了独立上行初始 BWP,RedCap 终端所有的 RACH 流程都必须在独立上行初始 BWP 上执行。

（3）独立上行初始 BWP 中的 PUCCH

当为 RedCap 终端配置了单独的上行初始 BWP 后,需要配置单独的 PUCCH 资源。此时如果现有 NR 系统中的 PUCCH 一直使用跳频传输,会潜在性地带来 PUSCH 资源碎片问题。另外,考虑 RedCap 终端带宽缩减,PUCCH 跳频增益也有所损失。因此,在独立上行初始 BWP 中所配置的 PUCCH 跳频可以通过系统消息进行激活或者去激活,网络可以根据实际的配置对 PUCCH 跳频传输进行开关。

当 PUCCH 的跳频传输开启时,PUCCH 传输所占用的 PRB 资源可沿用现有的机制。当 PUCCH 的跳频传输关闭时,如何确定 PUCCH 资源所占用的 PRB 资源需要重新定义。在讨论中,大家一致认同尽量复用传统跳频传输中确定 PUCCH 第一跳或者第二跳的 PRB 确定机制。在复用现有的 PUCCH PRB 确认机制下,为了避免传统的基于跳频传输的 PUCCH 同先引入的没有跳频传输的终端复用在相同的 PRB 中破坏 PUCCH 资源的正交性,引入一个额外的 PRB offset。所以,最终被标准采纳的 PUCCH PRB 确定公式分别为:

$$\text{PUCCH PRB} = \text{RB}_{\text{BWP}}^{\text{offset}} + \text{RB}_{\text{BWP}}^{\text{offset-add}} + \lfloor r_{\text{PUCCH}} / N_{\text{CS}} \rfloor \tag{3-1}$$

$$\text{PUCCH PRB} = N_{\text{BWP}}^{\text{size}} - \text{RB}_{\text{BWP}}^{\text{offset}} - \text{RB}_{\text{BWP}}^{\text{offset-add}} - 1 - \lfloor r_{\text{PUCCH}}/N_{\text{CS}} \rfloor \tag{3-2}$$

其中,$\text{RB}_{\text{BWP}}^{\text{offset-add}}$可以由高层信令配置;当没有高层信令进行配置时,$\text{RB}_{\text{BWP}}^{\text{offset-add}} = 0$。

进一步地,在不同的资源配置下,为了避免频率资源碎片,需要考虑采用不同的 PRB 确定公式,在不同的独立上行初始 BWP 的配置下,为了避免 PUSCH 资源碎片,网络可以进一步指示使用哪一个 PUCCH PRB 资源确定公式[20]。如图 3-4(a)所示,该案例中网络更希望 PUCCH 在独立上行初始 BWP 的底端,此时网络可以配置终端使用式(3-1)来确定 PUCCH 资源。在图 3-4(b)所示的案例中,网络更希望 PUCCH 在独立上行初始 BWP 的顶端,此时网络可以配置终端使用式(3-2)来确定 PUCCH 资源。

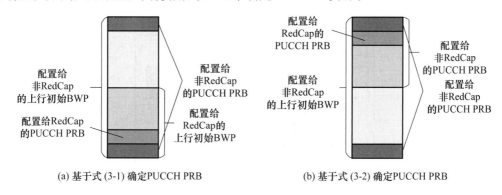

(a) 基于式 (3-1) 确定PUCCH PRB   (b) 基于式 (3-2) 确定PUCCH PRB

图 3-4　PUCCH 频域资源 PRB 的确定

(4) 共享初始上行 BWP

以上着重介绍了针对 RedCap 配置独立上行初始 BWP 的设计。当然,在实际的网络部署中,也存在原始的上行初始 BWP 的频域带宽小于 RedCap 终端带宽的情况。此时,网络可以根据实际的部署策略,选择不给 RedCap 终端配置独立上行初始 BWP。RedCap 将和其他非 RedCap 终端共享相同的上行初始 BWP。

2. 下行初始 BWP(Initial DL BWP)

1) 带宽缩减对下行初始 BWP 配置的影响

在 NR R15/ R16 中,下行初始 BWP 主要用于承载系统消息、寻呼消息,以及传输初始接入过程中的下行消息。在 RRC 连接建立前,下行初始 BWP 所占用的频率资源与 CORESET ♯ 0 所占用的频率资源相同。CORESET ♯ 0 由 MIB 消息中的 pdcch-ConfigSIB1 IE 确定(为方便后续描述,将此下行初始 BWP 定义为 MIB 配置的下行初始 BWP)。在不同的 SCS,MIB 配置的下行初始 BWP 可配置的频域宽度不同。

另外,为了避免 MIB 配置的下行初始 BWP 上的业务过于繁重,NR 也支持由 SIB1 对下行初始 BWP 进行重配,供终端在进入 RRC 连接态后使用(为方便后续描述,将此下行初始 BWP 定义为 SIB 配置的下行初始 BWP)。重配的下行初始 BWP 的频率位置、参数集等信息是通过通用的 BWP IE 来实现的。当 SIB1 包含下行初始 BWP 的重配信息时,终端在 RRC 连接前使用 MIB 配置的下行初始 BWP,在进入 RRC 连接态后,则开始使用 SIB 配置的下行初始 BWP。若 SIB1 中未包含下行初始 BWP 的重配信息,则终端可以一直使用 MIB 配置的下行初始 BWP。

由 TS 38.213 中 Table.13-1～Table.13-15 可知,在 FR1 和 FR2 下 MIB 配置的下行初

始 BWP 的最大频域宽度小于 RedCap 终端的接收带宽,因此 RedCap 终端能监测任何配置下的 MIB 配置的下行初始 BWP。但是 SIB 配置的下行初始 BWP 在某些配置下,其频域宽度超过了 RedCap 终端的接收带宽,导致 RedCap 终端无法监测整个 SIB 配置的下行初始 BWP。

另外,现有的 NR TDD 系统要求一个 BWP 对中的上下行 BWP 具有相同的中心频率。在下行初始 BWP 部分,我们介绍了网络会根据情况为 RedCap 终端配置独立上行初始 BWP。当配置的独立上行初始 BWP 与原始的上行初始 BWP 有不同的中心频点时(如图 3-5 所示),会出现独立上行初始 BWP 与原始 MIB 配置的/SIB 配置的下行初始 BWP 中心频点不对齐的问题。

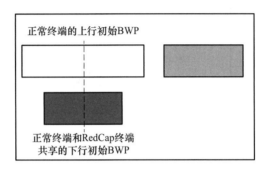

图 3-5　上行初始 BWP 与下行初始 BWP 中心频点不对齐

2) 独立下行初始 BWP 的设计

为解决原始 SIB 配置的下行初始 BWP 带宽超过 RedCap 终端带宽与 TDD 系统中独立下行初始 BWP 与原始 MIB 配置的/SIB 配置的下行初始 BWP 中心频点不对齐的问题,标准也支持在 SIB1 中针对 RedCap 配置独立下行初始 BWP。

独立下行初始 BWP 与 MIB 配置的下行初始 BWP 存在如下两种情况,如图 3-6 所示:情况 1 是独立下行初始 BWP 包含整个 MIB 配置的下行初始 BWP;情况 2 是独立下行初始 BWP 未包含整个 MIB 配置的下行初始 BWP。

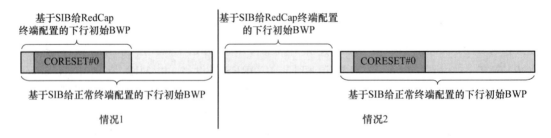

图 3-6　独立下行初始 BWP 配置

在情况 1 中,为了便于复用系统消息及便于将 RedCap 终端的随机接入响应与非 RedCap 终端的随机接入响应复用在一个 PDSCH 中,在随机接入阶段,RedCap 终端仍然基于 MIB 配置的下行初始 BWP 进行下行消息的接收。当 RedCap 终端进入 RRC 连接态后,才开始基于独立下行初始 BWP 进行下行消息的接收。

在情况 2 中,终端可根据配置的公共搜索空间(common search space)类型来确定需要在什么时候监测独立下行初始 BWP。鉴于该类型的初始 BWP 上未包括 CORESET♯0 和 CD-SSB,因此仅能配置 RAR 类型的搜索空间,而不能配置用作系统消息、寻呼监听的搜索空间。

(1)独立下行初始 BWP 的配置场景

在一个小区中,当原始的基于 SIB1 配置的下行初始 BWP 带宽大于 RedCap 的终端带宽时,如果此小区允许 RedCap 终端接入,那么此时是否强制网络给 RedCap 配置独立下行初始 BWP 是确定独立下行初始 BWP 配置场景的一个主要问题。

一方面,考虑 SIB1 配置的下行初始 BWP 带宽虽然大于 RedCap 的终端带宽,但网络中存在的由 MIB 配置的下行初始 BWP 带宽始终小于 RedCap 的终端带宽,并且 RedCap 终端已经在随机接入过程中使用了此下行初始 BWP,此时可以考虑继续使用这个由 MIB 配置的下行初始 BWP,而不用强制要求网络配置独立下行初始 BWP。这个方法可以应用到 FDD 系统中。但 TDD 系统在连接态中对于所使用的具有相同 ID 的 BWP,需要具有相同的中心频点。因此对于 TDD 系统可以分两种情况讨论(如图 3-7 所示)。情况 1 是 MIB 配置的下行初始 BWP 与 RedCap 的上行初始 BWP 具有相同的中心频点,此时终端在进入连接态后也可以继续使用 MIB 配置的下行初始 BWP。情况 2 是 MIB 配置的下行初始 BWP 与 RedCap 的上行初始 BWP 中心频点不对齐,在这种情况下,如果终端继续在连接态下使用 MIB 配置的下行初始 BWP,则不满足现有 NR 协议关于中心频点对齐的规定,此时有公司认为需要强制网络给终端配置独立下行初始 BWP。截止到项目结束,各个公司对于情况 2 并未达成在 RRC 连接后仍然沿用 CORESET♯0 作为初始下行 BWP 的结论。在情况 2 中,需要额外配置一个独立下行初始 BWP 来满足 TDD 系统关于中心频点对齐的要求。

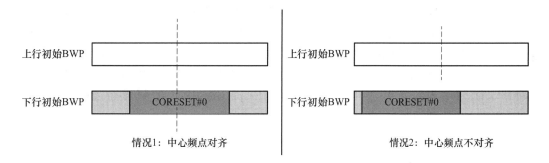

图 3-7   MIB 配置的下行初始 BWP 与 RedCap 的上行初始 BWP 中心频点对齐问题

(2)独立下行初始 BWP 中的 SSB

R15/R16 中下行初始 BWP 关联的 SSB 是 CD-SSB。但是,考虑部署的灵活性,独立下行初始 BWP 并不总是包含 CD-SSB。当独立下行初始 BWP 包含 CD-SSB 时,这种情况与传统设计一致,不需要对标准做额外的改动。当独立初始下行 BWP 不包含 CD-SSB 时,标准讨论中出现了两种观点。

第一种观点是以运营商及设备商为代表的公司认为独立下行初始 BWP 可以不包含 SSB,以避免消耗网络资源传输额外的 SSB。当终端需要做时频同步或者进行基于 SSB 的测量时,终端可以通过 RF retuning 或者 BWP 切换(switch)等方式去监测 CD-SSB。第二种观点是以终端厂商及芯片厂商为代表的公司认为独立下行初始 BWP 必须包含 SSB,以避免终端频繁切换,消耗过多的功率;所包含的 SSB 可以是 NCD-SSB。

通过激烈的讨论,考虑终端可以在进行随机接入前进行基于 CD-SSB 的测量及时频同步后切换到独立下行初始 BWP 进行随机接入且随机接入过程较短,随机接入过程中几乎不需要监测 SSB,最终达成如下结论。

当独立下行初始 BWP 只用于随机接入不用于寻呼时,即独立下行初始 BWP 只配置了 Type1-PDCCH CSS set 而未配置 Type2-PDCCH CSS set,此时独立下行初始 BWP 可以不包含任何 SSB。而终端在接收寻呼消息前,必须进行时频同步及 SSB 测量,若独立下行初始 BWP 中不包含 SSB,那么终端则至少需要来回两次进行 BWP 切换,消耗终端功率。考虑这一情况,3GPP 最终同意寻呼消息的独立下行初始 BWP 必须包含 SSB。但是各公司在必须包含 CD-SSB 还是 NCD-SSB 这个问题上又发生了较大的分歧。一部分公司认为如果独立下行初始 BWP 必须包含 CD-SSB,那么会严重限制独立下行初始 BWP 的配置灵活性;另一部分公司认为若不包含 CD-SSB,那么会对当前的小区选择、RRM 测量等各个方面造成较大的冲击。因此经过 3GPP 的认真评估和激烈讨论,最后得到如下结论[21,22]。

当独立下行初始 BWP 不管用于 RRC 空闲态/非激活态的寻呼还是用于 RRC 连接态时,独立下行初始 BWP 都必须包含 CD-SSB。对于 RRC 连接态,如果独立下行初始 BWP 不包含 CD-SSB,那么此时网络不会在这个独立下行初始 BWP 上配置寻呼搜索空间。

3. 非初始上行/下行 BWP

在现有的 NR 系统中,终端所监测的 active BWP(激活 BWP)中是否包含 SSB 与终端能力相关。R15/R16 中定义的终端能力的必选 FG 6-1 中规定,基于 RRC 配置的 UE-specific BWP 的频域带宽必须包含 CORESET♯0 的频域带宽(如果 CORESERT♯0 存在),以及 PCell/PSCell 的 SBB(如果存在)。在 SCell 上,基于 RRC 配置的 UE-specific BWP 的频域带宽也必须包含 SCell 上的 SSB(如果 SCell 上配置了 SSB)。3GPP 标准也进一步定义了可选的终端能力 FG 6-1a,该终端能力定义放松了 BWP 中对 SSB 的传输要求。这种终端能力中规定了基于 RRC 配置的 UE-specific BWP 的频域带宽可以不包含 CORESET♯0 的频域带宽(如果 CORESERT♯0 存在),以及 PCell/PSCell(如果存在)的 SSB。在 SCell 上,基于 RRC 配置的 UE-specific BWP 的频域带宽也可以不包含 SCell 上的 SSB(如果 SCell 上配置了 SSB)。

针对 RedCap 的 RRC 配置的 BWP 中是否包含 SSB,基本上沿用了 R15/R16 的设计思想,具体的结论如下。

① 对于需要依赖 SSB 才能工作的 RedCap 终端,配置给这类终端的激活 BWP 需要包含 SSB。

② 对于不需要依赖 SSB 就能工作的 RedCap 终端,配置给这类终端的激活 BWP 可以不包含 SSB。

3.2.3 天线结构简化

在 RedCap 的立项阶段,大家一致认为有必要让网络了解 RedCap 的接收天线数,以方便网络采取针对性的调度策略。因此,设计一种方法让网络获取到 RedCap 终端的天线数也是 RedCap 标准项目的一个目标。

设计上报 RedCap 的最小接收天线数的过程遇到的第一个问题是应该在什么阶段上报。第一种选项是在随机接入过程中进行上报,第二种选项是在随机接入过程完成后上报。第一种选项的优点是能够尽早让基站了解终端的接收天线信息,使得网络在随机接入过程中就能采取对应的调度策略。但是这种方式可能会导致 PRACH 资源被分割得太碎,不利于 PRACH 资源的有效利用,同时,在调度随机接入过程的下行信息,例如 Msg. 2 和 Msg. 4 时,基站通常会采用比较保守的调度策略,因此这个阶段并不急于获悉终端最小天线数。考虑这些因素,标准最终选择了第二种选项,即在随机接入过程完成后通过 UE capability 的上报框架将天线信息上报给基站。

如何在随机接入过程中上报终端的最小天线数是设计上报 RedCap 的最小接收天线数时遇到的第二个问题。在标准化的讨论中,考虑在 FR1 下 RedCap 终端接收数据信道时所支持的最大 MIMO 层数必须等于 RedCap 终端的接收天线数,因此大多数公司一致认为可以通过上报接收 PDSCH 时支持的最大 MIMO 层数(maxNumberMIMO-LayersPDSCH)来隐性地上报 RedCap 的接收天线数。maxNumberMIMO-LayersPDSCH 是 R15/R16 终端已经支持的终端能力,因此复用这一项终端能力不会引入其他新的终端能力上报的信令。3GPP 最终采纳了通过上报 maxNumberMIMO-LayersPDSCH 来隐性地上报终端的接收天线数。

3.2.4 HD-FDD

1. HD-FDD 所面临的设计问题

由于双工器被替换,HD-FDD 终端只能在发送和接收之间进行切换,无法同时收发。但 HD-FDD 是工作在 FDD 系统中的,从系统的角度来看,网络可以在上行资源和下行资源同时进行调度。那么此时对于 HD-FDD 终端来说,如何解决上下行的冲突是其面临的第一个设计问题。

由于硬件的限制,HD-FDD 在进行上下行切换时会带来切换时延。如何定义切换时延的大小,是在进行 HD-FDD 终端设计时需要解决的第二个问题。另外,在切换时间内终端不能进行接收或者发送,那么如何处理终端发送、接收与切换时间的冲突,是进行 HD-FDD 终端设计所面临的第三个问题。

2. 碰撞处理

根据所传输信息的调度类型与所传输的信息类型,碰撞类型一共可分为如下 5 种:

1) 相同时间单元上动态调度的发送/接收与动态调度的接收/发送之间的碰撞;

2) 相同时间单元上半静态预配置发送/接收与半静态预配置接收/发送之间的碰撞;

3) 相同时间单元上动态调度传输与半静态预配置传输之间的碰撞;

4) 相同时间单元上 SSB 与上行发送(包括半静态预配置的上行发送与动态调度的上行发送)之间的碰撞;

5) 相同时间单元上有效 RO/Msg. A PUSCH 与下行接收(包括半静态预配置的下行

接收与动态调度的下行接收)之间的碰撞。

以上碰撞类型中描述的动态调度传输即为基于 DCI 指示的调度。上行传输中的动态调度传输包括由 DCI 指示的 PUSCH、PUCCH、PRACH 或者 SRS 的传输。下行传输中的动态调度传输则包括由 DCI 指示的 PDSCH 或 CSI-RS 的传输。半静态预配置传输即为通过 RRC 信令预配置传输的时频资源,在预设的时频资源内传输信息。下行传输中的半静态预配置传输包括预配置的 PDCCH(type 0/0A/1/2 CSS)、PDSCH、CSI-RS 或 DL PRS。上行传输中的半静态预配置传输则包括预配置的 PUSCH、PUCCH 和 SRS。

下面分别介绍以上几种碰撞的处理方式。

(1) 动态调度的发送/接收与动态调度的接收/发送之间的碰撞

动态调度的策略由网络决定,网络一般会根据终端的能力来进行动态调度。针对不能同时进行发送和接收的 HD-FDD 终端,网络不会同时调度终端进行接收和发送。因此,动态调度的发送/接收与动态调度的接收/发送之间的碰撞是可以依靠网络的调度来解决的。而在终端侧,终端也不期待接收到的 PDCCH 分别指示在相同的时间单元进行发送和接收。

(2) 半静态预配置发送/接收与半静态预配置接收/发送之间的碰撞

同动态调度的发送/接收与动态调度接收/发送之间的碰撞情况类似,由于半静态的传输配置由网络决定,网络不会预配置 HD-FDD 同时进行发送和接收,因此,在终端侧,终端也不期待预配置信息分别配置在相同的时间单元进行由专有信令配置的半静态发送和接送。同时,HD-FDD 终端也不期待会同时进行由专有信令配置的半静态上行发送和监测 type 0/0A/1/2 公共搜索空间内的 PDCCH。

(3) 动态调度传输与半静态预配置传输之间的碰撞

由于动态调度传输与半静态预配置传输之间的碰撞在 R15 NR 的 TDD 系统中已经存在,因此 HD-FDD 复用了 R15 TDD 系统中的处理方式。

① 当预配置的传输是下行接收(PDCCH、PDSCH、CSI-RS 或者 DL PRS)而动态调度是上行发送(PUSCH、PUCCH、PRACH 或者 SRS)时,只要所调度的任一上行发送符号与下行接收符号相同,则放弃当前的预配置下行接收。

② 当预配置的传输是上行发送而动态调度是下行接收时,需要先判断传输的时序,根据时序再确定取消策略。

a. 假设终端检测到的指示动态下行接收的 DCI 所属 CORESET 的最后一个符号所对应的时间为 k。若预配置的上行 PUSCH/PUCCH 的第一个符号位于 k 与 $k+T_{proc,2}$ 这个时间段之内,在这种情况下,终端不取消预配置的 PUSCH/PUCCH 传输。除此之外,在其他情况下,终端则取消预配置时间单元内的 PUSCH/PUCCH,或者 PUSCH 的一个实际重复传输。

b. 假设终端检测到的 DCI 所属 CORESET 的最后一个符号所对应的时间为 k。若预配置的 SRS 的第一个符号位于 k 与 $k+T_{proc,2}$ 这个时间段之内,那么终端则不取消从 SRS 第一个符号到 $k+T_{proc,2}$ 这个时间段的传输,而是取消 $k+T_{proc,2}$ 后的 SRS 的传输。

其中,$T_{proc,2}$ 是 TS 38.214 中所定义的终端处理能力 1 下的 PUSCH 准备时间。

(4) SSB 与上行发送(包括半静态预配置的上行发送与动态调度的上行发送)之间的碰撞

由 SIB1 中 ssb-PositionsInBurst 或者 ServingCellConfigCommon 信令中指示的 SSB 与

半静态预配置的上行发送（PUCCH、PUSCH、SRS）或者动态调度的上行发送（由 DCI 触发的 PRACH，PUSCH，PUCCH，SRS）之间的冲突在 NR TDD 系统中也存在，讨论过程首先针对半静态预配置的上行发送域 SSB 的碰撞达成复用 NR TDD 中的处理方式的结论，即当预配置的 PUCCH/PUSCH 中的任一符号与 SSB 的传输符号发生冲突时，则放弃整个 PUCCH/PUSCH 的传输；当预配置的 SRS 传输与 SSB 传输符号有重合时，则需要放弃重合符号上的 SRS 的传输。

针对 SSB 与动态调度的上行发送之间存在的冲突，讨论中存在两种方案：方案一，复用 NR TDD 中的处理方式，即优先接收 SSB；方案二，优先动态调度的上行传输。

相较于方案一，方案二有更好的调度灵活性，但是考虑尽量使用统一的处理框架，避免终端复杂度的增加，最后标准还是选择了方案一作为处理 SSB 与动态上行调度碰撞的解决方案。

综上，当由 DCI 调度的 PUSCH、PUCCH 或者 PRACH 与由 SIB1 中 ssb-PositionsInBurst 或者 ServingCellConfigCommon 信令中指示的 SSB 发生碰撞时，则放弃整个 PUSCH、PUCCH 和 PRACH 的传输，优先接收 SSB。当由 DCI 触发的 SRS 与 SIB1 中 ssb-PositionsInBurst 或者 ServingCellConfigCommon 信令中指示的 SSB 的传输符号存在重合时，则放弃重合符号中的 SRS 传输。

（5）半静态配置的有效 RO/Msg. A PUSCH 与下行接收（包括半静态预配置的下行接收与动态调度的下行接收）之间的碰撞

半静态配置的有效 RO 包括 4 步 RACH 中的 PRACH 资源，也包括 2 步 RACH 中的 Msg. A PRACH 资源。终端并不总是需要进行随机接入，它经常由于某种事件的触发才发起随机接入。因此，如果制定一个固定的规则来约束传输，反而会不利于传输的灵活性。因此，针对半静态配置的有效 RO/Msg. A PUSCH 与下行接收（包括半静态预配置的下行接收与动态调度的下行接收）之间的碰撞，标准并没有采纳任何标准化方案，而是交给终端实现去解决。

3. 切换时间

由于 NR TDD 终端在进行接收和发送的切换时会存在切换时延，因此在进行 HD-FDD 的切换时间定义时，在 RAN1 的讨论中，大多数公司一致认为可以复用针对 TDD 终端定义的切换时延[23]。经过 RAN4 的确认，最终确定了 HD-FDD 的切换时延与 TDD 终端的切换时延相同。

4. 收发切换时延处理方式

由于切换时延会导致通信的中断，因此是否允许没有足够切换空隙的上行发送与下行接收的 back-to-back（背靠背）的配置以及出现这类配置时如何处理切换时延带来的影响，是在进行标准制定时进一步需要解决的问题。

经过讨论，并综合考虑网络配置灵活性与终端处理复杂性，标准最终只允许如下 3 类没有足够切换空隙的 back-to-back 的上行发送与下行接收配置：

1）Cell-specific configured DL & Cell-specific configured UL；

2）Cell-specific configured UL & Dedicated configured DL；

3）Cell-specific configured DL & Dedicated configured UL。

这里的 Cell-specific configured DL 包括 SSB 传输时机或者 type 0/0A/1/2 CSS 的监测时机；Cell-specifc configured UL 包括 valid RO 或者 Msg. A PUSCH；Dedicated configured DL 包括预配置的 PDCCH 监测时机、PDSCH、CSI-RS 或 DL PRS，在上行传输中则包括预配置的 PUSCH、PUCCH 和 SRS。

（1）Cell-specific configured DL & Cell-specific configured UL

如上所述，Cell-specific DL 信息主要包括 SSB、type 0/0A/1/2 CSS 等。在终端侧，终端并不需要在每个发送时机去监测这些公共下行传输。Cell-specific UL 信息主要包括与随机接入相关的信息，例如 valid RO 或者 Msg. A PUSCH。由于终端也不总是需要进行随机接入，经常是由某种事件触发才发起随机接入，因此，如果制定一个固定的规则来约束传输，反而不利于传输的灵活性。针对这一类型的碰撞，3GPP RAN1 并没有采纳任何标准化方案，而是交给终端实现来解决。

（2）Cell-specific configured UL& Dedicated configured DL

基于同上面情况相同的理由，针对这个情况，也是基于终端实现去解决的。

（3）Cell-specific configured DL & Dedicated configured UL

当预配置的 PUSCH/PUCCH 位于 SSB 之前时，如果预配置的 PUSCH/PUCCH 的最后一个符号位于 SSB 第一个初始时间 k 与 $k-N_{\text{Tx-Rx}} \cdot T_C$ 之间（其中 $N_{\text{Tx-Rx}} \cdot T_C$ 为 TS 38. 211 中定义的切换时延[23]），那么此时终端取消预配置的 PUSCH/PUCCH 传输。当预配置的 PUSCH/PUCCH 位于 SSB 之后时，如果预配置的 PUSCH/PUCCH 的第一个发送符号位于 SSB 最后一个传输符号 n 与 $n+N_{\text{Tx-Rx}} \cdot T_C$ 之间，那么此时终端则取消整个 PUCCH/PUSCH 的发送。

针对预配置的 SRS 的传输符号与 SSB 第一个传输符号 k 与 $k-N_{\text{Tx-Rx}} \cdot T_C$ 之间的任何一个符号发生重叠的情况，则取消重叠符号内的 SRS 传输。

3.2.5 调制解调方式放松

1. R15/R16 MCS/CQI 表格设计与配置

1）MCS（调制与编码方案）表格

MCS 表格用于确定终端的调制阶数和码率，以便进行物理层传输块大小的计算、调制与解调等。NR 下行传输支持 64QAM、256QAM、64QAM-LowSE 3 个表格，3 个表格均采用 5 bit 开销来定义 MCS 索引含义，TS 38. 214 中分别给出了这 3 个表格：Table 5. 1. 3. 1-1、Table 5. 1. 3. 1-2 和 Table 5. 1. 3. 1-3[24]。256QAM MCS 表格主要适用于 EMBB 高传输速率业务，终端必须支持 256QAM MCS 表格的配置；64QAM-LowSE MCS 表格针对 URLLC 业务，旨在通过降低码率来增加数据传输的编码冗余，从而实现 URLLC 业务的高可靠性要求，该表格根据终端能力进行配置，只有终端在用户能力上报时支持 64QAM-LowSE 表格，基站才能进行配置；64QAM MCS 表格为终端默认支持表格，当基站不进行其他表格的配置与指示时，默认使用 64QAM 表格进行数据传输。

NR 上行传输同样支持使用 256QM、64QAM 以及 64QAM-LowSE 3 个表格。其中，当传输预编码未开启时,3 个表格的设计与 NR 下行传输时的设计相同;若传输预编码开启,256QAM 表格的设计与下行传输时的设计相同,而 64QAM 和 64QAM-LowSE 表格则要进行单独设计,[24]给出了上述两张 MCS 表格的定义:Table 6.1.4.1-1 和 Table 6.1.4.1-2。

2) CQI(信道质量指示)表格

终端检测 CSI-RS 信号并进行信道质量测量之后,需要向网络侧上报 CQI,CQI 包含调制方式和编码速率等信息[25]。具体地,终端通过指示 CQI 表格的一行索引来完成信道状况上报。NR 支持 3 个 CQI 表格:表格 1、表格 2 和表格 3,分别对应 MCS 的 3 个表格:64QAM、256QAM 与 64QAM-Low SE。3 个 CQI 表格均包含 16 行信息,并在 CQI 上报时采用 4 bit 开销来指示 CQI 表格的一个索引。[24]给出了 3 个 CQI 表格的定义:Table 5.2.2.1-2、Table 5.2.2.1-3 和 Table 5.2.2.1-4。表格 1 和表格 3 支持的最高调制方式为 64QAM,表格 2 支持的最高调制方式为 256QAM。CQI 表格的设计思想同 MCS 表格类似,表格 1 和表格 2 最早针对 EMBB 场景提出,支持的误块率不能超过 0.1;表格 3 针对 URLLC 场景提出,支持的误块率不能超过 0.00001。

终端必须支持表格 1 和表格 2 的配置,而表格 3 根据终端能力进行配置,只有终端在用户能力上报时支持使用表格 3,基站才能进行配置。此外,基站通过高层参数 cqi-Table 配置终端具体使用哪个 CQI 表格来进行信道质量状况上报。

2. RedCap UE MCS/CQI 表格

在 RedCap Release 17 讨论过程中,有公司提出要对默认的 MCS 表格进行优化:将 64QAM-LowSE 表格作为默认表格,同时应用于 RRC 空闲态、非激活态和连接态,以弥补天线辐射效率降低和接收天线个数的减少所带来的覆盖距离不足。但是,如果将 64QAM-LoweSE 表格作为 RedCap UE 的默认表格,这将给标准化工作带来很大影响,比如,如果在随机接入过程中引入 64QAM-LowSE 表格,则要求基站在建立 RRC 连接之前就能够识别出哪些终端为 RedCap UE,以使用 64QAM-Low SE 表格对其进行调度,因此,RedCap UE 需要在随机接入过程中进行终端类型上报。为了减小标准化的影响,最后各个公司一致同意不再设计新的 MCS 与 CQI 表格,而是仍然沿用 NR 的 256QAM、64QAM 和 64QAM-Low SE 3 个表格作为 RedCap UE 的 MCS/CQI 表格;同时,仍然将 64QAM MCS 表格作为默认表格用于 RRC 未建立连接以及 RRC 建立连接后没有配置其他表格情况下的数据传输。

由于在 RedCap 调制等级放松的讨论中,正常终端在 FR1 频段下行传输中必须支持的 256QAM 调制方式,变为 RedCap UE 可选支持的能力,因此也不再要求 RedCap UE 强制支持 256QAM MCS 表格与 CQI 表格 2 的配置与使用。此外,协议还规定,如果 RedCap 终端在进行终端能力上报时支持 256QAM 调制方式,那么终端也必须支持 256QAM 表格与 CQI 表格 2 的配置与使用。

此外,相较于 URLLC 业务,RedCap UE 的业务类型对数据传输的可靠性没有太大的要求,因此一些公司提出修改 CQI 表格 3 的 BLER 要求,比如,将 0.00001 降低到与其他两个 CQI 表格相同的 BLER 水平。但是,由于这项改动会引入额外的标准化工作,并且对 RedCap UE 的数据传输没有产生过多影响,因此最后没有达成一致意见,CQI 表格 3 仍然使用 BLER 不能超过 0.00001 这一要求。

3.3 功率节省

3.3.1 e-DRX

1. R13 中的 e-DRX

LTE 的 R13 版本 LTE e-DRX(extened DRX,扩展非连续接收)增强中引入了 e-DRX 的特性。其主要的特征为在一个扩展的 DRX 周期,即 e-DRX 周期中进行间断的监听。对于 e-DRX 而言,存在一个 PTW 窗口。在 PTW 窗口内的行为即按照 DRX 的监听周期进行监听行为,如图 3-8 所示。

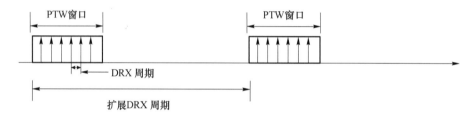

图 3-8 e-DRX 用户监听行为

PTW 窗口的引入(如图 3-9 所示)主要有两个原因。第一个原因就是终端存在时钟漂移的问题。终端睡眠一段时间后,将会产生一段时间的时钟漂移。这就意味着,如果终端的寻呼时刻为 T,则终端需要在"T-Time drifting"时刻醒过来,而且很可能终端此时已经移动到了另外一个基站,而此时需要额外的时间进行同步、测量、小区重选,到新消息的系统消息获取。因此终端需要提前更长时间"醒"过来。对于一个实现不够准确的终端,则很有可能因为"醒来"得晚,而错过 T 时刻的寻呼消息。

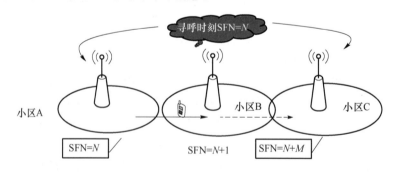

图 3-9 e-DRX 下 PTW 窗口的引入

第二个原因是:如果基站之间的 SFN(系统帧号)没有对齐,当抵达对方基站时,目标基站的 SFN$=N+M$,则必然错过了 SFN$=N$ 时刻的寻呼[26]。另外,即便基站之间的 SFN 对齐,当终端在目标小区"醒"过来的时候,很可能也需要进行上文提及的小区重选,以及获取新小区的配置,这个过程也是需要花费时间的,因此,也很有可能错过寻呼消息的监听。

为了解决上文提及的问题,于是定义了 PTW 的窗口,此时 PTW 窗口中有多次传输机会〔可能是移动管理实体(MME)触发的寻呼(Paging)的重传,也有可能是基站基于自身的调度情况发起的多次重传〕。因此 PTW 内还是按照现有 DRX 周期进行监听寻呼,在 PTW 外则无须监听,而在 PTW 内终端仅需监听到一次寻呼即可停止监听。

那终端如何得知网络配置的 PTW 的起点?终端和基站通过超帧(HSFN)达成寻呼时间的一致,即基站广播超帧,终端通过超帧和基站保持同步,并且在对应 e-DRX 起点的超帧时刻"醒"过来,按照 DRX 的寻呼周期监听寻呼消息。

e-DRX 工作机制中的基本参数包括:e-DRX 周期,该参数由 MME 决定,并告知基站和终端;PTW 窗口起始位置和窗长,该参数由 MME 决定,并告知基站和终端。为什么以上两个参数最好由 MME 确定呢?因为通常 MME 更加清楚整个网络中网元的情况,比如基站之间 SFN 是否对齐,S1 口传输延迟等全局的信息,而寻呼的时候,从核心网下来的消息将同时发往多个基站,因此用基站之上的一个节点,即核心网节点来定这个参数更加合适。同时,PTW 时间以 s 为单位,因为 MME 看不到 SFN 等概念。

对于 e-DRX 的相关规定,3GPP TS 38.304 中有详细的描述。

2. R16 中的 e-DRX

对于 LTE 中 MTC(机器间通信)连接到 5GC 项目中的情况,R16 对 e-DRX 进行了一定的增强,具体如下。

例如,对于 eMTC 用户而言,空闲态用户的 e-DRX 周期增长到约 44 min(256 超帧);当空闲态 e-DRX 周期=5.12 s 时,终端将按照该周期进行寻呼消息的监听,而忽略此时的默认 DRX 周期(default DRX cycle)取值,不使用 PTW 窗口。当 e-DRX 周期大于 10.24 s 时,则将使用前文提及的 PTW 机制进行监听,此时给空闲态用户配置的 e-DRX 周期成为空闲模式 e-DRX 周期,即 idle mode e-DRX cycle。

非激活态用户也支持将 RAN 寻呼周期扩展到 10.24 s 和 5.12 s。但是这两个取值将不使用 PTW 窗口,且这两个取值仅在给非激活态用户配置了空闲模式 e-DRX 周期的情况下配置。

对于非激活态用户而言,若没有被配置空闲模式 e-DRX 周期,则终端按照 min{UE 特定 DRX 周期,默认 DRX 周期,RAN 寻呼周期}同时监听 CN 或者 RAN 寻呼消息;而若被配置空闲模式 e-DRX 周期,则终端在 PTW 内根据 min{UE 特定 DRX 周期,默认 DRX 周期,RAN 寻呼周期}同时监听 CN 或者 RAN 寻呼消息,而在 PTW 窗口外仅通过 RAN 寻呼周期监听 RAN 寻呼消息。

其中,UE 特定 DRX 周期为 Attach 的时候从核心网获取的,该参数为可选参数;而默认 DRX 周期则为基站广播发送给终端的。

3. RedCap 场景中的 e-DRX

1)空闲态的 e-DRX

鉴于 LTE MTC 设备连接到 5GC 时,网络配置给 MTC 设备的空闲态 e-DRX 的周期最大为 44 分钟,因此在 NR 中支持 44 分钟的 e-DRX 周期问题不大。3GPP 在讨论这一点时很快达成共识。但是 3GPP 为了后续支持更长休眠时间业务的需求,将空闲态 e-DRX 周期进一步扩展到支持 2.9 小时(即 1 024 个超帧)。同时,有公司认为,空闲态下 10.24 s 是无须使用 PTW 的,因此希望修改原来 LTE 中空闲态的行为,这样也可以和非激活态保持一致。这一点最终得到同意。而且因为最小的 PTW 长度是 1.28 s,因此在一个 HFN(超帧号)中为了更好地进行负载均衡,PTW 起点位置被修改为 8 个[27]。

2) 非激活态的 e-DRX

开始的时候,有不少公司反对支持非激活态 e-DRX,理由是如果用户想要省电,则可以被终端释放到空闲态,就在空闲态使用 e-DRX 即可。但是不少公司普遍认为,SDT(小数据传输)是非激活态的一个非常重要的特性,RedCap 需要工作在非激活态进行小数据传输,因此希望支持 e-DRX。爱立信也用仿真证明[28],非激活态 e-DRX 的确有长达 7~8 个月的增益,因此最终非激活态 e-DRX 被同意引入。

此外,还有如下几个关键问题需要考虑。

基站是否可以为非连接态用户分配非激活态的 e-DRX 参数?考虑基站是作为 RAN 寻呼的调度方,基站将负责从核心网到达的数据的缓存处理,因此基站被同意分配一个非激活态 e-DRX 周期(inactive mode e-DRX Cycle)[29],以区分前文提及的空闲模式 e-DRX 周期,通常情况下,该周期小于空闲模式 e-DRX 周期;同时用户也可以被分配一个非激活态模式 PTW 窗口(inactive mode PTW),且通常情况下该窗口小于前文提及的空闲模式 PTW 长度。

考虑非激活态用户同样需要监听 CN 寻呼消息,为了避免二者窗口的起点不一致,造成寻呼消息丢失,最终 3GPP 认为这两个 PTW 窗口起点是对齐的[30]。

在进一步研究空闲态 e-DRX 和非激活态 e-DRX 如何配合的工作中发现,非激活态 e-DRX 的上限需要进行额外考虑。可以设想,如果使用 e-DRX,则一次寻呼失败后,核心网将启动重传,而在空口的下次寻呼机会还需要很久,对核心网的重传定时器有影响。因此核心网的相关定时器是需要延长的,但是具体延长到何种上限还需要 CT1 确定。在 Release 17 中,CT1 决定,暂时不会将非激活态 e-DRX 周期扩展到 10.24 s 之外。因此在 Release 17 阶段非激活态的 e-DRX PTW 窗口将不被引入。该机制将在 R18 中进一步被考虑。

最终 Release 17 中非激活态用户 e-DRX 的工作机制和 LTE 中 MTC 连接到 5GC 中差别不大,因为仅存在空闲态 e-DRX 的 PTW 窗口。比如,在空闲态 e-DRX 的 PTW 窗口中终端根据 min{UE 特定 DRX 周期,默认 DRX 周期,RAN 寻呼周期}同时监听 CN 和 RAN 寻呼,而在 PTW 窗口外监听 RAN 寻呼周期。若配置了非激活态 e-DRX 周期,则以上 RAN 寻呼周期按照非激活态 e-DRX 周期进行(即 2.56 s,5.12 s,10.24 s 的取值情况下)。同时,若空闲态 e-DRX 和非激活态 e-DRX 周期都配置,且都不超过 10.24 s,则按照二者取小进行[31]。

系统消息更新也和 LTE 中 MTC 连接到 5GC 中差别不大,即不管终端处于空闲态还是非激活态,都使用空闲模式 e-DRX 周期和系统消息修改周期进行比较,若空闲模式的 e-DRX 周期长于系统消息修改周期,则根据 systemInfoModification-eDRX 进行系统消息更新,即同现有机制[32]。

另外,网络支持 e-DRX 的能力是需要基站进行广播的,最终采用为支持空闲态 e-DRX 或者非激活态 e-DRX 引入不同的能力。

3）2.56 s e-DRX 引入

Release 17 将 e-DRX 周期的下边界扩展为 2.56 s。当 e-DRX 周期=2.56 s 时,终端将按照该周期进行寻呼消息的监听,而忽略此时默认 DRX 周期的取值。这么做主要是考虑有些系统消息的更新有一定的时间紧迫性,比如海啸告警等系统消息需要在约 3 s 内通知到用户,因此对延迟（delay）有一定的需求[33]。但是此时若配置一个更小的默认 DRX 周期,终端又会更加耗电,因此一种解决方式就是终端按照 2.56 s 监听,而忽略此时的默认 DRX 周期取值,即使默认 DRX 周期更小。

3.3.2 RRM 放松

在无线移动网络中,UE 的移动会导致无线信号质量的改变。虽然 RRM（无线资源管理）测量可以保证 UE 服务的连续性,但另一方面,过多的测量也增加了 UE 的功耗,影响续航能力及用户体验。为此,在 R16 中,NR 为空闲态/非激活态的 UE 引入了 RRM 测量放松机制。对于处于低移动性和/或未处小区边缘的 UE,由于其信号质量相对稳定,发生小区重选的可能性不大,此时的 UE 不必执行常规的 RRM 测量,可以允许一定程度的测量放松,如对同频/异频邻小区延长测量周期,或停止一段时间的测量,在不影响小区重选性能的前提下,为 UE 节省功耗。

更进一步,对于 RedCap 设备,即一些能力受限的设备如工业传感器、视频监控摄像头等,该类设备多数处于静止或移动模式较为固定的状态,发生小区重选的可能性相较于 EMBB 设备更小。为此,在 Release 17 中,NR 考虑对 RedCap 设备引入进一步增强的测量放松机制,从而为 RedCap 设备提供更强的续航能力。

1. Release 17 静止准则

在 R16 中,NR 已经引入了低移动性准则的 RRM 测量放松机制,即在一定时间内,若参考信号接收强度（SrxlevRef）与 UE 当前服务小区信号接收强度（Srxlev）的差值小于预设阈值时,代表 UE 的信号变化幅度不大,认为 UE 处于低移动性状态。

满足低移动性准则的 UE 可以执行 RRM 测量放松,放松的规则是根据一个预定义的扩展因子来对常规测量周期进行延长。更多地,若同时满足低移动性与非小区边缘准则,UE 可以停止测量长达一小时。

对于 Release 17 静止准则的定义,在设计初期考虑了两种方式：①基于 R16 的低移动性准则进一步增强；②根据设备类型,与网络协商签约静止属性。

关于静止属性,由于 RedCap 设备大多为工业传感器以及视频监控摄像头等类型相似的设备,该类设备是没有移动性需求的,因此可以在 UE 注册阶段通知网络其具备静止属性。然而,这种方式并不适用于所有 RedCap 设备,如便携式可穿戴这种具备移动性的设备,所以作用范围存在局限性。RAN2 工作组最终决定该方案不在 R17 中考虑[34]。

因此,R17 采用增强 R16 低移动性准则的方式,为进一步限制移动性,对低移动性的参数进行更严格的设置,如采用更长的判决时间（$T_{searchDeltaP\_stationary}$）,更小的阈值（$S_{searchDeltaP\_stationary}$）,通过更严格的参数来判断 UE 是否处于静止状态[35]。

除了设置更严格的阈值之外,波束的切换也在设计中被进行了充分的讨论。由于 NR

采用了波束扫描机制,小区级信号质量没有发生变化的 UE 也可能发生了波束的切换。如图 3-10 所示,由于信号质量没有发生改变,这种满足"静止"准则的 UE 仍然具备移动速度。因此,在静止准则设计的讨论中,很多公司也提及,除了增强 R16 低移动性准则,也需要引入波束切换的限制,从而更准确地判断出 UE 的移动状态。然而,考虑具备这种移动规律的 UE 仅属于特殊的例子(即小区级信号质量不变,但波束持续发生切换),并不具备普适性,因此引入波束相关准则的增益并不显著。另外,由于无线环境的变化,波束级的测量结果比小区级的测量结果更为敏感,这将使得 UE 难于进行准则判决,影响测量放松准则的使用效率。最后,RAN2 工作组决定不考虑将波束相关的准则引入到静止准则判决中[36]。

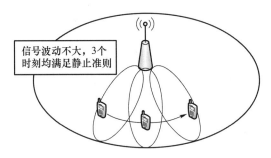

图 3-10　满足静止准则的移动 UE

最终,Release 17 的静止准则如下文所述[37],即引入了更严格的判决门限。

2. Release 17 非小区边缘准则的定义

针对 R17 测量放松准则,考虑静止准则仅从移动性方面放松评估,但参考 R16 的设计,UE 所处小区的信号质量仍然是一个评估测量放松的有效指标。因此 RAN2 工作组考虑继续将非小区边缘准则引入 R17 测量放松准则,但考虑 RedCap 设备的主要关注点在移动性方面,最后决定针对 R17 的空闲态/非激活态的测量放松准则,静止准则是强制的,而非小区边缘准则是可配的。Release 17 不考虑为连接态的 UE 引入非小区边缘准则。

对于 R17 非小区边缘准则,设计初期考虑了两种方式:①直接重用 R16 非小区边缘准则,即使用同一套阈值;②单独配置 Release 17 非小区边缘准则,即使用不同的阈值($S_{SearchThresholdP\_Stationary}$/$S_{SearchThresholdQ\_Stationary}$)。

RAN2 工作组考虑两个版本的配置灵活性,认为 R17 的测量放松不应与 R16 的测量放松具有绑定关系(即 R17 的测量放松使能了 R16 版本的非小区边缘准则),最后决定单独配置 R17 非小区边缘准则,即使用不同的阈值[38]。

3. 测量放松方法

R17 的测量放松可以较大程度上地复用 R16 的框架。但值得注意的是,R17 不存在仅满足非小区边缘准则的放松条件,因此,空闲态/非激活态存在两种放松方式:①仅满足静止准则;②同时满足静止准则与非小区边缘准则。同时,在同时配置静止准则和非小区边缘准则时,需要考虑一个问题,即若终端仅满足两个条件的单个条件,比如仅满足静止准则是否也允许测量放松。经过讨论后,3GPP 决定在高层协议中引入一个开关进行控制,即若该开关没有配置才可以进行单个条件的满足后放松,否则需要进行两个条件都满足后的放松[39]。当同时配置了 R16 和 R17 的放松准则,终端可以按照实现选择根据哪个规则放松[40]。

根据网络配置,终端评估相应的测量放松准则。若终端仅满足静止准则,则通过使用一个固定的扩展因子延长测量间隔的方法对邻小区测量进行放松;若终端同时满足静止准则和非小区边缘准则,则通过停止测量一段时间的方法对邻小区测量进行放松。

对于连接态的 R17 测量放松,RAN2 工作组考虑连接态 RRM 测量的重要性,需保证用户的服务连续性。因此,与空闲态/非激活态(UE 自主进行测量放松)不同,连接态的测量放松需要处于网络的控制之下。目前,连接态的测量放松仅支持配置静止准则。

对于连接态,网络可以通过 RRC 专用信令提供测量放松配置给 UE,供 UE 执行 RRM 测量放松准则的判决。更多地,当 UE 满足网络提供的测量放松准则时,考虑连接态的放松需要由网络来控制,所以 UE 需要上报满足/退出测量放松的指示。对于使用何种信令来进行上报,RAN2 工作组对两种方式进行了多轮的讨论:①UE 辅助信息;②测量上报消息。工作组最终确定使用 UAI 上报[41],主要是考虑终端无须上报具体测量结果,而仅上报满足或者不满足测量放松条件,使用 UAI 上报足矣,并且因为静止准则判决中已经引入了定时器进行判决,因此 UAI 上报无须使用禁止定时器。

对于连接态来说,其放松方法可通过网络灵活配置,比如减少测量对象;该过程未标准化。

3.4 RedCap 的共存

3.4.1 接入控制

由于 RedCap 终端与传统 NR 终端的终端能力不同,所以两种类型终端的传输性能不同以及对网络的影响不同,在某些情况下,为了避免对其他 NR 终端的影响,有时需要关闭针对 RedCap 的服务。同时,网络要支持 RedCap 也需要进行升级改造,不是所有网络都可以随时支持 RedCap 终端。考虑这些因素,RedCap 引入了接入控制的设计。

1. 基于 MIB(主信息块)的接入控制机制

据现有的 NR 协议,MIB 中已经存在 cell bar 标识来指示该小区是否允许接入;同时,当 MIB 中的 cell bar 指示拒绝接入状态时,MIB 中的同频重选标识(intraFreqReselection, IFRI)会进一步指示是否允许进行同频邻小区重选。相应的表述见 TS38.331 协议。如 IFRI 指示为允许状态,则允许继续重选到同频率的其他 cell,否则,不允许重选到同频率的其他 cell。

在 3GPP 标准讨论中,首先要讨论的关键问题就是 RedCap 用户如何处理 MIB 中的 cell bar 指示位。一个方案是终端仍然需要读取 MIB 中的 cell bar 信息域,根据 cell bar 的指示判断小区是否允许接入。另一种方案是跳过 MIB 中的 cell bar 指示,而直接读取 SIB1 中针对 RedCap 用户定义的 cell bar。比如,此时 MIB 中的 cell bar 为禁止,而 SIB1 中针对

RedCap 用户定义的 cell bar 为允许,这样则相当于定义了一个 RedCap specific 的小区。这一点得到运营商的普遍反对。运营商不希望有这样的小区,而且这个功能可以通过 CSG(闭合用户组)功能实现,因此最终 RedCap 用户需要将读取原来的 cell bar 作为第一步骤,之后再通过 SIB1 中的 RedCap 的 cell bar 来决定是否驻留在该 cell[42]。

2. 基于 SIB(系统信息块)的接入控制机制

RedCap 的立项文件规定了采用一个系统消息的指示符来指明是否允许一个 RedCap 终端驻留在一个小区/频率上,但关于将这个指示符具体放在什么信令中产生了分歧。第一种方式是将这个指示符放在调度 SIB1 的 PDCCH 中。具体地,调度 SIB1 的 DCI 中存在一些预留比特(reserve bits),支持该方式的公司认为可以复用这些预留比特,用于接入控制的指示符。第二种方式是将接入控制的指示符放在 SIB1 消息中。相比之下,第一种方式能够让 RedCap 终端更早地了解到网络是否允许接入,尤其在网络拒绝终端接入时,可以避免解调过多的信息,节省终端功率。但是反对第一种方式的公司却认为第一种方式所带来的功率节省比较小,同时会对一些高层的流程,例如系统消息更新带来影响。考虑能最大程度上复用已有的高层流程,标准化设计最终选择了第二种方式来进行接入控制,即通过 SIB1 来承载接入控制的信息。另外,由于 RedCap 还分别支持最大 1 根接收天线和最大 2 根接收天线,不同的接收天线有不同的传输效率和覆盖范围,因此 SIB1 还针对具有不同接收天线数的 RedCap 单独定义了 cell bar 信息域[43]。

关于是否需要针对不同的 1 根接收天线和 2 根接收天线配置不同的 IFRI,大多数公司认为 IFRI 的目的就是允许终端驻留在信号最强小区,这一点对于 RedCap 用户来说没有必要分别配置,因此 RedCap 类型 IFRI 标识则仅有一个。另外,若该字段不存在,则意味着小区不支持 RedCap[44]。

总结起来,MIB 中的 cell bar 是针对所有用户的,即对于 RedCap 或者 EMBB 都是适用的。若 MIB 中 cell bar 指示为 notbar 的场景,RedCap 则需要继续获取 SIB1,再根据 SIB1 中 cell bar 的指示判决是否被禁止。如被禁止,则需要按照 SIB1 中的 IFRI 进行重选操作。若 IFRI 不存在,则指示该小区不允许 RedCap 接入,允许 RedCap 同频重选进行处理。另外,SIB1 获取失败的情况,也按照允许 RedCap 同频重选进行处理[45]。

寻呼时,若基站之间彼此知晓对于 RedCap 用户的支持情况,那么此时便于寻呼消息的发起,比如若基站知晓附近基站不支持 $1R_x$ RedCap 用户,则没有必要向该基站转发对于 $1R_x$ RedCap 用户的寻呼消息。因此 RAN3 最终通过了基站节点间对接纳控制的情况的交互,具体可以见 Xn AP 协议。同时,为了让网络知晓当前寻呼的终端的类型,原有节点间消息的 UERadioPagingInformation 字段被扩展,以指明终端的类型。

为便于终端更好地进行异频小区重选,SIB4 增加了允许 RedCap 用户重选的频点信息。

3. UAC(统一接入控制)

根据现有 5G 系统中 NR 接入控制(Access Control)的结论,现有接入控制参数的结构是针对每个 PLMN、每个接入类别、每个接入标识提供的。RedCap 需要考虑如下关于 UAC 的关键问题。

1）是否需要引入新的接入类别？

2）是否引入新的接入标识？

3）RedCap 的 UAC 放在哪里？是否需要放在单独的 SIB 消息中？

因为以上问题涉及 CT1 和 SA1，根据最新的 SA1 发送到 RAN2 的 LS，在业务特性方面 RedCap 用户和 EMBB 用户并没有本质区别，因此 Release 17 阶段无须对 UAC 进行增强[46]，最终 UAC 部分没有引入标准化影响。

3.4.2 提前指示

由于 RedCap 终端与传统的正常 NR 终端的能力不同，所以网络针对 RedCap 终端会有不同的配置和调度方式。例如给 RedCap 终端配置的 BWP 的频域宽度不能超过 RedCap 的终端带宽，RedCap 终端由于接收天线减少，因此做链路自适应的时候会选择更加保守的调制解调方式等。为了使网络更早地获知对象终端是否为 RedCap 终端，方便网络尽早地采取对应的调度策略，RedCap 的设计支持在随机接入过程中上报终端的类型，即进行提前指示（early indication）。

1. 4 步 RACH 中的提前指示

1）基于 Msg.1 的提前指示

标准化的过程面对的第一个问题是应该使用哪条消息上报 RedCap 的信息。考虑使用 Msg.1 能最早地指示终端信息，方便后续 Msg.2～Msg.4 的调度，大家一致支持在 Msg.1 中携带 RedCap 信息。

基于 Msg.1 的终端类型上报主要依赖于给 RedCap 终端划分特定的 PRACH 资源来实现。RedCap 终端使用特定的 PRACH 资源接入网络。在网络侧，在特定的 PRACH 资源上检测到接入信号就能判断试图接入的终端是 RedCap 终端。具体来说有以下几种实现方式。

（1）方式一：网络侧针对 RedCap 配置了单独的上行初始 BWP，单独的上行初始 BWP 与原始的上行初始 BWP 不重合，此时两个上行初始 BWP 中所包含的 PRACH 时频资源天然地就分开了。

（2）方式二：网络侧针对 RedCap 配置了单独的上行初始 BWP，单独的上行初始 BWP 与原始的上行初始 BWP 有重合，但是 RedCap 终端与传统终端被配置了不同的 PRACH 时间和频率资源或者是被配置了相同的 PRACH 时间和频率资源，但是被配置了不同的随机接入前导码。方式二示例如图 3-11 所示。

（3）方式三：RedCap 终端与非 RedCap 终端共享上行初始 BWP，但是 RedCap 终端与传统终端被配置了不同的 PRACH 时间和频率资源或者是被配置了相同的 PRACH 时间和频率资源，但是被配置了不同的随机接入前导码。方式三示例如图 3-12 所示。

最后，考虑并不是所有的网络配置都需要基于 Msg.1 的终端能力上报，例如当整个系统带宽小于 RedCap 的终端带宽时，RedCap 使用系统内的 BWP 或者其他信道都不会受限，此时可以不要求终端在 Msg.1 中上报终端类型。因此，是否要求在 Msg.1 中上报终端能力可以由网络进行配置。

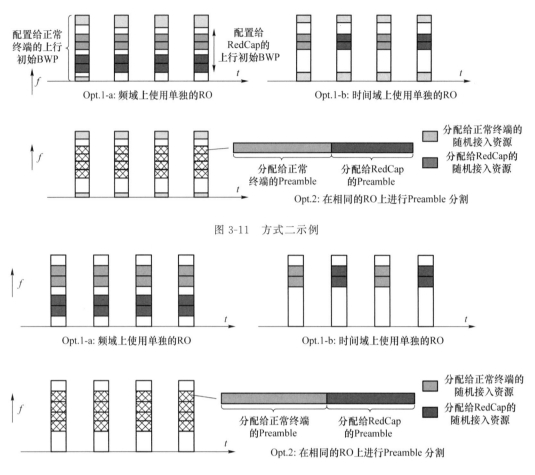

图 3-11　方式二示例

图 3-12　方式三示例

2）基于 Msg.3 的提前指示

关于是否在 Msg.3 中携带 RedCap 信息，在标准的讨论过程中各公司产生了比较大的分歧。反对在 Msg.3 中携带 RedCap 信息的公司认为，已经支持在 Msg.1 中上报 RedCap 类型，在此基础上支持基于 Msg.3 上报 RedCap 终端类型的意义不大，同时，在 Msg.3 上上报终端类型会涉及 Msg.3 设立新的 CCCH 消息（比如 CCCH1 的定义），对标准化的影响比较大。而支持在 Msg.3 中携带 RedCap 信息的公司认为需要在 Msg.1 不配置的情况下，对 Msg.4 的调度进行优化。最后 3GPP 选择了一个融合方案，既支持基于 Msg.1 的终端类型上报又支持基于 Msg.3 的终端类型上报。3GPP 进一步讨论了基于 Msg.3 进行终端类型上报的使用条件。第一种选项是基于 Msg.3 的终端类型上报只能在不配置基于 Msg.1 的终端类型上报的情况下使用。第二种选项是不管是否配置了基于 Msg.1 的终端类型上报，RedCap 始终要基于 Msg.3 进行终端类型的指示。后来经过会议讨论，3GPP 采用了后一个选项，即 RedCap 终端始终都需要在 Msg.3 中上报其终端类型。该方案主要考虑通过 Msg.3 来额外指示，无须额外的 PRACH 资源预留，比较容易实现，因此各公司最终达成一致，即 RedCap 终端始终要基于 Msg.3 进行终端类型的指示[47]。

如上所述，Msg.3 的提早识别为必须实现。协议最终引入了两个预留的逻辑信道标识,分别用于 CCCH 和 CCCH1 来帮助网络进行识别[48]。

2. 2 步 RACH 中的提前指示

在 2 步 RACH 中,终端发送的上行信息包括 Msg. A PRACH 和 Msg. A PUSCH。提前指示的方案也基本复用了 4 步 RACH 的设计,既支持基于 Msg. A PRACH 的提前指示也支持基于 Msg. A PUSCH 的提前指示设计。

基于 Msg. A PRACH 的提前指示设计同 4 步 RACH 一样,也是通过配置不同的 PRACH 时频资源或者不同的 Preamble 来指示。基于 Msg. A PUSCH 的提前指示同 4 步 RACH 中的 Msg. 3 方式一样,都通过预留的逻辑信道实现[49]。

参 考 文 献

[1] RP-210918. Revised WID on support of reduced capability NR devices,Nokia,Ericsson. RAN♯91e,22nd-26th March 2021.

[2] TR 38. 875. Study on support of reduced capability NR devices,March 2021.

[3] R1-2008084. Discussion on the complexity reduction for reduced capability device,Xiaomi. RAN1♯103-e,26th October-13th November 2020.

[4] R1-2007715. Potential UE complexity reduction features,ZTE. RAN1♯103-e,26th October-13th November 2020.

[5] R1-2007529. Potential UE complexity reduction features for RedCap,Ericsson. RAN1 ♯103-e,26th October-13th November 2020.

[6] R1-2007596. Potential UE complexity reduction features,Huawei,HiSilicon. RAN1 ♯103-e,26th October-13th November 2020.

[7] RP-202268. Scope of Release 17 WI on support of reduced capability NR devices,Huawei,HiSilicon. RAN♯90e,7th-11th December 2020.

[8] RP-202531. On the scope of Release 17 reduced capability NR devices,Samsung. RAN♯90e,7th-11th December 2020.

[9] RP-202550. Views on Reduced Capability NR devices,Xiaomi Technology. RAN♯90e,7th-11th December 2020.

[10] RP-212802. Status report for WI:Support of reduced capability NR devices,RAN1. RAN♯94e,December 6-17,2021.

[11] 3GPP. TS38. 331 V15. 3. 0 -Radio Resource Control(RRC)protocol specification(Release 15). Sep. 2018.

[12] 3GPP. TS38. 211 V15. 3. 0 -Physical channels and modulation(Release 15). Sep. 2018.

[13] 3GPP. TS38. 213 V15. 3. 0 -Physical layer procedures for control(Release 15). Sep. 2018.

[14] R1-2102722. Reduced maximum UE bandwidth for RedCap,Ericsson. RAN1 ♯

104-bis-e，12th-20th April 2021.

[15] R1-2103246. Discussion on bandwidth reduction for RedCap UEs，Samsung. RAN1♯104-bis-e，12th-20th April 2021.

[16] R1-2102402. Discussion on reduced UE bandwidth，OPPO. RAN1♯104-bis-e，12th-20th April 2021.

[17] R1-2102529. Discussion on reduced maximum UE bandwidth，vivo，Guangdong Genius. RAN1♯104-bis-e，12th-20th April 2021.

[18] R1-2108820. Reduced maximum UE bandwidth for RedCap，Ericsson. RAN1♯106bis-e，11th-19th October 2021.

[19] R1-2109230. Discussion on reduced maximum UE bandwidth，CATT. RAN1♯106bis-e，11th-19th October 2021.

[20] R1-2109417. Discussion on the remaining issues of reduced UE bandwidth for RedCap，Xiaomi. RAN1♯106bis-e，11th-19th October 2021.

[21] R1-2200876. Reply LS on the use of NCD-SSB or CSI-RS in DL BWPs for RedCap UEs，Ericsson. RAN1♯108-e，21st February -3rd March 2022.

[22] R1-2200898. Reply LS on use of NCD-SSB for RedCap UE，ZTE. RAN1♯108-e，21st February -3rd March 2022.

[23] R1-2101849. FL summary♯1 for UE complexity reduction for RedCap，Ericsson. RAN1♯104-e，25th January-5th February，2021.

[24] 3GPP. TS38. 214 V15. 3. 0-Physical layer procedures for data（Release 15）. Sep. 2018.

[25] 徐俊，袁弋非.5G-NR 信道编码[M].北京:人民邮电出版社,2018.

[26] R2-152621. Consideration of preliminary issues on Extended DRX，Kyocera. RAN2♯90，25th-29th May 2015.

[27] R2-2111350. eDRX cycles，Apple. RAN2♯116，1st-12th November 2021.

[28] R2-2009620. RedCap Power Saving，Ericsson. RAN2♯112，2nd-13th November 2020.

[29] R2-2104360. Summary of eDRX cycles，intel. RAN2♯113bis，12th-20th April 2021.

[30] R2-2106530. eDRX aspects，Ericsson. RAN2♯114，19th-27th May 2021.

[31] R2-2109117. eDRX cycles，vivo. RAN2♯115，16th-27th August 2021.

[32] R2-2204035. CP open issues,Ericsson. RAN2♯117，21st February-3rd March 2022.

[33] R2-2103887. RedCap UE power-saving with 2. 56 DRX cycle，Apple. RAN2♯113bis，16th-26th March 2021.

[34] R2-2105418. Summary of RRM relaxations,Qualcomm Wireless GmbH. RAN2♯114，19th-27th May 2021.

[35] R2-2106531. RRM relaxation criteria in idle/inactive,Samsung. RAN2♯114，19th-27th May 2021.

[36] R2-2108894. RRM relaxation，Huawei. RAN2♯115，16th-27th August 2021.

［37］ R2-2104375. Summary of RRM relaxations，Qualcomm. RAN2♯113bis，12th-20th April 2021.

［38］ R2-2109133. RRM relaxation，Huawei. RAN2♯115，16th-27th August 2021.

［39］ R2-2203562. RRM relaxation，vivo. RAN2♯117，21st February-3rd March 2022.

［40］ R2-2203538. CP open issues，Ericsson. RAN2♯117，21st February-3rd March 2022.

［41］ R2-2201735. RRM relaxations，Samsung. RAN2♯116bis，17th-25th January 2022.

［42］ R2-2109131. Identification，access and camping，Ericsson. RAN2♯115，16th-27th August 2021.

［43］ R2-2106522. Identification and access restrictions，Huawei. RAN2♯114，19th-27th May 2021.

［44］ R2-2108892. Identification，access and camping，Ericsson. RAN2♯115，16th-27th August 2021.

［45］ R2-2203561. CP open issues-second round，Ericsson. RAN2♯117，21st February-3rd March，2022.

［46］ R2-2111344. Identification and access restriction，Huawei. RAN2♯116，1st-12th November 2021.

［47］ R2-2202317. Summary of MAC open issues，vivo. RAN2♯117，21st February-3rd March 2022.

［48］ R2-2111356. Identification and access restriction，Huawei. RAN2♯116，1st-12th November 2021.

［49］ R2-2111344. Identification and access restriction，Huawei. RAN2♯116，1st-12th November 2021.

第 4 章

终 端 省 电

4.1 项目背景

终端省电一直是各个终端厂商特别关注的问题。3GPP 在 Release 16 阶段主要研究了连接态的终端省电,比如引入了省电信号,对于一个配置了 DRX 的连接态用户,根据其检测到的省电信号的指示决定是否需要对后续的持续定时器(on-duration)时段进行监听;同时还引入了非连接态用户的测量放松等功能。Release 17 阶段继续探索终端的省电[1]。

Release 17 阶段引入的终端节能的主要功能包括:

1)引入 PEI(Paging Early Indication,寻呼提前指示)来提前通知终端是否有其寻呼消息;

2)对于非连接态终端,可以复用连接态用户的 TRS(时间/频率跟踪参考信号)资源来减少使用 SSB 进行同步的时间;

3)对于连接态用户,进一步考虑了基于 DCI 的节能,比如引入 PDCCH 跳过(skipping)功能;

4)对于连接态用户,进一步考虑了基于 RLM/BFD 的测量放松。

以下将分章节展开描述。

4.2　PEI

NR 系统可以通过寻呼机制来找寻 UE,当网络存在需要发送的下行数据和信令时,通过发送寻呼消息(paging message)让 UE 发起 RRC 连接建立或连接恢复过程,使网络可以联系上 RRC_IDLE(空闲态)和 RRC_INACTIVE(非激活态)状态下的 UE。除此之外,寻呼还可以通过发送寻呼短消息(short message)通知 RRC_IDLE、RRC_INACTIVE、RRC_CONNECTED 状态下的 UE 接收系统更新消息,以及 ETWS(地震和海啸预警系统)/CMAS(商业移动警报服务)预警信息。

寻呼消息可分为核心网侧发起的寻呼（CN paging）和接入网侧发起的寻呼（RAN paging）两种。对于 IDLE 态的 UE，只需要监听来自核心网的 CN 寻呼，并通过寻呼消息中携带的 5G-S-TMSI 标识进行匹配。而对于 INACTIVE 态的 UE，由于存在终端与网络的连接状态不匹配的情况，需要同时监听 CN 寻呼和 RAN 寻呼，并通过寻呼消息所携带的标识进行寻呼类型的确认，若匹配的标识为 5G-S-TMSI 则为 CN 寻呼，若匹配的标识为 I-RNTI 则为 RAN 寻呼。值得注意的是，在 INACTIVE 态下的 UE，若收到来自核心网的 CN 寻呼，UE 需要先回到 IDLE 态，再根据寻呼中的消息内容进行后续（如 RRC 连接建立）的过程。

对于 RRC_CONNECTED 态下的 UE，不需要接收寻呼消息，但需要接收寻呼短消息，可在一个系统消息修改周期内的任何寻呼时机（Paging Occasion，PO）进行至少一次的系统消息更新检查，以及接收 ETWS/CMAS 预警信息。

为了省电，UE 不需要持续地对寻呼信道进行监听，因此 IDLE 态和 INACTIVE 态的 UE 引入了 DRX 非连续接收机制，UE 只需要在每个 DRX 周期内监听一次 PO，具体地，寻呼 DRX 周期由网络配置：

1）对于核心网寻呼，可由系统消息广播配置一个默认的 DRX 周期；

2）对于核心网寻呼，可由 NAS 信令配置一个 UE 专用的 DRX 周期；

3）对于接入网寻呼，也可由 RRC 信令配置一个 UE 专用的 DRX 周期。

当 UE 存在多个 DRX 周期可选时，选择最短的周期作为寻呼 DRX 周期，即 IDLE 态的 UE 使用以上前两个周期中的最短周期；INACTIVE 态的 UE 使用三个周期中的最短周期。与此同时，使用的寻呼 DRX 周期也对寻呼短消息进行监听。

在 Release 17 中，省电项目考虑了对空闲态/非激活态的寻呼进行增强，在寻呼 DRX 机制的基础上，通过引入寻呼提前指示，以及对寻呼进行分组两种方式，进一步减少了寻呼机制下的功耗开销，提升了 NR 终端的续航能力，具体内容如下所述。

对于寻呼机制，UE 根据系统消息广播中的寻呼配置信息，并结合自身寻呼标识（UE_ID）以及可能存在的特定 DRX 周期，通过寻呼公式计算出自身的 PO，随后在每个 DRX 周期内对该 PO 进行寻呼监听。值得注意的是，如图 4-1 所示，在每个寻呼 DRX 周期内，网络不一定存在寻呼消息下发，而此时监听 PO 的 UE 也收不到任何消息，造成了不必要的监听，导致功耗的浪费。因此，Release 17 考虑引入寻呼提前指示（PEI），如图 4-2 所示，通过对 PEI 的监听提前判断当前网络是否存在寻呼消息下发，若不存在寻呼消息，则指示 UE 无须进行寻呼的监听，跳过后续的寻呼过程，从而达到省电的目的。

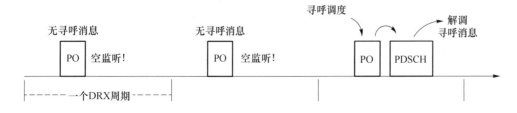

图 4-1　UE 常规的寻呼监听

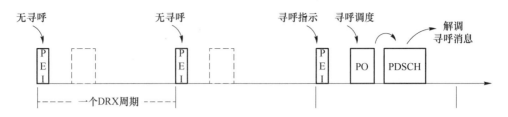

图 4-2　引入寻呼提前指示

网络根据当前是否存在寻呼消息,提前发送 PEI 信号指示 UE 是否需要对 PO 进行监听,以达到优化功耗的目的。但在 PEI 初期设计的讨论中,考虑监听 PEI 本身就需要功耗,更多地,当存在寻呼消息下发时,UE 除了常规的 PO 监听,还额外监听了一次 PEI,因此 PEI 的增益也被提出了质疑。对此,后续的 PEI 设计考虑对整个寻呼过程的功耗进行分析,如图 4-3 所示,在监听寻呼信道之前,IDLE/INACTIVE 态的 UE 已经处于一个长时间的休眠状态,时钟同步会产生漂移。因此,想要正确地解码寻呼消息,需要通过接收如 SSB 这样的一至多个同步信号(取决于 UE 的能力以及信道覆盖状况)来完成同步过程。除此之外,收发机的浅睡眠状态(Light sleep),以及状态爬升转移也属于寻呼功耗的一部分。

图 4-3　寻呼整体功耗

考虑整体的寻呼功耗,如图 4-4 所示,若 PEI 的引入能够提前指示 UE 除了不监听 PO 以外,也无须进行更多的时频同步、浅睡眠状态、状态爬升转移等过程,那么 PEI 的引入可以带来可观的省电增益。另外,寻呼消息下发的情况虽然引入了额外的 PEI 功耗,但考虑 UE 的寻呼并不是时刻发生,按照当前网络可配的寻呼 DRX 周期,寻呼概率基本上可以维持在一个较低的水平,绝大部分时间 UE 不会在 PO 收到寻呼消息。因此,综上所述,PEI 的引入对于寻呼的省电是有意义的。

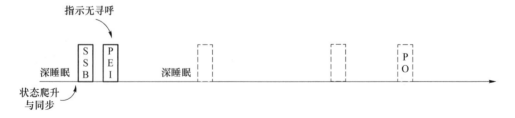

图 4-4　PEI 节省的功耗

4.2.1　PEI 设计

对于 PEI 具体设计的讨论,3GPP RAN1 工作组明确指出 PEI 将会采用物理层信号来设计,并给出了 3 种选项:①基于 DCI 的 PEI;②基于 SSS 的 PEI;③基于 TRS/CSI-RS 的

PEI。表 4-1 总结了 3 种 PEI 候选类型在各个方面的性能[2]。

表 4-1　PEI 候选类型的性能总结

PEI候选类型	覆盖性能	共存性能	信息承载	资源消耗	节能增益
DCI	调整 DCI 聚合等级以满足不同覆盖要求;非常灵活	可直接在 R16 版本搜索空间中发送,或者重用 legacy 搜索空间设计框架,不影响 legacy 信道	采用比特承载,可承载较多信息	3 种候选类型基本一致	3 种候选类型基本一致
SSS	可通过序列时域重复/频域扩展满足不同覆盖要求;不够灵活	序列在频域占用资源较多,可能影响 legacy 信道传输,需要考虑 RB(资源块)级或者 RE(资源单元)级速率匹配,可能会影响同步和初始接入	采用不同的序列(例如不同的 SSS 序列)实现承载,可承载的信息量有限		
TRS/CSI-RS	可通过序列时域重复/频域扩展满足不同覆盖要求;不够灵活	序列在频域占用资源较多,可能影响 legacy 信道传输,需要考虑 RB 级或者 RE 级速率匹配	可采用不同的序列,或者序列的 FDM/CDM/TDM 承载信息,可承载的信息量有限		

从表 4-1 中可以看出,DCI 形式的 PEI 在覆盖性能、共存性能和信息承载上有比较明显的优势[3~6]。最终 RAN1 确定采用 DCI 形式的 PEI。

RAN1 也给出了 PEI 的两种具体指示方式。第一种为隐式指示方式,若 UE 检测到 PEI 信号,则指示 UE 需要监听 PO;若 UE 未检测到 PEI 信号,则不要求对 PO 进行监听。第二种为显式指示方式,UE 需要检测 PEI 信号,通过不同的 PEI 指示来决定是否需要监听 PO,若 UE 未能检测到 PEI,则需要直接监听 PO 以检查是否有寻呼消息的下发。隐式指示的方式对漏检概率有更严苛的要求,但是更节省资源,因为寻呼概率典型值为 10%,所以大部分情况下 PEI 不必发送。最终 RAN1 确定选择隐式指示的方式。

对于 PEI 的具体设计,经过数次会议讨论,RAN1♯106b 会议最终确定了分组信息在 PEI DCI 中传输[7~9]。一个 PEI 可以对应 $M(M \geqslant 1)$ 个 PO,每个 PO 可以不分组或者对应多个分组。若 PO 不分组,则该 PO 对应 1 bit 寻呼指示;若 PO 分组,则每个分组对应 1 个 bit。所以 PEI 中的寻呼分组信息域一共有 $M \cdot K$ bit,其中 K 是一个 PO 中的分组数,若 PO 不分组,则 $K=1$。

UE 所监听的 PEI 可能对应多个 PO 以及多个分组,即包含多个寻呼指示 bit。UE 需要通过计算相对 PO 索引 i_{PO} 和分组索引 i_{SG} 来确定本 UE 所对应的寻呼指示 bit。UE 的相对 PO 索引计算公式如式(4-1)所示,其中,N 是一个寻呼 DRX 周期所包含的 PF 的个数,N_s 是一个 PF 中包含的 PO 的个数,i_s 是 UE 所监听的 PO 的索引,N_{PO}^{PEI} 是一个 PEI 所对应的 PO 的数量。

$$i_{PO} = ((UE_{ID} \bmod N) \cdot N_S + i_s) \bmod N_{PO}^{PEI} \qquad (4-1)$$

i_{SG} 是在 UE 监听的 PO 中,UE 所对应的分组索引。分组索引从 0 开始编号。如果 PO 不分组,则 $i_{SG} = 0$。UE 监听 PEI 的寻呼分组信息中第 $(i_{PO} \cdot K + i_{SG})$ 个 bit,寻呼分组 bit 从 0 开始编号。图 4-5 是 $M = 4$,$K = 8$ 的配置情况下,PEI 中寻呼分组指示信息域的示例,图中每个矩形块代表 1 bit 分组寻呼信息。UE 根据相对 PO 索引 i_{PO} 和分组索引 i_{SG} 即可确定本 UE 对应的寻呼分组 bit。

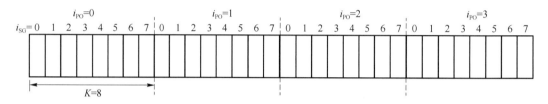

图 4-5 PEI 中寻呼分组指示信息域的示例

需要注意的是,目前一个 PEI 对应的 PF 数量不超过 2 个。该限定主要是为了控制寻呼时延。如果一个 PEI 对应很多个 PF,会导致处于靠后位置的 PF 上的 UE 产生较大的寻呼时延,尤其是在 PF 之间时间间隔较大的配置情况下。

在 SSB/CORESET 0 复用模式 1 的情况下,PEI 搜索空间不得使用 searchspace 0。主要原因是在 SSB/CORESET 0 复用模式 1 的情况下,searchspace 0 的某些配置导致在某些 SSB 波束下,距离 PEI 最近的 SSB 恰好出现在 PEI 的后面,而 PEI 之前的最近的 SSB 距离 PEI 很远。这样 UE 在与 SSB 同步后,要保持唤醒状态较长时间才能接收 PEI,节能效果不好。在 3GPP 的讨论中有公司提出是否要专门研究 searchspace 0 中的哪些配置、哪些 SSB index 下会出现该问题,进而可以将这些特定的情况排除,但是由于时间限制,最终没有继续深入讨论该问题,针对 SSB/CORESET 0 复用模式 1 的情况,直接排除了所有的 searchspace 0 用于 PEI 传输的可能性。但是对于 SSB/CORESET 0 复用模式 2/模式 3 的情况,仍然可以将 searchspace 0 配置用于 PEI 传输。

PEI-O 的结构与 PO 一样,其 QCL(准共站址)参考为 SSB。一个 PEI-O 是 $S \cdot X$ 个连续的 PDCCH 监听时机的集合,其中 S 是实际传输的 SSB 的个数,由 SIB1 中的参数 ssb-PositionsInBurst 确定;X 由参数 nrofPDCCH-MonitoringOccasionPerSSB-InPO 配置,若未配置则 $X = 1$。PEI-O 中的第 $[x \cdot S + K]$ 个 PDCCH 监听时机对应第 K 个实际发送的 SSB,其中 $x = 0,1,\cdots,X-1,K=1,2,\cdots,S$。$X > 1$ 意味着 1 个 SSB 对应着时域上的多个可用于传输 PEI 的 PDCCH 监听时机,此种情况下,如果 UE 在某一个 PDCCH 监听时机检测到 PEI,则 UE 不需要继续监听该 PEI-O 中剩下的 PDCCH 监听时机。

PEI-O 与该 PEI 所对应的 PO 之间有 offset,该 offset 包括 frame level + symbol level 的 2 级 offset。如果 PEI 对应的 PO 数量小于一个 PF 中包含的 PO 数量,则需要配置多个 Symbol level offset。Symbol level offset 由 SIB 中的参数 firstPDCCH-MonitoringOccasionOfPEI-O 确定。offset 的参考起始点为该 PEI-O 所对应的一个或多个 PF 中的第一个 PF 的起始时间点,参考结束点为该 PEI-O 中的第一个 MO。具体如图 4-6 所示。

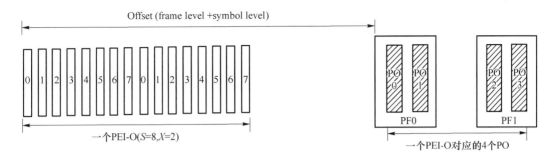

图 4-6　PEI 与 PO 之间的 offset

4.2.2　终端分组

无论核心网发起的 CN 寻呼,还是接入网发起的 RAN 寻呼,UE 都基于 5G-S-TMSI 通过取模运算得出寻呼标识 UE-ID,随后将该 UE-ID 代入寻呼公式计算出 PO。经过该运算后,不同的 UE 可以被分配到同一个 PO 中对寻呼进行监听。

如图 4-7 所示,当多个 UE 监听同一个 PO 时,只要其中任意一个 UE 存在寻呼消息,网络就会在该 UE 对应的 PO 下发寻呼调度消息(寻呼 DCI),该消息用于调度 UE 在相应的下行数据信道(PDSCH)接收寻呼消息。此时,该 PO 内的所有 UE 都需要接收寻呼 DCI,并对寻呼消息进行解调获取,通过寻呼消息携带的标识判断是否存在自身的寻呼消息。换言之,只有真正被寻呼的 UE 才能正确匹配寻呼消息中的标识,从而响应网络。但对其他 UE 则造成了不必要的寻呼(误唤醒,false alarm),徒增功耗。对于误唤醒问题,3GPP-RAN2 工作组考虑了多种寻呼分组方案来进行优化。

1. 寻呼分组信息的承载

在考虑寻呼分组信息使用的承载对象时,RAN2 讨论了以下几种方案:基于 multiple P-RNTI 的分组;基于时频资源的分组;基于寻呼 DCI 的分组;基于 PEI 的分组。最终 3GPP 采纳了基于 PEI 的分组方案[10]。几种分组方案具体如下所述。

1)基于 multiple P-RNTI 的分组

在同一个 PO 中,采用多个 P-RNTI 对 UE 进行分组。对于不同的寻呼子组,网络使用不同的 P-RNTI 分别对寻呼 DCI 进行加扰,通过使用不同加扰的寻呼 DCI 给不同子组的 UE 发送寻呼调度信息,UE 在 PDCCH 监听过程中,只会收到自身所分配的 P-RNTI 的寻呼 DCI,而不会收到其他 P-RNTI 对应的寻呼子组,从而降低了不必要的寻呼概率。然而对于该方案,若多个子组同时存在寻呼消息下发,网络需要发送多个寻呼 DCI(采用不同 P-RNTI 加扰),增加了网络的开销,以及 DCI 的碰撞概率,而且该方案中 UE 无论何种情况都需要对 PO 进行监听,仅能节省在 PDSCH 解调寻呼消息的功耗,因此,该方案最终未被采纳。

2)基于时频资源的分组

基于时频资源的分组包括两种方式。一种方式是在时域上对 PO 进行扩展,包括对同一个 PO 的监听位置进行扩展以及对同一个寻呼 DRX 周期内的 PO 个数进行扩展,通过增

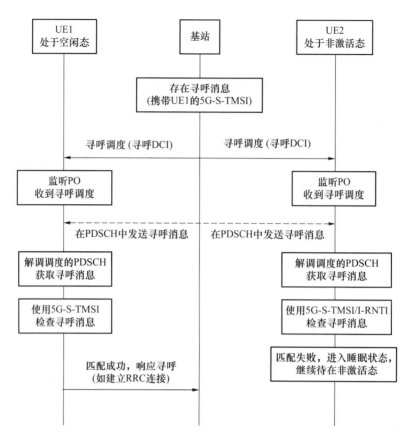

图 4-7　不必要的寻呼

加 PO 的密度使得 UE 更容易被分散到不同的 PO 监听位置,从而在一定程度上避免了多个 UE 同时被分配到同一个 PO 的概率,但该方案会占用过多的时域资源,且对周期的扩展也相应地增加了 UE 的寻呼时延。另一种方式是在频域上对控制资源集(CORESET)进行划分,并将不同的寻呼子组映射于不同的 CORESET 子组,UE 仅需在对应的 CORESET 子组进行监听,不会收到其他子组的寻呼调度消息,但该方案对 RAN1 的设计影响较大,并且网络也需要在每个子组上发送对应的寻呼 DCI,增加了网络开销。与此同时,基于时频资源的分组方式也不能避免 UE 对 PO 的监听,且带来的增益有限,因此该方案最终未被采纳。

3) 基于寻呼 DCI 的分组

目前寻呼 DCI 的信息容量中,用于短消息的字段预留了 5 个比特,用于调度寻呼消息的字段预留了 6~8 个比特,因此可以使用这些预留比特来进行分组指示,其中每个比特可以用来表示该 PO 中的一组 UE 是否存在寻呼消息下发。如图 4-8 所示,UE 在监听 PO 收到寻呼 DCI 后,首先检查分组信息,若对应于自身分组的比特信息指示存在该组的寻呼消息下发,则该 UE 需要继续在 PDSCH 上解调出寻呼消息,否则不进行解调并结束本次寻呼过程。虽然基于寻呼 DCI 的分组方案对协议的影响较小,实现比较简单,但无论何种情况 UE 都需要进行时频同步、PO 的监听等过程,因此节省的功耗仅来自对 PDSCH 的寻呼消息接收,省电增益也是有限的。

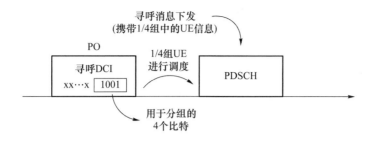

图 4-8 基于寻呼 DCI 的分组

4）基于 PEI 的分组

在引入 PEI 的基础上进行增强,让其携带更多的信息以支持寻呼分组。对于 PEI,若存在寻呼消息下发,则指示对应监听该 PEI 的所有 UE 执行后续的寻呼过程,如监听 PO。在此基础上,将监听同一 PEI 的所有 UE 进行分组,当对应的子组指示存在寻呼时,UE 才执行后续的寻呼过程。该方案的最大优势在于,一旦 PEI 指示当前 UE 所在子组不存在寻呼,UE 可以跳过后续如同步、PO 监听、PDSCH 上接收寻呼消息、浅睡眠等过程,使得省电增益最大化。因此,RAN1 在最终的讨论中,决定使用 PEI 来完成寻呼分组机制,具体内容可参考 4.2.1 小节的 PEI 设计。

2. 寻呼分组特性

为使得寻呼分组更具效率,寻呼类型相似的 UE 可以被分配到同一个寻呼子组。因此,需要考虑采用何种特性来对寻呼进行分组。RAN2 工作组讨论了如下几种方案来进行分组[11~13]:基于 UE-ID 的分组;基于寻呼概率的分组;基于寻呼类型的分组;基于功耗等级的分组;基于网络指示的分组。

1）基于 UE-ID 的分组

通过 UE-ID 进行寻呼分组较大程度地继承了当前 PO 计算公式的思路,是一种比较简单直接的方法。目前的寻呼计算公式采用 UE-ID 取模运算把所有 UE 均匀地分配到所有 PO 中。相似地,将同一个 PO 的所有 UE,仍然按照 UE-ID 取模运算的方式均匀地划分成不同的子组。该方案实现起来较为简单,可以直接复用现成的 UE-ID 而无须引入新参数,该方案的缺点是它是一种随机分配的方式,没有考虑 UE 的特性差异,只是把 UE 分散成更小的粒度,因此属于一种较为粗略的分组方式。

2）基于寻呼概率的分组

由于 UE 的业务需求各不相同,因此被寻呼的概率也各不相同。如果一个高寻呼概率的 UE 和一个低寻呼概率的 UE 被同时分配到了一个 PO 中,则网络对该 PO 进行寻呼消息下发时,将会对低寻呼概率 UE 造成不必要的寻呼监听。基于寻呼概率的分组方案通过寻呼概率分组,将具有相似寻呼概率的 UE 分配到同一寻呼子组中,能够更大程度地降低 UE 在 PO 中出现不必要寻呼的次数,是一种较为优化的方案。

3）基于寻呼类型的分组

寻呼类型可分为核心网下发的 CN 寻呼和接入网的 RAN 寻呼,IDLE 态的 UE 仅需要监听用 5G-S-TMSI 标识的 CN 寻呼,INACTIVE 态的 UE 除了需要监听用 I-RNTI 标识的 RAN 寻呼,由于核心网与终端的连接状态可能出现不同步的情况(核心网认为终端处于

CM-IDLE 态,而终端认为自身处于 RRC_INACTIVE 态),所以还需要监听用 5G-S-TMSI 标识的 CN 寻呼。然而根据 PO 计算公式,IDLE 和 INACTIVE 的 UE 可以同时被分配到一个相同的 PO 中,因此 RAN 寻呼会对 IDLE 态的 UE 造成不必要的寻呼。基于寻呼类型的方案通过在寻呼中指示区分 CN 和 RAN 寻呼的信息,使得 UE 能够提前获取寻呼类型,则 IDLE 态的 UE 可以避免不必要的 RAN 寻呼监听。

4)基于功耗等级的分组

基于功耗等级的分组方案通过 UE 对功耗的敏感度来进行分组。例如一些有源设备,或是在乎性能而无须考虑功耗的设备,无论这些设备的寻呼概率如何,都可以统一放在一个寻呼子组中。而对于功耗敏感的设备,可将其归为一类,并提供更多的子组,按照其他特性进一步分组,因此该方案直接根据 UE 的需求来进行分组,在某种程度上也能提高分组的效率。

5)基于网络指示[14]的分组

在 RAN2 的讨论中,由于各家公司都提出了如上所述的各类 UE 特性以支持 UE 分组,观点较为分散,经过几次会议的讨论也未能统一观点。而基于网络指示的分组方式可以整合所有方案,这意味着网络需要综合考虑以上各种因素,直接给终端提供一个分组。

最终,经过多次讨论实现了 1)中基于 UE-ID 的分组和 5)中基于网络指示的分组。其中,基于网络指示的分组因为网络综合考虑了各种因素,可以比 1)中的随机分组方式获得更好的增益,因此在终端获得了网络提供的分组 ID 时,需要优先使用该分组 ID 进行监听[15]。

5)中基于网络指示的分组方式又得到了进一步的讨论,以确定何种网络给终端提供分组。对于空闲态用户,比较自然的方式是核心网在注册请求过程中分配给终端其分组 ID;而非激活态用户,沿用核心网在注册请求过程中分配给终端的分组 ID。基站是否可以在终端进入非激活态之后额外配置一个新的分组 ID?因为基站作为管理 RAN 寻呼的节点,看起来更加适合作为分配分组的节点。但是考虑非激活态用户需要同时监听 RAN 寻呼和 CN 寻呼,因此终端仅能使用同一套分组 ID 来监听,否则会存在不匹配的问题。考虑这一点,为简单起见,不管终端处于何种 RRC 状态,都使用核心网分配的分组 ID 进行寻呼消息的监听,即进入非激活态之后不会影响之前分配的分组 ID 的使用[16]。

3. 寻呼分组方案工作流程

如上文所述,网络指示寻呼分组信息给 UE,有如下两种方式:基于 UE-ID 的分组方式;核心网(CN)侧分配子组 ID。

1)基于 UE-ID 的分组方式

前文提到的基于 UE-ID 的分组方式如式(4-2)所示。网络通过系统消息广播寻呼分组计算公式所需参数,如提供当前小区所支持用于 UE-ID 分组的组数 Nsg_UEID。UE 根据协议约定的公式,按照自身的 UE-ID,通过取模运算计算出一个子组 ID,随后 UE 按照该子组 ID 监听 PEI 中对应的寻呼子组,而网络也在 PEI 中相应的子组信息位进行寻呼指示。

$$SubgroupID = floor(UE\_ID/(N \cdot N_s)) \bmod N_{sg\_UEID} \tag{4-2}$$

其中:UE_ID 定义为 5G-S-TMSI mod X, $X=8\,192$(非 e-DRX 场景);N_{sg_UEID} 用于 UE-ID 分组方式的分组数,由系统消息广播。

2）CN 侧分配子组 ID

CN 侧分配子组 ID 的方式基于网络实现，由 CN 通过注册请求流程中的 NAS 信令直接将子组 ID 分配给 UE，同时，也需要将此 ID 提供给基站侧作为 UE 上下文存储以便基站侧发送 RAN 寻呼，此时 UE 按照该子组 ID 监听 PEI 中对应的寻呼子组即可。所以，当网络发起 CN 寻呼时，由核心网在寻呼消息中携带子组 ID 对 UE 进行寻呼。当发起 RAN 寻呼时，由基站侧根据上下文中存储的 UE 寻呼子组 ID，对 UE 进行寻呼，具体流程如图 4-9 所示。

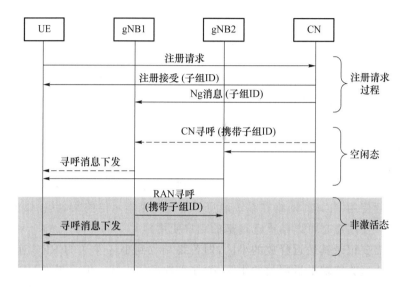

图 4-9　CN 侧分配寻呼子组 ID

无论何种分组方式，分组信息都由 PEI 指示，因此，若网络未提供 PEI 机制，则意味着寻呼分组也无法使用。RAN2 也同意一个小区可以同时存在 UE-ID 分组和 CN 分组，但 UE 最终只能选择其中一种来执行寻呼分组机制。由于两种方式共用 PEI 的分组信息位，就需要考虑 PEI 能提供的总分组数，以及两种方式需要占用多少分组数的问题。对此，RAN1 工作组决定对于一个 PEI，可提供每一个 PO 最大 8 个分组，即使用 8 个比特进行表示，UE-ID 分组和 CN 分组将共用这 8 个比特，且不允许出现重叠使用的情况。另外，CN 分组数并不是一个固定的取值，而是交由 OAM 配置，可以配置最多 8 个分组（即占满所有 PEI 的分组信息位，此时对应网络不存在 UE-ID 的分组方式），对于 UE-ID 的分组数，则直接通过 RAN 侧的系统消息广播配置[17]。因此网络将通过广播两个参数（subgroupsNumPerPO 和 N_{sg_UEID}）来指明支持何种分组方式[18]。若广播了 subgroupsNumPerPO，而没有广播 N_{sg_UEID}，则意味着仅支持 CN 分组方式；反之，若广播了 subgroupsNumPerPO，而广播 $N_{sg\_UEID} =$ subgroupsNumPerPO，则意味着仅支持 UE-ID 分组方式；若广播了 subgroupsNumPerPO，而广播 N_{sg_UEID} 小于 subgroupsNumPerPO，则意味着两种分组方式都支持。在两种方式都支持时，PEI 指示位将基于 UE-ID 方式的分组排在后头，而将 CN 侧分配子组 ID 方式的分组排在前头[19,20]。

至于 UE 如何选择当前采用何种方式来执行寻呼分组，RAN2 工作组指出，CN 分组的优先级高于 UE-ID 分组的优先级，换言之，如果 UE 收到来自核心网的子组 ID，而网络又支持核心网分组方式,则使用 CN 分组,否则,UE 将通过自身是否支持 PEI 以及 UE-ID 分组的 AS(接入层)能力和基站的能力来决定是否使用 UE-ID 的分组方式。

至于 UE 的寻呼分组能力上报,RAN2 工作组同意将其作为两种独立的能力进行上报,即 UE-ID 分组能力属于 AS 能力,需要 UE 通过 AS 能力上报流程通知网络;CN 分组能力属于 NAS(非接入层)能力,需要 UE 通过 NAS 能力上报流程通知网络。在终端能力讨论过程中,还有一个问题,即是否需要支持 PEI 而不支持 PEI 分组的能力,因为有些公司希望能够有一种类型终端,即不支持分组的能力,而仅支持 PEI。后来在讨论过程,各个公司进行了妥协,将 PEI only 能力和 UE-ID 分组能力进行了合并[21],即支持 PEI 的终端必然支持基于 UE-ID 的分组方式。这么看起来,既然 UE-ID 分组能力已经作为一个基本能力,那么支持 CN 分组能力的终端也必然支持 UE-ID 分组能力。因此若网络最终配置了一个分组,且该分组为 UE-ID 分组,其实就隐含表达了唤醒所有支持 PEI 的用户,即起到了不分组(without subgrouping)的作用。

还有一个问题,即终端在重选之后是否还可以使用 PEI[22]。有支持方认为,终端可以继续使用 PEI,否则,若仅在最近释放连接的小区使用,则使用 PEI 的场合太少,不能物尽其用。但是反对方认为一个移动的用户,若重选到其他小区,继续使用 PEI,则会对支持 PEI 的用户造成大量寻呼。双方最终做了一个妥协,即依靠网络配置方式来决定终端是否可以在重选之后继续使用 PEI(即网络在系统消息中下发一个指示给终端,其提供的 PEI 是仅限于本地释放用户使用还是可以给重选过来的用户使用)。

因此终端需要记录其最近释放的小区,即若终端收到小区发送的 RRC 连接释放消息,则终端认为该小区为终端最近释放的小区,而非重选后的小区。但是考虑 RRC 连接释放消息也不一定造成最近释放小区的更新,因此在释放消息中增加了一个指示,指明这是否是最近使用的小区。该机制和 LTE 中唤醒信号的使用是一致的。

4.3　TRS/CSI-RS

4.3.1　物理层进展

1. IDLE TRS 的用途

基站为 IDLE 态(空闲态)UE 配置 TRS,目的是进行 AGC(自动增益控制)和时频跟踪。因为 TRS 配置比 SSB 更加密集,因此相比于只有 SSB 的情况,增加 IDLE 态 TRS 可以帮助 UE 更快地完成同步过程,因而能够节能[23,24]。

例如,如图 4-10 所示,假定一般情况下,SSB 周期为 20 ms,UE 需要用 3 个 SSB 来做同步,那么该过程至少需要 40 ms。但如果使用 TRS 做辅助,UE 只需要使用 1 个 SSB+4 个 slot 的 TRS 来做同步,耗时 5 ms。

最开始 3GPP 还讨论过将 IDLE 态广播的 TRS/CSI-RS 用于 RRM 测量,但是最终没支持[25]。3GPP 也讨论过除了使用 TRS 之外,还可以使用一般的 CSI-RS 做 IDLE 态 UE

的 AGC 时频跟踪(time/frequency tracking),但各家公司未达成一致。最终一般的 CSI-RS 被排除。

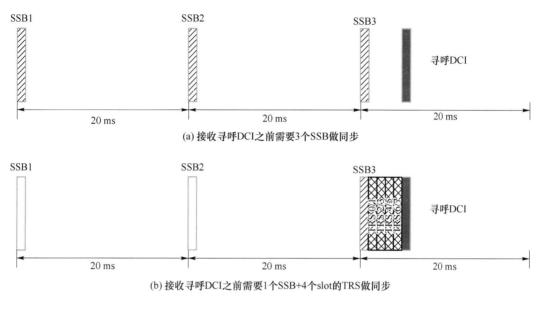

(a) 接收寻呼DCI之前需要3个SSB做同步

(b) 接收寻呼DCI之前需要1个SSB+4个slot的TRS做同步

图 4-10　IDLE 态终端同步示意图

2. TRS/CSI-RS 的配置

TRS/CSI-RS 只能使用周期 TRS/CSI-RS,其配置信息通过 SIB 广播。标准讨论过程中还讨论了使用专用 RRC 信令,比如 RRC 释放信息来配置的方案,但是最终未通过。

TRS/CSI-RS 的 SCS 与 CORESET♯0 的 SCS 相同。IDLE 态 UE 不会在超出下行初始 BWP 的带宽上接收 TRS,但是基站可以根据实际需要确定是否在超出下行初始 BWP 的带宽上发送 TRS[26~28]。

IDLE 态 TRS 的使用,需要配置如表 4-2 所示的 IDLE 态 TRS 参数配置表。除了表中所列的参数,其他参数数值范围与 R15/R16 标准中用于配置 TRS 的 NZP-CSI-RS 数值范围没有区别。有关配置参数的讨论可参考相关文献[29,30]。

表 4-2　IDLE 态 TRS 参数配置

参数	取值	是否是每个 TRS 资源集合的公共参数	备注
powerControlOffsetSS	−3,0,3,6 单位:dB	是	相对于 SSS 的功率偏移
scramblingID	0~1 023	可每个资源单独配置,也可配置公共值	若每个资源单独配置,则根据一个 TRS 资源集合中资源的个数,可以分别配置 2 个或者 4 个加扰 ID
firstOFDMSymbolInTimeDomain	0~9	是	TRS 的第 2 个 OFDM 符号 index 为第一个符号 index+4

参数	取值	是否是每个 TRS 资源集合的公共参数	备注
startingRB	0～274	是	与连接态 TRS 相同
nrofRBs	24～276	是	与连接态 TRS 相同
ssb-Index	SSB 索引范围	是	为与该集中的 TRS 有 QCL Type D 关系的 SSB 索引
periodicityAndOffset	10,20,40,80 单位:ms	是。offset 指示的是第一个 TRS 资源的 offset	—
frequencyDomainAllocation for	0,1,2,3	是	Row1 表示在一个 RB 中 TRS 的第一个 RE 距离 RE♯0 的 RE 级别偏移
nrofResources	2 或 4	是	一个集中包含的 TRS 资源的个数
IndBitID	0～5	是	为 TRS 资源集合所归属的 TRS 资源集合组的组 ID
TRS 资源集合	—	—	最多 64 个

3. TRS/CSI-RS 可用性指示

基站通过系统消息来配置 TRS/CSI-RS 资源。如果系统消息中配置了 TRS/CSI-RS 资源,那么基站需要通过层 1 指示信令来指示某个 TRS/CSI-RS 资源集合组(TRS/CSI-RS resource set group)是否可用,即系统消息仅提供资源的配置情况,而具体资源是否在发送,则还需要额外的层 1 指示。层 1 可用性指示信令可以在寻呼 DCI 和 PEI 中传输,包含最多 6 比特,每个比特对应于一个 TRS/CSI-RS 资源集合组。

当层 1 可用性指示信令指示某个 TRS/CSI-RS 资源集合组生效时,有效时段的起始位置是该终端收到层 1 可用性指示信令所在的默认寻呼 DRX 周期(default paging DRX cycle)的第一个 PF。有效时长由高层信令配置,如果高层信令不配置,其默认值为 2 个默认寻呼 DRX 周期。有关可用性指示的讨论可以参考相关文献[31]。

4.3.2 高层进展

1. TRS/CSI-RS 的配置

高层主要讨论的技术点如下。

1) TRS/CSI-RS 的配置信息以何种方式通知终端,是放在公共信令比如系统消息,还是可以用专用信令方式?

在讨论该议题的时候,首先各公司达成的共识是该信息需要在系统消息中通知用户,这是一个基本的工作假设。但是也有公司认为专用信令方式也是需要被支持的,因为其连接态使用的 TRS/CSI-RS 的配置可以在终端离开连接态之后继续沿用。但是后续经过进一步的讨论,发现终端离开连接态后会重新从系统消息中获取到配置信息,而且当用户发生小区重选之后,从连接态获取到的配置信息也必然会失效。因此最终通过的结论是仅支持广播通知方式[32]。

2)TRS/CSI-RS 的配置信息是放在一个现有的 SIB,比如 SIB1 中,还是放在一个新的 SIB,比如 SIB-X 中?

在讨论该议题的时候,考虑 TRS/CSI-RS 的配置信息可能会比较大,因为包括了多个资源集,每个资源集中又包括了多套资源,因此如果继续放在 SIB1 中,也许 SIB1 不一定放得下,而且这样会增加 SIB1 的解码时长。因此建议放在一个新的 SIB,即 SIB-X 中[33],该 SIB 最终被命名为 SIB-17。考虑 TRS/CSI-RS 的配置信息比较大,高层可以进行 SIB-X 的分段,其分段方式沿用原来的 SIB-12[34]。

3)对于 TRS/CSI-RS 的配置信息的更新,各公司普遍认为该信息不会更新很频繁,因此现有的系统消息更新机制足以支持工作。

2. TRS/CSI-RS 的可用性指示

关于 TRS/CSI-RS 的可用性指示,第一个问题是终端是否需要知道基站的可用性指示,因为用户需要根据有效的 TRS/CRS 信息来决定如何进行和网络的同步,若二者不一致则会带来较大的问题。比如网络在发送有效的 TRS/CSI-RS 信息,若终端认为其没有在发送,则终端就会采用原来同步 SSB 的方式进行时频跟踪和同步,造成较大耗电;反之,若网络停止发送有效的 TRS/CRS 信息,而终端还是按原有的理解去进行同步,则会造成同步精度下降。因此基站需要通知终端其可用性指示以及变更。

目前 3GPP 已经同意的通知可用性的方式为寻呼 DCI 或 PEI 等层 1 信令,即网络将在寻呼消息之前使用层 1 信令通知终端 TRS/CSI-RS 的可用性信息,之后再发送真正的寻呼消息。此时终端可以利用可用的 TRS/CSI-RS 进行 PO 消息监听前的同步。而在终端获取到 TRS/CSI-RS 的配置后,在没有收到层 1 可用性指示之前,将默认该资源不可用[34]。其中层 1 信令中可用性指示占用的总数,是由 TRS/CSI-RS 配置中配置的资源集合组(TRS/CSI-RS resource set group)数隐含确定的[35]。

另外,若使用层 1 信令发送了可用性指示信息,而在可用性指示超时之前又收到了 SIB-17 变更的系统消息,此时资源有效性是否继续生效?考虑此时系统消息中可能已经将某套配置删除或者修改了,也可能增加了新的配置,因此最简单的处理方式是,原来的资源都失效,重新从系统消息中获取新的配置,此时资源初始状态为不可用即可。

至于是否可以利用 SIB 方式通知可用性指示 3GPP 也进行了进一步的讨论。之前有公司认为可以直接利用 SIB 方式通知可用性指示,即终端去获取 SIB-17 的配置,若某个 TRS 资源在,则认为可用,否则不可用。网络可以通过增删 TRS 配置来通知终端其可用性信息,可以认为相较于层 1 信令通知终端 TRS/CSI-RS 的可用性指示,通过 SIB 方式通知可用性指示更加适用于变更不频繁的场景。该方案经过了多轮讨论依然悬而未决。后来,考虑结项原因,以及层 1 信令通知终端 TRS/CSI-RS 的可用性指示也可以工作,因此最终 Release

17 仅标准化了一种可用性指示方式,即层 1 信令通知终端 TRS/CSI-RS 的可用性[36]。其具体的指示内容可见之前章节的描述。并且,3GPP 在讨论层 1 信令通知的可用性指示时长取值范围时,增加了一种无限长(infinity)的取值来表征可用性变更不频繁的场景。

4.4 C-DRX 激活期基于 DCI 的节能

4.4.1 候选方案

Release 16 标准讨论中引入了 C-DRX 非激活期基于 DCI 的节能方案,其主要思路是在 C-DRX 的 off 阶段中,通过 DCI 2-6 指示来通知终端在接下来的 on duration 是否需要唤醒。Release 17 标准的讨论阶段确定要研究 C-DRX 激活期基于 DCI 的节能方案,以此完备连接态的基于 DCI 的节能机制。

RAN1 考虑以下两种候选节能方案[37~39]。

1) 动态切换搜索空间组(dynamic SSSG switching)

动态切换搜索空间组,即基站为终端配置多套搜索空间组,如图 4-11 所示,一个空间组可以包含一个或者多个搜索空间,并动态地指示搜索空间的切换。不同的搜索空间集合可以有不同的周期、频域宽度、PDCCH candidate 数量、待监听 DCI 格式等配置,因而 UE 在监听不同的搜索空间集合时,会有不同的能耗。例如在数据传输需求较小时,UE 切换到周期更长的搜索空间集合,在两个周期点之间,还可以切换到睡眠状态,故可以实现终端侧节能。

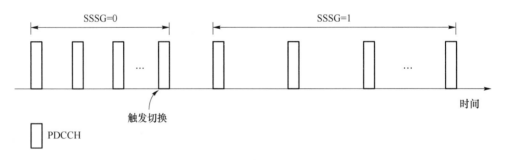

图 4-11 动态切换搜索空间组示意图

切换搜索空间组的最初概念是在 Release 16 NR-U 的标准讨论中被引入的,当终端进行从信道空闲到信道占用的状态转换时,可以改变 UE 监听的搜索空间组,以达到节能的目的。这恰好与 Release 17 中讨论的基于 DCI 的终端节能是一致的。

2) 动态跳过 PDCCH 监听(dynamic PDCCH skipping)

动态跳过 PDCCH 监听,即基站动态地指示终端在某段时间内不需要监听的 PDCCH 信道,如图 4-12 所示,在该段时间内,终端可以进入睡眠状态,因而可以实现终端节能。

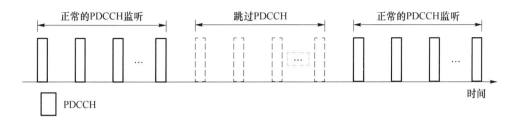

图 4-12　动态跳过 PDCCH 监听示意图

4.4.2　节能指示承载

对于动态切换搜索空间组,3GPP 讨论了如下几种显式指示的实现方案[40]。

1) 基于调度 DCI 来指示

基于调度 DCI 来指示,包括 DCI 0-1/0-2/1-1/1-2。通过调度 DCI 指示 SSSG 切换的好处是,基站可以在调度 PDSCH/PUSCH 的同时,一并发出指示信息。终端不需要为了监听 SSSG 切换指示而产生额外的监听能耗。但是调度 DCI 一般是单播的,即如果基站需要通知多个 UE 切换 SSSG,那么基站需要对多个终端分别发出 DCI 指示,会消耗较多资源。

2) 基于非调度 DCI 来指示

基于非调度 DCI 来指示,包括 DCI 2-0、DCI 2-6(在激活期发送)、DCI 1-1(重用非调度场景的 scell dormancy 指示)。其中 DCI 2-0/2-6 都是组播 DCI,因而可以将 SSSG 切换指示同时通知给多个 UE,空口资源消耗较少,但是基站需要为 UE 配置该组播 DCI 的搜索空间,会增加 UE 的监听能耗。用于非调度场景的 scell dormancy 的 DCI 1-1 是单播 DCI,可以将该 DCI 中的一些信息域重用于 SSSG 切换指示。

3) 其他方式

(1) 动态地指示要切换的 SSSG 的有效时长,待有效期结束之后返回默认 SSSG。

(2) 基于高层配置的计时器,待计时器超时就返回默认 SSSG。

(3) 显式的 SSSG 的激活和去激活。例如通过 DCI、MAC CE 等进行显式的指示。

对于动态跳过 PDCCH 监听,讨论了如下几种显式指示的实现方案。

(1) 基于调度 DCI 来指示,包括 DCI 0-1/0-2/1-1/1-2。

(2) 基于非调度 DCI 来指示,包括 DCI 2-0、DCI 2-6(在激活期发送)、DCI 1-1(重用非调度场景的 scell dormancy 指示)。

最终,RAN1♯105 会议确定采用基于调度 DCI 来指示 PDCCH 监听自适应[41]。

4.4.3　候选方案融合

在 Release 17 标准的讨论中,切换 SSSG 与跳过 PDCCH 监听两种候选方案被进行了充分的仿真对比和讨论,最终 RAN1♯104 会议确定将这两种候选方案融合,设计统一的动态 PDCCH 监听自适应架构。对于如何将切换 SSSG 与跳过 PDCCH 监听两种候选方案相融合,讨论的结果如下[42]。

当 UE 收到 PDCCH 监听自适应指示以后,UE 可以采用如下行为之一。

（1）Beh 1：不激活跳过 PDCCH。

（2）Beh 1A：在 X 时长内停止 PDCCH 监听（即 PDCCH skipping）。基站可以在 DCI 中动态地指示 X 的数值。

（3）Beh 2：停止监听 SSSG♯1 和 SSSG♯2（如果有该配置）中的搜索空间，监听 SSSG ♯0 中的搜索空间。

（4）Beh 2A：停止监听 SSSG♯0 和 SSSG♯2（如果有该配置）中的搜索空间，监听 SSSG ♯1 中的搜索空间。

（5）Beh 2B：停止监听 SSSG♯0 和 SSSG♯1 中的搜索空间，监听 SSSG♯2（如果有该 配置）中的搜索空间。

如果终端没有被配置 SSSG，则要求支持基站指示 Beh 1/1A，如果终端配置了 2 个 SSSG，那么支持基站为当前的 SSSG 指示 Beh 2/2A。UE 最多支持 3 个 SSSG，基站可以采 用 bitmap 的方式指示终端相应的 PDCCH 监听自适应行为。在不同的情况下，bitmap 对应 的 UE 行为不同。

1）情况 1（跳过 PDCCH）

如果 $M=1$（M 是高层配置的 skipping duration 的个数），调度 DCI 中有 1 bit 信息域用 于指示 PDCCH 监听自适应行为，其含义如表 4-3 所示。

表 4-3　情况 1 下 1 bit 信息域的含义

Bit 指示	UE 行为
0	Beh 1
1	Beh 1A

如果 $M=2$ 或 3，调度 DCI 中有 2 bit 信息域用于指示 PDCCH 监听自适应行为，其含义 如表 4-4 所示。

表 4-4　情况 1 下 2 bit 信息域的含义

Bit 指示	UE 行为
00	Beh 1
01	Beh 1A
10	Beh 1A 且应用 skipping duration 2
11	如果 $M=3$，Beh 1A 且应用 skipping duration 3； 如果 $M=2$，该信息域保留

2）情况 2（2 个 SSSG 切换）

调度 DCI 中有 1 bit 信息域用于指示 PDCCH 监听自适应行为，其含义如表 4-5 所示。

表 4-5　情况 2 下 1 bit 信息域的含义

Bit 指示	UE 行为
0	Beh 2
1	Beh 2A

3）情况 3（3 个 SSSG 切换）

调度 DCI 中有 2 bit 信息域用于指示 PDCCH 监听自适应行为,其含义如表 4-6 所示。

表 4-6　情况 3 下 2 bit 信息域的含义

Bit 指示	UE 行为
00	Beh 2
01	Beh 2A
10	Beh 2B
11	该信息域保留

4）情况 4（2 个 SSSG 切换且跳过 PDCCH）

调度 DCI 中有 2 bit 信息域用于指示 PDCCH 监听自适应行为,其含义分别如表 4-7 和表 4-8 所示。

如果 $M=1$,有表 4-7:

表 4-7　情况 4 下 $M=1$ 时 2 bit 信息域的含义

Bit 指示	UE 行为
00	Beh 2
01	Beh 2A
10	Beh 1A
11	该信息域保留

如果 $M=2$,有表 4-8:

表 4-8　情况 4 下 $M=2$ 时 2 bit 信息域的含义

Bit 指示	UE 行为
00	Beh 2
01	Beh 2A
10	Beh 1A(skipping duration T1)
11	Beh 1A(skipping duration T2)

SSSG 切换行为除了可以用 DCI 动态指示外,还可以根据计时器触发。对于 SSSG1/2,其初始的定时器针对每个 BWP 进行单独配置。如果计时器超时,将回退到默认 SSSG,即 SSSG 0。TS 38.331 协议针对不同的 SCS,定义了以 slot 为单位的计时器时长可选范围,以满足灵活的配置需求。

对于 UE 有多个服务小区的情况,在某个服务小区上发送的 PDCCH 监听自适应指令只能应用于该服务小区,而不能应用于其他服务小区。

截至目前,PDCCH 监听自适应行为只应用于 USS 和 Type ♯3 CSS。UE 收到 DCI 指示 PDCCH 监听自适应行为,如果 DCI 指示的是 PDCCH skipping,则在下一个 slot 就可生效,如果 DCI 指示的是 SSSG switching,则需要一段时长之后再生效。该时长与终端所在

BWP 的子载波间隙有关,其具体数值由协议定义。

除此之外,高层也考虑了跳过 PDCCH 的影响。最终结论是,若终端事先收到跳过 PDCCH 的命令,但是终端有上行传输,比如发起 SR 请求,或者随机接入过程,则需要忽略之前收到的跳过 PDCCH 命令[43]。

4.5 RLM/BFD 测量放松

为了支持 RLM(无线链路监测)和 BFD(波束失效检测)的测量放松,3GPP 引入了低移动性准则和服务小区信号质量好准则用于评估。这两套准则具体如下[44]。

1)低移动性准则

低移动性准则的生效需要网络配置参数 $S_\text{SearchDeltaP-Connected}$ 和 $T_\text{SearchDeltaP-Connected}$。在一段时间 $T_\text{SearchDeltaP-Connected}$ 内,若参考的接收信号质量 RSRP 与当前终端在服务小区上的质量 RSRP 的差值小于门限值 $S_\text{SearchDeltaP-Connected}$,即表示信号变化幅度不大,则可认为当前终端处于低移动性状态。低移动性准则是基于"小区级"测量结果进行衡量的。考虑移动性是针对单个终端通用的,因此评估结果可以同时作用于 RLM 和 BFD。

2)服务小区信号质量好准则

终端评估 RLM/BFD 参考信号的信号质量,若参考信号质量高于某个信号质量阈值,则认为对应参考信号满足服务小区信号质量好准则。因此该准则生效需要网络配置参数阈值或者偏移。该参数对于 RLM 和 BFD 可以分别配置。在终端服务小区信号质量好准则的判决过程中,对于 RLM/BFD 配置了多个参考信号的情况,只有当全部配置的参考信号都满足服务小区信号质量好准则时,才认为终端满足服务小区信号质量好准则,否则终端不满足服务小区信号质量好准则[45]。

对于支持 RLM 和/或 BFD 放松能力的终端,服务小区信号质量好准则是网络侧必须配置的放松准则,可选的网络侧也可以同时配置低移动性放松准则和服务小区信号质量好准则。基于可能的网络配置,终端可以执行 RLM 和/或 BFD 放松的场景有[45]:

(1)网络只配置了服务小区信号质量好准则,当终端满足服务小区信号质量好准则时,可以执行放松 RLM/BFD 测量;

(2)网络同时配置了低移动性准则和服务小区信号质量好准则,当终端同时满足低移动性准则和服务小区信号质量好准则时,才可以执行放松 RLM/BFD 测量。

满足放松场景的终端在执行 RLM 和 BFD 相关测量时可以使用更长的测量间隔,可按照 TS 38.133 的规定,使用固定的扩展系数来增大测量间隔[46]。

为了保证终端性能,TS 38.133 协议也分别约定了终端退出 RLM 放松和 BFD 放松的机制[45]。

(1)对于 RLM,若终端向高层发送 RLM 失步指示,或 T310 定时器正在运行,或当前未配置 DRX,或 DRX 周期配置为大于 80 ms,则终端不允许继续放松 RLM。

(2)对于 BFD,若 beamFailureDetectionTimer 定时器正在运行,或当前未配置 DRX,或 DRX 周期配置为大于 80 ms,则终端不允许继续放松 BFD。

此外,对于终端能力而言,RLM 和 BFD 采用不同的能力定义[47]。终端会上报在不同的频段(band)对于该特性的支持情况。

网络根据终端的能力下发 RLM/BFD 放松的准则参数。目前针对 RLM/BFD 的参数中,低移动性参数为针对单个 UE 定义的,即针对 NR SA/NE-DC/NR-DC 场景在 PCell 下发,而针对 EN-DC 则在 PScell 下发。而质量好评估参数,则是针对每个小区定义的。具体来说,考虑 RLM 仅在主小区进行,因此针对 RLM 放松的信号质量好评估参数,则在主小区(PCell 或者 PSCell)下发。BFD 是针对单个小区进行评估和放松的,因此针对 BFD 放松判决准则的信号质量好参数将针对主小区或者辅小区下发[48]。

对于终端执行 RLM/BFD 放松之后是否通知给网络,存在较大争议。部分运营商坚持需要网络知晓 UE 的放松状态。3GPP RAN 工作组第 95 次全会最终通过了一个融合方案[49],即网络可以配置终端是否上报放松的状态变化,该配置通过专用信令配置终端通过 UAI 上报辅助信息的方式让网络知晓。具体来说,就是终端发生了放松状态的变更时将通知网络,同时为了避免信令频繁上报,需要配置一个禁止定时器。另外,因为 BFD 是针对单个小区进行评估和放松的,因此终端需要上报放松和未放松的小区列表,从信令表示看,将采用一个 bitmap,即相关指示位置为 1 或者 0 来表达该小区是 BFD 放松还是不放松。

参 考 文 献

[1] RP-220748. UE power saving enhancements for NR, MediaTek. 3GPP RAN♯95-e, 11th-19th March 2022.

[2] R1-2104151. E-meeting final minutes report. 3GPP RAN1♯104-bis-e, 12th-20th April 2021.

[3] R1-2102316. Paging enhancements for UE power saving in IDLE/inactive mode, Huawei, HiSilicon. 3GPP RAN1♯104-bis-e, 12th-20th April 2021.

[4] R1-2102991. Paging enhancement for power saving, Xiaomi. 3GPP RAN1♯104-bis-e, 12th-20th April 2021.

[5] R1-2102405. Further discussion on Paging enhancements for power saving, OPPO. 3GPP RAN1♯104-bis-e, 12th-20th April 2021.

[6] R1-2102681. On paging enhancements for idle/inactive mode UE power saving, MediaTek Inc. 3GPP RAN1♯104-bis-e, 12th-20th April 2021.

[7] R1-2110671. Summary♯5 of Paging Enhancements, Moderator, MediaTek. 3GPP RAN1♯106-bis-e, 11th-19th October 2021.

[8] R1-2110043. Paging enhancements for idle/inactive-mode UE, Apple. 3GPP RAN1♯106-bis-e, 11th-19th October 2021.

[9] R1-2110311. On paging enhancements for UE power saving, Nokia, Nokia Shanghai Bell. 3GPP RAN1♯106-bis-e, 11th-19th October 2021.

[10] R2-2009784. Report of [Post111-e][907][ePowSav] UE grouping, MediaTek Inc.

3GPP RAN2♯112-e，2nd-13th November 2020.

[11] R2-2104496. Summary of Idle/Inactive-mode UE Power Saving，MediaTek Inc. 3GPP RAN2♯113-bis-e，16th-26th March 2021.

[12] R2-2102919. UE sub-grouping mechanism with Paging Enhancement，CATT. 3GPP RAN2♯113-bis-e，16th-26th March 2021.

[13] R2-2103258. Paging Enhancement with UE Grouping，MediaTek Inc.，CMCC. 3GPP RAN2♯113-bis-e，16th-26th March 2021.

[14] R2-2101301. Network assigned subgrouping，Intel Corporation. 3GPP RAN2♯113-e，25th January -5th February 2021.

[15] R2-2109094. ［AT115-e］［043］［ePowSav］ Paging Subgrouping，Nokia. 3GPP RAN2♯115-e，16th-27th August 2021.

[16] R2-2106666. Report of ［AT114-e］［025］［ePowSav］ Subgrouping network architecture，Mediatek Inc. 3GPP RAN2♯114-e，19th-27th May 2021.

[17] R2-2109647. Summary of ［Post115-e］［089］［ePowSav］ Paging Subgrouping，Beijing Xiaomi Mobile Software. 3GPP RAN2♯116-e，1st-12th November 2021.

[18] R2-2111524. Summary of ［AT116-e］［045］［ePowSav］ Paging Subgrouping，Xiaomi. 3GPP RAN2♯116-e，1st-12th November 2021.

[19] R2-2201675. ［Pre116bis］［005］［ePowSav］ Summary of 8.9.2.1 Paging Sub-grouping and Paging Early Indication，MediaTek. 3GPP RAN2♯116-bis-e，17th-25th January 2022.

[20] R2-2201916. Summary of ［AT116bis-e］［054］［ePowSav］ Subgrouping and PEI MediaTek Inc. 3GPP RAN2♯116-bis-e，17th-25th January 2022.

[21] R2-2202664. Summary report of ［Pre117-e］［007］［ePowSav］ UE capabilities，Intel Corporation. 3GPP RAN2♯117-e，21th February-3rd March 2022.

[22] R2-2203901. Report of ［AT117-e］［004］［ePowSav］ PEI and paging subgrouping，MediaTek Inc. 3GPP RAN2♯117-e，21th February-3rd March 2022.

[23] R1-2005263. Assistance RS occasions for IDLE/inactive mode，Huawei，HiSilicon. 3GPP RAN1♯102-e，17th-28th August 2020.

[24] R1-2005389. Discussion on TRS/CSI-RS occasion(s) for idle/inactive UEs，vivo. 3GPP RAN1♯102-e，17th-28th August 2020.

[25] R1-2100001. E-meeting final minutes report. 3GPP RAN1♯103-e，26th October-13th November 2020.

[26] R1-2102406. Further discussion on RS occasion for idle/inactive UEs，OPPO. 3GPP RAN1♯104-bis-e，12th-20th April 2021.

[27] R1-2103116. Indication of TRS/CSI-RS for idle/inactive-mode UE power saving，Apple. 3GPP RAN1♯104-bis-e，12th-20th April 2021.

[28] R1-2103178. TRS/CSI-RS for idle/inactive UE power saving，Qualcomm

Incorporated. 3GPP RAN1♯104-bis-e，12th-20th April 2021.

[29] R1-2104252. Assistance RS occasions for IDLE/inactive mode，Huawei，HiSilicon. 3GPP RAN1♯105-e，10th-27th May 2021.

[30] R1-2106117. Summary♯2 for TRS/CSI-RS occasion（s）for idle/inactive Ues，Moderator（Samsung）. 3GPP RAN1♯105-e，10th-27th May 2021.

[31] R1-2108515. Final summary for TRS/CSI-RS occasion（s）for idle/inactive UEs，Moderator（Samsung）. 3GPP RAN1♯106-e，16th-27th August 2021.

[32] R2-2111285. Summary of agenda 8.9.3：Other aspects 3GPP RAN2 impacts -TRS CSI-RS for RRC-IDLE and RRC-INACTIVE，Apple. 3GPP RAN2♯116-e，1st-12th November 2021.

[33] R2-2109072. Report from［AT115-e］［044］［ePowSav］TRS CSIRS for RRC Idle and Inactive（Ericsson），Ericsson. 3GPP RAN2♯115-e，16th-27th August 2021.

[34] R2-2203059. Summary of［Pre117-e［005］［ePowSav］TRS / CSI-RS Open Issues Input（CATT），CATT. 3GPP RAN2♯117-e，21st February-3rd March 2022.

[35] R2-2201677. Summary of 8.9.2.2 TRS/CSI-RS for idle/inactive，CATT. 3GPP RAN2♯116-bis-e，17th-25th January 2022.

[36] R2-2201918. Report of［AT116bis-e］［055］［ePowSav］TRS/CSI-RS for idle/inactive，CATT. 3GPP RAN2♯116-bis-e，17th-25th January 2022.

[37] R1-2101893. FL summary♯1 of power saving for Active Time，Moderator（vivo）. 3GPP RAN1♯104-e，25th January -5th February 2021.

[38] R1-2100455. Discussion on DCI-based power saving adaptation in connected mode，vivo. 3GPP RAN1♯104-e，25th January -5th February 2021.

[39] R1-2101666. UE power saving enhancements for Active Time，Nokia，Nokia Shanghai Bell. 3GPP RAN1♯104-e，25th January -5th February 2021.

[40] R1-2101894. FL summary of DCI-based power saving adaptation，Moderator（vivo）. 3GPP RAN1♯104-e，25th January -5th February 2021.

[41] R1-2106041. FL summary♯2 of DCI-based power saving adaptation，Moderator（vivo）. 3GPP RAN1♯105-e，10th-27th May 2021.

[42] R1-2110517. FL summary♯3 of DCI-based power saving adaptation，Moderator（vivo）. 3GPP RAN1♯106-bis-e，11th-19th October 2021.

[43] R2-2203896. Report of［AT117-e］［024］［ePowSav］PDCCH skip，Samsung. 3GPP RAN2♯117-e，21st February-3rd March 2022.

[44] R2-2206853. ePowSav corrections for 38.331，CATT（rapporteur）. 3GPP RAN2♯118-e，9th-20th May 2022.

[45] R4-2211103. CR on TS38.133 for applicability of RLM measurement relaxation，MediaTek Inc. 3GPP RAN4♯103-e，9th-20th May 2022.

[46] R4-2207121. BigCR RRM requirements forRelease 17 UE Power Saving

Enhancements，MediaTek Inc. 3GPP RAN4♯102-e，21st February-3rd March 2022.

［47］ R2-2202664. Summary report of ［Pre117-e］［007］［ePowSav］ UE capabilities，Intel Corporation. 3GPP RAN2♯117-e，21st February-3rd March 2022.

［48］ R2-2203967. Report of ［AT117-e］［006］［ePowSav］ RLM BFD relaxation，vivo. 3GPP RAN2♯117-e，21st February-3rd March 2022.

［49］ RP-221003. Moderator's summary for discussion ［95e-34-Release 17-PowerSaving-WA］，3GPP RAN2 Chair (MediaTek). 3GPP RAN♯95-e，11th-19th March 2022.

第 5 章

直连通信增强和中继

5.1 直连通信增强

5.1.1 概述

直连通信(Sidelink,SL)可以利用用户设备(User Equipment,UE)之间的直连链路进行通信,不需要经过基站的中转,因此有利于减少邻近区域通信的延时,并且可以支持在基站覆盖范围之外的 UE 间通信。直连通信的概念最早在 4G 的 LTE R12 中被引入,当时考虑的场景主要包括商业场景和公共安全场景;之后针对车联网场景,LTE R14 实现了直连通信对于车联网(Vehicle to Everything,V2X)业务的支持。5G 新空口(New Radio,NR)的第一个版本(R15)集中于上下行信道基本功能的实现,并没有考虑对于直连通信的支持。直到 3GPP R16 才实现了对于基于 5G NR 的直连通信的支持。

R16 中基于 NR 的直连通信设计的主要目标是支持更先进的车联网场景,满足包括车队管理、先进驾驶、感知扩展等车联网应用的需求[1],因此主要考虑了车辆与车辆之间,以及车辆与路边节点之间的直连通信。由于车辆一般通过蓄电池进行供电,其节电的需求不强,所以 R16 中的直连通信没有针对设备节电等需求进行专门优化。其次,由于时间紧张,例如直连通信用户间协作等功能并没有在 R16 中得到支持。

R17 在 R16 直连通信设计的基础上,针对一些未被支持的特性和未被满足的需求进行了进一步的优化设计。而且,不同于 R16 中直连通信主要针对车联网场景,直连通信在商业和公共安全等场景下的应用在 R17 中也受到很多的关注。车联网、商业和公共安全这些不同的应用场景的需求有所不同,为了避免市场分裂,R17 针对不同的应用场景进行了统一的方案设计[2]。

R17 中直连通信增强的主要内容如下。

(1)针对设备节电需求的优化

车联网场景,除了包含车辆之间的通信,还包含车辆与行人、自行车等弱势交通参与者之间的通信。对于行人等使用的手持设备,其节电的需求无法被忽视。另外,商业和公共安

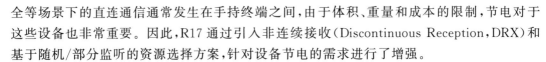

全等场景下的直连通信通常发生在手持终端之间,由于体积、重量和成本的限制,节电对于这些设备也非常重要。因此,R17 通过引入非连续接收(Discontinuous Reception,DRX)和基于随机/部分监听的资源选择方案,针对设备节电的需求进行了增强。

(2)针对直连通信可靠性的进一步优化

虽然 R16 Mode2 资源分配方式(即基于用户自主选择的资源分配)通过监听(sensing)和资源预留减少了碰撞发生的可能性,降低了用户间的干扰,但是对于一些延时和可靠性要求非常高的应用的需求还没有办法完全满足,例如当信道相对比较繁忙时的通信可靠性可能不够。因此,R17 通过引入设备间协作,对于 Mode2 资源分配方式的直连通信可靠性进行了进一步的优化。

5.1.2 直连非连续接收

在 R16 的直连通信过程中,UE 需要持续监听物理直连控制信道(Physical Sidelink Control Channel,PSCCH),获取其他 UE 发送的直连通信信号。另外,当 UE 的直连发送资源基于基站动态调度时,UE 也需要持续监听物理下行控制信道(Physical Downlink Control Channel,PDCCH),获取基站发送的调度信息。对以上两个信道的持续监听会消耗 UE 的能量。为了减少 UE 的能耗,R17 引入了直连 DRX,可以使得 UE 在这两个信道上进行非连续接收,从而减少 UE 监听时间。

1. 直连信号的非连续接收

1)概述

在 SL DRX 的 SL 活动时间期间,UE 执行数据接收的直连控制信息(Sidelink Control Information,SCI)监控,即监控物理直连控制信道(PSCCH)上的第一阶段 SCI 和物理直连共享信道(Physical Sidelink Shared Channel,PSSCH)上的第二阶段 SCI。UE 可以在 SL DRX 的非活动时间期间跳过对数据接收的 SCI 的监视。

支持基于定时器的单播、组播和广播的 SL DRX,使用与 Uu DRX 类似的参数(开启持续时间、非激活定时器、重传定时器、周期),以确定 SL DRX 的 SL 活动时间。每种发送类型(单播、组播、广播)支持的参数在后续对应的发送类型的小节中指定。接入层可以使用来自上层的 QoS 信息来确定用于 SL DRX 配置的 DRX 参数。

UE 的 SL 活动时间包括其适用的任何持续时间定时器、非激活定时器或重传定时器(对于单播、组播或广播中的任何一个)正在运行的时间。

2)单播

对于单播,配置 SL DRX 的配置粒度为源层二标识和目标层二标识对。UE 为每对源层二标识和目标层二标识以及每个方向维护一组 SL DRX 定时器。源/目标层二标识之间的 DRX 配置可以由发送和接收 UE 协商确定。对于某一个方向的 DRX 配置,其中一个 UE 是发送(Transmission,TX)UE,另一个是接收(Reception,RX)UE。

(1)RX UE 可以可选地向 TX UE 发送辅助信息,可以包括多套期望的 SL DRX 配置。TX UE 考虑辅助信息确定 RX UE 的 SL DRX 配置。当先前传输的辅助信息发生变化时,RX UE 可以发送 SL DRX 辅助信息。

（2）TX UE 将 RX UE 使用的 SL DRX 配置发送给 RX UE。

（3）RX UE 可以接受或拒绝（通过 PC5-RRC）收到的 SL DRX 配置。

RX UE 使用广播或组播对应的 SL DRX 配置来接收直连通信请求（Direct Communication Request）消息以建立单播链路。

当 TX UE 处于 RRC_CONNECTED，并且采用 Mode1 资源分配（即由基站分配资源）方式时，TX UE 可以将接收到的辅助信息报告给其服务基站，服务基站通过专用信令将 SL DRX 发送给 TX UE，在收到 SL DRX 配置后 TX UE 将 SL DRX 配置发送给 RX UE。当 RX UE 处于覆盖范围内且处于 RRC_CONNECTED 时，RX UE 可以向其服务基站上报接收到的 SL DRX 配置，基站可以对 Uu DRX 和 SL DRX 进行对齐。

单播支持持续时间定时器、非激活定时器、往返路程时间（Round Trip Time，RTT）定时器和重传定时器。RTT 定时器和重传定时器在 RX UE 的每个 SL HARQ 进程中进行维护。当 SCI 指示多个重传资源位置时，RTT 定时器时长为 SCI 与指示的重传资源位置之间的时长，当 SCI 没有指示重传资源位置时，RTT 定时器时长由 TX UE 配置。

SL DRX 多媒体访问控制（Media Access Control，MAC）控制单元（Control Element，CE）仅适用于单播 SL DRX。当接收到 SL DRX MAC CE 时，RX UE 停止对应的单播链路的持续时间定时器和非激活定时器。

除了基于定时器的活动时间，对于单播，活动时间还包括 UE 发送信道状态信息（Channel State Information，CSI）请求之后，等待接收 CSI 报告的时间。

3）组播和广播

组播和广播基于 QoS 配置文件和层二标识配置 SL DRX 参数。每个组播/广播都可以支持多个 SL DRX 配置。

组播支持持续时间定时器、非激活定时器、HARQ RTT 定时器和重传定时器。广播仅支持持续时间定时器。SL DRX 周期、持续时间定时器和非激活计时器（仅用于组播）根据 QoS 文件进行配置。SL DRX 周期的起始偏移量是根据目标层二标识确定的。SL DRX 周期的起始偏移量、HARQ RTT 定时器（仅用于组播）和重传定时器（仅用于组播），不考虑 QoS。对于组播，RX UE 为每个目标层二标识维护一个非激活定时器。如果一个组播地址对应多个非激活定时器，选择最长的非激活定时器。

对于组播，RX UE 为每个 SL HARQ 进程维护 SL HARQ RTT 定时器和 SL 重传定时器。HARQ RTT 计时器可以设置为不同的值以支持 HARQ 启用和 HARQ 禁用传输。当组播或广播的 QoS 文件没有对应的 DRX 参数配置时，使用默认的 DRX 配置。

处于空闲态和非激活态的 TX UE 和 RX UE 从系统信息块（System Information Block，SIB）获得它们的 SL DRX 配置。处于连接态的 TX UE 和 RX UE 从 SIB 或者切换时从专用信令中获取 SL DRX 配置。处于脱网状态的 TX UE 和 RX UE 通过预配置获取 SL DRX 配置。另外，SL HARQ RTT 定时器时间可以通过 SCI 指示的多个重传资源位置计算得到。

对于组播，TX UE 如果收到发送到某一目标的新数据，则重启这个目标对应的非激活定时器。

引入 TX 配置文件以确保支持/不支持 DRX 功能的 UE 之间的组播和广播传输的兼容性。TX 配置文件由上层发送给 AS 层，用于确定一个或多个直连功能组。如果所有感兴趣的服务类型/目标层二标识具有与支持 SL DRX 关联的 TX 配置文件,则 RX UE 确定使用 SL DRX。

4) Uu 与直连 DRX 的对齐

单播、组播和广播,支持连接态 UE 的 Uu DRX 和 SL DRX 的对齐,支持对于同一个 UE 的 Uu DRX 和 SL DRX 对齐。另外,Model 调度支持 TX UE 的 Uu DRX 和 RX UE 的 SL DRX 对齐。

对齐可以包括 Uu DRX 和 SL DRX 之间时间上的完全重叠或部分重叠。对于 RRC_CONNECTED 中的 SL RX UE,对齐由 gNB 实现。

5) 直连发送资源选择

TX UE 为每对源层二标识(单播)和目标层二标识(组播/广播)维护一组与 RX UE 的 SL DRX 定时器相对应的定时器,并用定时器运行确定 RX UE 允许传输时间的标准。RX UE 的数据到达时,TX UE 只使用在 RX UE 活动时间内的发送资源进行数据发送。

在选择发送资源时,对于 TX UE 如何确定 RX UE 的活动时间,有多种理解方式。

(1) 活动时间只包括目前 RX UE 的活动时间,即当前定时器运行的时间。

(2) 活动时间包括目前和未来 RX UE 的活动时间,即当前和未来定时器运行的时间。其中未来 RX UE 的活动时间包括未来开启持续定时器运行的时间。由于开启持续定时器是周期性运行的,因此其在未来运行的时间可以预测,并且所有发送类型都支持开启持续定时器。

(3) 活动时间包括目前和未来 RX UE 的活动时间,即当前和未来定时器运行的时间。其中未来 RX UE 的活动时间包括所有可预测的定时器运行时间。非激活定时器和重传定时器运行的时间,在单播和组播中,也是可以预测的。

对于活动时间的判断越准确,对 TX UE 的要求越高,可用的发送资源就越多。最终,由 UE 实现来决定采用哪种活动时间的理解方式来进行发送资源选择。

6) 基站调度不在活动时间内的发送资源的处理方法

当 TX UE 采用 Model 资源分配方式时,由于基站可能无法与 UE 保持同步的定时器运行状态,基站调度的发送资源可能不在任何一个 RX UE 的活动时间内,此时 TX UE 会丢弃调度的发送资源。

如果基站配置了用于发送反馈的物理上行控制信道(Physical Uplink Control Channel,PUCCH),那么 UE 需要对调度的发送资源进行反馈,可选的行为包括反馈确认(acknowledge,ACK)或者否定性应答(Non-acknowledge,NACK)。

(1) 如果反馈 ACK,那么基站侧会认为发送成功,进而启动非活动定时器,从而继续在非活动定时器运行的时间内调度用于初传的发送资源,而这些发送资源如果还是不在任何一个 RX UE 的活动时间内,那么就会被丢弃。

(2) 如果反馈 NACK,那么基站会认为发送失败,进而启动 RTT 和重传定时器,从而在重传定时器运行的时间内调度用于重传的发送资源,而这些发送资源如果还是不在任何一个 RX UE 的活动时间内,那么就会被丢弃。

可以看到,任何一种反馈都可能带来进一步的基站调度资源的浪费,最终 UE 决定如果调度的发送资源用于初次传输,UE 反馈 ACK;如果调度的发送资源用于重复传输,UE 反馈 NACK。

如果想要避免进一步的资源浪费,UE 需要通知基站哪些发送资源已经丢弃,这样基站可以避免后续继续调度发送资源。UE 可以将调度丢弃的发送资源的 HARQ 进程标识上报给基站。但是由于时间有限,这种方案没有获得通过。

2. 对基站信号的非连续接收

在 Mode1 模式中,UE 需要监听基站下发的 PDCCH 来获取调度的直连发送资源。在 R16 中,Uu DRX 不限制 SL-RNTI 加扰的 PDCCH 监听,因此如果 UE 工作在 Mode1 模式下,UE 需要一直监听 PDCCH 信道。R18 引入了专用于直连的 RTT 定时器和重传定时器,但是并没有引入专用的持续定时器、非激活定时器和周期。因此,UE 根据 R16 中的持续定时器和周期苏醒监听 PDCCH 传输,如果有 PDCCH 调度新的 Uu 传输或直连传输,则启动非激活定时器。根据收到的 PDCCH 调度的是直连传输还是 Uu 传输,决定启动直连或 Uu 专用的 RTT 定时器和重传定时器。在直连专用的重传定时器运行期间,监听 PDCCH 信道。

根据网络是否配置了用于发送反馈的 PUCCH 资源,直连专用的 RTT 定时器和重传定时器的启动方式有所不同。

(1)当网络配置了用于发送反馈的 PUCCH 资源时,在发送 PUCCH 之后的第一个符号启动 RTT 定时器,如果反馈为 NACK,在 RTT 定时器超时后启动重传定时器。

(2)当网络没有配置用于发送反馈的 PUCCH 资源时,在调度直连传输的 PDCCH 之后的第一个符号启动 RTT 定时器,在 RTT 定时器超时后启动重传定时器。在这种配置下,基站会进行盲重传调度,因此不管数据是否成功解码,UE 都需要启动重传定时器。

5.1.3 Mode 2 资源分配增强

1. 节电优化

1)概述

R16 V2X 中使用 Mode2 资源选择方式的用户,需要持续监听信道以获取其他 UE 发送的资源预留信息以及进行相应的测量。这些监听到的信息将用于用户的资源选择。但是从节能角度考虑,持续的信道监听需要用户始终开启接收机,会增加 UE 的能耗。从仿真结果来看,信道监听的能量消耗是直连通信能量消耗中的主要部分之一[3]。

虽然取消或者减少监听时间可以有效减少用户能耗,但是更少的监听时间意味着待发送 UE 具有更大的可能性错过其他 UE 发送的资源预留信息,这会增加直连传输发生资源碰撞的可能性,降低系统的整体性能。

因此,为了减少监听的能量消耗,遵循和 R14 LTE V2X 中类似的思路,R17 对 Mode2 资源选择方式进行了以节能为目标的优化:通过使用随机资源选择,UE 不需要执行监听操作,可以最大化地减少监听的能量消耗;通过使用基于部分监听的资源选择,UE 需要在部分时隙(slot)上进行监听,但是能够在减少功耗的同时最大化地保证系统的通信性能,获得设备功耗和系统性能之间的平衡。

2)随机资源选择

对于随机资源选择,UE 不需要进行监听,只需要在资源选择窗口内随机地选择待发送数据使用的时频资源。因此,UE 可以完全节省监听所需的能耗。

随机资源选择同样支持 R16 直连通信中的 HARQ-ACK 机制,并且重用了 R16 中的周期性和/或非周期性资源预留机制,即使用随机资源选择的 UE 也可以进行周期和/或非周期性资源预留。一个发送直连资源池,可以通过(预)配置决定 UE 是否可以在这个资源池里使用随机资源选择的方式进行资源选择。而且,一个发送资源池可以被(预)配置为允许使用多种不同的资源选择方式,包括随机资源选择、基于部分监听的资源选择和 R16 的基于全监听的资源选择的任意组合。

对于支持随机资源选择的 UE,3GPP 考虑了其只具备部分直连通信接收能力而不具备任何直连通信接收能力的可能性。R17 支持不具备任何直连通信接收能力的 UE 进行基于随机资源选择的发送,也支持只具备部分直连通信接收能力的 UE 进行基于随机资源选择的发送。例如,UE 可以只具备接收直连同步信号资源块(Sidelink Synchronization Signal Block,S-SSB)和物理直连反馈信道(Physical Sidelink Feedback Channel,PSFCH)的能力,却不具备接收 PSCCH/PSSCH 的能力。支持 S-SSB 的接收能力可以保证 UE 在各种场景中进行直连通信;而支持 PSFCH 的接收能力可以支持基于 HARQ 的单播和组播通信,提供更高的直连通信可靠性。

3) 基于部分监听的资源选择

(1) 概述

作为一种节能方法,基于部分监听的 UE 自主资源选择在 LTE V2X 中就已经获得了支持。基于部分监听的资源选择,只要求 UE 在部分时隙内进行监听,相应地也只能在部分时隙内选择待传输的时间频率资源。通过定义需要进行监听的监听时隙集合和可以进行资源选择的候选时隙集合之间的映射关系,可以尽量保证 UE 监听到足够的资源预留信息,以避免选择干扰较强的时频资源。

相比于 LTE V2X 仅支持周期性的资源预留,R16 NR V2X 额外支持了非周期性的资源预留。因此,对应于周期性资源预留和非周期性资源预留,R17 引入了基于周期的部分监听(Periodic-based Partial Sensing,PBPS)和连续的部分监听(Contiguous Partial Sensing,CPS),如图 5-1 所示。

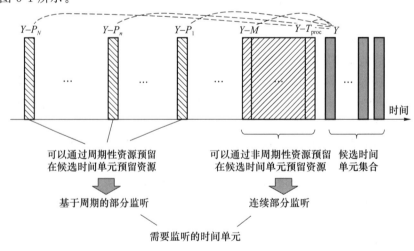

图 5-1　基于周期的部分监听和连续部分监听

（2）资源选择时间窗口

R17 基于部分监听的资源选择重用了 R16 Mode2 资源选择中资源选择时间窗口的设计，包括窗口起始时间和结束时间的确定方法。另外，UE 只使用不早于 $n-T_0$ 的监听结果进行资源选择；这里 $n-T_0$ 的定义和 R16 V2X 中监听时间窗口的起始时间相同。

（3）基于周期的部分监听

R17 中基于周期的部分监听（PBPS）以 LTE V2X 中部分监听的设计准则为基础进行设计。在一个支持基于部分监听的发送资源池中，如果 UE 在时隙 n 被触发进行基于部分监听的资源选择，并且需要执行 PBPS，那么：

① UE 在资源选择窗口 $[n+T_1, n+T_2]$ 中选择 Y 个候选时隙，这里资源选择窗口 T_1 和 T_2 的决定方法和 R16 V2X 中的 Mode2 资源选择时相同，具体如何选择候选时隙由 UE 实现决定，标准不做规定，Y 的取值不应小于（预）配置的阈值 Y_{min}；

② 对于 Y 个候选时隙中的任何一个候选时隙 t_y^{SL}，UE 需要至少在时隙集合 $\{t_{y-k \cdot P_{reserve}}^{SL}\}$ 中进行监听，即接收 PSCCH 和进行对应的 PSCCH 或 PSSCH 参考信号接收功率（Reference Signal Received Power，RSRP）测量，这里 $P_{reserve}$ 为发送资源池（预）配置的资源预留周期集合中的周期，k 为正整数。

R17 直连标准的制定过程围绕 $P_{reserve}$ 和 k 的取值进行了多次讨论，有多种方案被提出。

对于 $P_{reserve}$ 的取值，有如下选项被提出。

① 选项 1：$P_{reserve}$ 包括发送资源池（预）配置的资源预留周期集合中的所有周期。

② 选项 2：$P_{reserve}$ 包括发送资源池（预）配置的资源预留周期集合中的一个子集。

③ 选项 3：$P_{reserve}$ 是发送资源池（预）配置的资源预留周期集合中周期的一个公约数。

在标准制定过程中，选项 1 和选项 2 获得了大多数公司的支持，因此选项 3 最先被排除。其中，支持选项 2 的公司认为选项 2 相比于选项 1 更加灵活，而且可以通过（预）配置调整哪些周期以及多少周期包含在资源预留周期集合的子集中。如果子集中的周期数目较少，相应的 UE 所需要监听的时隙数也会减少，因而更有利于获取节能和系统性能之间的平衡。而支持选项 1 的公司认为选项 2 的节能增益并不明显，而且如果部分资源预留周期不被包含在 $P_{reserve}$ 中，那么 UE 将无法完全避免和使用这些周期进行资源预留的直连传输的资源碰撞。这些资源碰撞对于系统性能的影响可能很大，从而破坏直连传输的可靠性。最终，双方达成了妥协：UE 可以被（预）配置资源预留周期集合中一个子集；该（预）配置信息为非必选的配置信息。当存在该（预）配置信息时，UE 使用（预）配置的子集作为 $P_{reserve}$；但是当 UE 没有被（预）配置该子集时，UE 的默认行为是使用资源预留周期集合中的所有周期作为 $P_{reserve}$。

对于 k 的取值，大多数公司同意对于每个 $P_{reserve}$ 周期，k 的取值应该至少对应于一个监听时隙。另外，多数公司同意，如果在最接近 t_y^{SL} 的时隙进行监听，UE 能够获取最实时可靠的监听结果。此外，有的公司认为，对于每个 $P_{reserve}$ 周期，监听多个周期的时隙可以提供更高的可靠性。因此，最终 RAN1 决定可以通过（预）配置使能 k 的取值对应于 2 个最接近 t_y^{SL} 的时隙；如果 UE 没有被（预）配置使能，k 的默认取值对应于最接近 t_y^{SL} 的 1 个时隙。使能 k 的取值对应于 2 个最接近 t_y^{SL} 的时隙时，基于周期的部分监听如图 5-2 所示。

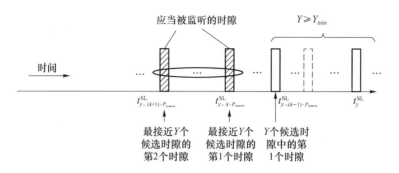

图 5-2 基于周期的部分监听（使能 k 的取值对应于 2 个最接近 t_y^{SL} 的时隙时）

此外，一个重要的问题是监听时隙应该被定义为处于资源选择触发时隙之前还是处于 Y 个候选时隙之前。部分公司支持重用 R16 的机制，即监听时隙处于资源选择触发时隙之前。而另一部分公司认为标准并没有具体规定 Y 个候选时隙如何选择，而是交给 UE 实现解决。因此 Y 个候选时隙中的第 1 个时隙可能距离资源选择触发时隙的时间较长。如果 $P_{reserve}$ 周期集合中包含时长较短的周期的话，那么在资源选择触发时隙和 Y 个候选时隙之间会存在一个甚至多个距离 Y 个候选时隙间隔整数个 $P_{reserve}$ 周期的时隙。在这些时隙上进行监听能够获得更加实时和可靠的监听结果。分别支持以上两种观点的公司数目十分接近，经过多次讨论，最终 RAN1 选择了监听时隙处于 Y 个候选时隙之前的方案，即用于资源选择的监听时隙 $t_{y-k \cdot P_{reserve}}^{SL}$ 可能位于资源选择触发时隙之后。

（4）连续的部分监听

R16 SL 支持非周期性的资源预留。除了本次传输使用的时频资源，UE 的一次直连传输还可以预留一次或者两次发生在本次传输时隙之后 31 个直连逻辑时隙内的重复传输使用的时频资源。如果只使用 PBPS，将无法监听这种非周期性的资源预留信息。因此，标准制定过程提出 UE 需要进行一段连续的监听来考虑这种非周期性资源预留造成的影响。

进行连续部分监听的 UE 需要在 CPS 监听窗口 $[n+T_A, n+T_B]$（如图 5-3 所示）之内的时隙上进行监听，其中 T_A 和 T_B 的取值可以小于 0、等于 0，或者大于 0。UE 的物理层需要在 $n+T_B$ 或者之后的时隙再根据所有可用的监听结果进行资源排除和确定最终报告给高层的候选资源集合等操作。

T_A 和 T_B 的具体取值将在下文中进行介绍。

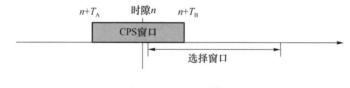

图 5-3 CPS 监听窗口

（5）周期性和非周期性数据传输

对于周期性的数据传输（即发送资源池支持周期性预留，且高层指示的资源预留周期 P_{rsvp_TX} 不等于 0），当 UE 进行基于部分监听的资源选择的时候，既需要进行 PBPS，也需要进行 CPS。

① UE 使用 PBPS 选择的 Y 个候选时隙中的时频资源初始化候选资源集合 S_A。

② CPS 窗口的 T_A 和 T_B 的取值根据 PBPS 选择的 Y 个候选时隙来确定：假设时隙 t_{y0} 是 Y 个候选时隙中最早的一个时隙，CPS 窗口的起始位置 $n+T_A$ 比时隙 t_{y0} 提前 M 个逻辑时隙；而 CPS 窗口的结束位置 $n+T_B$ 比时隙 t_{y0} 提前 $T_{proc,0}^{SL} + T_{proc,1}^{SL}$ 个物理时隙。这里 $T_{proc,0}^{SL}, T_{proc,1}^{SL}$ 的定义和 R16 V2X 中一致（见参考文献中的表 8.1.4-1 和表 8.1.4-2[4]）。

由于非周期性资源预留只能预留之后 31 个逻辑时隙内的时频资源，理论上 UE 如果从时隙 t_{y0} 之前的第 31 个逻辑时隙开始进行监听（即 $M=31$），该 UE 就可以监听到所有可能对资源选择造成影响的非周期性资源预留。但是，这样需要监听的时隙数较多，会消耗相对较多的电量。为了得到节能增益和通信可靠性之间的平衡，允许通过（预）配置将 M 的取值设定为小于 31 的值；而当这个（预）配置不存在时，默认 M 的取值为 31。

对于支持周期性资源预留的资源池中非周期性的数据传输触发的基于部分监听的资源选择，在标准制定过程中各公司出现了意见分歧。有公司认为非周期性的数据传输不像周期性的数据传输那样具有规律性，UE 无法提前预测资源选择会在什么时间被触发，也就无法在资源选择被触发前提前进行 PBPS 操作。因此，对于非周期性的数据传输，无法保证 UE 可以选择出满足 PBPS 要求且处于资源选择时间窗口内的 Y 个候选时隙，或者，为了满足 PBPS 的要求必须引入额外的时延或能耗。这些公司提出，对于非周期性的数据传输触发的资源选择，不应要求 UE 进行 PBPS 操作。经过多次会议的反复讨论，在支持周期性预留的资源池中，最终并没有要求由非周期性的数据传输触发的资源选择和周期性数据触发的资源选择一样，一定要选择超过（预）配置数量阈值的 Y 个具有 PBPS 监听结果的监听时隙；但是当 PBPS 存在时，UE 可以使用已有的 PBPS 的监听结果。

关于何时使用 PBPS，RAN1 达成如下决议。

当 UE 有可能执行 PBPS 的时候，至少需要满足以下条件：

① 发送资源池被（预）配置为支持在该资源池中进行周期性资源预留；

② 发送资源池被（预）配置为支持基于部分监听的资源选择；

③ UE 使用基于部分监听的资源选择。

另外，当至少满足以下条件时，UE 需要执行 CPS：

① 物理层被高层触发需要报告供 Mode2 资源选择使用的时频资源；

② 发送资源池被（预）配置为支持基于部分监听的资源选择；

③ UE 使用基于部分监听的资源选择。

为了减少标准制定的复杂度，对于由非周期性数据触发的资源选择，不管在支持周期性预留的资源池中还是在不支持周期性预留的资源池中，大多数公司同意使用统一的解决方案。最终，RAN1 决定，当 UE 由非周期性数据触发基于部分监听的资源选择时，需要至少进行 CPS。

① UE 在资源选择时间窗口中选择 Y' 个具有对应的 PBPS 和/或 CPS 监听结果的时隙；Y' 的取值不应小于（预）配置的阈值 Y'_{min}；当 UE 无法找到不小于 Y'_{min} 个具有对应的 PBPS 和/或 CPS 监听结果的时隙时，UE 自主决定如何选择其他候选时隙以满足 Y'_{min} 的要求，协议不进行规定。

② UE 使用所选择的 Y' 个时隙中的时频资源初始化候选资源集合。

③ 假设时隙 t'_{y0} 是 Y' 个候选时隙中最早的一个时隙，CPS 窗口的起始位置 $n+T_A$ 比时隙 t'_{y0} 提前至少 M 个逻辑时隙，而 CPS 窗口的结束位置 $n+T_B$ 比时隙 t'_{y0} 提前 $T_{proc,0}^{SL} + T_{proc,1}^{SL}$

个物理时隙,这里 $T_{\text{proc},0}^{\text{SL}}$,$T_{\text{proc},1}^{\text{SL}}$ 的定义和 R16 V2X 中一致。在有些情况下,例如数据延时要求较短而 UE 没有在资源选择触发前进行监听时,UE 可能无法满足在 t'_{y0} 之前的 M 个逻辑时隙开始 CPS 这个条件。这时 UE 可以自主选择两种方法中的一种:保证满足至少选择 $Y'_{\min}$ 个候选时隙的条件(而不需要满足在 t'_{y0} 之前的 M 个逻辑时隙开始 CPS 的条件),或者转而使用随机资源选择方式。

与周期性传输时的 CPS 窗口类似,非周期性传输的 CPS 窗口起始位置需要比 Y' 个候选时隙中最早的候选时隙提前至少 M 个逻辑时隙。M 的取值可以通过(预)配置设定,而当这个(预)配置不存在时,默认 M 的取值为 31。

需要注意的是,当资源池支持周期性资源预留时,对于周期性传输的资源选择和非周期性传输的资源选择,M 的取值是通过两个独立的 RRC 参数分别进行配置的。对于基于周期性传输的资源选择,M 最小可以配置为 5。这个最小配置值的选择主要考虑 CPS 窗口结束后必要的监听结果处理和数据发送准备的时间,而 CPS 窗口的起始时间应该不晚于 CPS 窗口的结束时间。而对于非周期性传输的资源选择,M 最小可以配置为 0(截至本书定稿该结论为 working assumption)。支持非周期性资源选择时 M 的最小取值为 0 的部分公司认为,当最小时隙数被配置为 0 时,相当于 UE 去使能了 CPS;这样 UE 实际上可以先进行随机资源选择,再在后续的资源重评估和占用评估过程中进行监听。

(6)重评估和占用

重评估和占用是 R16 中 Mode2 资源选择引入的特性。R17 中基于部分监听的资源选择同样支持重评估和占用。对于部分监听的资源选择,重评估和占用评估的触发机制以及需要进行重评估和占用评估的待传输资源都和 R16 V2X 中相同。

为了减少重评估和占用带来的额外功率开销,基于部分监听的资源选择应当尽量重用资源选择时以及之前重评估和占用评估时的监听结果。因此,重评估和占用评估仍然应该根据资源选择时所确定的候选时隙对候选资源集合进行初始化。对于周期性传输(即资源池支持周期性预留且周期不等于0),当需要被重评估和占用评估的待传输资源位于资源选择后的第 $q(q=0,1,2,\cdots,C\text{resel}-1)$ 个周期的时候,需要根据第 q 个周期内的触发时刻之后剩余的对应时隙来初始化候选资源集合。周期性传输的待传输资源的重评估和占用评估和资源选择时类似,需要进行 PBPS 和 CPS。

对于非周期性传输的待传输资源的重评估和占用评估,UE 需要进行 CPS。当资源池支持周期性预留时,UE 可以基于自身实现进行 PBPS,标准不做规定。

(7)直连 DRX 的影响

直连 DRX 对于基于部分监听的资源选择的影响主要包括两个方面。

① 使用基于部分监听的资源选择进行数据发送的 UE 同时使用直连 DRX 进行节能

为了节能,UE 可以在 SL DRX 的非活动时间期间跳过以数据接收为目的的 PSCCH 的检测,但是部分监听中发送 UE 的监听操作同样需要对 PSCCH 进行检测以获得资源预留信息和关联的 RSRP 测量值。因此,RAN1 需要决定 UE 是否可以在 SL DRX 的非活动时间期间跳过对部分监听的 PSCCH 的检测。

DRX 需要根据待接收的数据的传输时间设置活动时间和非活动时间,而部分监听则需要根据待发送数据的传输时间选择监听时隙,两者之间很难协调。最终 RAN1 决定通过(预)配置决定 UE 是否可以在 DRX 非活动时间跳过部分监听(包括相应的 PSCCH 检测和

RSRP 测量）。当（预）配置为去使能时，UE 可以在 DRX 非活动时间跳过部分监听。当（预）配置为使能时，RAN1 选择了一种相对较为简单的减少 DRX 非活动时间部分监听的方法。

　　a. 对于 PBPS，对于每一个 $P_{reserve}$，UE 只使用默认的 k 值。也就是说，即使存在监听两个监听时隙的（预）配置，UE 也可以只监听距离 Y 个候选时隙最近的一个监听时隙。

　　b. 对于 CPS，CPS 窗口的起始时间为 Y 个或者 Y' 个候选时隙之前的 M 个逻辑时隙。

　　② 使用基于部分监听的资源选择进行发送数据接收的 UE 使用直连 DRX 进行节能

　　UE 可以在 SL DRX 的非活动时间期间跳过对数据接收的检测，因此，如果发送 UE 在资源选择时知道接收 UE 的 DRX 活动时间，发送 UE 应该保证进行资源选择所选择的资源落在接收 UE 的活动时间内。不过，有公司认为，由于多种 DRX 定时器的存在，发送 UE 知道的接收 UE 的 DRX 活动时间并不能等同于接收 UE 的实际 DRX 活动时间。例如，如果首次传输处于发送 UE 知道的接收 UE 活动时间内，即使后续的重复传输在活动时间之外，接收 UE 也可以改变实际 DRX 活动时间使得后续重复传输处于实际 DRX 活动时间内。由于 NR 直连的最终资源选择是在 MAC 层进行的，而 MAC 层进行最终资源选择的候选资源集合是由物理层报告给 MAC 层的，只有当物理层报告给 MAC 层的候选资源集合中包含位于接收用户 DRX 活动时间内的候选资源时，MAC 层才有可能选择处于 DRX 活动时间内的资源作为传输的资源。因此，RAN1 决定，物理层报告候选资源集合给 MAC 层的时候，报告的候选资源集合中需要有一部分候选资源处于 MAC 层所指示的接收端 DRX 活动时间内；RAN2 相应地通过决议，确定资源选择应该保证初次传输的资源处于 MAC 层指示的接收用户 DRX 活动时间内。如果资源排除后发现不存在位于 DRX 活动时间内的候选资源，则交由 UE 实现来选择至少一个位于 MAC 层指示的 DRX 活动时间内的候选资源。

　　（8）CBR 测量

　　在 R16 V2X 中，拥塞控制是通过信道占用率（Channel Busy Ratio，CBR）测量完成的。CBR 测量要求 UE 在连续的一段时隙上执行直连接收信号强度指示（Sidelink Received Signal Strength Indicator，SL RSSI）测量。当用户进行部分监听时，如果在不需要进行监听的时隙上也进行 SL RSSI 测量，会增加 UE 的能耗。

　　Release 17 对于部分监听下的 CBR 测量进行了优化。UE 只需要在进行部分监听以及进行数据接收检测的时隙上进行 SL RSSI 测量。如果在 Release 16 规定的 CBR 测量窗口内进行 SL RSSI 测量的时隙数少于一个（预）配置的阈值，UE 则使用一个（预）配置的 CBR 测量值进行拥塞控制。

2. UE 间辅助机制

1）概述

3GPP RAN♯89 会议确定了将 UE 间的辅助机制作为 R17 的 NR 直连增强的工作项目[5]，以增强 Mode 2 资源选择的可靠性和减少时延。假设辅助 UE 为 UE-A，进行 Mode 2 资源选择的被辅助 UE 为 UE-B。UE-A 确定一个辅助信息并发送这个辅助信息给 UE-B，UE-B 利用 UE-A 发送的辅助信息帮助自身的 Mode 2 资源选择。与 Mode 2 资源选择一样，UE 间的辅助机制也需要能够在 UE 处于基站的覆盖范围内、部分覆盖范围或覆盖范围外工作。

UE 间辅助机制有望解决收发半双工、隐藏节点[6]和持续冲突[7]等问题。在 3GPP RAN1♯103-e 和 104-e 会议讨论中,通过对于 UE 间辅助机制仿真结果的讨论,各公司达成了共识,UE 间辅助资源选择相对于 R16 的 Mode2 的资源分配是有增益的。

根据辅助信息的不同,UE 间辅助机制的具体设计方案可以分为如下两种。方案一,辅助信息为辅助资源集。UE-B 在资源选择时考虑 UE-A 发送的辅助资源集,并结合自身资源监听的结果,进行资源选择,提高可靠性。方案二,辅助信息为潜在的资源冲突指示。UE-B 在接收到来自 UE-A 的冲突指示后,对预留的资源进行资源重选,以避免未来资源冲突的发生。在 R17 中,以上两种方案都获得了支持。下文将分别进行介绍。

2) 辅助信息为辅助资源集

辅助资源集有两种类型,分别为推荐的辅助资源集(the set of resources preferred for UE-B's transmission)和不推荐的辅助资源集(the set of resources non-preferred for UE-B's transmission)。

(1) 触发方式

当辅助信息为资源集时,UE 间辅助机制支持两种触发方式:基于辅助请求的触发方式和基于条件的触发方式。

① 基于辅助请求的触发方式

如图 5-4 所示,UE-B 发送辅助请求,UE-A 接收到辅助请求后,根据辅助请求中携带的信息字段生成辅助信息。在 R17 中,UE-B 发送辅助请求的发送直连资源池和 UE-A 生成的辅助信息中的辅助资源集所属的发送直连资源池相同,即 R17 只支持同一个直连资源池内的 UE 间辅助,不支持跨直连资源池的 UE 间辅助。

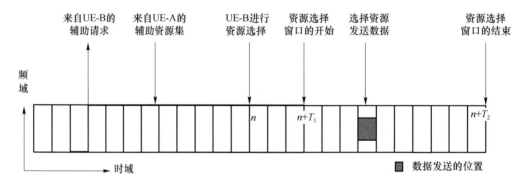

图 5-4　基于辅助请求的触发方式

辅助请求的触发支持以下两种方式,UE 基于资源池来配置决定具体使用哪种方式:方式一,是否触发辅助请求取决于 UE-B 的实现;方式二,只有当 UE-B 有数据发送给 UE-A 时,才可以触发辅助请求。

辅助请求携带的信息字段包括:

a. 辅助资源集的类型,指示请求的是推荐的资源集还是不推荐的资源集;

b. 优先级值,用于确定辅助请求和辅助信息的优先级;

c. UE-B 触发 Mode 2 资源选择的待发送数据占用的频域子信道数,用于 UE-A 生成辅助资源集;

d. UE-B 触发 Mode 2 资源选择的待发送数据的资源预留周期,用于 UE-A 生成辅助

资源集;

e. UE-B 的资源选择窗口的开始时间和结束时间的位置,以无线帧号和时隙号的方式指示。

媒体接入控制-控制单元(MAC-Control Element,MAC-CE)用于承载辅助请求。取决于 UE 实现,UE-B 可以额外使用第二阶段(2nd stage)SCI 格式 SCI 2-C 来发送辅助请求。当使用 SCI 2-C 承载辅助请求时,SCI 2-C 和 MAC-CE 中携带的辅助请求信息是相同的。

② 基于条件的触发方式

当满足某种预先定义的条件时,UE-A 会自动发送辅助信息给 UE-B。基于资源池(预)配置,是否触发辅助信息的生成完全取决于 UE-A 的实现,或者需要满足限制条件:只有当 UE-A 有数据可以和辅助信息一起发送时,才可以触发辅助信息的生成。

(2)辅助信息的传输

在基于辅助请求的触发方式中,如果对于辅助信息优先级的值进行了(预)配置,则辅助信息优先级值为预配置的值,如果没有预配置优先级的值,辅助信息的优先级值与 UE-B 的辅助请求所指示的优先级值相同。在基于条件的触发方式中,如果预配置了辅助信息优先级的值,则辅助信息优先级的值为预配置的值。

辅助信息可以单独传输;当源地址和目标地址相同时,也可以和其他数据一起传输。对于终端间辅助信息与其他数据一起传输的情况,由终端间辅助信息与数据之间的最小优先级值决定本次传输的优先级值。

(3)辅助资源集的确定及指示方法

① 辅助资源集的确定

当辅助资源集为推荐的资源集的时候,UE-A 确定辅助资源集的方法和 R16 中 UE 进行 Mode 2 资源选择时确定报告给 MAC 层的候选资源集合的方法类似,但进行资源排除时,会考虑以下两个条件。

a. 根据 UE-A 的监听结果,排除与其他 UE 的预留资源重叠的候选资源,即对应的 PSCCH RSRP 或 PSSCH RSRP 测量值大于 RSRP 阈值的 SCI 所指示的 PSCCH/PSSCH 资源。

b. 当 UE-A 是 UE-B 的接收 UE 时,UE-A 根据自身待发送数据的资源选择从候选资源集中排除会与接收 UE-B 数据发生半双工冲突的资源。

当辅助资源集为不推荐的资源集的时候,UE-A 会根据下列条件确定不推荐的资源集。

a. UE-A 根据自身的监听结果确定与监听到的 SCI 预留资源发生资源重合的候选资源,且这些监听到的 SCI 对应的 PSCCH RSRP 或 PSSCH RSRP 测量值满足要求。该条件支持如下两种要求:

· UE-A 监听到其他 UE 预留的资源的 SCI 对应的 PSCCH RSRP 或 PSSCH RSRP 测量值大于预先配置的 RSRP 阈值,其中 RSRP 阈值至少根据 SCI 中指示的优先级值来确定,则 UE-A 确定该预留的资源为不推荐的资源集;

· UE-A 监听到其他 UE 预留的资源的 SCI 对应的 PSCCH RSRP 或 PSSCH RSRP 测量值小于预先配置的 RSRP 阈值,其中 RSRP 阈值至少根据 SCI 中指示的优先级值来确定,且 UE-A 是预留资源的其他 UE(除 UE-B 之外的 UE)的传输块(TB)的目标接收 UE,这是为了保护 UE-A 的接收不受到 UE-B 发送的干扰。这两种要求,具体使用哪一种,由高层参数来决定。

b. 当 UE-A 是 UE-B 的接收 UE 时,UE-A 根据自身待发送数据的资源选择确定会与接收 UE-B 数据发生半双工冲突的资源。

② 辅助资源集的承载

对于辅助资源集的承载使用物理层控制信息(SCI)还是使用 MAC 层控制信息(MAC-CE)的问题,RAN1 进行了激烈的讨论。最终 RAN1 决定,辅助资源集的承载支持以下两种方式:Option 1,只使用 MAC-CE 承载辅助资源集;Option 2,既使用 MAC-CE 也使用第二阶段 SCI(SCI 2-C)承载辅助资源集,MAC-CE 和 SCI 中承载相同的辅助资源集信息。

为了减少标准化的工作量,辅助资源集中资源位置的指示,重用了 R16 的时域预留资源指示(Time Reservation Indication Value,TRIV)、频域预留资源指示(Frequency Reservation Indication Value,FRIV)、资源预留周期组合的资源指示方法,并且引入资源组合的概念:一个资源组合是 TRIV、FRIV、资源预留周期三者的组合。使用 M 个资源组合指示辅助资源集,每个资源组合包含最多 N 个时频域资源,N 值等于高层 Sl-MaxNumPerReserve 参数的最大值,取固定值为 3。

由于 SCI 承载信息大小的限制,规定以下的条件。

- 如果资源组合的数量 $M \leqslant 2$,使用 Option 1 还是 Option 2 取决于 UE 实现,即使用 MAC-CE 承载辅助信息,是否额外使用第二阶段 SCI,取决于 UE-A 的实现;
- 如果资源组合的数量 $M > 2$,只能使用 Option 2,即只使用 MAC-CE 来承载辅助资源集。

SCI 2-C 被定义为可以用来承载辅助资源集的第二阶段 SCI 格式。为了保证第二阶段 SCI 中承载的信息比特不超过 140 比特,SCI 2-C 中承载的资源组合的数量固定为 2。每个资源组合所指示的时频资源的并集就是辅助资源集。SCI 2-C 中除了携带与 SCI 2-A 相同的部分信息字段外(不包含 SCI 2-A 中的 Cast type 字段),为了指示辅助资源集合,引入了如下新的信息字段。

- 提供/请求指示字段,用于指示所承载的信息用于辅助信息还是用于辅助请求。
- 资源组合字段,用于指示辅助资源集合中每个资源组合的 TRIV、FRIV 以及周期。R16 的 TRIV 和 FRIV 无法指示资源组合中第一个资源的时域位置和频域位置,因此需要额外的信息字段进行指示。
- 参考时隙字段,协议规定第一个资源组合的第一个资源的时域位置作为参考时隙,用无线帧号和时隙号指示。
- 第一资源位置字段,指示除了第一个资源组合外其他资源组合的第一个资源相对于参考时隙的偏移值。协议规定使用 SCI 承载辅助信息时,最大偏移值为 255,所以使用 8 比特来指示。
- 辅助资源集的类型,指示提供的辅助资源集是推荐的资源集还是不推荐的资源集。
- 最低子信道的频域位置,用于指示每个资源组合的第一个资源的频域最低子信道位置。

每个信息字段的信息比特数如表 5-1 所示。

表 5-1　SCI 2-C 中携带的信息比特数

信息字段	比特数
提供/请求指示	1
资源组合	$2 \cdot \left\{ \left\lceil \log_2 \left(\dfrac{N_{\text{subchannel}}^{\text{SL}} \left(N_{\text{subchannel}}^{\text{SL}} + 1 \right) \left(2 N_{\text{subchannel}}^{\text{SL}} + 1 \right)}{6} \right) \right\rceil + 9 + Y \right\}$ $N_{\text{subchannel}}^{\text{SL}}$ 为资源占用子信道数，$Y = \left\lceil \log_2 N_{\text{rsv\_period}} \right\rceil$，其中 $N_{\text{rsv\_period}}$ 是配置的预留周期值集合中周期的数量
第一资源位置	8
参考时隙	$10 + \left\lceil \log_2 (10 \cdot 2^{\mu}) \right\rceil$ $\mu = 0, 1, 2, 3$ 分别对应于 SCS＝15 kHz，30 kHz，60 kHz，120 kHz
辅助资源集的类型	1
最低子信道的频域位置	$2 \cdot \left\lceil \log_2 \left(N_{\text{subchannel}}^{\text{SL}} \right) \right\rceil$

UE 间协作信息(Inter-UE Coordination Information)MAC-CE 被定义为承载辅助资源集的 MAC-CE。其对于资源集中资源位置的指示方法与 SCI 2-C 一致，包含的信息字段和表 5-1 类似。与 SCI 2-C 不同，MAC-CE 中可以携带超过 2 个资源组合的资源信息，而且第一资源位置可以指示的最大时隙偏移量为 8 000。如果既使用 MAC-CE 也使用第二阶段 SCI 承载辅助资源集，SCI 2-C 和 MAC-CE 中携带的辅助资源集信息是相同的。辅助信息的发送依然遵守已经定义的 Uplink/直连之间的优先级，LTE Uplink/NR 直连之间的优先级，以及阻塞控制[8]等规则。

③ 辅助资源集的类型

对于基于辅助请求的终端间辅助，根据资源池(预)配置，UE-B 的辅助请求指示中可以携带资源集类型指示，用于指示辅助资源集为推荐的资源集或不推荐的资源集。如果根据(预)配置携带指示信息，辅助信息资源集类型由 UE-B 的辅助请求中携带的指示确定；否则，辅助信息资源集类型由 UE-A 的实现决定。

对于基于条件的触发方式的 UE 间辅助信息，终端间辅助信息资源集类型由 UE-A 的实现决定。

(4) UE-B 接收到辅助信息的行为

对于不同资源集的类型，UE-B 的行为也是不同的。

① 辅助资源集是推荐的资源集

UE-B 的行为支持以下两种方式。第一种方式，如果 UE-B 的监听结果是可获得的，UE-B 会同时考虑接收到的辅助资源集和 UE-B 自身资源监听的结果确定的候选资源集合 S_A，UE-B 对两个资源集合做交集，UE-B 的 MAC 层首先在 S_A 和推荐的资源集的交集内选择传输资源，如果交集内的资源数目不够，则再考虑交集外的 S_A 中的候选资源。第二种方式，如果 UE-B 的监听结果是不可获得的，如 UE-B 不支持监听或资源排除，UE-B 进行 Mode2 资源选择时，在 MAC 层只选择属于推荐的资源集中的资源。

② 辅助资源集是不推荐的资源集

当资源集是不推荐的资源集时，UE-B 会在根据自身监听结果排除候选资源之后，额外排除那些与不推荐资源集重叠的候选资源。另外，如果考虑了不推荐的资源集后，时隙内候选资源的数量不可能满足最小候选资源数目阈值要求,那么是否在资源选择中考虑不推荐的资源集将取决于 UE 的实现。

(5) 发送辅助信息和辅助请求的资源

UE-A 在发送辅助资源集时,同样按照协议 38.214 中 8.1.4 小节规定的步骤,确定候选资源集,然后在候选资源集中进行资源选择或者资源重选,将 UE 间辅助信息发送给 UE-B。

辅助请求的发送,UE-B 同样按照协议 38.214 中 8.1.4 小节规定的步骤,确定候选资源集,在候选资源集中,选择资源发送辅助请求。

3）辅助信息为潜在的资源冲突指示

(1) 介绍

当辅助信息为 1 比特的潜在的资源冲突指示时,UE-A 根据监听和协议规定的条件,判断 UE-B 的 SCI 预留的资源和其他 UE 的 SCI 预留的资源在将来的时隙是否会发生冲突。如果发生冲突,UE-A 即发送冲突指示。UE-B 在接收到来自 UE-A 的冲突指示后,对预留的资源进行资源重选,以避免未来资源冲突的发生。

资源冲突指示能够帮助解决 R16 重评估或占用评估解决不了的资源冲突,例如以下两种场景。

a. 如图 5-5(a)所示,UE-B 和 UE-C 在同一个时隙内频分复用,因此无法监听到对方的资源预留信息,也就无法通过重评估或资源占用的方法避免冲突。如果 UE-A 监听到两个 UE 的 SCI 都在未来时隙 $n+3$ 中预留了重叠的时频域资源,并且满足冲突的条件,就可以通过资源冲突指示来避免冲突。

b. 如图 5-5(b)所示,由于隐藏节点,UE-B 和 UE-C 无法监听到对方的 SCI,因此无法通过重评估或资源占用的方法避免冲突。如果 UE-A 监听到 UE-B 和 UE-C 预留的资源在同一个时隙发生了重叠,并且满足冲突的条件,就可以通过资源冲突指示来避免冲突。

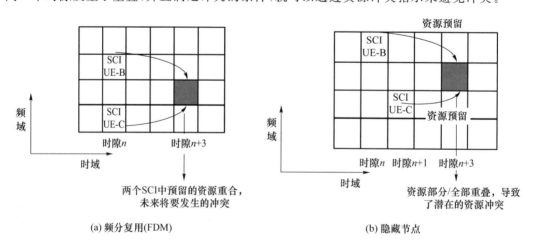

(a) 频分复用(FDM)　　　　　　　　　　(b) 隐藏节点

图 5-5　潜在的资源冲突

(2) UE-A 和 UE-B 的确定

资源池配置可以限制发送资源冲突指示给 UE-B 的 UE-A 是否一定是 UE-B 在预计冲突的预留资源上的传输的目标 UE。如果配置允许,UE-A 可以不是 UE-B 预留资源的目标接收 UE,而是和 UE-B 发生资源冲突的另一个 UE 的目标 UE。

另外,当资源池配置使能时,在第一阶段 SCI 中可以包含一个 1 比特的信息域 indicationUEB,用于指示一旦该第一阶段 SCI 指示的预留资源发生了资源冲突,该 SCI 的 发送 UE 能否被选为 UE-B。如果一对 SCI 所预留的资源发生了冲突,且两个 SCI 中的发 送 UE 可以成为 UE-B,则 UE-A 会选择两个 UE 中有更大优先级取值(即优先级较低)的 UE 为 UE-B;当两个 UE 有相同的优先级时,UE-A 通过自身的实现来决定其中哪一个 UE 是 UE-B。

(3)确定潜在资源冲突的条件

假设 UE-A 接收到的一个 UE-B 发送的 SCI 所预留的时频资源为 r_1,如果满足以下两 个条件中的至少一个,则 UE-A 判断在 r_1 上发生了潜在资源冲突。

① 条件 1:UE-A 接收到另一个 UE 发送的 SCI 所预留的时频资源为 r_2,资源 r_1 和资 源 r_2 产生了部分或者全部资源重叠。

当存在对应的资源池配置时,还需要满足额外的 RSRP 测量条件。假设 UE-B 的预留 资源 r_1 所关联的 PSCCH RSRP 或者 PSSCH RSRP 测量值为 $RSRP_1$,另一个 UE 的预留资 源 r_2 所关联的 PSCCH RSRP 或者 PSSCH RSRP 测量值为 $RSRP_2$。协议规定了如下两种 不同的额外 RSRP 测量条件,并且通过资源池(预)配置来决定具体使用哪一种。

第一种条件如下:

- 如果 UE-A 是 UE-B 预计在资源 r_1 处传输的 TB 的目标 UE,$RSRP_2$ 高于(预)配置 阈值 $Th(prio_2, prio_1)$,这里 $prio_1$ 为预留了资源 r_1 的 SCI 指示的优先级,$prio_2$ 为预 留了资源 r_2 的 SCI 指示的优先级,此时冲突指示用于指示 UE-B 资源重选,以避免 UE-B 所发送数据的接收受到另一个 UE 的发送的干扰;

- 如果 UE-A 是另一个 UE 预计在资源 r_2 处传输的 TB 的目标 UE,$RSRP_1$ 高于(预) 配置阈值 $Th(prio_1, prio_2)$,此时冲突指示用于指示 UE-B 资源重选,以避免另一个 UE 所发送数据的接收受到 UE-B 的发送的干扰。

第二种条件如下:

- 如果 UE-A 是 UE-B 预计在资源 r_1 处传输的 TB 的目标 UE,$RSRP_2 - RSRP_1$ 大于 (预)配置阈值,此时冲突指示用于指示 UE-B 资源重选,以避免 UE-B 所发送数据 的接收受到另一个 UE 的发送的干扰;

- 如果 UE-A 是另一个 UE 预计在资源 r_2 处传输的 TB 的目标 UE,$RSRP_1 - RSRP_2$ 大于(预)配置阈值,此时冲突指示用于指示 UE-B 资源重选,以避免另一个 UE 所 发送数据的接收受到 UE-B 的发送的干扰。

② 条件 2:UE-A 是 UE-B 在资源 r_1 处传输的 TB 的目标 UE,由于半双工无法同时收 发,UE-A 不希望在资源 r_1 所在时隙上进行接收。

(4)潜在冲突的承载

潜在的资源冲突指示只有 1 比特,使用 PSFCH 格式 0 来传输。UE-B 在接收到潜在冲突 指示后,根据 PSFCH 的时/频/码域位置,隐式地确定将要发生冲突的时频域资源的位置。

(5)潜在资源冲突指示的时频域资源的确定

① 发送潜在冲突指示的 PSFCH 时域资源

R17 支持两种方法来确定用于发送潜在冲突指示的 PSFCH 的时域资源,基于资源池的配置,确定使用以下两种方法中的一种。

第一种方法中,用于发送潜在冲突指示的 PSFCH 所处的时隙位置由 UE-B 预留了潜在冲突的资源的 SCI 所处的时隙来确定,进一步地,与预留潜在冲突资源的 SCI 所在时隙之间的时间间隔大于等于 sl-MinTimeGapPSFCH 的第一个 PSFCH 时隙为发送潜在冲突指示的 PSFCH 时隙。协议规定发送潜在冲突指示的 PSFCH 时隙与预留潜在冲突资源的 SCI 所在的时隙之间的时间间隔大于等于 sl-MinTimeGapPSFCH,这是为了保证 UE-A 有足够的时间能够解码 UE-B 的 SCI 并发现潜在的资源冲突。另外,发送潜在冲突指示的 PSFCH 时隙与发生潜在冲突的 PSSCH 资源所在的时隙之间的间隔大于等于 T_3,否则 UE-B 将不会接收该 PSFCH 时隙上发送的潜在的冲突指示。其中,T_3 重用 R16 中规定的 T_3 值,即 $T_3 = T_{\mathrm{proc,1}}^{\mathrm{SL}}$,当子载波为 15 kHz,30 kHz,60 kHz,120 kHz 时,T_3 为 3、5、9、17 个时隙[9],规定发送潜在冲突指示的 PSFCH 所在时隙和潜在冲突发生的 PSSCH 资源所在的时隙之间的时间间隔大于等于 T_3,是为了保证 UE-B 在接收到潜在冲突指示后,有足够的时间进行资源重选。

如图 5-6 所示,UE-B 和 UE-C 的 SCI 在时隙 $n+8$ 产生了潜在的资源冲突,根据 UE-B 的 PSSCH/PSCCH 所在的时隙 n,以及上述确定 PSFCH 时隙的方法,确定使用位于时隙 $n+3$ 的 PSFCH 来发送潜在冲突指示。

第二种方法中,用于发送潜在冲突指示的 PSFCH 所处的时隙位置由发生潜在资源冲突的 PSSCH 所在的时隙来确定,进一步地,与潜在冲突的 PSSCH 所在的时隙之间的间隔大于等于 T_3 的最后 1 个 PSFCH 的时隙为发送潜在冲突指示的 PSFCH 时隙。另外,发送潜在冲突指示的 PSFCH 时隙和调度了潜在冲突的 TB 所在的 SCI(如图中 UE-B 的 SCI 和 UE-C 的 SCI)所在的时隙之间的间隔大于等于 sl-MinTimeGapPSFCH,否则 UE-B 将不会接收该 PSFCH 时隙上发送的潜在的冲突指示。如图 5-7 所示,在时隙 $n+11$ 将要发生潜在的资源冲突,根据上述确定 PSFCH 时隙的方法,确定使用位于时隙 $n+5$ 的 PSFCH 来发送潜在冲突指示。

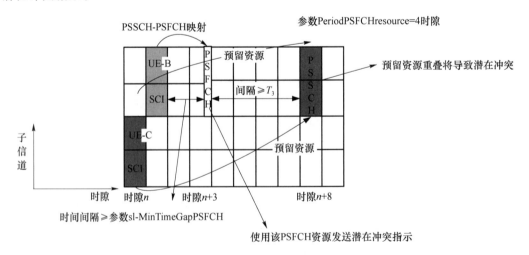

图 5-6 确定发送潜在冲突指示的 PSFCH 时域资源的第一种方法

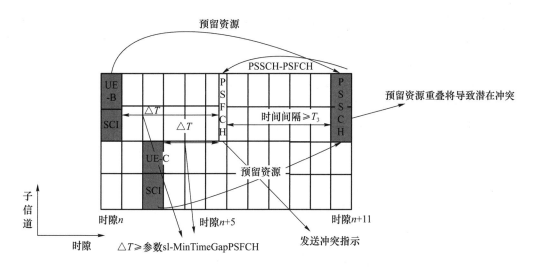

图 5-7　确定发送潜在冲突指示的 PSFCH 时域资源的第二种方法

② 潜在冲突指示的频域资源

用于冲突指示的资源块集合(sl-PSFCH-RB-Set)是独立于 SL HARQ-ACK 反馈的资源块集合,并且是单独配置的。重用 R16 中规定的在资源块集合中确定传输资源的方法,根据发生潜在冲突指示的 PSSCH 所在时隙以及子信道在资源块集合中确定用于 PSFCH 传输冲突指示的候选资源块集合 $R_{\mathrm{PRB,set}}^{\mathrm{PSFCH}}$,进一步地,在该候选资源块集合中,通过下面的公式来确定用于 PSFCH 传输冲突指示的传输资源。

$$\mathrm{PSFCH_{index}} = (P_{\mathrm{ID}} + M_{\mathrm{ID}}) \bmod R_{\mathrm{PRB,CS}}^{\mathrm{PSFCH}} \tag{5-1}$$

其中,P_{ID} 是 UE-B 的 SCI 指示的层 1 的源 ID,M_{ID} 取值固定为 0。

在决定频域资源时,无论是当前传输块还是下一个传输块的发送,UE-B 的 SCI 指示的下一个预留资源对应的冲突指示的 m_{cs} 取值都为 0。当 UE-B 接收到冲突指示,UE-B 重选资源的预留周期由 UE-B 自身的实现来决定。关于如何确定承载冲突指示的 PSFCH 的 m_0 的取值,沿用协议 38.213 中 16.3 节规定的 HARQ-ACK 反馈信息的 m_0 取值的方法,UE 期望用于冲突指示的资源块和用于 HARQ 反馈的资源块预先配置为不同的资源块。

(6) UE-B 接收到冲突指示的行为

UE-B 在接收到冲突指示后,其高层在 S_A 中排除冲突指示的资源,并在资源排除后的资源集中重选资源。S_A 是指协议 38.214 中 8.1.4 小节规定的"step 7"后物理层报告的候选资源集。当 UE-B 执行资源重选后,通过 UE 的实现来为重选的资源设置周期。

5.2　直连通信中继

5.2.1　概述

基于 R16 中引入的直连链路 NR-PC5,R17 支持 UE 到网络(UE-to-Network,U2N)中

继;引入中继能够为远端 UE 提供覆盖扩展或者降低发送功率。U2N 中继 UE 通过 Uu 口连接到网络。其中,U2N 中继 UE 用以支持 U2N 远端 UE 与网络连接,U2N 远端 UE 通过 U2N 中继 UE 与网络通信。

关于 U2N 中继,主要研究了远端 UE 位于有覆盖(In Coverage,IC)区域和无覆盖(Out of Coverage,OOC)区域的两种情况。由于位于 IC 区域的远端 UE 还有可能与中继 UE 位于不同小区的覆盖范围内,所以 U2N 中继的主要研究场景包括以下 3 种[10],具体如图 5-8 所示。

① 场景 1:远端 UE 位于 OCC 区域,中继 UE 位于 IC 区域。

② 场景 2:远端 UE 与中继 UE 位于相同小区的 IC 区域。

③ 场景 3:远端 UE 与中继 UE 位于不同小区的 IC 区域。

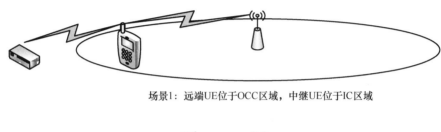

场景1:远端UE位于OCC区域,中继UE位于IC区域

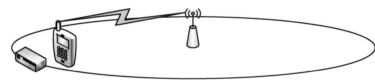

场景2:远端UE与中继UE位于相同小区的IC区域

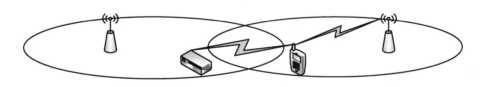

场景3:远端UE与中继UE位于不同小区的IC区域

图 5-8　U2N 中继的适用场景

通过前期研究,3GPP 决定支持 5G 直连业务(Proximity Service,ProSe)U2N 中继的层 2(Layer 2,L2)中继和层 3(Layer 3,L3)中继的架构,并对此进行后续讨论。

5.2.2　L2 和 L3 U2N 中继通用功能

1. 发现

为了定位和识别对 U2N 中继感兴趣的对等实体,远端 UE 或中继 UE 需要确定彼此的距离非常接近并且有意愿进行同一中继服务,该过程通过 5G U2N 中继发现(Discovery)过程来实现。U2N 中继发现过程是一个独立过程,通过 5G-NR SL 接口 NR-PC5 发送高层的发现消息。此外,这些相同的实体可以根据接收到的发现消息的直连发现(Sidelink Discovery,SD)-RSRP 来测量 SL 链路的信号强度,可以用来在中继选择或重选过程中用作排序。

发现消息的协议栈架构如图 5-9 所示,发现消息的发送与其他 PC5 的信令消息不同,需要单独处理,接下来将会进一步地介绍相关的细节。

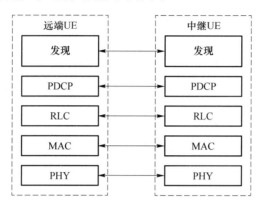

图 5-9　U2N 中继发现消息的协议栈[11]

1) U2N 中继发现概述

通常,U2N 中继发现过程适用于 5G L2 和 L3 U2N 中继,但发现消息中包含的一些参数可能会根据 U2N 中继架构的类型(L2 中继或 L3 中继)不同而有所不同。

为了能够执行发现过程,远端 UE 和中继 UE 需要被授权并有作为远端 UE 或中继 UE 所需的参数。远端 UE 或者中继 UE 可以预先配置或提供必要的参数和许可,以便它们执行发现过程。

2) U2N 发现过程的触发

当 U2N 远端 UE 或 U2N 中继 UE 中的高层想要触发发现过程时,需要验证其是否有权触发,例如通过评估 UE 位置和 5G 接入网(NG-RAN)覆盖情况以确定其是否可以触发发现过程。一旦确认其可以触发发现过程,远端 UE 或中继 UE 就需要确定要使用的参数。

初始检查包括判断无线覆盖范围,例如远端 UE 或 U2N 中继 UE 在网络覆盖范围内还是在网络覆盖范围外,当在覆盖范围内时,网络可能会发出一些指示和参数来启用 U2N 中继。这些指示和参数可以在小区系统信息 SIB12 中广播或通过专用信令发送。

通过利用配置的信号强度阈值,网络可以控制 U2N 中继操作的触发。例如,当潜在的远端 UE 检测到服务小区的 RSRP 低于此阈值时,它可以被授权向潜在的目标 U2N 中继 UE 发送 U2N 中继发现请求消息,并且对于中继 UE,在 U2N 中继 UE 可能向 U2N 远端 UE 发送 U2N 中继发现相关消息之前,网络可以提供服务小区 Uu-RSRP 高于的最小信号强度阈值和服务小区 Uu-RSRP 低于的最大 Uu-RSRP 之一或全部。

此外,如果网络没有提供任何发现配置或 U2N 远端 UE 发现自己不在覆盖范围内,并且 U2N 远端 UE 或 U2N 中继 UE 被授权,那么它可以使用预配置的资源进行 U2N 中继发现消息发送。

网络还可以从分配给 NR SL 通信的资源池中额外配置接收资源和发送资源,用来接收和发送发现消息。除了利用来自这个共享资源池的资源之外,网络还可以配置一个专用资源池,仅用于执行发现过程。如果网络配置了专用于发现的资源池,则在配置这些资源时,它们将专门用于发现,并且为 SL 通信配置的任何资源不得用于发现过程。

如果远端 UE 或 U2N 中继 UE 在网络覆盖范围之外,或者网络没有告知用于发现消息传输的预期频率,但是 UE 被授权并预先配置了所需的参数来发送发现消息,那么 UE 可以使用这些预先配置的资源。

2. U2N 中继 UE 的选择和重选

一旦远端 UE 通过发现获得了潜在的中继 UE 的候选列表,它需要决定是否进行中继 UE 选择,如果远端 UE 已经连接到另一个中继 UE,则需要决定是否需要进行中继 UE 重选。

为了对潜在的中继 UE 进行评估,远端 UE 使用 SL PC5 接口上的无线信号强度测量来确认选择的中继 UE 的可用性和潜在中继 UE 的排序。由于此阶段没有与潜在的中继 UE 进行其他的 SL 消息交换,因此可以在此步骤中使用 SL 发现消息的无线信号强度测量,即 SD-RSRP 测量。

然而,对于重选的场景,当远端 UE 已经连接到中继 UE 时,如果在 SL 上存在单播数据发送,则远端 UE 执行 SL 信号强度测量 SL-RSRP,以评估现有的 NR-PC5 链路质量。如果远端 UE 连接到中继 UE 但没有 SL 链路的数据,则由 UE 决定使用 SD-RSRP 还是 SL-RSRP。

如果接收到的信号强度超过配置的阈值,并且也符合高层信息要求,则可以认为发现的中继 UE 是可用的,如果远端 UE 检测到多个合适的中继 UE,则远端 UE 基于实现来选择。

对于处于空闲态或非激活态的 L2 U2N 远端 UE 或对于执行中继 UE 选择或重选的 L3 U2N 远端 UE,远端 UE 中有可能也正在进行正常的 Uu 小区选择。如果合适的小区和合适的 U2N 中继 UE 都可用,则由远端基于 UE 实现来选择小区或中继 UE。

当检测到当前直接连接的小区的接收信号强度低于阈值时,或者如果远端 UE 的高层触发并且远端 UE 位于具有有效发现资源的频率上且服务小区许可发现,则中继 UE 选择可以被触发。

5.2.3　L2 U2N 中继 UE

1. 协议栈架构

L2 U2N 中继的用户面和控制面的协议栈架构分别如图 5-10 和图 5-11 所示。在 L2 U2N 中继协议栈架构中,在无线链路控制(Radio Link Control,RLC)协议层之上,为用户面和控制面均引入了侧行链路中继适配协议(Sidelink Relay Adaptation Protocol,SRAP)层。在 PC5 和 Uu 口的每一侧都有一个 SRAP 实体,为了便于表示,分别称为 PC5-SRAP 和 Uu-SRAP。RRC、SDAP 和分组数据汇聚协议(Packet Data Convergence Protocol,PDCP)层的实体分别位于远端 UE 和 gNB 内,端点分别为远端 UE 和 gNB,而 SRAP、

RLC、MAC 和 PHY 层的实体分别位于 PC5 和 Uu 链路的两侧,分别包含于远端 UE 与中继 UE 和中继 UE 与 gNB 内,即对于 PC5 和 Uu,SRAP 层、MAC 层、RLC 层和物理层是分开的。

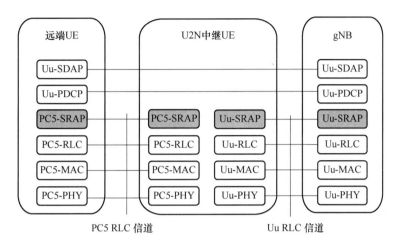

图 5-10　L2 U2N 中继用户面协议栈架构[11]

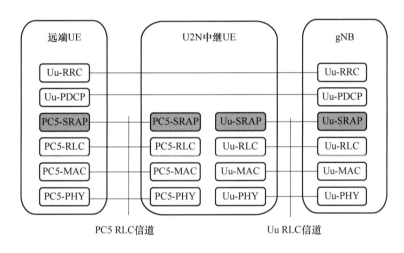

图 5-11　L2 U2N 中继控制面协议栈架构[11]

如图 5-10 和图 5-11 所示,L2 U2N 中继 UE 模型具有两个并列的 SRAP 实体,分别对应不同的接口,即 PC5-SRAP 和 Uu-SRAP。每个 SRAP 实体负责将接收到的数据包映射到预定义的链路或路径或者匹配这些来自预定义的链路或路径的数据包,因此每个 SRAP 实体都有一个接收部分和一个发送部分。

2. SRAP 协议数据单元(SRAP PDU)

U2N 中继引入了 SRAP 层以便于无线承载数据通过 RLC 协议以协同的方式跨 PC5 接口和 Uu 口进行传输,从而能够通过中继 UE 将与远端 UE 之间的数据中继传输到 gNB。该协议将数据映射到不同的无线承载和配置的 RLC 信道之间。图 5-12 所示为 SRAP 数据 PDU 的格式。

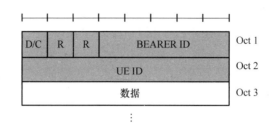

图 5-12　SRAP 数据 PDU 的格式[12]

对于数据发送,SRAP 层支持使用远端 UE 标识、UE ID 和相关的端到端无线承载标识 BEARER ID,将这些标识添加到包头生成 SRAP PDU 用于发送。然后,这些标识能够根据对端 SRAP 实体将数据包映射到配置的发送 RLC 信道或高层的无线承载。

3. 下行数据传输

当中继连接建立后,对于下行传输,首先 gNB Uu-SRAP 实体将从高层接收到的来自目标远端 UE Uu 无线承载的数据匹配到配置的、用于传输到相应的 L2 U2N 中继 UE 的 Uu RLC 信道。为了支持传输,gNB 的 Uu-SRAP 实体在 SRAP 头中包含目标远端 UE 标识 (UE ID)和远端 UE Uu 无线承载 ID(BEARER ID),并在 SRAP PDU 中包含数据包。需要注意的是,此 Uu-SRAP 实体可以将来自一个或多个远端 UE 的一个或多个远端 UE Uu 无线电承载的数据映射和复用到任何一个 Uu RLC 信道,用于 L2 U2N 中继 UE。当成功接收到 SRAP PDU,L2 U2N 中继 UE 的 Uu-SRAP 实体将 SRAP 数据包传递给 L2 U2N 中继 UE 并行的 PC5-SRAP 实体。

4. 上行数据传输

远端 UE 需要通过选择的 L2 U2N 中继 UE 与目标 gNB 建立中继链路,使用 NR SL 建立过程在远端 UE 和中继 UE 之间建立 NR PC5-RRC 链路连接。

远端 UE 发送 RRCSetupRequest 到 gNB,启动通过信令无线承载(Signaling Radio Bearer,SRB)0 的中继链路建立。因为缺少用以支持通过中继 UE 发送到 gNB 的配置,所以通过特定的 PC5 中继 RLC 信道配置发送,用于从 NR-PC5 跳转到中继 UE。如果中继 UE 尚未建立到 gNB 的 RRC 连接,则在接收到此初始消息时,为了发送远端 UE 请求,中继 UE 需要建立自己的 RRC 连接。在中继 UE 的 RRC 连接建立之后,gNB 配置 SRB0 中继的 Uu 中继 RLC 信道,并且配置包含本地远端 UE ID 的 Uu SRAP,用来将远端 UE 的消息发送到 gNB。gNB 通过 SRB0 Uu 中继 RLC 信道和特定的 PC5 中继 RLC 信道向 U2N 远端 UE 发送 RRCSetup 消息。

中继 UE 和 gNB 根据 gNB 配置在 Uu 上配置中继信道设置,并且中继 UE 和远端 UE 在 PC5 链路上为 SRB1 建立 PC5 中继 RLC 信道。通过 SRB1 的 PC5 中继 RLC 信道,远端 UE 通过向中继 UE 发送 RRCSetupComplete 完成 RRC 连接的建立,从中继 UE 在 Uu 上建立的 SRB1 RLC 信道上进行中继传输。远端 UE 现已连接到 gNB 进行中继传输,并且 gNB 可以配置 RRC 重配(RRCReconfiguration),建立 SRB2 和 DRB 来进行中继。

5. RRC 连接管理

在发现并选择目标 L2 U2N 中继 UE 之后,L2 U2N 远端 UE 必须使用传统的 NR V2X PC5 的建立过程与 L2 中继 UE 建立一个安全的单播 SL PC5 接口。一旦这个 NR-PC5 链路建立,L2 U2N 远端 UE 则会通过连接的 L2 U2N 中继 UE 向 gNB 发起其 Uu RRC 连接建立请求。图 5-13 为远端 UE 连接建立流程图。

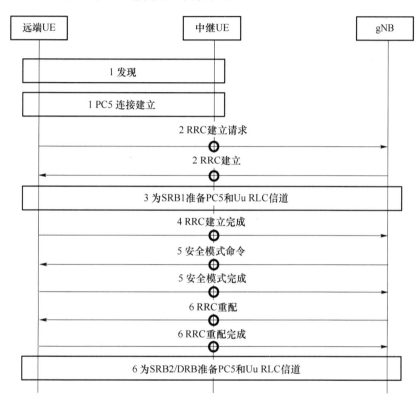

图 5-13 远端 UE 连接建立流程图[11]

1) 步骤 1

L2 U2N 远端 UE 和 L2 U2N 中继 UE 执行发现,通过传统的 NR V2X 链路建立流程建立 PC5-RRC 连接。

2) 步骤 2

远端 UE 建立与目标 gNB 的连接,首先通过 SRB0 特定的 PC5 中继 RLC 信道向中继 UE 发送 RRC 建立请求(RRCSetupRequest)消息。如果中继 UE 为 RRC 空闲态 UE,其通过 SRB0 特定的 PC5 中继 RLC 信道接收到此消息,则触发 L2 U2N 中继 UE 建立自身的 RRC 连接。在这种情况下,中继终端使用 establishmentCause(建立原因),例如,可以将通过特定 PC5 中继 RLC 信道接收到的远端 UE 的 establishmentCause 反映到 gNB。

在中继 UE RRC 连接建立的过程中,establishmentCause 的设置基于中继 UE 实现,但是如果来自远端 UE 的 establishmentCause 设置为 emergency、mps-PriorityAccess 或 mcs-PriorityAccess,则 L2 U2N 中继 UE 可以设置相同的值。

3）步骤 3

根据从 gNB 收到的相关的 PC5 链路的配置，L2 U2N 中继 UE 和远端 UE 建立 PC5 RLC 信道，用于在 PC5 接口上中继 SRB1。

4）步骤 4

L2 U2N 远端 UE 通过 L2 U2N 中继 UE 使用 PC5 上的 SRB1 PC5 中继 RLC 信道和 SRB1 Uu 中继 RLC 信道向 gNB 发送 RRC 建立完成（RRCSetupComplete）消息。L2 U2N 远端 UE 通过 Uu 中继链路连接（RRC 连接）到 gNB。

5）步骤 5

L2 U2N 远端 UE 和 gNB 按照现有的 Uu 口流程进行安全建立，其中安全消息通过 L2 U2N 中继 UE 转发。

6）步骤 6

gNB 通过 L2 U2N 中继 UE 向 L2 U2N 远端 UE 发送 RRC 重配（RRCReconfiguration）消息，设置 SRB2 和 DRB，用于数据中继。U2N 远端 UE 通过 U2N 中继 UE 向 gNB 发送 RRC 重配完成（RRCReconfigurationComplete）消息作为响应。

6. 系统信息

RRC_CONNECTED 的 L2 U2N 远端 UE 可以使用传统的 NR on-demand SIB 过程通过 L2 U2N 中继 UE 请求 SIB。对于 RRC_CONNECTED 中的 L2 U2N 远端 UE，网络需要保证远端 UE 能够获得新的 SIB。

RRC_IDLE 或 RRC_INACTIVE 的 L2 U2N 远端 UE，对于它执行中继可能需要的任何 SIB，通过 PC5-RRC 远端 UE 信息（RemoteUEInformationSidelink）消息通知 L2 U2N 中继 UE 所需要请求的 SIB 类型。L2 U2N 中继 UE 根据需求获取请求的 SIB，并使用 PC5-RRC 网络信息转发（UuMessageTransferSidelink）消息将它们发送到 L2 U2N 远端 UE。如果任一转发的 SIB 被更新，则 L2 U2N 中继 UE 负责在任一更新发生时转发这些信息。如果 L2 U2N 远端 UE 转到 RRC 连接态，则它会取消配置的与其相关联的中继 UE 的系统信息请求。

7. 寻呼

当 L2 U2N 中继 UE 和其连接的 L2 U2N 远端 UE 都处于 RRC_IDLE 或 RRC_INACTIVE 时，L2 U2N 中继 UE 需要在其连接的 L2 U2N 远端 UE 的所有寻呼机会（Paging Occasions，PO）进行监听。然而，如果 L2 U2N 中继 UE 处于 RRC 连接态并且 L2 U2N 远端 UE 处于 RRC 空闲态或 RRC 非激活态，则中继 UE 可以通过以下两种方法之一接收远端 UE 的寻呼：

- 如果 L2 U2N 中继 UE 具有为中继 UE 的激活下行部分带宽（Downlink Bandwidth Part，DL BWP）配置的公共控制资源集（Control Resource Set，CORESET）和寻呼搜索空间，则 L2 U2N 中继 UE 监听连接的 L2 U2N 远端 UE 的所有 PO；
- 网络基于实现可以选择向 L2 U2N 中继 UE 发送专用的 RRC 消息，其中寻呼消息包含一个或多个远端 UE ID，例如 5G-S-TMSI 或 I-RNTI。

8. L2 U2N 中继的业务连续性

R17 仅保证了 gNB 内的移动性的业务连续性。虽然其他的移动场景也可能会发生,但是 R17 并不能保证其业务连续性。此外,R17 也不能保证从第一中继 UE 到第二中继 UE 的远端 UE 的移动性。

1) 从间接(in-direct)连接切换到直接(direct)连接

为了保证 L2 U2N 中继服务的服务连续性,下文说明了 L2 U2N 远端 UE 从通过 L2 U2N 中继 UE 的间接连接切换到与服务小区的直接连接(Uu 连接),即从 in-direct 到 direct 的过程,具体过程如图 5-14 所示。

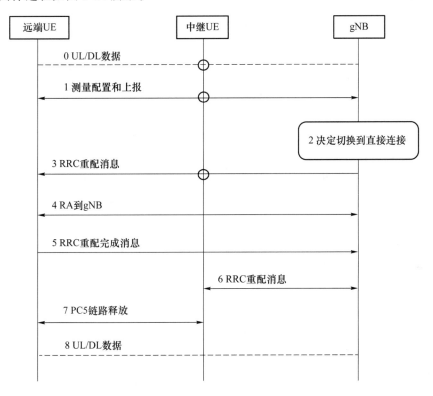

图 5-14　L2 U2N 远端 UE 从间接连接切换到服务小区直接连接的流程[11]

(1)步骤 1

L2 U2N 远端 UE 由 gNB 配置,用于对连接 L2 U2N 中继 UE 的 PC5 链路以及本地服务小区执行测量。当满足测量报告准则时,触发测量上报,将测量报告发送到 gNB。SL 的测量报告至少包括 L2 U2N 中继 UE 的源 L2 ID、服务小区 ID(NCGI)和 SL 测量量,例如 SL-RSRP 或者在没有 SL 数据发送的情况下为 SD-RSRP。

(2)步骤 2

gNB 在接收到 L2 远端 UE 的测量报告(以及 L2 U2N 中继 UE 报告)后,决定发起 in-direct 到 direct 的路径切换,以保证业务的连续性。

(3)步骤 3

gNB 直接发送 RRCReconfiguration 消息到 L2 U2N 远端 UE,启动为切换到直接连接的路径提供目标配置的过程。L2 U2N 远端 UE 在接收到 RRCReconfiguration 消息时停止用户平面和控制平面业务的任何间接的数据发送,例如,通过 L2 U2N 中继 UE 发送。

（4）步骤 4

远端 UE 通过同步和随机接入过程启动与目标 gNB 的直接连接。

（5）步骤 5

一旦随机接入成功,UE(即原 L2 U2N 远端 UE)向 gNB 发送 RRCReconfigurationComplete 消息来确认直接连接成功建立,此 UE 现在与网络进行持续通信(参见步骤 8)。

（6）步骤 6

gNB 向 L2 U2N 中继 UE 发送 RRCReconfiguration 消息,释放 Uu 和 PC5 中继信道以及用于中继到 L2 U2N 远端 UE 的相关承载的映射。

（7）步骤 7

释放 L2 U2N 远端 UE 和 L2 U2N 中继 UE 之间的 PC5 连接可由任何一方发起。一方面,在步骤 6 中,中继 UE 从 gNB 接收到 RRCReconfiguration,则可以启动 PC5 中继 RLC 信道的释放。否则,L2 远端 UE 可以在步骤 3 中接收到用于指示从 gNB 建立直连 Uu 链路的 RRCReconfiguration 消息之后发起 PC5 中继 RLC 信道的释放。

（8）步骤 8

步骤 8 独立于步骤 6 和步骤 7。在步骤 4 成功完成了 Uu 上的随机接入过程后,前述远端 UE 到 gNB 的数据路径完成从间接路径到直接路径的转换,路径转换过程中的无损传输是通过现有的 PDCP 无损数据处理实现的。

2）从直接(direct)连接切换到间接(in-direct)连接

为了保证 L2 U2N 中继的业务连续性,UE 可能会从与服务小区的直接连接切换到作为 L2 U2N 远端 UE 通过目标 L2 U2N 中继 UE 与网络间接连接,即从 direct 到 in-direct,具体过程如图 5-15 所示。

该过程选择的目标 L2 U2N 中继 UE 可以处于任何 RRC 状态。L2 U2N 远端 UE 在接收到 RRCReconfiguration 消息后建立与目标 L2 U2N 中继 UE 的 PC5 链路。当 PC5 链路建立时,L2 U2N 远端 UE 将 RRCReconfigurationComplete 消息发送给 gNB,通过 PC5 链路发送到 L2 U2N 中继 UE。这是通过在 RLC 承载 SL-RLC1 的默认 SL 配置上发送 RRCReconfigurationComplete 消息来实现的。当 L2 U2N 中继 UE 通过此 RLC 承载接收到此消息时,触发 L2 U2N 中继 UE 进入 RRC 连接态,随后它发送 sidelinkUEInformationNR 消息,触发网络将 L2 U2N 中继 UE 配置为 L2 U2N 远端 UE 的中继。

（1）步骤 1

UE 在确认其能够作为 L2 U2N 远端 UE 并且满足作为远端 UE 的条件(包括服务小区信号强度低于配置的最小阈值)后,发现并测量候选的 L2 U2N 中继 UE。将潜在的候选 L2 U2N 中继 UE 报告给 gNB 之前,它可以根据配置的测量上报准则以及高层的 L2 U2N 中继 UE 选择参数来筛选这些候选 UE。测量报告中应该至少包括 L2 U2N 中继 UE 的 L2 ID、服务小区 ID 以及 SL 测量量,例如 SL-RSRP 或 SD-RSRP。

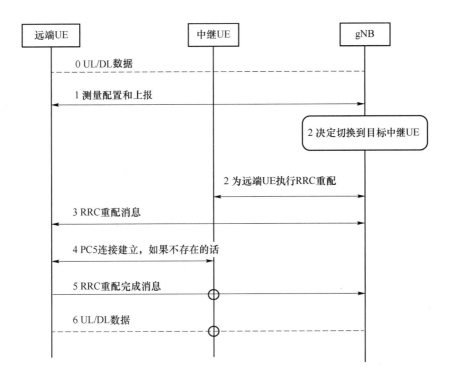

图 5-15　L2 U2N 远端 UE 从直接连接切换到通过 L2 U2N 中继 UE 间接连接的流程图[11]

（2）步骤 2

gNB 接收到包括候选 L2 U2N 中继 UE 的 UE 测量报告，决定触发从直接连接到通过选择的 L2 U2N 中继 UE 间接连接的路径转换。gNB 通过向目标 L2 U2N 中继 UE 发送 RRCReconfiguration 消息来启动路径转换过程，其中包括 L2 U2N 远端 UE 本地 ID、L2 ID 以及 Uu 和 PC5 中继的 RLC 信道配置和相关的承载映射。

（3）步骤 3

gNB 向 UE 发送 RRCReconfiguration 消息，指示切换到间接的路径，触发 UE 转变为 L2 U2N 远端 UE。RRCReconfiguration 消息中包含 L2 U2N 中继 UE ID、PC5 中继 RLC 信道配置以及相关的 SRAP 配置和端到端承载映射。

（4）步骤 4

L2 U2N 远端 UE 使用传统的 NR V2X 链路建立过程与 L2 U2N Relay UE 建立 PC5 链路，然后建立 PC5 中继 RLC 信道，用于中继发送给 L2 U2N 中继 UE 的业务数据或者来自 L2 U2N 中继 UE 的业务数据。

（5）步骤 5

L2 U2N 远端 UE 通过新建立的 PC5 中继 RLC 信道、L2 U2N 中继 UE 和到 gNB 的 Uu 中继 RLC 信道向 gNB 发送 RRCReconfigurationComplete 消息，完成路径转换过程。

（6）步骤 6

至此，数据传输路径从 direct 到 in-direct 的切换完成，L2 U2N 远端 UE 和 gNB 之间的数据通过 L2 U2N 中继 UE 传输。

5.2.4 L3 U2N 中继

在 L3 中继架构中,L3 远端 UE 对 gNB 不可见。因此,L3 中继 UE 和 L3 远端 UE 的定义和行为由高层协议管理。然而,L3 中继 UE 的接入层功能,如资源处理、发现过程和选择过程与 L2 中继 UE 相同。用户面的 L3 U2N 中继架构的协议栈如图 5-16 所示,在 5GS 核心网标准[13]中被定义。

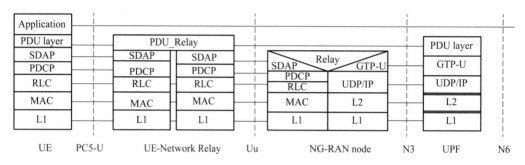

图 5-16　L3 U2N 中继的用户面协议栈[13]

L3 U2N 中继提供了一种通用化的功能,可以中继任何 IP、以太网或非结构化业务流量。NR-PC5 支持的流量类型由 L3 U2N 中继 UE 使用相应的高层 RSC 指示来辅助 L3 远端 UE 进行 L3 U2N 中继发现和选择/重选。

参 考 文 献

[1] 3GPP. TR 22. 886 V16. 2. 0-Study on enhancement of 3GPP Support for 5G V2X Services(Release 16). Dec. 2018.

[2] RP-193257. New WID on NR enhancement, LG Electronics. 3GPP RAN♯86, Sitges, Spain, 9th—12th Dec 2019 .

[3] R1-2100466. Resource allocation for sidelink power saving, Vivo. 3GPP RAN1♯104, e-Meeting ,25th Jan-5th Feb 2021.

[4] 3GPP. TS 38. 214 V16. 8. 0-Technical Specification Group Radio Access Network, NR,Physical layer procedures for data. Dec. 2021.

[5] R1-2104103. Feature lead summary for AI 8. 11. 1. 2 Feasibility and benefits for mode 2 enhancements, LG Electronics. 3GPP RAN1♯104bis, e-Meeting,12th—20th April 2021.

[6] R1-2104237. Inter-UE coordination in resource allocation, Huawei, HiSilicon. 3GPP RAN1♯105, e-Meeting, 10th—27th May 2021.

[7] R1-2104193. Discussion on techniques for inter-UE coordination, Futurewei. 3GPP RAN1♯105, e-Meeting, 10th—27th May 2021.

[8] 3GPP. TS38. 213 V16. 6. 0-Technical Specification Group Radio Access Network,

NR，Physical layer procedures for control(Release 16)．Jun．2021．

[9] 3GPP. TS38．214 V16．6．0-Technical Specification Group Radio Access Network，NR，Physical layer procedures for data（Release 16）．Jun．2021．

[10] 3GPP．TR 38．836 V17．0．0-Technical Specification Group Radio Access Network，NR，Study on NR sidelink relay（Release 17）．March．2021．

[11] 3GPP．TS 38．300 V17．0．0-Technical Specification Group Radio Access Network，NR，NR and NG-RAN Overall description（Release 17）．March．2022．

[12] 3GPP．TS38．351 V17．0．0-Technical Specification Group Radio Access Network，NR，Sidelink Relay Adaptation Protocol（SRAP）Specification（Release 17）．March．2022．

[13] 3GPP．TS 23．304 V17．2．1-Technical Specification Group Services and System Aspects，Proximity based Services（ProSe）in the 5G System（5GS）（Release 17）．March．2022．

第6章

MIMO

基于大规模天线阵列的多输入多输出（Multiple Input Multiple Output，MIMO）传输一直是提高频谱效率的重要技术之一。5G NR Release 15 在引入模拟波束赋形的基础上，对波束管理、主小区波束失败恢复、参考信号和信道状态信息反馈（Release 15 TyepI 和 Type II）进行了增强。Release 16 进一步在波束管理、主/辅小区波束失败恢复、信道状态信息反馈（Release 16 Type II）、M-TRP 的 PDSCH、上行满功率发送以及低 PAPR 的 DMRS（解调参考信号）方面进行了增强。

本章重点介绍 Release 17 在 Release 15/16 基础上引入的新特征，在进一步的波束管理增强方面，重点介绍基于统一传输配置指示的波束管理机制、小区间波束管理、考虑终端多天线面板的快速切换以及基于天线面板/波束的 MPE；在 M-TRP 的增强方面，重点介绍 PDCCH/PUCCH/PUSCH 增强、M-TRP 小区间增强、波束管理增强以及 HST-SFN 增强；SRS（探测参考信号）的增强和考虑 FDD 互易性的信道状态信息反馈的增强等。

6.1 增强模拟波束管理

6.1.1 背景

为了弥补在高频段信号的高路径损耗，NR Release 15 确定采用波束赋形技术以产生高方向性信号，并规范了模拟波束管理流程（或 multi-beam operation，多波束操作）以获得基站和 UE 之间的最佳波束对。Release 16 中讨论了对模拟波束管理的增强，包括减少上行/下行发射波束选择的时延和开销、多面板操作的上行波束选择、辅小区（SCell）的波束失败恢复（BFR）和基于 L1-SINR 的波束测量和上报。

由于 NR 仍处于商业部署的过程中，在实际场景中会遇到各种问题，这些问题促使 3GPP 对模拟波束管理做进一步的增强[1]。比如对于 FR2，在高速移动场景，需要更进一步地减少模拟波束管理的时延和开销。这不只是考虑小区内的移动性问题，还包括小区间的移动性问题。另外，尽管 Release 16 考虑支持特定面板的上行波束选择，但却没有足够的时间去完成相关的工作，于是相关工作在 Release 17 中被继续讨论。

6.1.2 统一 TCI 框架

1. 基本原理

在 Release 15/16 中,下行波束指示是通过为 UE 指示 TCI(传输配置指示)状态来完成的,TCI 状态中关联一个下行参考信号,UE 将采用和该参考信号相同的接收波束来接收数据或者控制信息;而上行各个信道或信号的波束是通过给 UE 指示空间关系信息(Spatial Relation Information)或 SRI(SRS 资源指示)来实现的,UE 采用和空间信息关联的参考信号或 SRI 对应的 SRS(探测参考信号)一样的波束发送上行数据。由于上行波束管理和下行波束管理机制不同,需要为上行波束管理和下行波束管理配置不同的参数信息,比如下行波束指示的 TCI 状态和上行波束指示的空间关系信息。Release 17 为上行波束管理和下行波束管理设计了统一的 TCI 框架(Unified TCI framework),以减少信令开销并增加波束管理的灵活性[1]。

在 Release 17 上行波束管理和下行波束管理的统一 TCI 框架中,对于波束指示,设计了联合波束指示(joint DL/UL beam indication)和独立波束指示(separate DL/UL beam indication)两种机制[2]。因为 FR2 终端需要支持波束对应关系(beam correspondence)[3],一般情况下,最佳的下行接收波束也是最佳的上行发送波束。此时采用联合波束指示方式为 UE 指示一个联合 TCI 状态,其中关联的用于指示 QCL(准共站址)TypeD 信息的参考信号既用于确定下行传输波束也用于确定上行传输波束。然而,在一些特殊情况下不能认为下行最佳波束等同于上行最佳发送波束,比如在考虑 MPE(最大允许暴露量)或上行干扰的时候。此时,采用独立波束指示方式为 UE 分别指示下行传输波束和上行传输波束。

2. 联合波束指示和独立波束指示

1) 整体方案

在讨论初期,对于联合波束指示机制,各公司达成一致,确定基于 Release 15/16 的下行 TCI 框架去设计联合(joint)TCI 状态,用于同时确定下行传输波束和上行传输波束。但对于独立波束指示方式,各公司却存在一定的争议。一种观点认为,为了和联合波束指示机制有统一的形式,在独立波束指示方式中,同样为 UE 指示一个联合 TCI 状态,只是这时的联合 TCI 状态中既包含用于确定下行(DL)传输波束的参考信号也包含用于确定上行(UL)传输波束的参考信号;另一个观点认为,应该采用两个独立的 TCI 状态,一个用于下行波束指示,另一个用于上行波束指示。如果采用第一种观点的方法,由于基站并不能预测应该为 UE 指示的下行波束和上行波束的组合,所以需要预配置所有可能的组合,这会导致大量的配置信令开销。最终确定独立波束指示将采用两个独立的 TCI 状态——上行 TCI 状态和下行 TCI 状态,用于确定上行传输波束和下行传输波束[2]。其中用于下行波束指示的下行 TCI 状态和用于联合波束指示的联合 TCI 状态采用一样的设计,而用于上行波束指示的 TCI 状态,作为一种新引入的 TCI 状态需要被重新设计,有关上行 TCI 状态的设计将在下文详细介绍。后续为了叙述方便,用 Release 17 TCI 状态指代 Release 17 中设计的用于波束指示的联合/下行 TCI 状态和上行 TCI 状态。

2）数据信道和控制信道的通用波束指示

在 Release 15/16 中，因为数据传输需要快速和高精度的波束赋形，因此采用动态的波束指示方式随时根据需要切换波束。而对于控制信道，为了减少波束切换的频率以及波束失败概率，通过 MAC-CE 为控制信道指示较宽的波束，即在 Release 15/16 中数据信道和控制信道的波束是分开指示的。然而，由于在一定时间内 UE 接收或发送数据和控制信息的时候处于同一个位置，所以一种很自然的想法是 UE 在接收数据和 UE 特定的控制信息的时候可以采用相同的波束。同样地，UE 在发送数据和控制信息的时候也可以采用相同的波束。

所以 Release 17 中规定为 UE 指示的下行传输波束既可以用于 UE-dedicated PDSCH 的传输，也可以用于一个 CC（Component Carrier，成员载波）中的全部/部分 PDCCH 的传输。为 UE 指示的上行发射空间滤波器既可以用于基于动态授权/可配置授权的 PUSCH 的传输，也可以用于一个 CC 的全部专用 PUCCH 资源的传输。另外，该上行发射空间滤波器也可以用于 SRS 资源的上行传输。

需要说明的是，对于 CORESET 0 的接收，由 RRC 配置其是否采用基站指示的统一 Release 17 TCI 状态为其接收波束。如果不采用，则使用传统的 MAC-CE 或者 RACH 信令机制。另外，对于其他非 CORESET 0 的 CORESET，若其包含除 Type3-PDCCH CSS sets 的 CSS set，则也由 RRC 配置其是否采用基站指示的统一 Release 17 TCI 状态为其接收波束，且该特征为 UE 可选支持的能力特征[4]；若其仅包含 USS set 和/或 Type3-PDCCH CSS sets，则其始终采用基站指示的统一 Release 17 TCI 状态为其接收波束。

3）波束指示时 TCI 状态的数量

在最初的讨论中，考虑不同的场景，比如 M-TRP（多传输接收点）场景，可能需要给 UE 指示多个传输波束。而且即使是 S-TRP 场景，也可以不总是为所有的信道指示同一个波束。所以在联合/独立波束指示中允许为 UE 指示 M 个下行 TCI 状态和 N 个上行 TCI 状态，其中对于联合波束指示的情况 M 始终等于 N。为了实现基本的波束指示功能，至少 $M=N=1$ 的情况 Release 17 需要支持，对于 $(M,N)=(1,1)$ 以外的情况，Release 17 不做考虑[5]。

4）TCI 状态池的配置

在 Release 15/16 的 TCI 框架中，需要基站通过 RRC 信令为 UE 配置 TCI 状态列表。同样地，对于联合/独立波束指示，基站也需要为 UE 预先配置 TCI 状态列表，在 Release 17 中，该列表被称为 TCI 状态池。对于联合波束指示，基站为 UE 配置一个联合 TCI 状态池，这在最初的讨论中各个公司就达成了一致。但是，在讨论独立波束指示时，TCI 状态池的设计存在争议。第一个争论点是，独立波束指示是否和联合波束指示采用同一个 TCI 状态池。由于大多数公司希望联合 TCI 状态和下行 TCI 状态保持和 Release 15/16 中的 TCI 状态类似的设计，所以确定独立波束指示中的下行 TCI 状态和联合 TCI 状态采用同一个 TCI 状态池。第二个争论点是，在独立波束指示的情况下，用于上行波束指示的 UL TCI 状态和用于下行波束指示的 DL TCI 状态是否采用同一个 TCI 状态池。经过 RAN2 的讨论，确定 UL TCI 状态池和联合/DL TCI 状态池分开设计。

5）目标参考信号

前文提到，在 Release 17 中，为 UE 指示的下行 TCI 状态或联合 TCI 状态用于确定下行波束,为 UE 指示的上行 TCI 状态或联合 TCI 状态用于确定上行波束,这里下行波束指的是 UE 特定的 PDSCH 和一个成员载波中的全部/部分 PDCCH 的波束,上行波束指的是基于动态授权/可配置授权的 PUSCH 和一个 CC 的全部或部分专用 PUCCH 资源的上行发射空间滤波器。Release 15/16 中的 TCI 状态和空间关系信息,除了用于确定各个信道的波束外,还可以用于指示其他下行参考信号的传输波束。那对于 Release 17 中的下行 TCI 状态,上行 TCI 状态和联合 TCI 状态是否也可以用于指示其他参考信号的传输波束呢?比如,下行 TCI 状态或联合 TCI 状态是否可以为用于 CSI(信道状态信息)测量的 CSI-RS(信道状态信息参考信号),用于时频跟踪的 CSI-RS 或者一些用于波束测量的 CSI-RS 指示波束?上行 TCI 状态或联合 TCI 状态是否可以为用于上行波束测量的 SRS 指示波束?

任何可以作为 Release 15/16 TCI 状态的目标参考信号的下行参考信号,同样也可以作为 Release 17 的下行/联合 TCI 状态的目标参考信号[6]。这些下行参考信号包括 CSI-RS 和 PDSCH/PDCCH 的 DM-RS。同样地,任何可以作为 Release 15/16 空间关系的目标参考信号的 SRS 资源或 SRS 资源集,即用于波束测量的 SRS,也可以作为 Release 17 UL TCI 状态或联合 TCI 状态的目标参考信号[7]。

在确定了 Release 17 TCI 状态的其他目标参考信号之后,还有一个争论点——如何为这些目标信号指示 Release 17 TCI 状态。最初讨论的时候形成了以下两种意见。

• 方式一:与 PDSCH 和 PDCCH 共享指示的统一 Release 17 TCI 状态。
• 方式二:为这些参考信号单独指示 Release 17 TCI 状态。

我们可以观察到,一些下行参考信号其实和 PDCCH/PDSCH 本就采用同一个波束。比如,用于获取 CSI 的 CSI-RS 和对应的 PDSCH 应该采用相同的波束方向。这些参考信号可以采用"方式一"确定波束,所以规定如下的下行参考信号可以和 PDSCH 和 PDCCH 共享指示的统一 Release 17 TCI 状态:用于 CSI 获取的非周期 CSI-RS;用于波束管理的非周期 CSI-RS;与非 UE 特定的 PDCCH 和 PDSCH 关联的 DMRS。

类似地,规定用于波束测量的 Aperiodic SRS 资源或资源集可以和 PUCCH 和 PUSCH 共享指示的统一 Release 17 TCI 状态。需要说明的是,对于周期性和半静态(semi-persistent)CSI-RS,UE 假设基站通过 Release 17 设计的波束指示信令为其指示的统一 Release 17 TCI 状态不会用于周期性和半静态 CSI-RS 的传输,而是通过传统的 RRC/MAC-CE 为周期性和半静态 CSI-RS 更新其对应的 Release 17 TCI 状态。那些可以与 PDSCH 和 PDCCH 共享统一 Release 17 联合/下行 TCI 状态的下行参考信号,以及可以与 PUCCH 和 PUSCH 共享统一 Release 17 联合/上行 TCI 状态的 SRS,将通过 RRC 信令配置告知 UE。

另外,还有一些下行参考信号能作为联合或者下行 TCI 状态的目标参考信号,但不能和 PDSCH 与 PDCCH 采用相同的统一 Release 17 TCI 状态。这些下行参考信号可以采用"方式二"为它们指示波束,即利用 Release 15/16 中的 TCI 状态配置和指示方式为它们指示 Release 17 TCI 状态;同样,还有一些 SRS 资源或者资源集能作为联合或者上行 TCI 状态的目标参考信号的 SRS,但不能与 PUCCH 和 PUSCH 共享指示的统一 Release 17 TCI 状态。这些 SRS,可以通过类似于 Release 15/16 为 SRS 更新或者配置空间关系信息的机制来更新或者配置上行或联合 Release 17 TCI 状态。

6）载波聚合中的通用波束指示

在 Release 15 中，上行波束和下行波束是基于每个 BWP/CC 进行配置和激活的。比如，对于 PDSCH，基站通过 RRC 信令配置一个 TCI 状态列表，然后为每个 BWP/CC 激活一部分 TCI 状态。这会导致激活信令的开销随着 BWP/CC 数目的增加而增加。所以 Release 16 对于 TCI 状态的激活进行了增强。具体地，允许配置最多两个 CC 列表，激活一个 CC 上的 TCI 状态的 MAC-CE，将同时用于激活 CC 列表中所有 CC 上具有相同 ID 的 TCI 状态。

为了进一步减少波束指示的信令开销，考虑对载波聚合中的波束指示进行增强，即为 UE 指示的 Release 17 TCI 状态可用于 RRC 信令预配置的 CC 列表中所有 CC 上的信道或信号的 QCL 信息和/或上行发射空间滤波器[8]。Release 17 只考虑 intra-band 情况下的载波聚合的通用波束指示。

首先，介绍载波聚合中通用波束指示的源参考信号的配置。用于指示波束的 TCI 状态中，需要有一个为 UE 提供 QCL TypeD 信息或上行发射空间滤波器的参考信号，称为源参考信号。在 Release 15/16 中，为某个 CC/BWP（记为目标 CC/BWP）上的信道或信号指示的 TCI 状态只能包含一个提供 QCL TypeD 信息的源参考信号，该源参考信号可以是目标 CC 上的参考信号，也可以是其他 CC 上的参考信号。对于为一组 CC 中所有 CC/BWP 上的信道或信号指示波束的场景，需要确定指示的通用 TCI 状态中源参考信号的配置。和 Release 15/16 一样，通用 TCI 状态中包含的提供 QCL TypeD 信息的源参考信号，既可以是目标 CC 上的参考信号也可以是其他 CC 上的参考信号。另外，用于多 CC 的同一个通用 TCI 状态标识既可以只对应一个 CC 上的提供 QCL TypeD 信息的一个源参考信号，也可以各个 CC 上的同一个通用 TCI 状态 ID 分别对应相应 CC 上的一个源参考信号，但此时各个 CC 上的不同源参考信号需要和同一个参考信号存在 QCL TypeD 关系。

接着，介绍 TCI 状态池的配置方式。在 Release 15/16 中，载波聚合中需要为不同的载波配置各自的 TCI 状态池。对于 Release 17 中跨载波通用波束指示的情况，TCI 状态池的配置考虑了两种方式。方式一是和 Release 15/16 一样为不同的 CC 配置各自的 TCI 状态池，方式二是所有 CC 共用一个 TCI 状态池。方式二可以减少 RRC 信令开销，但和方式一相比，对于系统调度有较大的限制。最后采用一种折中的 TCI 状态池配置方式：和 Release 15/16 一样可以先通过 RRC 信令，在 PDSCH 配置时为每个 BWP/CC 配置一个 TCI 状态池，但这是可选的，即 PDSCH 的配置信息中允许缺失 TCI 状态池的配置。然后，定义一个参考 BWP/CC，该 BWP/CC 的 PDSCH 配置信息中必须包含 TCI 状态池的配置。缺失 TCI 状态池配置的 BWP/CC，将使用该参考 BWP/CC 上配置的 TCI 状态。具体地，对于缺失 TCI 状态池的某个 BWP/CC，其 PDSCH 配置需要包含其对应的参考 BWP/CC 的配置信息，用于告知 UE 该 BWP/CC 使用参考 BWP/CC 上的 TCI 状态池。另外，载波聚合下这些 CC 可以为 UE 配置的 TCI 状态池的数量取决于 UE 的能力。

需要说明的是，对于 Release 17 TCI 状态与 Release 15/16 TCI 状态或空间关系信息的共存问题，在任一个 CC 下，如果配置了 Release 17 TCI 状态，则不能再配置 Release 15/16 TCI 状态或空间关系信息（除了与定位有关的空间关系信息）[4]。

3. 上行 TCI 设计

1）整体方案

如前所述，在独立波束指示的情况下，对于上行波束指示，Release 17 引入了上行 TCI 状态，该 TCI 状态用于确定基于动态授权/可配置授权的 PUSCH 和一个 CC 的全部或部分专用 PUCCH 资源的上行发射空间滤波器。上行 TCI 是一个新的概念，用于代替 Release 15/16 中的空间关系信息和 SRI，实现上行波束指示。上行 TCI 状态的设计，一是需要考虑用于确定上行发射空间滤波器的源参考信号；二是需要兼顾 Release 15/16 中上行波束指示需要考虑的其他参数，比如在 Release 15/16 中，PUCCH 的功率控制参数和 PUCCH 的空间关系信息是一起指示的，当采用上行通用 TCI 状态为 PUCCH 指示波束时，相关参数应该如何配置和指示。接下来从这两个方面介绍上行 TCI 状态的设计。

2）源参考信号

首先，和 Release 15/16 的 TCI 状态一样，上行 TCI 状态中需要至少关联一个参考信号，用于确定 UE 的上行传输波束。经过会议讨论，确定上行 TCI 状态可以关联的源参考信号包括[7]：用于波束管理的 SSB/CSI-RS；用于波束管理的 SRS；用于跟踪的 CSI-RS。

除此之外，有公司提出是否可以支持将用于时频跟踪以外的 non-BM CSI-RS 和 non-BM SRS 作为上行 TCI 状态的源参考信号，不过最终没能达成一致，即不考虑这些参考信号作为源参考信号。

3）上行功率控制参数

如前所述，上行通用 TCI 的设计除需要考虑源参考信号以外，还需要考虑与上行波束指示关联的其他参数。除了前面提到的 PUCCH 的功率控制相关参数外，Release 15/16 中 PUSCH 的功率控制参数也是和波束指示相关联的。RRC 信令会配置 SRI 和功率控制参数的映射，在通过 SRI 为 PUSCH 指示波束的同时，也确定了对应 PUSCH 的功率控制参数。另外，对于 SRS，其上行发射滤波器是为每个 SRS 资源配置的，功率控制参数是在每个 SRS 资源集中配置的。在 Release 17 中，上行信道/信号的波束将通过上行 TCI 指示，此时，需要分别确定应该如何为 SRS、PUSCH 和 PUSCH 确定上行功率控制参数。

功率控制相关的参数有：开环接收端功率目标值 P0，部分路损补偿因子 alpha，闭环索引 closed loop index 和路损估计参考信号 PL-RS。其中，PL-RS 和波束是高度相关的，其他 3 个参数是和信道/信号高度相关的。所以将 PL-RS 和功率控制参数 {P0, alpha, closed loop index} 的配置和指示分开讨论。

对于 PUCCH、PUSCH 和 SRS 的功率控制参数 {P0, alpha, closed loop index} 的配置和指示，会议初期给出了如下四种候选方式。

- 候选方式一：和 UL TCI 状态相关联，如果使用联合 TCI 状态，也可以和联合 TCI 状态关联。
- 候选方式二：包含在 UL TCI 状态中，如果使用联合 TCI 状态，也可以包含在联合 TCI 状态中。
- 候选方式三：既不包含在 UL/联合 TCI 状态中也不和 UL/联合 TCI 状态相关联。
- 候选方式四：和 Release 16 采用相同的确定方式，不做增强。

会议讨论过程对于功率控制参数{P0,alpha,closed loop index}和 UL/联合 TCI 状态的关系有个基本的设想,如图 6-1 所示,有一个功率控制参数列表,该列表中的每一个元素,如元素 2,包含一个 TCI 状态 ID 和功率控制参数{P0,alpha,closed loop index}。其中 TCI 状态 ID 为可选的。当为 UE 某个信道指示一个 TCI 状态时,也就对应地确定了功率控制参数。如果列表中存在某个元素,没有包含 TCI 状态 ID,则无论为 UE 指示哪个 TCI 状态,都将采用这个元素中的功率控制参数。另外,因为这些参数是与信道高度关联的,所以需要为 PUCCH、PUSCH 和 SRS 分别配置这样的参数列表。

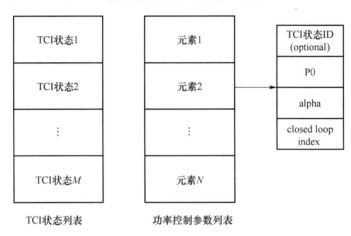

图 6-1　功率控制参数{P0,alpha,closed loop index}与 UL/联合 TCI 状态的关联

在这个基本的设想上达成一致后确定,对于每个 PUCCH、PUSCH 和 SRS,功率控制参数{P0,alpha,closed loop index}既可以和 UL/联合 TCI 状态关联,即列表中的元素相应地配置了 TCI 状态 ID 的情况,也可以和 UL/联合 TCI 状态独立开,即列表中的元素没有包含 TCI 状态 ID 的情况[6]。

接着我们介绍路损估计参考信号 PL-RS 的确定方式。同样地,最初的讨论也给出了四种候选方式。

- 候选方式一:PL-RS 可以包含在 UL/联合 TCI 状态中。
- 候选方式二:PL-RS 和 UL/联合 TCI 状态相关联,但不包含在 UL TCI 状态中。
- 候选方式三:将周期性下行参考信号作为 PL-RS,其中该周期性下行参考信号为用于确定空间发射滤波器的源参考信号。当不能将其作为 PL-RS 的时候,采用 Release 16 的信令结构为 UE 指示 PL-RS。
- 候选方式四:UE 根据 UL/联合 TCI 状态中的源参考信号,或者根据为源参考信号提供 QCL 信息或空间关系信息的周期性参考信号计算路径损耗。

RAN1 的讨论认为 PL-RS 既可以包含在 UL/联合 TCI 状态中,也可以只是和 UL/联合 TCI 状态关联,但具体如何设计由 RAN2 决定[6]。RAN2 最后确定在联合 TCI 状态和 UL TCI 状态中引入 pathlossReferenceRS-Id,用于将 PL-RS 与 UL/联合 TCI 状态关联起来。

6.1.3 波束指示信令设计

1. 整体方案

前面介绍 Release 17 引入了联合波束指示机制和独立波束指示机制,前者为 UE 指示一个联合 TCI 状态,用于同时确定上行传输波束和下行传输波束;后者为 UE 分别指示一个 DL TCI 状态,用于确定下行传输波束,以及一个 UL TCI 状态,用于确定上行传输波束。其中指示的传输波束为通用波束,即该波束同时用于控制信道和数据信道的传输。

进一步地,需要确定在联合波束指示机制和独立波束指示机制中,具体采用什么信令为 UE 指示波束。在 Release 15/16 中,有 MAC-CE 指示方式和 MAC-CE+DCI 指示方式两种,前者为 PDCCH 指示波束,后者为 PDSCH 指示波束。Release 17 是沿用 MAC-CE 指示方式还是会沿用 MAC-CE+DCI 指示方式呢? 这是本部分将讨论的问题。

2. 波束指示信令

在初期的讨论中,大家对 MAC-CE 指示和 MAC-CE+DCI 指示的两种方案进行了对比。部分公司认为,基于 MAC-CE+DCI 的波束指示方式具有更低的时延;而另一部分公司认为,由于 HARQ-ACK 反馈和 HARQ 重传的存在,基于 MAC-CE 的方式具有更高的可靠性。为了既具有较低的波束指示时间开销,又兼顾可靠性,各公司最后确定采用 MAC-CE+DCI 指示方式,同时为指示波束的 DCI 信令设计 HARQ-ACK 反馈机制[9]。其实在 Release 15 中,已经有为 L1 控制信令设计 HARQ-ACK 反馈的例子。比如,对于用于半静态调度的 PDSCH 的释放的 DCI,UE 需要反馈 HARQ-ACK 信息。

另外,类似于 Release 15/16 中 PDSCH 的波束指示方式,Release 17 中的联合/独立波束指示需要通过 MAC-CE 激活一个或多个 TCI 状态,然后利用 UE 特定的 DCI 为 UE 指示激活的 TCI 状态中的一个。如果 MAC-CE 只激活了一个 TCI 状态,则该激活的 TCI 状态直接用于确定传输波束。

在确定了采用什么信令为 UE 指示波束后,需要进一步确定一些更加细节性的设计问题。比如具体地采用什么信令格式,波束指示信令中具体的内容,以及波束指示信令的 HARQ-ACK 反馈机制的设计等。

3. 信令格式

和 Release 15/16 波束指示一样,各公司考虑利用现有的用于下行/上行调度的 UE 特定的 DCI 格式为 UE 指示波束。其中,用于下行调度的 DCI 格式 1_1/1_2 在最初的讨论中确定会被用于指示波束。后续会议讨论了是否支持其他类型的 DCI,并给出了如下几个候选方案。

- 候选方案一:不再支持其他的 DCI 格式。
- 候选方案二:没有下行调度信息的 DCI 格式 1_1/1_2。
- 候选方案三:除了候选方式二以外的其他专用 DCI 格式。
- 候选方式四:用于上行调度的 DCI 格式 0_1/0_2,但只适用于在独立波束指示时指示上行 TCI 状态。

会议讨论过程中,较多的公司支持候选方案二,主要有以下考虑:考虑要为波束指示信令设计 HARQ-ACK 反馈机制,由于采用没有下行调度信息的 DCI 格式 1_1/1_2 进行波束指示可以复用 SPS(半持续调度)PDSCH 释放的 HARQ-ACK 反馈机制,而且其中保留的域可以用于以后进行增强,所以会议确定除了有调度信息的 DCI 格式 1_1/1_2 以外,还支持利用没有调度信息的 DCI 格式 1_1/1_2 进行波束指示。另外,还有一些公司希望支持其他的候选方式,不过最终 Release 17 只支持利用有调度信息和没调度信息的 DCI 格式 1_1/1_2 进行波束指示。

联合波束指示时,DCI 格式 1_1/1_2 中的 TCI 域将用于为 UE 指示联合 TCI 状态;独立波束指示时,DCI 格式 1_1/1_2 中的 TCI 域将用于为 UE 指示下行 TCI 状态和/或上行 TCI 状态。其中的 TCI 域和 Release 15/16 中为 PDSCH 指示波束的 DCI 中的 TCI 域一样,最多支持八个码点。对于联合波束指示的情况,TCI 域的每个码点只需要对应一个联合 TCI 状态,同时用于确定上行传输波束和下行传输波束。然而,对于独立波束指示的情况,下行传输波束和上行传输波束不再一样,需要各自指示,并且,存在需要同时为 UE 指示下行传输波束和上行传输波束、只需要为 UE 指示下行传输波束、只需要为 UE 指示上行传输波束这三种场景。为此,规定在独立波束指示的情况下,DCI 格式 1_1/1_2 中的 TCI 域和 TCI 状态的映射关系如下[6]:

- TCI 域的一个码点可以同时对应一个下行 TCI 状态和一个上行 TCI 状态;
- TCI 域的一个码点仅对应一个下行 TCI 状态,此时 UE 保持当前的 UL TCI 状态不变;
- TCI 域的一个码点仅对应一个上行 TCI 状态,此时 UE 保持当前的 DL TCI 状态不变。

4. 波束指示信令的 HARQ-ACK 反馈机制

如前所述,为了提高 DCI 波束指示的可靠性,需要为 DCI 设计 HARQ-ACK 反馈机制。采用有下行调度信息的 DCI 格式 1_1/1_2 进行波束指示时,是否成功解码波束指示信息的 ACK/NACK 反馈信息将携带在其调度的 PDSCH 的 ACK/NACK 反馈中。

采用没有下行调度信息的 DCI 格式 1_1/1_2 进行波束指示时,为了简化反馈机制的设计,将复用 SPS PDSCH 释放时的 ACK/NACK 反馈机制,同时支持 Type1 和 Type2 两种 HARQ-ACK 码本,来通知基站是否成功解码波束指示信息。为此,要求在波束指示时,没有调度信息的 DCI 格式 1_1/1_2 的 CRC(循环冗余校验)同样用 CS-RNTI 进行加扰。另外,为了区分该 DCI 用于波束指示还是 SPS PDSCH 释放,规定用于波束指示时,DCI 的一些域必须按如下方式配置,如表 6-1 所示。

表 6-1　波束指示 DCI 中域的配置方式

信息域	不包含下行分配的 DCI 格式 1_1/1_2
冗余版本(RV)	1
调制和编码格式(MCS)	1
NDI(New Data Indicator)	0
频域资源分配	对于 FDRA Type0,设置为全 0,或者对于 FDRA Type1,dynamicSwitch 的情况设置为全 1

5. 波束指示应用时间

考虑 UE 接收解调包含波束指示的 DCI 信令,并应用 DCI 中指示的波束需要一定的时间,所以类似于 Release 15/16 中的 timeDurationForQCL,也为 Release 17 的波束指示定义一个波束指示应用时间。该应用时间为 UE 接收解调包含波束指示的 DCI 信令并应用 DCI 中指示的波束所需要的最小时间。具体的波束指示应用时间取值取决于 UE 的能力,由基站根据 UE 能力进行配置。可是,因为 Release 17 中为波束指示的 DCI 信令设计了 HARQ-ACK 反馈机制,所以波束指示应用时间的时间参考点的选择出现了争议,存在如下几种方式。

- 方式一:应用时间的时间参考点为指示波束的 PDCCH 的最后一个符号。
- 方式二:应用时间的时间参考点为反馈 HARQ-ACK 信息的上行资源的最后一个符号。
- 方式三:应用时间的时间参考点为反馈 HARQ-ACK 信息的上行资源的最后一个符号,除了 DCI 指示波束能够应用于其调度的 PDSCH 和 HARQ-ACK 反馈的情况。
- 方式四:同时支持方式一和方式二,并根据 UE 能力确定支持哪一种方式。
- 方式五:应用时间的时间参考点包含指示波束的 PDCCH 的最后一个符号和反馈 HARQ-ACK 信息的上行资源的最后一个符号。

因为引入了波束指示信息的 HARQ-ACK 反馈,所以 Release 17 中波束指示应用时间以 HARQ-ACK 反馈的最后一个符号作为时间参考点更恰当,即"方式二"更合适。该波束应用时间 beamAppTime-r17 的可能取值为 1,2,4,7,14,28,42,56,70,84,98,112,224,336。需要注意的是,84,98,112,224,336 这些取值不适用于 FR1。

另外,对于载波聚合场景的通用波束指示,因为不同的 CC 可能配置不同的子载波间隔 (SubCarrier Spacing,SCS),而 beamAppTime-r17 个符号在子载波间隔不同时会对应不同的时间,所以波束指示应用时间在不同的载波可能是不同的。为了统一,规定采用 SCS 最小的那个 CC 对应的波束指示应用时间作为所有 CC 上的波束指示应用时间[10]。

6. 联合波束指示和独立波束指示的切换

前文提过,一般情况会采用联合波束指示机制。在一些特殊情况下,比如考虑 MPE 的影响,不能认为上行波束和下行波束一样,这时需要采用独立波束指示机制。到底应该采用哪一种指示机制,是由具体情况决定的,所以需要设计信令,根据具体的情况为 UE 指示采用联合波束指示机制或者独立波束指示机制。会议初期给出了如下几种解决方案。

- 方案一:可以动态地为 UE 指示联合波束指示或独立波束指示。
- 方案二:通过 RRC 信令为 UE 配置联合波束指示或独立波束指示。
- 方案三:通过 RRC 信令为 UE 配置联合波束指示或独立波束指示,或者配置为同时支持联合波束指示和独立波束指示。
- 方案四:通过 MAC-CE 信令为 UE 配置联合波束指示或独立波束指示。

在会议讨论期间,大家认为基于 RRC 信令切换时延较大,而基于 DCI 命令切换可能需要增加开销,似乎并不被大家接受。大部分公司倾向于采用基于 MAC-CE 信令的切换方式,但在一些细节问题的讨论中出现了较大的争议。最后,选择不支持动态地进行联合波束指示和独立波束指示的切换,即只考虑通过 RRC 信令进行切换。

6.1.4　小区间波束管理

对于小区间的移动性问题,Release 15/16 采用切换过程来处理[11]。但在切换过程中需要通过 RRC 信令来更新小区参数以切换到新的小区,这个过程通常需要较大的时间开销,时延可能达到几毫秒。在此期间,UE 和基站的通信会中断。对于高速移动的 UE,由于切换较频繁,这种现象会更加严重。

为了应对这个问题,Release 17 引入了小区间波束管理。如图 6-2 所示,当 UE 处于小区 1 的覆盖范围时,为 UE 指示小区 1 的波束,UE 和小区 1 中的基站进行通信。当 UE 移动到小区 2 的覆盖范围但切换还没触发时,为 UE 指示小区 2 的波束,让 UE 与小区 2 中的基站进行通信,即在前文所述的切换过程发生之前,UE 可以通过这种方式与网络保持连接。

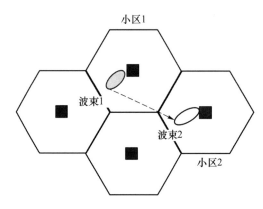

图 6-2　小区间波束管理示意图

1. 基本假设

在讨论具体设计之前,先明确一些针对小区间波束管理的基本假设。首先,对于网络结构,考虑独立组网(stand alone)和非独立组网(non stand alone)两种情况。另外,由于时间关系,希望对于 RAN2 的影响尽量小。所以,规定在 Release 17 的小区间波束管理中,服务小区和邻小区处于同一个 DU(分布式单元)下,并且服务小区和邻小区为同频小区。小区间波束管理的基本假设还包括 UE 到各个小区的定时提前(Timing Advance)相同,各个小区到 UE 的时延差在一个循环前缀范围内[2]。

在最初的讨论中,对于小区间波束管理我们讨论了两种场景,分别是 L1/L2 mobility 和 M-TRP-like mode[12]。前者考虑服务小区变化,后者考虑服务小区不变,只是将波束切换到邻小区。因为 L1/L2 mobility 对 RAN2 的影响太大,所以最终确定小区间波束管理仅考虑第二种情况,也就是服务小区不变的情况[13]。

2. 邻小区的波束测量和上报

在小区间波束管理中,为了能够为 UE 指示邻小区的波束,需要获得邻小区的波束测量结果。然而,Release 15/16 中的波束测量机制只支持对服务小区的参考信号进行测量并根据上报配置上报测量结果。为此,需要对现有的波束测量机制进行增强,以支持对邻小区的参考信号进行测量上报,获得邻小区的波束测量结果。

波束测量在 CSI 测量的框架下,测量的 RS 资源可以是 CSI-RS 或者 SSB(同步块)。但 Release 15/16 中的 CSI-RS 和 SSB 都只能是服务小区的参考信号,为了能够获得邻小区的波束测量结果,允许将邻小区的参考信号配置为测量 RS。具体地,支持将邻小区的 SSB 作为测量参考信号。

进一步地,会议讨论了如何为 UE 配置邻小区的 SSB 作为波束测量参考信号。考虑在 CSI-SSB-ResourceSet 中配置邻小区的 SSB 集合,另外,在该集合中引入 PCI(物理小区标识),用于和服务小区的 SSB 区分开。

UE 获得了邻小区参考信号的配置之后,可以对邻小区的参考信号进行测量。和 Release 15 一样,测量过程是测量各个参考信号的接收功率(L1-RSRP),以获得邻小区的波束测量结果。然后 UE 需要根据上报配置将测量结果上报给服务小区。邻小区波束测量结果的上报也考虑支持周期性上报、半静态上报和非周期性上报。对于邻小区测量结果的上报,由于涉及多个邻小区,规定在一次上报中,可以上报多个邻小区的共 K 个波束的测量结果。会议对 K 的最大值做了讨论,规定 K 的最大值为 4,并且规定可以根据基站的配置,将邻小区的波束测量结果和服务小区的波束测量结果一起上报。具体地,为了对现有协议产生的影响较小,采用和 Release 15 一样的上报格式。在 $K>1$ 的时候,第一个也是最大的 L1-RSRP 采用 7 比特指示绝对的 L1-RSRP 值,而剩下的将采用和第一个 L1-RSRP 对比的差分 L1-RSRP。

另外,对于小区间波束管理,会议还讨论了波束指示方面的内容,小区间波束管理允许为 UE 指示邻小区的波束。具体的指示方式采用前面介绍的 Release 17 统一 TCI 框架下的指示方式。

6.1.5 多天线面板终端(MP-UE)

在 Release 17 NR MIMO 中,考虑有些终端可以支持多个上行天线面板(panel),且不同天线面板可以支持的天线端口数、波束数和 EIRP(Effective Isotropic Radiated Power,等效全向辐射功率)可以不同,所以在一些使用场景中,希望引入快速的上行天线面板选择。使用场景主要包括:MPE(Maximum Permissible Exposure,最大允许暴露量),终端省电,上行干扰管理,支持不同天线面板之间不同的配置和上行 M-TRP。在 MPE 场景下,假设 UE 的上行天线面板与下行天线面板相同或上行天线面板是下行天线面板的真子集。

为了支持快速上行天线面板选择,引入 UE 发起的上行天线面板选择和激活。天线面板激活是指从终端的 P 个天线面板中激活 L 个天线面板,至少用于上行波束测量和下行波束测量。天线面板选择是指从 L 个激活的天线面板中选择出来一个用于上行传输。

为了实现天线面板的选择,希望可以使用 Release 17 的 TCI 状态更新信令(基于 MAC-CE+DCI 或仅 MAC-CE)来进行上行天线面板选择的指示。也就是说,需要一个天线面板的标识,而该天线面板标识与一个或多个 RS 资源相关联。比如在波束报告中,该 RS 资源为波束报告中的 RS;在波束指示中,RS 为上行 Tx 空间滤波器对应的源 RS。而针对天线面板标识如何与 RS 相关联,会议讨论了多个可选方案[5]。

(1) 方案一

- 一个天线面板实体与波束报告中的 CSI-RS/SSB 资源相关联,天线面板实体与上报的 CSI-RS/SSB 之间的关联关系需要指示给网络。
- 支持终端上报基于每个天线面板实体的终端能力,指示每个天线面板实体能支持的 SRS 端口最大数和相干类型(coherence type)。
- 支持多个 CB-based 的 SRS 资源集,每个资源集支持的 SRS 端口最大数不同,指示的 SRI 是基于其对应的 SRS 资源集内的 SRS 的索引。

(2) 方案二

- 支持终端上报以下一种列表(即包含多个天线面板各自对应的一个参数值)。
  - 选项 1:能支持 UL RANK(上行传输层数)的列表。
  - 选项 2:能支持 SRS 端口数的列表。
  - 选项 3:能支持相干类型以及相应的端口子集的列表。
- 网络配置秩索引和秩/SRS 天线端口数/相干类型的关联关系。
- 包含至少一个索引,UL 秩最大数或 SRS 天线端口数或相干类型与波束报告中的 SSBRI/CRI 相关联。
- 支持多个 CB-based 的 SRS 资源集,每个资源集对应不同的 SRS 天线端口数(这一点方案一也支持),指示的 SRI 是基于其对应的 SRS 资源集内的 SRS 的索引。

(3) 方案三

一个天线面板实体对应 CSI/波束报告中的一个天线面板 ID。该方案在讨论过程中被排除,很多公司不希望引入一个天线面板 ID,认为会暴露终端的硬件配置。

后续讨论中方案一和方案二中的每一项都被进行了单独讨论,最后各公司同意支持终端上报一个终端能力值集合的列表,每个终端能力值集合包含能支持的 SRS 端口数的最大值(这个是方案一和方案二都支持的),同时,终端需要确定并通过波束报告告知网络,波束报告中的每个 CSI-RS/SSB 与这个终端能力值集合列表中的哪个能力值集合相关联。具体地,是通过复用 Release 15/16 的波束上报机制来指示关联关系,也就是说,对于每对(一个 SSBRI/CRI 及其 L1-RSRP/SINR)都相应地上报一个终端能力值集合 ID,最多可以上报 4 对,每对的测量值用 7 比特指示(绝对值)或 4 比特指示(差分值)。RAN1-108 次会议确定,对于一个波束上报中的多个 CRIs/SSBRIs,每个 CRI/SSBRI 都对应一个终端能力值 ID(即上报的所有波束可能对应不同天线面板实体,也就是终端激活了多个天线面板实体)。而针对上行天线面板激活/选择的方法,引入了新的报告参数,即 cri-RSRP-CapabilityIndex,ssb-Index-RSRP-CapabilityIndex,cri-SINR-CapabilityIndex,ssb-Index-SINR-CapabilityIndex。该上报支持周期性的、semi-persistent 和非周期性的上报[4]。另外,由于波束报告中添加了终端能力值集合 ID 的指示,为了保证基站和终端之间的信息一致性,RAN1-107 和 RAN1-108 次会议都讨论了是否需要引入一个 ACK 机制,即网络在收到波束报告之后,需要反馈一个 ACK 给终端。在 RAN1-108 次会议中,由于各公司意见无法统一,所以最终确定 Release 17 中不引入该 ACK 机制。

6.1.6 MPE 缓解

MPE(最大允许暴露量)用于规定手机终端发射的电磁波给人体带来的辐射强度。当 MPE 达到一定值时,说明终端的发射功率太大或终端离人体太近,给人体带来了伤害,所以其发射功率需要降低。而终端需要减少的发射功率的值为 P-MPR(Power Management-Maximum Power Reduction,功率管理-最大功率回退)。当为了满足 MPE 的需求,而使 P-MPR 不得不大于 mpe-Threshold 时,在传统方法中,终端需要触发 MPE 上报,同时指示 P-MPR 的值。

我们可以看到,传统方法中,MPE 的上报是基于终端这个整体的。而在当终端拥有多个发送天线面板或多个发送波束时,如果还是以整个终端来判断是否触发 MPE,将使得判断不够准确,从而影响终端的上行发送。比如终端包含两个发送天线面板,第一天线面板由于面向人体,所以其 P-MPR 值较大,而第二个天线面板是背向人体的,其 P-MPR 很小。这种情况下,如果直接以终端为整体触发了 MPE 上报,则使得终端无法进行上行发送。

为了解决该问题,Release 17 提出引入基于天线面板/波束的 P-MPR 的上报。基于天线面板的上报可以理解为针对一个天线面板有一个 P-MPR 值,那么当该天线面板上的 P-MPR 值较小时,需要同时上报至少一个可用的 SSBRI/CRI,表示该天线面板上的这些上行波束是没有触发 MPE 的,即可用的。基于波束的上报可以理解为针对一个波束有一个 P-MPR 值,那么当该波束上的 P-MPR 值较小时,需要同时上报该波束对应的 SSBRI/CRI,表示该上行波束是没有触发 MPE 的,即可用的。在讨论的初期,大家针对到底基于天线面板上报还是基于波束上报一直有不同的意见,无法达成结论。基于天线面板的上报的优点在于,当初 Release 17 MIMO EVM(误差矢量幅度)阶段都是基于天线面板来进行评估的,而且同一天线面板上不同波束的性能接近。它的缺点是:存在同一天线面板上不同波束的性能不一样的情况。而基于波束的上报的优点在于准确,缺点在于对于终端要求高。讨论了很长时间,双方都无法妥协,所以 RAN1-106 次会议[5]最终达成结论,不明确说明到底是基于天线面板的还是基于波束的 P-MPR,终端上报最多 N 个 P-MPR,针对每个 P-MPR,最多给出一个相关联的 SSBRI/CRI,参考表 6-2。其中 N 的取值为 1,2,3 或 4,终端上报能力指示能支持的 N 值。

而对于除了 P-MPR,是否还需要上报其他的内容,比如上报 L1-RSRP、L1-RSRP+virtual PHR 或考虑 MPE 之后的 L1-RSRP,各个方案都有一些反对的公司,无法达成一致结论,所以最终还是确定不需要再上报任何其他的内容。隐含的意思是说终端上报最多 N 个可用的上行波束,然后基站根据波束测量结果来选择使用哪一个。

另外,各公司针对从多个候选 SSBRI/CRI(候选 SSBRI/CRI 由 RRC 配置)中选择出 N 个可用的 SSBRI/CRI 的选择标准,也进行了一番讨论。有些公司认为可以按照 L1-RSRP 从强到弱的顺序来选择,或者按照 L1-RSRP 减掉 P-MPR 之后的值从强到弱的顺序来选择。但也有公司认为 Release 15/16 的波束上报中也没有要求终端必须上报 L1-RSRP 最强的几个波束。所以,最终对于如何选择,也没有结论,完全基于终端实现。不过在 RAN1-108 次会议中,确定了候选 SSRI/CRI 资源池 mpe-ResourcePool 中 RS 的最大数量为 64[4]。

表 6-2　Release 17 P-MPR 上报

P-MPR 值	可用波束
Value＃0	SSBRI/CRI＃0
Value＃1	SSBRI/CRI＃1
Value＃2	SSBRI/CRI＃2
Value＃3	SSBRI/CRI＃3

6.2　M-TRP 增强

Release 16 中主要讨论了 M-TRP 的 PDSCH 的增强,Release 17 继续针对 M-TRP 的 PDCCH/PUCCH/PUSCH 进行增强,以及针对 M-TRP 小区间、M-TRP 波束管理和 M-TRP HST-SFN 进行增强。

6.2.1　M-TRP PDCCH 增强

M-TRP PDCCH 的增强,主要原理是使用不同 TRP 的不同波束来发送 PDCCH,以提高 PDCCH 的可靠性。

1. PDCCH 重复发送方法

对于 PDCCH 的重复发送方式,参与该问题讨论的各个公司首先针对多种方式,包括 SFN(单频网络)方案和非 SFN 方案进行了讨论,其中非 SFN 方案包含 SDM、FDM、intra-slot TDM 和 inter-slot TDM。各方案具体如下[14]。

- SFN:多个 TRP 使用同样的时域资源,同样的频域资源和同样的端口,但是不同的波束来发送 PDCCH。该方案为需要支持的方案。
- SDM:由于 PDCCH 为单端口发送,即多个 TRP 不能使用不同端口来发送 PDCCH,所以 SDM 方法无法支持。
- FDM:多个 TRP 使用不同的频域资源,不同的波束来发送 PDCCH。该方案为需要支持的方案。
- intra-slot TDM:多个 TRP 使用同一个时隙内不同的符号资源,不同的波束来发送 PDCCH。该方案为需要支持的方案。
- inter-slot TDM:多个 TRP 使用不同时隙内的符号资源,不同的波束来发送 PDCCH。RAN1-106 次会议对该方案给出结论,即 Release 17 不支持该方案。

为了支持使用两个波束来发送 PDCCH,会议初期提出了多种可选的波束配置方案[14]。

- 波束方案 1:一个 CORESET 对应两个激活 TCI 状态。
  - 波束方案 1-1:一个 SS set 中的一个 PDCCH candidate 对应 CORESET 的两个 TCI 状态(SFN 方案)。
  - 波束方案 1-2:一个 SS set 中的 PDCCH candidate 分成两个 PDCCH candidate

set,每个 PDCCH candidate set 分别对应 CORESET 的两个 TCI 状态中的其中
一个(FDM 方案)。

■ 波束方案 1-3:两个 SS set 与同一个 CORESET 相关联,每个 SS set 分别对应
CORESET 的两个 TCI 状态中的其中一个(TDM 方案)。

- 波束方案 2:一个 SS set 对应两个不同的 CORESET,每个 CORESET 对应一个激
活 TCI 状态(FDM 或 SFN 方案)。

- 波束方案 3:两个 SS set 与各自的 CORESET 相关联(TDM、FDM 和 SFN 方案都可
以支持)。

对于波束方案 1-2、波束方案 1-3、波束方案 2 和波束方案 3,为了让终端获知哪些
PDCCH candidate 用来发送同一个 DCI,需要两个 PDCCH candidate 之间有一个显式的链
接关系。

对于基于多波束的 PDCCH 的发送,会议初期讨论了多波束发送 PDCCH 的内容的以
下三种方式[14]。

- 内容方式一:不重复发送,即两个波束上发送的内容合起来为一个完整的 DCI,同样
的内容使用更大的 AL(Aggregation Level,聚合等级),以提高可靠性。

- 内容方式二:重复发送,每个波束上发送的内容都是一个完整的 DCI,且两个波束上
发送的 DCI 内容一样。

- 内容方式三:多机会发送,即多个 DCI 独立,但是用于调度同样的 PDSCH/PUSCH/
RS/TB 等。

基于讨论,RAN1-103 次会议[2]确定 SFN 的 PDCCH 的重复发送使用波束方案 1-1 的
方法,即一个 CORESET 对应两个激活 TCI 状态,与该 CORESET 关联的一个 SS set 中的
一个 PDCCH candidate 对应 CORESET 的两个 TCI 状态。

对于非 SFN 方法,RAN1-103 次会议[2]确定至少支持内容方式二(重复发送,每个波束
上发送的内容都是完整的 DCI 内容,且两个波束上发送的 DCI 内容一样),同时支持用于重
复发送的两个 PDCCH candidate 的显式链接的指示。对于波束方案 1-2、波束方案 1-3、波
束方案 2 和波束方案 3,RAN1-104 次会议[15]达成结论,至少支持波束方案 3,即两个 SS set
与各自的 CORESET 相关联。有些公司认为波束方案 3 中的两个 SS set 关联的
CORESET 肯定不同,有些公司认为波束方案 3 中的两个 SS set 关联的 CORESET 可以相
同或不同。如果相同的话,实际上波束方案 3 就等同于波束方案 1-3。其中波束方案 3 是可
以支持 TDM 和 FDM 的。

SFN 的方案将在 HST-SFN 部分进行介绍,M-TRP PDCCH 增强主要介绍非 SFN 的
方案。

2. PDCCH candidate 的链接关系指示方法

对于非 SFN 方法,由于它支持的是波束方案 3,即两个 SS set 分别关联各自的
CORESET,为了指示用于 PDCCH 重复发送的两个 SS set 的链接关系,提出支持 RRC 配
置两个具有链接关系的 SS set,并给出如下限制。

- 对于具有链接关系的两个 SS set,终端不期待会有第三个 SS set 与其中任意一个 SS
set 具有链接关系。

- 具有链接关系的两个 SS set，其 SS set 的类型一样〔USS（UE 专属搜索空间）/CSS（公共搜索空间）〕，且需要监测的 DCI 格式也一样。
- 对于 intra-slot 的 PDCCH 重复发送：两个 SS set 具有相同的周期和 offset（即 monitoringSlotPeriodicityAndOffset 相同），以及 duration 也相同（即占用的符号数相同）；两个 SS set 在一个时隙中的 MO 数目相同，且 SS set♯1 的第 n 个 MO 与 SS set♯2 的第 n 个 MO 具有链接关系（即发送同样的 DCI）。
- 具有链接关系的两个 SS set，不再包含独立的 PDCCH candidate，即每个 PDCCH candidate 都与另一个 SS set 的一个 PDCCH candidate 重复发送同一个 DCI[15]。
- 两个具有链接关系的 SS set 中，具有链接关系的两个 PDCCH candidate，其 AL 和 candidate 索引相同[15]。
- 对于具有链接关系的两个 CORESET，其 DCI 中 TCI 域是否出现的配置需保持一致[5]。
- 对于具有链接关系的两个 PDCCH candidate，如果由于 Release 15/16 的 PDCCH 的丢弃准则，其中一个 PDCCH candidate 需要丢弃掉时，终端继续监测另外一个 PDCCH candidate，然后基于 Release 17 的 PDCCH 规则来理解该 DCI（基于 reference PDCCH candidate）[5]。
- 两个 SS set 在同一时隙内的 MO 可能出现如图 6-3 所示的两种时间分布，两种分布对应的终端存储需求不同。图 6-3(a)中，由于两个 SS set 的 MO 交叉出现，而相同 MO 索引的两个 MO 为发送同一个 DCI，所以终端在收到 SS B 的 MO 之后即可与 SS A 的 MO 一起完成该 DCI 的解码并清空存储。而图 6-3(b)中，SS A 的所有 MO 都在 SS B 的 MO 之前，即终端在收到 SS B 的第一个 MO 时需要存储 SS A 的所有 MO，在解码两个 SS 的第一个 MO 对应的 DCI 之后，才能清空两者对应的第一个 MO，从而对终端存储要求较高。后续讨论的结论是基于终端能力来配置两个 SS set 的 MO 的时域位置，终端能力表述为终端在任意时间能支持的具有链接关系的特殊 PDCCH candidate 对的最大数目。其中特殊 PDCCH candidate 对的特征为两个 PDCCH candidate 中的第一个被终端收到了，但是第二个没有被终端收到[7]。

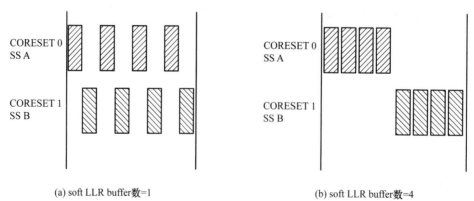

(a) soft LLR buffer数=1 (b) soft LLR buffer数=4

图 6-3　两个 SS set 的 MO 分布图

3. PDCCH 重复发送下的参考 PDCCH candidate/CORESET

1）时序的参考 PDCCH candidate

Release 15/16 在很多时序确认上,都是基于 PDCCH 接收的起始符号或结束符号来确定。而 Release 17 中由于两个 PDCCH candidate 使用不同波束重复传输同一个 DCI,那么在两个 PDCCH candidate 为 TDM 方式时,Release 17 需要确定一个参考 PDCCH candidate。针对用于重复传输的两个 PDCCH candidate,Release 17 定义了新的 MO:包含两个 PDCCH candidate 在内的一个单元,其 PDCCH 接收的起始符号为起始符号较早的 PDCCH candidate 对应的起始符号位置,其 PDCCH 接收的结束符号为结束符号较晚的 PDCCH candidate 对应的结束符号位置[16]。

所以概括来说,对于 Release 15/16 中以 PDCCH 接收的结束符号为准的情况,其参考 PDCCH candidate 对应结束符号较晚的 PDCCH candidate;对于以 PDCCH 接收的起始符号为准的情况,其参考 PDCCH candidate 对应起始符号较早的 PDCCH candidate;还有一个特殊情况,即使用开始符号较晚的 PDCCH candidate 作为参考 PDCCH candidate。各个参考 PDCCH candidate 的使用场景具体介绍如下。

① 使用结束符号较晚的 PDCCH candidate 作为参考 PDCCH candidate 的主要包括如下使用场景。

- 场景 1:用于确定是否需要使用默认波束来接收 PDSCH/CSI-RS 的 scheduling offset[15]。
- 场景 2:用于扩展 PDCCH-PDSCH 和 PDCCH-PUSCH 的 in-order 传输的定义[15]。
- 场景 3:用于确定 PUSCH 的准备时间 N_2 和 CSI 的计算时间 Z[15]。
- 场景 4:用于确定针对某些不包含 PDSCH 调度的 DL DCI 的 HARQ-ACK 反馈的时隙偏移值 N[5]。
- 场景 5:用于 SPS PDSCH 的撤销时序(14 个符号)[5]。

还有很多其他没列出来的使用场景,具体可参考[5][7][10]。

② 使用开始符号较早的 PDCCH candidate 作为参考 PDCCH candidate 的主要包括如下使用场景。

- 场景 1:根据 SRI 确定最近发送的 SRS 资源[5]。
- 场景 2:当多个 PDCCH candidate 不在同一个 PDCCH 监听机会(Monitoring Occasion)时,使用时间较早的 PDCCH candidate 作为参考 PDCCH candidate[15],用于确定计数 DAI(Counter DAI,C-DAI)/总数 DAI(Total DAI,T-DAI)和 Type-2 HARQ-ACK 码本结构,或用于基于最后一个 DCI 的 PRI 指示域确定用于 PUCCH 资源确定的最后一个 DCI。
- 场景 3:用于基于 DCI 格式 2_1(Pre-emption indication)来确定被中断的符号集合[10]。
- 场景 4:用于基于 DCI 格式 2_4 来确定针对 PUSCH/SRS 的取消指示的 PDCCH 接收的第一个符号[10]。
- 场景 5:当携带 DFI(下行反馈信息)的 PDCCH candidate 为具有链接关系的两个 PDCCH candidate 时,使用开始时间较早的 PDCCH candidate 作为参考,来确定对应指定 HARQ 进程号的 PUSCH 的 DFI 的有效性[7]。

③ 使用开始符号较晚的 PDCCH candidate 作为参考 PDCCH candidate 的场景主要有一个[5]：对于 PDSCH Type B 的 mapping 方式，用于指示 PDSCH 可调度的最早的时间以及 SLIV（起始和长度指示值）的参考符号（当终端被配置了 ReferenceofSLIV-ForDCIFormat1_2，而且 $K_0 = 0$ 时），需要使用一个参考 PDCCH candidate，即 Type B 的 PDSCH 发送时间不能早于开始时间较晚的 PDCCH candidate 的开始时间。

2）频域参考 CORESET

当两个 PDCCH candidate 对应的 CORESET 为 FDM 方式时，由于两个 CORESET 的频域资源不同，而在 Release 15/16 中，存在 PUCCH/PUSCH/PDSCH 的频域资源需要基于 CORESET 的频域资源来确定的情况，所以在 Release 17 中，需要确定两个 CORESET 中的哪个 CORESET 为参考 CORESET。具体情况见下面的介绍。

（1）PUCCH 资源确定

PUCCH 资源确定主要针对的问题是当 PUCCH resource set size（资源集合大小）大于 8 时，用于发送该 PDCCH 调度的资源对应的 HARQ-ACK 的 PUCCH 资源如何确定。因为在传统方法中，这种情况下，PUCCH 资源是根据该 PDCCH 对应的 CORESET 的 CCE（控制信道单元）的数目和 PDCCH candidate 的起始 CCE 的索引值确定的，而当该 PDCCH 对应两个 CORESET 和/或两个 SS set 时，这个 PUCCH 资源如何确定？会议在初始讨论时给出了 3 个选项，具体如下[2]。

- 选项 1：限制两个 CORESET 的 CCE 数目和起始 CCE 的索引值都一样。
- 选项 2：根据其中一个 PDCCH candidate 对应的 CORESET 的 CCE 数目和起始 CCE 的索引值确定。
- 选项 3：UE 自己决定基于两个具有链接关系的 PDCCH candidate 中的其中一个对应的 CORESET 的 CCE 数目和起始 CCE 索引值确定。

后续的讨论确定使用选项 2，但是关于使用选项 2 中的哪一个 CORESET，会议又给出两个选项[15]。

- 选项 1：选择 CORESET ID 较小的 CORESET。
- 选项 2：选择 SS set ID 较小的 SS set 对应的 CORESET。

在最终的讨论过程中，很多公司认为两者是一样的，但是由于波束方案 3 中可能两个 SS set 对应的 CORESET 一样，所以 RAN1-104b 次会议[17]最终同意选项 2，即 PUCCH 资源根据 SS set ID 较小的 SS set 关联的 CORESET 的 CCE 数目和 PDCCH candidate 的起始 CCE 的索引值确定。但存在一种特殊情况，即有两个 linked SS set，在一个 SS set 中，AL8 和 AL16 起始 CCE 相同，而在另一个 SS set 中，AL8 和 AL16 起始 CCE 不同，且第二个 SS set ID 较小，RAN1-108 次会议[4]同意 PUCCH 资源以 AL16 的 PDCCH candidate 为参考。

（2）PUSCH 资源和 PDSCH 资源的频域资源确定

PDSCH 的频域资源确定如下[7]。对于在 common SS 发送的 DCI 格式 1_0 调度的 PDSCH，TS 38.211 中描述为"对于非交织的 VRB 到 PRB 的映射，VRB 的 n 对应 PRB 的 $n + N_{start}^{CORESET}$"，而这里的 $N_{start}^{CORESET}$ 为相应的 DCI 对应的 CORESET 的最低编号的 PRB。当相应的 DCI 由具有链接关系的两个 PDCCH candidate 携带时，以 CORESET ID 较小的 CORESET 的最低编号的 PRB 作为 $N_{start}^{CORESET}$。

PUSCH 的频域资源确定如下[7]。对于 DCI 格式 0_0(CRC 为 RNTI 加扰而不是 TC-RNTI 加扰)调度的 PUSCH,且资源分配类型为类型 2 时,TS 38.214 中描述为"the uplink RB set is the lowest indexed one amongst uplink RB set(s) that intersects the lowest-indexed CCE of the PDCCH in which the UE detects the DCI 0_0 in the active downlink BWP",当相应的 DCI 由具有链接关系的两个 PDCCH candidate 携带时,使用 CORESET ID 较小的 CORESET 的 PDCCH candidate 对应的最低编号的 CCE 为参考。

4. PDCCH 重复发送下的 BD counting

由于两个 PDCCH candidate 发送同一个 DCI,终端针对这两个 PDCCH candidate 的解码次数如何假设,需要给出规定。起初各公司提出的方案如下[2]。

- 假设 1:终端仅解码合并的 candidate,不解码独立的 PDCCH candidate。
- 假设 2:终端仅解码两个独立的 PDCCH candidate。
- 假设 3:终端解码第一个 PDCCH candidate 和合并的 candidate。
- 假设 4:终端解码两个独立的 PDCCH candidate 和合并的 candidate。

对于此问题,后续讨论中转化为终端如何指示自己的解码次数,同样,初始讨论给出了多种选项[15]。

- 选项 1:终端上报一个或多个需要的 BD 次数,BD 次数可选值为 2,X。X 可以大于 2,小于或等于 3。
- 选项 2:终端上报是否支持 soft combining,若支持,再上报一个或多个需要的 BD 次数,BD 次数可选值为 2,X。X 可以大于 2,小于或等于 3。
- 选项 3:UE 上报上述解码假设 1~解码假设 4 中的一个或多个,对于不同的解码假设,BD 次数如下。解码假设 1 的 BD 次数为 2,或 1 和 2 中间的一个值;解码假设 2 的 BD 次数为 2;解码假设 3 的 BD 次数为 2;解码假设 4 的 BD 次数为 3。
- 选项 4:始终上报 BD 次数为 2。
- 选项 5:始终上报 BD 次数为 3。

最终的讨论中很多终端公司认为不希望终端暴露自己的解码方式,所以 RAN1-104b 次会议[17]同意了上述选项 1,即终端上报一个需要的 BD 次数,BD 次数候选值为 2 和 3。

当具有链接关系的两个 PDCCH candidate 中的一个 PDCCH candidate 与一个用于独立 DCI 传输的 PDCCH candidate 占用的 CCE 一样,且 DCI 大小、扰码和 CORESET 都一样时,这种情况下,终端需要基于 Release 17 的 PDCCH 重复传输的规则(参考 PDCCH candidate)来理解该 DCI。而 individual candidate 是否被监测取决于 UE 的能力。但不管是否监测 individual candidate,其都不会增加 BD 次数。关于能够支持的这种重叠的最大数目,也取决于 UE 的能力[5]。

另外,对于具有链接关系的两个 SS set,当计算 overbooking 的时候,两个 SS set 是独立计算 BD 次数还是联合起来统一计算 BD 次数也是需要讨论的问题。RAN1-106 次会议[5]分别针对 BD=2 和 BD=3 的情况给出了独立计算和联合计算的选项,具体如下。

① 情况 1:两个链接关系的 PDCCH candidates 计算为 2 次 BD。

- 选项 1:没有变化,使用已有标准,即两个 SS set 分别计算为 1 次 BD。
- 选项 2:将 SS set pair 一起考虑,若加上这 2 次 BD 超过最大 BD 数,则一起丢弃掉;

否则同时保留。其中,SS set 的优先级基于 pair 中 SS set ID 较小的 SS set 确定。

② 情况 2:两个链接关系的 PDCCH candidates 计算为 3 次 BD。

- 选项 1:Overbooking 基于各个 SS set 来确定,与 Release 15/16 中相同。

  ■ 选项 1-1:若第 3 次 BD 计为虚拟的 SS set,也就是说如果去掉第 3 次 BD 就不超过最大 BD 数的话,则把第 3 次去掉就可以了。否则,再按照情况 1 的方式去掉 2 次 BD 中的 1 次或 2 次。

  ■ 选项 1-2:第 3 次 BD 计在 SS set ID 较大的 SS set 上,即 SS set ID 较高的 SS set 计 2 次 BD。

- 选项 2:将 SS set pair 一起考虑,若加上这 3 次 BD 超过最大 BD 数,则一起丢弃掉;否则同时保留。其中,SS set 的优先级基于 pair 中 SS set ID 较小的 SS set 确定。

在 RAN1-106b 次会议后续的讨论中[10],对于情况 1 大家都没什么太多的分歧,即使用选项 1,复用已有标准,两个 SS set 分别计算 1 次 BD。对于情况 2 中的选项 2,大家都觉得太浪费 PDCCH 资源了,多数公司支持情况 2 中的选项 1,但关于其中的选项 1-1 和选项 1-2 就有些分歧了,大多数公司支持选项 1-2,少数公司支持选项 1-1。选项 1-1 从资源使用率上来看是有优势的,即如果丢弃掉第 3 次就不超过 BD 最大次数的话,就只丢弃掉第 3 次,这样还可以回退到基于 2 次 BD 的重传。但是有些公司认为,选项 1-1 中不清楚第 3 次到底是 soft combining 还是 individual decoding,而且它们认为支持 3BD 的终端不一定支持 2BD,所以在 RAN1-107 次会议中[7],最终少数服从多数,情况 2 采用了选项 1-2,即第 3 次 BD 计在 SS set ID 较大的 SS set 上。而对于 inter-span 的 PDCCH 重传,第 3 次计算在后面那个 span 里,即后面那个 span 计算了 2 次 BD。

5. 重叠监听机会时的两个 QCL Type D 的确定方法

Release 15/16 中,当多个 CORESET 的 PDCCH candidate 的 MO 重叠,且多个 CORESET 的 QCL Type D 不同时,需要确定一个 CORESET,然后使用该 CORESET 对应的 QCL Type D 来监测重叠 MO 的 PDCCH candidate。Release 17 对于支持同时使用两个波束进行接收的终端,支持确定两个 QCL Type D 用于接收时域资源重叠的 CORESETs。RAN1-106b 次会议[10]同意确定方法为:使用已有优先级规则确定第一个 QCL Type D,如果配置了第一个 QCL Type D 的多个 SS set 中存在 N 个 SS set 与 N 个其他 SS set 具有链接关系,$N=1$ 时则确定这一个其他 SS set 的 QCL Type D 为第二个 QCL Type D;如果 $N>1$,则使用传统方法从 N 个其他 SS set 中确定出一个其他 SS set 的 QCL Type D 作为第二个 QCL Type D;如果 $N=0$,则不需要确定第二个 QCL Type D。

6.2.2 M-TRP PUCCH 增强

1. 整体方案

1) PUCCH 重复传输方案

在 Release 17 的 M-TRP PUCCH 传输中,考虑 UE 实现的复杂度以及 PAPR(峰值平均功率比)问题,Release 17 仅支持基于 TDM 的 M-TRP PUCCH 传输方案。为了满足更灵活的调度和低时延需求,Release 16 引入了基于子时隙的 PUCCH 传输,Release 17 引入了基于子时隙的 PUCCH 重复传输。Release 17 的讨论中包括以下 3 种 M-TRP PUCCH 重复传输候选方案。

- 方案 1:时隙间重复,即所有基于时隙的重复传输中 PUCCH 资源均携带相同的 UCI(上行控制信息)。
- 方案 2:时隙内跳波束,即 UCI 在一个 PUCCH 资源中传输,该 PUCCH 资源中不同的符号集在不同的波束上传输。
- 方案 3:时隙内重复,即所有基于子时隙的重复传输中 PUCCH 资源均携带相同的 UCI。

方案 1 沿用 Release 15 中的时隙间重复传输方案,方案 2 和方案 3 均为时隙内传输方案,方案 3 可满足 URLLC 场景对低时延的需求,而方案 2 相比方案 3 在一些场景下不适用,且支持它的公司相对于支持方案 3 的公司较少,因此 Release 17 支持方案 1 时隙间重复传输和方案 3 时隙内重复传输两种 M-TRP PUCCH 重复传输方案[2],且仅支持单个 PUCCH 资源。此外,在 M-TRP PUCCH 时隙内重复传输方案中,一个 PUCCH 资源携带的 UCI 可在一个时隙中的连续两个子时隙上进行重复传输[6]。图 6-4 给出了 M-TRP PUCCH 重复传输(方案 1 和方案 3)示意图。

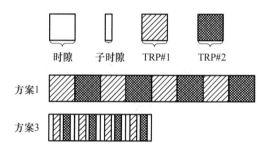

图 6-4 M-TRP PUCCH 重复传输示意图

2)PUCCH 格式

Release 17 的 M-TRP PUCCH 时隙间重复传输中,首先对 PUCCH 时隙间重复传输支持的 PUCCH 格式进行了讨论,除了 Release 15 中已经支持的 PUCCH 格式 1/3/4,由于 PUCCH 格式 0/2 可以提升系统覆盖范围和可靠性,降低系统延迟,因此 Release 17 同样支持 PUCCH 格式 0/2,即支持 PUCCH 所有格式[15]。对于 M-TRP PUCCH 时隙内重复传输,讨论初期认为短 PUCCH 格式可以缩小延迟,这一观点得到多数公司的支持,最终经过讨论,PUCCH 时隙内重复传输同样支持 PUCCH 格式 0/1/2/3/4,即支持 PUCCH 所有格式[6]。

3)PUCCH 重复传输次数

Release 15 中 PUCCH 重复传输次数采取半静态的指示方式,即通过 RRC 配置 PUCCH 重复传输的重复次数。而在 Release 17 中,由于不同类型的 UCI 通常具有不同的可靠性需求,因此部分公司支持动态指示 PUCCH 重复传输次数,进而获得更灵活的网络配置。但是由于动态指示重复传输次数会导致更高的 DCI 开销和复杂度,因此 Release 17 最终没有支持动态指示重复传输次数的方案,而是沿用半静态指示方案[2]。此外,M-TRP

PUCCH 时隙间重复传输方案支持的重复传输次数为 2 次、4 次、8 次[15]。

2. 波束映射和跳频方案

1）波束映射图样

在 S-TRP 传输方案中，PUCCH 重复传输只需在一个 TRP 上映射，而 M-TRP 传输方案引入了两个 TRP，因此 PUCCH 重复传输需要在两个 TRP 上映射，此时需要考虑以何种映射图样将多次重复传输映射到两个 TRP 上。Release 17 支持循环映射和顺序映射两种波束映射图样[17]。

- 循环映射：第一个波束和第二个波束分别用于第一次和第二次 PUCCH 重复传输，后续的 PUCCH 重复传输采取相同的波束映射图样。
- 顺序映射：第一个波束用于第一次和第二次 PUCCH 重复传输，第二个波束用于第三次和第四次 PUCCH 重复传输，后续的 PUCCH 重复传输采取相同的波束映射图样。

当 PUCCH 重复传输次数为 2 时，前两次传输时机分别与两个 TRP 关联[6]。当重复传输次数大于 2 时，循环映射是一个可选的 UE 特性[17]。图 6-5 给出了循环映射和顺序映射示意图。

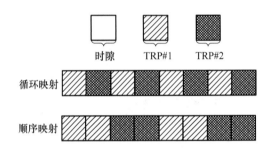

图 6-5　循环映射和顺序映射示意图

2）跳频方案

M-TRP 传输可通过跳频传输来获得跳频增益，当 M-TRP PUCCH 时隙间重复传输配置了时隙间跳频时，共有以下 3 种跳频传输方案[17]。

- 方案 1：如果配置了顺序映射，则采取时隙级跳频；如果配置了循环映射，则在一个波束内的重复传输间进行跳频。
- 方案 2：gNB 始终配置顺序映射，且在时隙级进行跳频。
- 方案 3：与 Release 15 相同，采取时隙级跳频。

当配置了循环映射时，时隙级跳频相比在一个波束内的重复传输间跳频而言，可提前一个时隙获得跳频增益，然而所有在第一个波束上的重复传输均在一个频率，所有在第二个波束上的重复传输均在另一个频率，因此对于任意一个 TRP，无法获得跳频增益。经过讨论，最终方案 3 被采纳。

3. 传输方案

1）PUCCH 资源数量

Release 17 对于 M-TRP PUCCH 重复传输支持的 PUCCH 资源数量进行了讨论，共有单 PUCCH 资源方案和多 PUCCH 资源方案两种方案。多数公司支持单 PUCCH 资源方案,少部分公司认为通常两个 TRP 的传输具有不同的空间关系信息、路损参考信号、功率控制参数、定时提前量等,因此可通过多个 PUCCH 资源使得每个 TRP 实现更加灵活的资源分配。由于没有相关仿真结果对多 PUCCH 资源方案进行支撑,因此 Release 17 中达成一致,在 M-TRP PUCCH 时隙间重复传输和时隙内重复传输中仅采用单 PUCCH 资源,并且可通过 MAC-CE 激活最多两个空间关系信息[15]。

2)S-TRP/M-TRP 动态切换

考虑 UE 可能传输不同的数据类型,且不同传输场景下信道条件通常不同,因此某些场景下 S-TRP 传输即可保证足够的传输可靠性,Release 17 支持在 S-TRP 和 M-TRP 两种传输方案间进行动态的切换,且动态切换采取以下方案[15]。

- 对于 FR1,通过激活与 PRI(PUCCH 资源指示)指示的 PUCCH 资源关联的一个或两个功率控制参数集合来实现。
- 对于 FR2,通过激活与 PRI 指示的 PUCCH 资源关联的一个或两个空间关系信息来实现。

4. 功率控制方案

1)独立功率控制

由于 M-TRP 传输中两个 TRP 通常具有不同的距离和信道状态信息,因此 Release 17 支持两个 TRP 进行独立的功率控制,并且通过 PUCCH 空间关系信息关联的功率控制参数集配置[2]。在每个 TRP 独立功率控制中,可配置独立的功率控制参数,且使用两个功率控制参数集,每个功率控制参数集均包含专有的目标接收功率 P0、路损参考信号和闭环索引值[15]。此外,两个功率控制参数集和两个 TRP 的映射关系与两个空间关系信息和两个 TRP 的映射关系相似,采取循环映射和顺序映射。

在 FR1 的 M-TRP PUCCH 重复传输每个 TRP 独立的功率控制传输中,3GPP 对 PUCCH 资源和一个或两个功率控制参数集关联的问题也进行了相关讨论,并给出了以下两种方案,且最终方案 2 被采纳[17]。

- 方案 1:MAC-CE 在 FR1 中也指示 PUCCH-SpatialRelationInfoIds。
- 方案 2:MAC-CE 通过指示 RRC IE 来配置功率控制参数集。

2)闭环功率控制

Release 17 的 M-TRP PUCCH 重复传输标准化过程考虑对功率控制进行相关增强,由于每个 TRP 具有不同的波束,因此考虑对每个 TRP 进行独立的闭环功率控制,TRP 间独立的闭环可以通过关联不同的空间关系信息来区分,且与两个 PUCCH 空间关系信息关联的闭环索引值不同。关于对每个 TRP 进行独立闭环功率控制,共有以下 4 种发射功率控制(TPC)方案[2,15]。

- 方案 1:在 DCI 格式 1_1/1_2 中使用一个 TPC 域,并且 TPC 值应用于两个 PUCCH 波束。
- 方案 2:在 DCI 格式 1_1/1_2 中使用一个 TPC 域,并且 TPC 值在一个时隙中应用于两个 PUCCH 波束中的一个波束,TPC 值可以在另一个时隙中应用于其他 PUCCH 波束。

- 方案 3：在 DCI 格式 1_1/1_2 中添加第二个 TPC 域。
- 方案 4：在 DCI 格式 1_1/1_2 中使用一个 TPC 域，并且两个 TPC 值分别应用于两个 PUCCH 波束。

方案 1 中两个 TRP 使用相同的 TPC 命令，无法为每个 TRP 进行独立配置；方案 2 可以在负载和灵活度之间取得理想的折中；方案 3 可以为每个 TRP 独立配置 TPC，满足灵活指示的需求，但是 DCI 负载增加一倍；方案 4 可以为两个 TRP 联合配置 TPC，支持每个 TRP 的闭环功率控制，但是由于为两个 TRP 联合指示，该方案无法后向兼容 S-TRP 传输。最终 Release 17 采取方案 3，即添加第二个 TPC 域，支持两个 TRP 进行独立的闭环功率控制，且该 TPC 域可由 RRC 配置。当 RRC 配置第二个 TPC 指示域时，DCI 格式 1_1/1_2 中添加第二个 TPC 域，每个 TPC 域分别对应每个闭环索引值；当 RRC 没有配置第二个 TPC 域时，DCI 格式 1_1/1_2 中使用一个 TPC 域，并且 TPC 值应用于调度的 PUCCH 闭环索引。此外，支持 UE 上报是否支持第二个 TPC 域的能力[6]。

6.2.3　M-TRP PUSCH 增强

1. 整体方案

1) PUSCH 重复传输方案

Release 17 中 M-TRP PUSCH 重复传输与 PUCCH 重复传输相同，均仅支持基于 TDM 的重复传输方案。Release 16 针对不同数据类型的不同时延及可靠性需求，引入了 PUSCH 重复传输类型 A 和类型 B 两种传输方案。PUSCH 重复传输类型 A 在连续的时隙内传输且每个时隙具有相同的资源分配。PUSCH 重复传输类型 B 支持跨时隙的重复传输，然而由于传输跨时隙边界或存在无效符号等因素，一次名义上的重复传输被分割为多次实际的重复传输。因此 Release 17 支持基于 TDM 的 PUSCH 重复传输类型 A 和类型 B 两种重复传输方案[14]。此外，对于 M-TRP PUSCH 重复传输，最大重复传输次数为 16。

2) 基于 S-DCI 的 PUSCH 重复传输

在 Release 17 中 M-TRP PUSCH 重复传输仅支持基于 S-DCI 传输，针对理想回程的场景，S-DCI 即可完成协调调度且具有较低的 DCI 过载和 UE 实现复杂度。然而，在实际应用场景中，UE 和 TRP 的距离通常各不相同，利用 M-DCI 可针对不同的路损对 M-TRP 传输进行灵活的资源分配，提升系统可靠性。此外，由于 TPMI、SI、SRI、DMRS 端口等均需 DCI 指示，使用 S-DCI 调度将导致不同的重复传输使用相同的 TPMI、SI、SRI、DMRS 端口等，引起性能损失。虽然 M-DCI 具有诸多优点，但考虑 S-DCI 的低复杂度，Release 17 仅支持基于 S-DCI 的 PUSCH 重复传输[14]。

3) 基于码本和非码本的 PUSCH 重复传输

在 Release 17 中，为了充分挖掘波束分集，需要重新考虑参数集（例如 SRI、TPMI、功率控制等）以便灵活地支持面向 M-TRP 的基于码本或非码本的 PUSCH 重复传输。Release 17 支持基于码本和非码本的 M-TRP PUSCH 重复传输[14]：对于基于码本的 M-TRP PUSCH 重复传输，支持指示两个 SRI 域和两个 TPMI 域，对于面向两个 TRP 的传输，传输层数和 SRS 端口数相同，且支持两个 SRS 资源集；对于基于非码本的 M-TRP PUSCH 重复传输，支持两个 SRS 资源集，且为每个 SRS 资源集配置关联的 CSI-RS 资源。

2. 波束映射和跳频方案

1）波束映射图样

在 M-TRP PUSCH 重复传输中，所有重复传输在两个 TRP 上映射，以此获得空间分集增益。在 Release 17 的讨论中，对于 PUSCH 重复传输类型 A 和类型 B，主要考虑以下 4 种波束映射图样方案[14]。

- 方案 1：循环映射图样，即第一次重复传输映射在第一个 TRP 上，第二次重复传输映射在第二个 TRP 上，依此类推。
- 方案 2：顺序映射图样，即第一次重复传输和第二次重复传输顺序映射在第一个 TRP 上，第三次重复传输和第四次重复传输顺序映射在第二个 TRP 上，依此类推。
- 方案 3：对半映射图样，即前一半的重复传输映射在第一个 TRP 上，后一半的重复传输映射在第二个 TRP 上。
- 方案 4：其他的映射图样，例如预配置的映射图样。

方案 3 主要针对考虑波束切换需要符号间隔时的情况，当 M-TRP PUSCH 重复传输在两个波束映射切换需要符号间隔时，可采取对半映射方案以避免频繁的波束切换。对于方案 4，可通过 RRC 配置多个预设的映射图样，在 M-TRP PUSCH 重复传输时由 DCI 指示一个最恰当的波束映射图样，进而提高网络的灵活性，但这具有较高的复杂度。经过讨论后，与 M-TRP PUCCH 重复传输的波束映射图样相同，Release 17 最终仅支持 M-TRP PUSCH 重复传输采用循环映射图样和顺序映射图样两种波束映射图样方案[17]。当重复传输次数大于两次时，循环映射是一个可选的 UE 特性[17]。此外，对于 Release 17 的 M-TRP PUCCH 和 PUSCH 重复传输，当重复传输次数为 2 时，无论配置何种映射图样，前两次传输时机分别与两个 TRP 关联[6]。

2）波束映射颗粒度

对于 M-TRP PUSCH 重复传输类型 A，其波束映射颗粒度为时隙，即波束映射的切换间隔为时隙级。对于 M-TRP PUSCH 重复传输类型 B，由于时隙边界或无效符号导致一次名义重复传输被分割为多次实际重复传输，因此在 Release 17 的讨论中考虑以下 4 种波束映射方案。

- 方案 1：按照名义重复传输映射。
- 方案 2：按照实际重复传输映射。
- 方案 3：按照时隙映射。
- 方案 4：其他方案。

经过讨论后，Release 17 仅支持 M-TRP PUSCH 重复传输类型 B 在波束映射时按照名义重复传输进行映射，即波束映射颗粒度为名义重复传输[2]。

3）跳频

M-TRP 传输可通过跳频传输获得跳频增益，Release 17 的 M-TRP PUSCH 重复传输与 M-TRP PUCCH 重复传输相同，均采取时隙级跳频方案。

3. 传输方案

1) 最大层数

在关于 Release 16 的讨论中，PUSCH 重复传输支持的最大层数为 4，即 maxrank＝4。而在 Release 17 的讨论中部分公司认为过多的层数可能导致层间干扰，因此可以考虑将最大层数限制为 2，但是多数公司认为不需要对 maxrank 进行限制，于是最终达成一致，不限制最大传输层数。

2) SRI 和 TPMI 域

(1) 基于非码本的 M-TRP PUSCH 重复传输

在 S-TRP 传输中，DCI 中的 SRI 域指示 SRS 资源集中的 SRS 资源，由于 Release 17 支持两个 SRS 资源集，因此在基于非码本的 M-TRP PUSCH 重复传输中，DCI 格式 0_1/0_2 中包含与两个 SRS 资源集关联的两个 SRI 域，每个 SRI 域为一个 TRP 指示 SRI。第一个 SRI 域的设计基于 Release 15/16 的框架[15]，且所有重复传输均采用相同的层数。第一个 SRI 域用来确定第二个 SRI 域中的元素，且第二个 SRI 域仅包含与第一个 SRI 域指示的层数关联的 SRI 组合。第二个 SRI 域的比特数 N_2 是由与第一个 SRI 域关联的所有秩中每个秩的最大码点数量决定的。对于任意秩 x，第二个 SRI 域中前 K_x 个码点由第一个 SRI 域关联的秩 x 来确定，剩余的 $2N_2 - K_x$ 个码点为保留码点[6]。

(2) 基于码本的 M-TRP PUSCH 重复传输

在基于码本的 M-TRP PUSCH 重复传输中，DCI 格式 0_1/0_2 指示两个 TPMI 域，其中第一个 TPMI 域和 Release 15/16 中的 TPMI 域设计相同（包括 TPMI 索引和层数），第二个 TPMI 域仅包含第二个 TPMI 索引，其层数与第一个 TPMI 域指示的层数相同[15]。第一个 TPMI 域用来确定第二个 TPMI 域中的元素，且第二个 TPMI 域仅包含与第一个 TPMI 域指示的层数关联的 TPMI。第二个 TPMI 域的比特数 M_2 是由与第一个 TPMI 域关联的所有秩中每个秩的最大码点数量决定的。对于任意秩 y，第二个 TPMI 域中前 K_y 个码点由第一个 TPMI 域关联的秩 y 来确定并升序排列，剩余的 $2M_2 - K_y$ 个码点为保留码点[17]。

3) S-TRP/M-TRP 动态切换

由于 UE 通常使用不同类型的数据服务且处于不同的信道条件，因此 Release 17 支持在 S-TRP 和 M-TRP 传输模式间动态切换[15]。在 Release 17 的讨论中，对于基于码本或非码本的 M-TRP PUSCH 重复传输，DCI 通过引入一个新的域来指示 S-TRP 传输或 M-TRP 传输，主要有以下 4 种 S-TRP 和 M-TRP 间动态切换的方案。

- 方案 1：在 DCI 中引入一个新的域来指示 S-TRP 或 M-TRP 传输模式。
- 方案 2：设计第二个 SRI（基于非码本传输）域和第二个 TPMI（基于码本传输）域，并且使用其中保留的元素来指示 S-TRP 传输模式。
- 方案 3：使用 TDRA（时域资源分配）域来指示 S-TRP 或 M-TRP 传输模式。
- 方案 4：使用第一个 SRI 域和第二个 SRI 域中的一个码点来指示 S-TRP 传输模式。

经过讨论，方案 1 是一种简单可行的方案，并且可以作为基于码本传输和基于非码本传输的统一解，因此最终被采纳。DCI 中新引入的域包含 2 比特，具体方案如表 6-3 所示[6]。

表 6-3　动态切换 DCI 域表

码点	SRS 资源集	SRI 域（基于码本或非码本传输）/ TPMI 域（基于码本传输）
00	S-TRP 传输模式， 配置第一个 SRS 资源集（第一个 TRP）	第一个 SRI/TPMI 域
01	S-TRP 传输模式， 配置第二个 SRS 资源集（第二个 TRP）	第一个 SRI/TPMI 域
10	M-TRP 传输模式 （按照 TRP1、TRP2 的顺序）， 第一个 SRI/TPMI 域对应第一个 SRS 资源集， 第二个 SRI/TPMI 域对应第二个 SRS 资源集	第一个和第二个 SRI/TPMI 域
11	M-TRP 传输模式 （按照 TRP2、TRP1 的顺序）， 第一个 SRI/TPMI 域对应第一个 SRS 资源集， 第二个 SRI/TPMI 域对应第二个 SRS 资源集	第一个和第二个 SRI/TPMI 域

当码点为 10 时，第一次重复传输与第一个 SRS 资源集关联；当码点为 11 时，第一次重复传输与第二个 SRS 资源集关联；后续的重复传输按照配置的映射图样进行传输[5]。其中，较低索引的 SRS 资源集为第一个 SRS 资源集，另一个 SRS 资源集为第二个 SRS 资源集。

4）PTRS-DMRS 关联

在 Release 15/16 中，每个 PTRS 端口与一个 DMRS 端口关联，使得 PTRS 在最好的层上传输。在 Release 17 基于 S-DCI 的 M-TRP PUSCH 重复传输类型 B 方案中，针对不同的 maxrank 值，具有不同的 PTRS-DMRS 关联方案。由于 Release 17 没有对 maxrank 值进行约束，因此考虑 maxrank＝2 和 maxrank＞2 两种情况。

（1）当 maxrank＝2 时

与 Release 15/16 中相同，指示 PTRS-DMRS 关联的比特数为 2，且高位比特和低位比特独立地指示两个 TRP 的 PTRS-DMRS 端口关联[15]。PTRS-DMRS 关联和上行 PTRS 端口数有关，即 PTRS-UplinkConfig 中的 maxNrofPorts。当 PTRS 端口为 0，且 2 比特对应的索引值分别为 0、1、2、3 时，PTRS 分别对应于调度的第 1、2、3、4 个 DMRS 端口。当 PTRS 端口为 0 和 1 时，如果 MSB 为 0，则 PTRS 端口 0 与共享该 PTRS 端口的第一个 DMRS 端口对应；如果 MSB 为 1，则 PTRS 端口 0 与共享该 PTRS 端口的第二个 DMRS 端口对应；如果 LSB 为 0，则 PTRS 端口 1 与共享该 PTRS 端口的第一个 DMRS 端口对应；如果 LSB 为 1，则 PTRS 端口 1 与共享该 PTRS 端口的第二个 DMRS 端口组对应。

（2）当 maxrank＞2 时

在 Release 17 的讨论中，当 maxrank＞2 时，给出了以下 3 种 PTRS-DMRS 关联指示方案[17]。

- 方案 1：采用 4 比特指示，添加一个类似于现有域的第二个 PTRS-DMRS 关联域，每个域独立地指示两个 TRP 的 PTRS-DMRS 端口关联。

- 方案 2：采用 2 比特指示，使用 DCI 中现有的 PTRS-DMRS 关联域指示第一个 TRP，并且使用 DMRS 端口指示域中保留的比特指示第二个 TRP。
- 方案 3：采用 2 比特指示，MSB 为第一个 TRP 指示 PTRS-DMRS 关联，LSB 为第二个 TRP 指示 PTRS-DMRS 关联。
  - 如果 maxNrofPorts=1，则 1 比特指示前两个 DMRS 端口中的一个 DMRS 端口；
  - 如果 maxNrofPorts=2，则 1 比特指示共享相同 PTRS 端口的两个 DMRS 端口中的一个 DMRS 端口。

方案 1 采用两个域为两个 TRP 独立指示 PTRS-DMRS 关联，具有最优的性能，最终被采纳为 M-TRP PUSCH 重复传输类型 B 的 PTRS-DMRS 关联指示方案[10]，然而由于引入了新的域，其 DCI 开销也增大 2 比特。对于 S-TRP 传输和 M-TRP 传输动态切换的场景，若采用 S-TRP 传输，其 PTRS-DMRS 关联通过第一个域指示。此外，在基于非码本的 M-TRP PUSCH 重复传输中，两个 SRS 资源集对应的实际的 PTRS 端口数量可以不同。

5）RV 映射

在 M-TRP PUSCH 重复传输中，所有的重复传输均和相同的传输块（TB）关联。当基于 S-DCI 传输时，通过调度 DCI 仅能指示一个 RV（冗余版本），因此一个 RV 需要指示所有重复传输。由于某个 TRP 可能经历深衰或者遮挡，此时另一个 TRP 上的重复传输需要应用相同的 RV 序列完成译码，因此考虑沿用 Release 15 中的 RV 序列（0 2 3 1）。Release 17 也对基于 S-DCI 的 M-TRP PUSCH 重复传输 RV 序列进行了讨论。在 M-TRP PUSCH 重复传输类型 A 中，DCI 为第一个 PUSCH 重复传输时机指示 RV0，RV 序列（0 2 3 1）独立应用于不同 TRP 的 PUSCH 重复传输，且可以为第二个 TRP 对应的 PUSCH 重复传输时机配置 RV 偏移[2]。在 M-TRP PUSCH 重复传输类型 B 中，DCI 为第一个 PUSCH 实际重复传输时机指示 RV0，RV 序列（0 2 3 1）独立应用于不同 TRP 的 PUSCH 实际重复传输，且可以为第二个 TRP 对应的 PUSCH 实际重复传输时机配置 RV 偏移[15]。

6）A/SP-CSI 复用

在 Release 16 中，由于 A-CSI（非周期 CSI）只在一次 PUSCH 重复上传输，因此在 M-TRP 场景下无法获得空间分集增益。为提升系统的可靠性，Release 17 考虑部分场景下将 A-CSI 复用在两个波束上。在基于 S-DCI 的 M-TRP PUSCH 重复传输类型 A 和类型 B 中，如果 DCI 调度了 A-CSI，当 PUSCH 传输携带 TB 时，有如下方案。

- PUSCH 重复传输类型 A：A-CSI 在与第一个波束关联的第一个 PUSCH 重复传输上复用，且在与第二个波束关联的第一个 PUSCH 重复传输上复用，前提是除 A-CSI 之外的 UCI 没有在上述两次 PUSCH 重复传输中的任意一次上复用，否则，与 Release 15/16 相似，UE 仅在第一次 PUSCH 重复传输上复用 A-CSI[6,15]。
- PUSCH 重复传输类型 B：A-CSI 在与第一个波束关联的第一个 PUSCH 实际重复传输上复用，且在与第二个波束关联的第一个 PUSCH 实际重复传输上复用，前提是与第一个波束关联的第一个 PUSCH 实际重复传输和与第二个波束关联的第一个 PUSCH 实际重复传输具有相同数量的符号，并且除 A-CSI 之外的 UCI 没有在上述两次 PUSCH 实际重复传输中的任意一次上复用，否则与 Release 15/16 相似，UE 仅在第一次 PUSCH 实际重复传输上复用 A-CSI[15,17]。

在基于 S-DCI 的 M-TRP PUSCH 重复传输类型 A 和类型 B 中，当 PUSCH 传输不携带 TB 时,A-CSI 在与第一个波束关联的第一次 PUSCH 重复传输上复用,且在与第二个波束关联的第一次 PUSCH 重复传输上复用,前提是除 A-CSI 之外的 UCI 没有在上述两次 PUSCH 重复传输中的任意一次上复用,否则与 Release 15/16 相似,UE 仅在第一次 PUSCH 重复传输上复用 A-CSI,此时,无论指示的重复传输次数为多少,UE 均假设重复传输次数为 2。对于 M-TRP PUSCH 重复传输类型 A 和类型 B,复用 SP-CSI(半持续 CSI)的机制与不携带 TB 时复用 A-CSI 的机制相似[5,6]。此外,在不同波束上的两次 PUSCH 重复传输上复用 A/SP-CSI 是一个 UE 可选的能力[5]。

7) SRS 资源

在基于码本和非码本的 M-TRP PUSCH 重复传输中,关于两个 SRS 资源集中配置的 SRS 资源数,Release 17 共讨论了以下 3 种方案[5]。

- 方案 1:支持相同数量的 SRS 资源。
- 方案 2:支持不同数量的 SRS 资源,第一个 SRS 资源集中的 SRS 资源数大于等于第二个 SRS 资源集中的 SRS 资源数,且第一个 SRI 域的比特数由第一个 SRS 资源集确定。
- 方案 3:支持不同数量的 SRS 资源,不限制两个 SRS 资源集中的 SRS 资源数的大小关系,且第一个 SRI 域的比特数由两个 SRS 资源集中 SRS 资源数最大的 SRS 资源集确定。

经过讨论,最终确定采用方案 1,具体内容为:高层参数 srs-ResourceSetToAddModList 和 srs-ResourceSetToAddModListDCI-0-2 中的元素分别定义应用于 M-TRP PUSCH 的 SRS-ResourceSets,且该 PUSCH 由 DCI 格式 0_1 和 0_2 调度,高层参数 srs-ResourceSetToAddModListDCI-0-2 配置的第一个和第二个 SRS 资源集是由高层参数 ResourceSetToAddModList 配置的第一个和第二个 SRS 资源集的前 $N_{SRS,02}$ 个 SRS 资源组成的[10],且 $N_{SRS,02}$ 值相同[7]。

4. 功率控制方案

基于码本和非码本的 M-TRP PUSCH 重复传输与 M-TRP PUCCH 重复传输相同,都是通过将功率控制参数与独立的 SRS 资源集相关联来支持不同的 TRP 使用各自的功率控制参数。

1) 闭环功率控制

在闭环功率控制中,功率控制由网络提供的功率控制命令确定,其功率控制命令由先前网络测量的接收上行功率确定。在 Release 17 基于码本或非码本的 M-TRP PUSCH 重复传输中,由于两个 TRP 的信道条件通常不同,因此两个 TRP 的上行功率控制也可能不同,每个 TRP 的 SRS 资源集可以配置不同的功率控制参数和路损参考信号。当两个 TRP 独立进行闭环功率控制且闭环索引值不同时,有以下 4 种 TPC(发射功率控制)方案[15]。

- 方案 1:在 DCI 格式 0_1/0_2 中使用一个 TPC 域,并且 TPC 值应用于两个 PUSCH 波束。
- 方案 2:在 DCI 格式 0_1/0_2 中使用一个 TPC 域,并且 TPC 值在一个时隙中应用于两个 PUSCH 波束中的一个波束。
- 方案 3:在 DCI 格式 0_1/0_2 中添加第二个 TPC 域。

- 方案 4：在 DCI 格式 0_1/0_2 中使用一个 TPC 域，并且两个 TPC 值分别应用于两个 PUSCH 波束。

经过讨论，Release 17 中 M-TRP PUSCH 重复传输闭环功率控制与 PUCCH 重复传输相同，均采取方案 3。

Release 15/16 的 S-TRP 传输可通过 RRC 配置参数 sri-PUSCH-MappingToAddModList 来关联 SRI 和功率控制参数集。在基于 S-DCI 的 M-TRP PUSCH 重复传输中，当 DCI 格式 0_1/0_2 指示两个 SRS 资源集中的 SRS 资源时，最多使用两个功率控制参数。其中关于 SRI 域和两个功率控制参数之间如何建立关联关系的问题，给出了以下 4 种方案[15,17]。

- 方案 1：添加第二个 sri-PUSCH-MappingToAddModList 并且从两个 sri-PUSCH-MappingToAddModList 中选择两个 SRI-PUSCH-PowerControl。
- 方案 2：在 SRI-PUSCH-PowerControl 中添加 SRS 资源集索引并且通过 SRS 资源集索引从 sri-PUSCH-MappingToAddModList 中选择 SRI-PUSCH-PowerControl。
- 方案 3：由 RAN2 决定。
- 方案 4：在 SRI-PUSCH-PowerControl 中添加第二个 sri-PUSCH-PathlossReferenceRS-Id/ sri-P0-PUSCH-AlphaSetId/sri-PUSCH-ClosedLoopIndex。

方案 1 采取类似于 Release 15/16 中由 RRC 配置的方案，该方案更直接；方案 2 相比 RRC 配置具有更小的开销，可以更灵活地配置不同的 TRP，并且对现有协议影响较小；方案 4 更适用于一个 SRI 码点指示。经过讨论，保留方案 1 和方案 2，且由 RAN2 确定 RRC 细节。

2）开环功率控制

在开环功率控制中，UE 根据下行测量来估计上行路损，并根据上行路损设置传输功率。开环功率控制通过调整 PUSCH 传输功率，使得接收功率可以达到目标接收功率 p0。在 M-TRP PUSCH 重复传输中，考虑增强开环功率控制参数集指示。关于指示 DCI 格式 0_1/0_2 中的每个 TRP 独立开环功率控制，如果 DCI 中存在两个 SRI 域，使用现有的域（1 比特）来配置开环功率控制集指示和第二个 P0-PUSCH-SetList-r16。如果该比特为 0，则 UE 通过 SRI-PUSCH-PowerControl 确定 p0 值，sri-PUSCH-PowerControlId 值映射到与每个 TRP 关联的 SRI 域；如果该比特为 1，则 UE 通过 P0-PUSCH-Set 中的第一个值确定 p0 值，P0-PUSCH-SetId 值映射到与每个 TRP 关联的 SRI 域[6]。如果 DCI 中不存在 SRI 域，则使用现有的域（1 比特或 2 比特）来配置开环功率控制集指示和第二个 P0-PUSCH-SetList-r16。如果该比特为 0 或 00，UE 通过第一个和第二个缺省 p0 值确定两个 TRP 的两个 p0 值；如果该比特为 1 或 01，则 UE 通过第一个 P0-PUSCH-Set-r16_list 中的第一个值和第二个 P0-PUSCH-Set-r16_list 中的第一个值确定两个 TRP 的两个 p0 值；如果该比特为 10 或 11，则 UE 通过第一个 P0-PUSCH-Set-r16_list 中的第二个值和第二个 P0-PUSCH-Set-r16_list 中的第二个值确定两个 TRP 的两个 p0 值[5]。

3）PHR

Release 17 对 M-TRP PUSCH 重复传输中 PHR（功率余量报告）的计算和上报进行了相关的讨论。为了更有效地管理 UE 功率，可通过 MAC-CE 测量并上报 PHR。在讨论中，关于 PHR 的计算和上报共有以下 5 种方案[17]。

- 方案 1:计算与第一个 PUSCH 传输时机关联的 PHR。
- 方案 2:计算两个 PHR,每个 PHR 与每个 TRP 上的第一次 PUSCH 传输时机关联,并且上报两个 PHR 中的一个。
- 方案 3:计算两个 PHR,每个 PHR 与每个 TRP 上的第一次 PUSCH 传输时机关联,并且上报两个 PHR 的平均值。
- 方案 4:计算两个 PHR,每个 PHR 与每个 TRP 上的第一次 PUSCH 传输时机关联,并且上报两个 PHR。
- 方案 5:原有的 PHR 报告方式。

方案 1 的缺点是无法为每个 TRP 上报各自的 PHR;方案 2 虽然计算两个 PHR,但是只上报一个 PHR,因此 gNB 无法同时获得两个 TRP 的 PHR;方案 3,支持它的公司较少;方案 4 计算两个 PHR 并上报两个 PHR,可获得最理想的性能,且上报两个真实的 PHR 值有益于 M-TRP 调度。因此,最终采用方案 4 作为 PHR 的计算和上报方案[5]。此外,方案 4 是一个 UE 可选的能力,并且引入一个新的 RRC 参数来上报这个 UE 可选的能力[7]。

当在第 n 个时隙上报 PHR MAC-CE 时,对于配置给 M-TRP PUSCH 重复传输的 CC,Release 17 对其 PHR 值确定方案也进行了讨论。第一个 PHR 值的上报方式和 Release 15/16 中的方法相同。如果与某个给定 TRP 关联的 PUSCH 重复传输中的一次重复传输对应的第一个 PHR 值为真实 PHR,当与另一个 TRP 关联的一次重复在第 n 个时隙上传输时,第二个 PHR 值是真实值,否则为虚拟值;如果不与 PUSCH 重复传输中的一次重复传输对应的第一个 PHR 值为真实值,则第二个 PHR 值上报虚拟 PHR。如果第一个 PHR 值为虚拟值,则第二个 PHR 值上报虚拟值。

5. 免调度 PUSCH 方案

Release 15 引入了免调度 PUSCH 传输,以此满足 URLLC 场景下高可靠低时延的需求。在上行免调度传输中,CG(可配置授权)资源由 gNB 配置给 UE,UE 利用配置好的 CG 资源传输 PUSCH,无须动态调度传输中的调度请求过程,进而降低时延。CG PUSCH 传输可分为 CG PUSCH 类型 1 和类型 2 两种类型:在 CG PUSCH 类型 1 中,上行免调度配置及其是否激活由 RRC 信令配置;在 CG PUSCH 类型 2 中,上行免调度配置由 RRC 信令提供,其是否激活由 DCI 控制。Release 17 的 M-TRP PUSCH 重复传输对 CG PUSCH 进行了相关增强,同时支持面向 M-TRP 的 CG PUSCH 类型 1 和类型 2 传输。

1) CG 配置

在 CG PUSCH 传输的 CG 配置讨论中,M-TRP CG PUSCH 类型 1 和类型 2 重复传输可以配置一个 CG 配置或者多个 CG 配置,即以下两种方案[2]。

- 方案 1:M-TRP CG PUSCH 重复传输采用一个 CG 配置,即向 M-TRP 传输的重复的 TB 中多个 PUSCH 传输时机采用一个 CG 配置,对于基于码本的 CG PUSCH 传输,支持配置两个 SRI 和 TPMI 域。
- 方案 2:M-TRP CG PUSCH 重复传输采用多个 CG 配置,即向 M-TRP 传输的重复的 TB 中多个 PUSCH 传输时机中部分传输时机采用一个 CG 配置,其他传输时机采用另一个 CG 配置,且为每个 CG 配置指示一个 SRI 和 TPMI 域。

经过讨论,Release 17 采用一个 CG 配置方案,且采用和动态调度 PUSCH 重复传输相同的波束映射规则[15]。

2）配置细节

Release 17 的标准化过程对免调度 PUSCH 传输的配置细节进行了如下规定[6,17]。

- 对于 CG PUSCH 类型 1 和类型 2 重复传输，在 ConfiguredGrantConfig 中引入第二个 P0-PUSCH-Alpha 和 powerControlLoopToUse 域。
- 对于 CG PUSCH 类型 1，在 rrc-ConfiguredUplinkGrant 中引入第二个 pathlossReferenceIndex，srs-ResourceIndicator 和 precodingAndNumberOfLayers 域。
- 对于 CG PUSCH 类型 2，可通过激活 DCI 来指示两个 SRI/TPMI 域；第一个 RRC 配置的域 P0-PUSCH-Alpha 和 powerControlLoopToUse 与第一个 SRS 资源集关联；第二个 RRC 配置的域 P0-PUSCH-Alpha 和 powerControlLoopToUse 与第二个 SRS 资源集关联；使用第一个或者第二个或者两个 RRC 配置的域 P0-PUSCH-Alpha 和 powerControlLoopToUse 域是由激活 DCI 中新的 DCI 域来确定的，与现有动态调度 PUSCH 相似。
- 对于 CG PUSCH 类型 1，当 srs-ResourceSetToAddModList 和 srs-ResourceSet-ToAddModListDCI-0-2 配置了两个 SRS 资源集时，通过 srs-ResourceIndicator，由 srs-ResourceSetToAddModList 配置的两个 SRS 资源集可用来确定 SRS 资源集指示。

3）RV 映射

Release 17 讨论了 CG PUSCH 重复传输时起始传输的起始位置，对于 M-TRP CG PUSCH 类型 1 和类型 2，考虑如下 RV 映射方案[5]。

- 由 repK-RV 配置的 RV 序列独立应用于不同 TRP 上的 PUSCH 重复传输，并为与第二个 TRP 关联的起始 RV 设置 RV 偏移。
- 如果 startingFromRV0 设置为"on"，TB 起始传输位置可采取以下方案：
  - 如果配置的 RV 序列为（0 2 3 1），起始传输位置为任意一个 TRP 上的第一个 RV0 的传输时机；
  - 如果配置的 RV 序列为（0 3 0 3），起始传输位置为任意一个与 RV0 关联的传输时机；
  - 如果配置的 RV 序列为（0 0 0 0），起始传输位置为任意一次传输时机，重传次数大于等于 8 时的最后一次传输时机除外。
- 如果 startingFromRV0 设置为"off"，则 TB 起始传输只能是第一次传输时机。

6.2.4　M-TRP 小区间增强

1. 整体方案

Release 16 对基于不同 TRP 之间的多点协作传输进行了讨论，规范了基于单 DCI 的传输方案和基于多 DCI 的传输方案。但这些都限定于小区内的场景，虽然 Release 16 中简要地讨论过小区间（inter-cell）的情况，可由于时间关系，没能够完成相关工作。为了提升小区边缘 UE 的吞吐量，以及考虑移动性，希望 Release 17 能支持处于不同小区的 TRP 之间的多点协作传输,即小区间 M-TRP[1]。

为了支持小区间 M-TRP,一个很自然的想法是,直接将 Release 16 中的 M-TRP 方案应用到 inter-cell 的情况。因为我们不能假设处于不同小区的 TRP 之间有理想回程,所以只考虑基于多 DCI 的传输方案。为了减少工作量,Release 17 中的小区间 M-TRP 将尽可能地复用 Release 16 中基于 M-DCI 的 M-TRP 传输方案,只做一些必要的修改或增强。

在 Release 16 的基于 M-DCI 的 M-TRP 方案中,基站会为 UE 的不同 CORESET 配置不同的 CORESETPoolIndex,来通知 UE 需要同时从不同的 TRP 接收 PDCCH 和 PDSCH。小区间 M-TRP 也支持这样的传输方案,只是传输不同 PDCCH 和 PDSCH 的 TRP 来自不同的小区。为了能正确接收两个 TRP 的 PDSCH,需要为 UE 指示各个 PDSCH 的接收波束。然而,Release 15/16 中的 TCI 状态只能关联服务小区的参考信号,即只能为 UE 指示服务小区的波束。所以,为了支持小区间 M-TRP,Release 15/16 中的 TCI 状态需要进行增强。这也是 Release 17 中关于小区间波束管理中主要讨论的内容。除此之外,会议也讨论了其他很多问题,比如上行/下行同步问题、速率匹配问题等。因为 WI (标准制定阶段)规定了会议讨论主要考虑 TCI 状态方面的问题,而且很多其他问题并没有达成一致,所以我们后续主要介绍 TCI 状态的增强。

2. 基本假设

前面我们介绍了,小区间的 M-TRP 为了让 UE 能接收处于邻小区的 TRP 的 PDSCH,需要对 TCI 状态进行增强,以支持为 UE 的 PDSCH 指示邻小区的波束。但是,为了给 UE 指示合适的邻小区的波束,服务小区需要获得邻小区的波束测量结果。所以波束测量方面也需要增强,以支持 UE 基于邻小区的测量参考信号进行波束测量并上报测量结果。其实,这方面的问题在小区间波束管理部分已经讨论过了。所以小区间波束管理中对于邻小区进行波束测量和上报的机制可以直接用于小区间 M-TRP 中。

另外,和小区间波束管理一样,为了减少工作量,Release 17 的讨论假设 UE 到邻小区的 TRP 和服务小区的 TRP 的定时提前(TA)是相同的,而两个 TRP 到 UE 的时延差在循环前缀范围内。对于定时提前不同的问题可能会在 R18 的工作中讨论。

需要注意的是,小区间 M-TRP 和小区间波束管理一样,都不会涉及服务小区的变更。所以当为 UE 指示邻小区的波束时,不要求 UE 通过邻小区去接收系统消息和寻呼消息。

3. TCI 状态相关的增强

如前所述,Release 15/16 中的 TCI 状态只能为 UE 指示服务小区的波束。这是因为服务小区为 UE 配置的 TCI 状态只能关联服务小区的信息——服务小区的参考信号。在小区间基于 M-DCI 的 M-TRP 传输中,为了能正确接收来自邻小区 TRP 的 PDSCH,需要能够为 UE 接收 PDSCH 指示邻小区波束。这里的邻小区波束指的是根据由服务小区配置却和邻小区信息关联的 TCI 状态确定的波束,即 Release 17 允许 TCI 状态与邻小区信息关联,这些邻小区信息至少包括:邻小区的 PCI;邻小区的 RS。其中,邻小区信息中的 RS 用于提供 QCL 信息。会议讨论了具体可以支持邻小区的哪些 RS 类型,比如,SSB(同步块)、用于移动性管理的 CSI-RS 和 TRS(时间/频率跟踪参考信号)等。在这个问题上,除了对于 SSB 的支持没有争议以外,对于是否支持其他类似的参考信号各公司的观点很多,没有达成一致。所以,邻小区信息中能关联的邻小区 RS 只考虑邻小区的 SSB。在为 UE 配置邻小区的 SSB 时,至少需要配置 SSB 的如下信息:时域位置、传输周期、传输功率。

会议就支持的邻小区 PCI 的最大数量,也就是小区间 M-TRP 所支持的邻小区的数量做了讨论。最终结论是和小区间波束管理中支持的邻小区数量一样,具体取值由 UE 能力决定。

在介绍了邻小区信息的具体内容后,接着讨论一个更为重要的问题,即如何将 TCI 状态与所述邻小区信息关联起来。现有协议中,基站通过 RRC 信令为 UE 配置 TCI 状态列表。为了支持小区间 M-TRP,Release 17 允许基站通过 RRC 信令为 UE 配置 TCI 状态时,将 TCI 状态与所述邻小区信息关联起来。关于具体的关联方式,最初的讨论给出了如下 5 种候选方案。

- 候选方案 1:直接将 PCI 包含在 TCI 状态。
- 候选方案 2:引入一个 flag,用于指示 TCI 状态和服务小区关联还是和邻小区信息关联。
- 候选方案 3:显式或者隐式地将与不同小区关联的 TCI 状态分组。
- 候选方案 4:在 TCI 状态配置时重新为邻小区 RS 分配索引,以区分服务小区 RS 和邻小区 RS。
- 候选方式 5:引入一个新的标识,用于指示 TCI 状态关联的邻小区信息。

会议对各种情况进行了讨论,最后各公司一致认为具体的关联方式应该由 RAN2 决定,RAN1 只明确需要引入一个新的 RRC 标识或者信令来指示 TCI 状态关联的邻小区信息即可。RAN2 决定,将在 TCI 状态中引入标识符 additionalPCI-r17,以便将 TCI 与邻小区的信息关联起来。

6.2.5 M-TRP 波束管理增强

M-TRP 的波束管理,主要针对 M-TRP 的特征,包含以下两个方面的讨论:第一个方面是考虑多个 TRP 的波束测量和上报,主要考虑基于组的上报方法;第二个方面是考虑基于 TRP 的波束失败恢复(Beam Failure Recovery,BFR)机制。

1. M-TRP 的波束测量和上报

对于 M-TRP 的波束测量和上报,主要考虑以 Release 15/16 的基于组的波束上报为基线。在 Release 15/16 中,基于组的波束上报包含两个选项。选项 1 为在一个 CSI-report 中包含 $N(N>1)$ 个组,每个组里包含 $M \geqslant 1$ 个波束,其中不同组中的波束可以同时被终端接收(Release 16 中,$M=1$,$N=2$)。选项 2 为在一个 CSI-report 中,包含 $N \geqslant 1$ 个组,每个组里包含 $M>1$ 个波束,其中相同组中的波束可以同时被终端接收(Release 16 中,$M=2$,$N=1$)[18]。

在 Release 17 中,对于上报值为 L1-RSRP 的情况,RAN1-104 次会议[15]同意支持选项 2。Release 17 相对于 Release 15/16 的增强,主要体现在支持更大的 N 值,RAN1-105 次会议[6]同意 N 的取值可以为 1,2,3 或 4。具体 N 的取值由 UE 基于能力上报。当 UE 上报后,基站 RRC 信令配置一个 CSI-report 中需要上报 X 个组的波束测量结果,其中 X 小于或

等于 N。

另外,M-TRP 的波束测量配置需要针对两个 TRP 分别配置 CMR(信道测量资源)。对于两个 TRP 的 CMR 配置在一个 CMR 集(set)里的不同子集还是配置为两个 CMR 集,各公司都给出了分析:在 M-TRP 的 CSI 反馈中每个 TRP 的 CMR 配置为子集,两个合为一个集。但这种情况可能导致每个 TRP 的 CSI-RS 数量变少,而且一个集内的 CSI-RS 需要满足以下限制:一样的端口数,一样的 RB 数,同样的起始 RB,同样的密度,同样的 CDM(码分复用)类型。而不同 TRP 的 CSI-RS 没有必要这么限制。所以 RAN1-105 次会议[6]最终同意不同 TRP 的 CMR 分别配置成不同的集。同时,由于多个 TRP 的波束测量结果在同一个 CSI-report 中上报,为了减少 UCI 的信令开销,Release 17 支持所有组内的 L1-RSRP 的差分上报。RAN1-106b 次会议[10]同意支持 1 比特来指示最强的 RSRP 对应的 RS 属于哪个 CMR 集,而且其他组中两个 RS 对应的 CMR 集的顺序,与包含最强的 RSRP 的组中的 CMR 集的顺序一样。比如在包含最强的 RSRP 的组中,处于前面的最强 RSRP 对应的是 CMR 集♯0,处于后面的 RSRP 对应的是 CMR 集♯1。那么在后面所有的组中,都是前面的 RSRP 对应 CMR 集♯0,后面的 RSRP 对应 CMR 集♯1,不管前后两个 RSRP 的大小关系如何。例如,最强 L1-RSRP 的组为 CMR 集♯0,则每个组中,CMR 集♯0 的资源的索引和 L1-RSRP 在前,CMR 集♯1 的索引和 L1-RSRP 在后,且只有 CMR 集♯0 中最强的资源对应的 L1-RSRP 为 7 bit 的绝对值指示,其他都使用 4 bit 的差分值指示,参考表 6-4。为了区分 Release 15/16 和 Release 17 的基于组的波束上报,Release 17 标准引入了新的 RRC 参数 groupBasedBeamReportingRelease 17。

表 6-4　Release 17 波束上报示例

具有最强 L1-RSRP 的 CMR 集 ID	组 ID	在集♯0 中的 CMR ID	在集♯1 中的 CMR ID
CMR 集 ID♯0	组 ID♯0	SSBRI/CRI♯i, L1-RSRP(7 bit)	SSBRI/CRI♯$j+3$, L1-RSRP(4 bit)
	组 ID♯1	SSBRI/CRI♯$i+2$, L1-RSRP(4 bit)	SSBRI/CRI♯$i+8$, L1-RSRP(4 bit)
	组 ID♯2	SSBRI/CRI♯$i+5$, L1-RSRP(4 bit)	SSBRI/CRI♯$i+10$, L1-RSRP(4 bit)
	组 ID♯3	SSBRI/CRI♯$i+12$, L1-RSRP(4 bit)	SSBRI/CRI♯$i+15$, L1-RSRP(4 bit)

2. 基于 TRP 的波束失败恢复机制

Release 15/16 只考虑了基于小区(cell)的波束失败恢复机制,其中 SPCell〔MCG 和 SCG 上的主小区,包括 PCell(主小区)和 PScell(主辅小区)〕的机制为基于随机接入的波束恢复,SCell 的机制为基于 PUCCH-SR＋PUSCH MAC-CE 的波束恢复[16]。Release 17 引入基于 TRP 的波束失败恢复机制,复用 Release 16 的 SCell 的波束失败恢复机制,即使用 PUCCH-SR＋PUSCH MAC-CE 来实现。下面来详细介绍。

1) TRP specific 的 BFD-RS set

在基于 TRP 的波束失败恢复机制中,首先需要支持 TRP-specific 的 BFD-RS set,MAC 过程中的 BFD counter(计数器)和 timer(定时器)也都是基于每个 TRP 独立实现的。与 Release 16 中每个 SCell 的每个 BWP 上只配置一个 BFD RS set 相比,Release 17 中,RAN1-104 次会议[15]同意每个 BWP 上支持最多两个 BFD-RS set,即对应两个 TRP。每个 BFD-RS set 中的 RS 数目可以为 1 或 2,具体基于 UE 能力。

对于 BFD-RS set 的配置,Release 15/16 同时支持 explicit 和 implicit 的配置,explicit 为 RRC 信令配置。由于 CORESET 的 TCI 状态在 Release 15/16 中是基于 MAC-CE 来配置和更新的,所以有公司认为 explicit 的方法,即使用 RRC 信令来配置 BFD-RS set 是不合适的。在 Release 17 中,CORESET 的 TCI 状态还可以基于 DCI 来更新,那么使用 RRC 信令来配置 BFD-RS set 就更不合适了。但是关于是否引入 MAC-CE 来更新 explicit BFD-RS set,各公司争论了很久,直到 RAN1-108 次会议,才同意引入 MAC-CE 来配置 explicit 的 BFD RS set。

implicit 由基于 CORESET 的 TCI 状态中用于指示 QCL Type D 的周期性传输的 CSI-RS 确定。由于需要确定每个 TRP 的 BFD-RS set,而 M-TRP 中包含两种帧结构,一种基于 S-DCI 的场景,另一种基于 M-DCI 的场景。对于基于 M-DCI 的场景,不同 TRP 对应不同的 CORESETPoolindex,那么为了获取 implicit 的 BFD-RS set,只要根据不同 CORESETPoolIndex 对应的 CORESET 的 TCI 状态来获取即可。所以在 RAN1-106 次会议[5]中 Release 17 同意支持 M-DCI 情况下的基于 TRP 的 implicit BFD-RS set 的配置。当同一个 CORESETPoolIndex 对应的 CORESET 的 TCI 状态的数目大于 UE 可以支持的每个 BFD-RS set 中的 BFD-RS 数时,RAN1-107 次会议[7]同意复用 TS 38.213 中 RLM-RS 的选择规则。但是对于基于 S-DCI 的情况,由于所有 CORESET 都只对应一个 CORESETPoolIndex,UE 无法区分不同的 TRP,所以 Release 17 不支持 S-DCI 情况下基于 TRP 的 implicit BFD-RS set 的配置。

2) TRP specific 的 NBI-RS set

与 BFD-RS set 同理,支持 TRP-specific 的新波束确定的 RS(New Beam Identification RS,NBI-RS)set,即每个小区的每个 BWP 上最多配置两个 NBI-RS set,而且 NBI-RS set 与 BFD-RS set 之间一一关联。需要注意的是,为了考虑小区间 TRP specific 的 BFR,RAN1-108 次会议[4]同意邻小区的 SSB 可以配置为一个 NBI-RS set 里的 NBI-RS,且该 NBI-RS set 对应的 BFD-RS set 与邻小区的 PCI 关联。

3) TRP specific 的 BFRQ

Release 16 中,当 SCell 发生波束失败时,若没有 PUSCH 资源,终端使用用于 BFR 的 PUCCH-SR 发送调度请求,请求 PUSCH 资源。同理,为了发送基于 TRP 的波束失败请求,终端也需要配置 PUCCH-SR。Release 17 为了支持 TRP specific 的波束失败请求,支持针对每个小区组(cell group)(MCG、SCG 或 PUCCH 小区组)最多能配置 N 个 PUCCH-SR 资源,RAN1-104 次会议[15]同意 N 的值为 2,即可以配置一个或两个 PUCCH-SR 资源。而当配置了两个 PUCCH-SR 时,关于到底选择哪一个,RAN1-104b 次会议[17]讨论了 3 种方法。

• 方法 1:选择与监测到失败的 BFD-RS set 相关联的 PUCCH-SR 资源进行传输。

- 方法 2：选择与未监测到失败的 BFD-RS set 相关联的 PUCCH-SR 资源进行传输。
- 方法 3：终端实现。

在后续的讨论中，为了选择 PUCCH-SR，又提出了在基于 TRP 的 BFR 中支持配置 SPCell 上的 BFD-RS set 和 PUCCH-SR 资源/SR 之间的关联。事实上上述方法 1 和方法 2 都能奏效，最终 RAN1-107 次会议同意了方法 1：选择与监测到失败的 BFD-RS set 相关联的 PUCCH-SR 资源进行传输。但是方法 1 的问题在于，当对应第一 TRP 的第一 BFD-RS set 被监测到失败时，与第一 BFD-RS set 关联的 PUCCH-SR 的波束应该是指向第二 TRP 的，这样该 PUCCH-SR 才能保证是没有发生波束失败的。在这种情况下，同一 TRP 上，用于 BFR 的 PUCCH-SR 和其他 PUCCH-SR 的波束不一样，所以波束失败之后 PUCCH-SR 的波束更新需要分开考虑，但 PUCCH 的波束更新在 RAN1-108 次会议上没有得出结论。

当请求到 PUSCH 资源后，RAN1-106 次会议[5]同意使用一个 MAC-CE 携带一个小区组内的所有 CC 上的所有发生波束失败的 TRP 的信息，包括：监测到失败的 BFD-RS set 的索引（用于指示失败的 TRP 链路），包含失败的 TRP 链路的 CC 索引，指示与失败的 BFD-RS set 关联的 NBI-RS set 中是否存在新的候选波束，新的候选波束对应的资源索引（若存在）。

4）gNB 针对 BFRQ 的反馈

对应 TRP specific 的波束失败恢复请求（BFRQ），终端收到 gNB 的反馈后，才能更新波束。而 gNB 的反馈与 Release 16 SCell 的波束失败恢复请求的反馈一样，即当 DCI 指示的 HARQ ID 与 PUSCH MAC-CE 的 HARQ ID 一样且 NDI（新数据指示）发生翻转时，表示 gNB 确认 PUSCH MAC-CE 上的 BFRQ 相关信息接收成功。

5）波束恢复

当收到 gNB 的反馈之后，终端使用新波束的时间与 SCell 波束失败恢复中的新波束采用时间一样，即在收到反馈后的 28 个符号之后。目前对于 M-DCI 场景，RAN1-106 次会议[5]同意对于每个 CORESET 都只配置一个 TCI 状态情况下的 CORESET，在收到反馈后的 28 个符号之后，采用 MAC-CE 中指示的与 CORESET 对应的 BFD-RS set 相关联的新波束。而 M-DCI 场景下，CORESET 与 BFD-RS set 的关联关系通过 CORESET 对应的 CORESETPoolndex 和 BFD-RS set 的索引相同来确定。S-DCI 如果要支持这个结论则需要配置 CORESET 与 BFD-RS 之间的关联性，RAN1-108 次会议到目前为止对是否需要支持这个关联性还没给出结论，即还不支持 S-DCI 的 CORESET 的波束更新。另外，用于确定 28 个符号的 SCS 为用于接收反馈的 CC 上的激活 BWP 和 BFR MAC-CE 中指示的存在波束失败 TRP 的 CC 上的激活 BWP 中 SCS 最小的激活 BWP 对应的 SCS。

6）基于 RACH 的波束失败恢复的回退

在配置了基于 TRP 的 BFR 的情况下，RAN1-106 次会议[5]同意当 SPCell 上的所有 BFD-RS set 都检测到波束失败时，可以触发基于 RACH 的发送，而且至少支持 CBRA（竞争随机接入），至于是否支持其他情况下触发基于 RACH 的发送，由 RAN2 确定。

RAN1-108 次会议[4]同意对于同一终端来说，同一 CC 上不支持同时配置"Release 15/16 BFR"（即 BeamFailureRecoveryConfig/BeamFailureRecoverySCellConfig-r16）和"TRP-specific BFR"。

6.2.6 M-TRP HST-SFN 增强

1. SFN 方法介绍

HST-SFN(高速列车-单频网络)主要针对高铁场景下,多个具有几乎理想回程的 TRP 同时为终端提供服务。传统方法中若两个 TRP 使用 SFN(单频网络)时,两个 TRP 使用同样的时频资源和端口向终端发送同样的内容,但基站只向终端指示一个 TCI 状态,即只包含一个 TRS 来指示多普勒域的参数。由于终端移动速度较快,会出现两个 TRP 的多普勒频移差异很大的问题,特别是终端移动到两个 TRP 中间时(比如 3.5 GHz 时,一个频偏为 +1.6 kHz,另一个频偏为 -1.6 kHz),从而导致性能变差。

为了解决以上问题,RAN1-102 次会议[14]主要提出了两个方法。方法 1 为基于终端的方法,主要原理是两个 TRP 使用非 SFN 方法发送 TRS,使用 SFN 方法发送 DMRS 和 PDCCH/PDSCH,gNB 指示两个 TCI 状态,分别包含一个 TRP 的用于指示多普勒域参数的 TRS 和用于指示波束的 RS。方法 2 为基于网络侧的方法,是在两个 TRP 的多普勒频移参数上,终端只需要使用其中一个 TRP 的多普勒频移参数来接收 DMRS 和 PDCCH/PDSCH,另一个 TRP 对多普勒频移进行预补偿,使得多普勒频移与第一 TRP 一样。在方法 2 中,gNB 也指示两个 TCI 状态,分别包含一个 TRP 的用于指示多普勒域参数的 TRS 和用于指示波束的 RS,但对于第二个 TCI 状态的多普勒域的参数,终端会丢弃掉。

对于这两种方法,为了减少终端复杂度,还给出了一些限制:终端的 PDCCH 和 PDSCH 如果都配置成使用 SFN,则只能同时配置为同一种 SFN 方法;终端的不同 CORESET 也只能同时配置为同一种 SFN 方法,不能配置为不一样的方法;同一 band 上的不同 CC 也不能配置不同的 SFN 方法。另外,除了 PDCCH 和 PDSCH 配置为同样的 SFN 方法,还支持 PDCCH 和 PDSCH 中的一个配置为 SFN 方法,另一个配置为 S-TRP 传输的组合:组合 1 为 PDCCH 使用 S-TRP 的传输,而 PDSCH 使用两种方法中的任意一种;组合 2 为 PDCCH 使用 SFN 方法 1,而 PDSCH 为 S-TRP 的传输。

增强的基于 SFN 的 PDCCH/PDSCH 方法,包含方法 1 和方法 2 的 PDCCH/PDSCH 传输的配置,使用 RRC 参数和 CORESET 的 TCI 状态数量来配置是否是基于 SFN 的传输。其中 PDCCH 和 PDSCH 使用独立的 per-BWP 的 RRC 参数来配置 SFN 方法。CORESET 的激活 TCI 状态的数量增加为 2,因此 RAN1-104b 次会议[17]同意引入增强 MAC-CE,以实现同一个 CORESET 同时最多激活两个 TCI 状态。对于 SFN PDCCH,如果一个被配置了两个激活 TCI 状态的 CORESET 有关联 Type 3 的 CSS set,则也使用两个 TCI 状态来接收 Type 3 的 CSS set。

下面对方法 1 和方法 2 分别进行详细介绍。

1) 方法 1:基于终端的方法

对于基于终端的方法,gNB 指示两个 TCI 状态。这两 TCI 状态对于多普勒域参数的指示都包含 {average delay, delay spread, Doppler shift, Doppler spread}(即 QCL-TypeA)[15]。

PDSCH 支持方法 1 与 Release 16 的 PDSCH 其他方法的切换[15,17]。

- 支持与以下方法之间进行 semi-persistent 的切换,即使用 RRC 信令进行切换:PDSCH 方法 1a(SDM),PDSCH 方法 2a(FDM scheme with single RV),PDSCH 方法 2b(FDM scheme with Multi-RV),PDSCH 方法 3(intra-slot TDM),PDSCH 方法 4(inter-slot TDM)。

- 与 S-TRP 之间动态切换,使用 DCI 格式 1_1/1_2 中的 TCI 状态指示域来切换。这个是 UE 可选的特征。对于被配置了方法 1 的终端,如果其不能支持方法 1 与 S-TRP 之间的动态切换,则对于 MAC-CE,针对每个 TCI 码点,终端不期待任一个码点值仅对应激活了一个 TCI 状态。

2) 方法 2:基于网络侧的方法

对于基于网络侧的方法,TRP 进行频域偏移预补偿,主要包括以下几个步骤[14]。

- 第一步:每个 TRP 不使用任何补偿进行 TRS 的发送。

- 第二步:终端基于收到的 TRS 获得载频,并发送上行信号/信道。

- 第三步:TRP 根据第二步中的上行信号/信道确定频域偏移补偿,并使用频域偏移补偿再发送 DMRS 和 PDCCH/PDSCH。

对于第二步使用上行信号还是信道,包含两种方法[2]:一种是使用上行信号隐式地指示频域偏移值,比如 SRS;第二种是使用上行信道显式地上报频域偏移值,比如使用 CSI 反馈的帧结构。在后续讨论中,大多数公司认为直接使用上行信号 SRS 比较合适,对标准化的影响小,所以第二步中,终端基于收到的 TRS 获得载频,并基于获得的载频发送 SRS,便于基站基于 SRS 获得终端处的频域偏移,并在发送 DMRS 和 PDCCH/PDSCH 时进行频域偏移补偿。

PDSCH 支持方法 2 与 PDSCH 其他方法的切换[6]。

- 与 Release 16 PDSCH 1a(SDM),2a(FDM scheme with single RV),2b(FDM scheme with Multi-RV),3(intra-slot TDM),4(inter-slot TDM),支持使用 RRC 信令进行 semi-persistent 的切换。

- 与 S-TRP 之间动态切换,使用 DCI 格式 1_1/1_2 中的 TCI 状态指示域来切换。这个是 UE 可选的特征。对于被配置了方法 2 的终端,如果其不能支持方法 2 与 S-TRP 之间的动态切换,则对于 MAC-CE,针对每个 TCI 码点,终端不期待任意一个码点值仅激活了一个 TCI 状态。

- 与 Release 17 的方法一致,即支持使用 RRC 信令进行 semi-persistent 的切换。

对于方法 2 的 TCI 状态,终端需要支持 Variant A 包含的两个 TCI 状态,且两个 TCI 状态与相同的 DMRS 端口关联。其中一个 TCI 状态包含{average delay,delay spread,Doppler shift,Doppler spread},另一个只包含{average delay,delay spread}。也就是对于两个 TRP,多普勒偏移和多普勒扩展只需要一套参数,因为有一个 TRP 进行了补偿,使得两个 TRP 的参数一致了。传统方法里没有一个 QCL Type 对应的是{average delay,delay spread},为了实现 Variant A 有两种方法,一种是定义新的 QCL Type(该方法的缺点是对标准影响大,而且不容易实现不同方法之间的动态切换);另一种方法是丢弃已有 QCL Type 中的{Doppler shift,Doppler spread}即可,这种方法既能实现不同方法之间的切换,也不用引入新的 QCL Type,所以 RAN1-106 次会议[5]最终确定使用这种方法。

2. SFN 下的默认波束和波束失败恢复

为了实现基于 SFN 的 PDCCH 传输,需要为一个 CORESET 同时配置两个激活的 TCI 状态。这种情况下,默认波束和波束失败恢复过程都存在一些需要增强的地方。

1）默认波束

首先我们来介绍一下默认波束问题。PDSCH 的默认波束包含如下情况[18]。

- 在 Release 15/16 的传统方法中,当默认波束为一个,且 PDCCH 和 PDSCH 的间隔小于 timeDurationForQCL 时,默认波束为最近监测的时隙中,CORESET ID 最小的 CORESET 对应的 TCI 状态。传统方法中,每个 CORESET 都只配置了一个 TCI 状态,那么与 CORESET ID 最小的 CORESET 的 TCI 状态相同是没有问题的。但是 Release 17 中,RAN1-106 次会议[5]同意,当默认波束为一个时（比如没有配置 SFN PDSCH 且没有对应两个 TCI 状态的码点,即没有配置 Release 16 的 M-TRP PDSCH 时）,若 CORESET ID 最小的 CORESET 为配置了两个 TCI 状态的 CORESET,则选择两个 TCI 状态中的第一个；若 CORESET ID 最小的 CORESET 为配置了一个 TCI 状态的 CORESET,则使用这一个。这个原则适用于 DCI 格式 1_0/1_1/1_2,且 DCI 格式 1_1/1_2 可以有 TCI 域或没有 TCI 域。

- 在 Release 15/16 的传统方法中,当 PDCCH 和 PDSCH 的间隔大于或等于 timeDurationForQCL 且 DCI 中没有 TCI 域时,默认波束为调度该 PDSCH 的 PDCCH 对应的 CORESET 的 TCI 状态。在 Release 17 中,RAN1-106 次会议[5]同意,当默认波束为一个（比如没有配置 SFN PDSCH 且没有对应两个 TCI 状态的码点,即没有配置 Release 16 的 M-TRP PDSCH）,且调度该 PDSCH 的 CORESET 被配置了 SFN 方法 1（即配置了两个 TCI 状态）时,若用于调度该 PDSCH 的 DCI 格式 1_0/1_1/1_2 都没有 TCI 域,且 PDCCH 和 PDSCH 的间隔大于或等于 timeDurationForQCL,则终端使用调度该 PDSCH 的 CORESET 的两个 TCI 状态中的第一个 TCI 状态来接收 PDSCH。

- 在 Release 16 的传统方法中,当 PDSCH 的默认波束为两个且 PDCCH 和 PDSCH 的时间间隔小于 timeDurationForQCL 时,使用的是 MAC-CE 激活的码点中,对应两个 TCI 状态的至少一个码点中最小码点对应的两个 TCI 状态。经过两次会议讨论,大多数公司同意继续使用 Release 16 的方法。最终 RAN1-106 次会议[5]达成结论,继续沿用 Release 16 的方法。

- Release 17 中,RAN1-107 次会议[7]同意当 PDSCH 和 PDCCH 都被配置了 SFN 方法时,如果 PDSCH 被 DCI 格式 1_1 或 1_2 调度,且 DCI 和 PDSCH 之间的时间间隔等于或大于 timeDurationForQCL,支持 DCI 中没有 TCI 域,且终端使用调度该 PDSCH 的 CORESET 的 TCI 状态来接收 PDSCH,如该 CORESET 有两个 TCI 状态则使用两个 TCI 状态接收 PDSCH,如该 CORESET 有一个 TCI 状态则使用一个 TCI 状态接收 PDSCH。但是支持 DCI 中没有 TCI 域是 UE 的可选能力。对于支持这个但不支持 S-TRP 和 SFN 之间的 PDSCH 动态切换的终端,调度 PDSCH 的 DCI 格式 1_1 或 1_2 对应的 CORESET 必须被激活两个 TCI 状态。

RAN1-106 次会议[5]同意对于 AP CSI-RS 的默认波束,当 PDCCH 和 AP CSI-RS 的调度间隔小于一个阈值时,Release 15/16 传统方法中,AP CSI-RS 在其符号上没有其他下行信号时,默认波束为使用最近时隙中 CORESET ID 最小的 CORESET 对应的 TCI 状态。当 Release 17 中 CORESET ID 被配置了两个 TCI 状态时,AP CSI-RS 确定为始终使用其中两个 TCI 状态中的一个,比如第一个 TCI 状态。当 AP CSI-RS 符号上也有其他信号时,与传统方法一样。

RAN1-106 次会议[5]同意对于 FR2 上的 S-TRP 传输的 PUCCH(其 PL-RS 和空间关系信息没有被配置,且配置了 enable 默认波束)、PUSCH(由 DCI 格式 0_0 调度,且该小区上未配置 PUCCH,或 PUCCH 的空间关系信息没有被配置,且配置了 enable 默认波束)、SRS(PL-RS 和空间关系信息都没配置,但配置了 enable 默认波束),当最近时隙中 CORESET ID 最小的 CORESET 被配置了两个 TCI 状态时,其默认波束和 PL-RS 始终对应 CORESET 的两个 TCI 状态中的第一个 TCI 状态。

2)波束失败恢复

接下来介绍一下当 CORESET 被配置了两个激活 TCI 状态时,波束失败恢复过程中的增强。

用于波束失效检测(BFD)的参考信号(RS)包括隐式配置和显式配置的方法。传统的隐式配置方法,是使用 CORESET 的 TCI 状态中 QCL Type D 对应的周期性的 CSI-RS。而在 Release 17 CORESET 中,有的配置了一个 TCI 状态,有的配置了两个 TCI 状态。所以在起初的讨论过程中,RAN1-105 次会议[6]给出了两个选择:一个是从配置一个 TCI 状态和两个 TCI 状态的 CORESET 对应的 RS 中选择;另一个是只从配置两个 TCI 状态的 CORESET 对应的 RS 中选择。后来的讨论过程中,由于确定波束失败基于 BFD-RS 集中的所有 RS 的信道质量都低于一定门限,所以最终 RAN1-106 次会议[5]确定从配置了一个 TCI 状态和两个 TCI 状态的 CORESET 对应的 RS 中选择。对于显式配置的方法,起初 RAN1-105 次会议[6]也给出了两个选择:Alt 2-1,支持定义 CSI-RS 资源对或 SSB 对作为 BFD-RS(即考虑两个波束);Alt 2-2,复用 Release 15/16 对于 BFD-RS 的配置。对于被配置了两个 TCI 状态的 CORESET,一个 BFD-RS 对被计数成两个 BFD-RSs,而这两个 BFD-RS 是计算出一个无线链路质量还是两个无线链路质量,RAN1 的大多数公司支持计算一个无线链路质量,但由于个别公司的反对,最后交给 RAN4 决定,RAN4-101b 次会议同意两个 BFD-RS 计算出一个 radio link quality,即"single hypothetical PDCCH BLER"。对于 NBI-RS 的配置,还是复用 Release 15 的单个 SSB/CSI-RS 的配置方法[19]。

3. SFN 下重叠监听机会时的多 QCL Type D 的确定方法

还有一个问题,即在多个 CORESET 对应的 SS set 的监听机会(Monitor Occasion,MO)重叠时,Release 15/16 由于考虑终端只能同时支持一个 QCL Type D,所以只需要在多个 CORESET 对应的 TCI 状态中确定一个。在 Release 17 中,终端可以同时支持两个 QCL Type D,那么当一个被配置了两个激活 TCI 状态的 CORESET 与其他 CORESET 重叠时,依据下面的优先级规则来确定用于监测重叠 MO 上的 PDCCH candidate 的 QCL Type D[7]。

- 复用 Release 15 的优先级来确定第一个 CORESET，例如，SS type＞serving cell index＞SS set ID。
  - 若这个 CORESET 被配置了两个包含 QCL type D 的激活 TCI 状态，则确认这两个 QCL type D。
  - 若这个 CORESET 被配置了一个包含 QCL type D 的激活 TCI 状态，则不需要确认第二个 QCL type D。

6.3　SRS 增强

复杂多样的应用场景以及各类不同的应用需求，对 SRS 的功能支持和灵活性要求越来越高，因此 Release 17 考虑对 SRS(探测参考信号)进行特别的增强，主要集中在以下几个方面：增强的非周期 SRS 触发机制；增强天线切换配置到最多 6/8 天线；增强 SRS 容量和覆盖。

6.3.1　SRS 灵活性增强

在 Release 15/16 中，非周期 SRS 由 PDCCH 上调度 DCI 中的 SRS 请求指示域触发。SRS 码点用于指示要传输的 SRS 资源集。由于触发偏移量是由 RRC 半静态配置的，因此触发的 SRS 资源集仅通过与预定 DCI 时隙保持触发偏移量的特定时隙进行传输。由于在这些特定时隙中 SRS 与 DL 时隙/符号或一些更高优先级 UL 传输的可能冲突的发生，SRS 传输就会被取消。该机制具有非常严格的定时限制，不能为非周期 SRS 触发提供足够的调度灵活性，同时还会导致特定 DL 时隙中的 PDCCH 拥塞。

1. A-SRS 灵活触发方案

可用时隙的定义为具有足够上行或灵活符号的时隙，这些符号在满足 UE 能力对应的最小时间线要求的同时，可容纳集合内所有 SRS 资源的传输。A-SRS 灵活触发方案提供了触发 A-SRS(非周期 SRS)的灵活性，同时确保 gNB 和 UE 之间的行为一致，以依赖 RRC 配置确定可用时隙，同时不考虑任何动态事件，如 SFI 和/或 UL CI 事件。这使得 UE 考虑配置的 UL-DL TDD 模式和触发的非周期 SRS 资源集的 SRS 时间资源分配，以确定用于发送非周期 SRS 的时隙变得相对简单。在确定可用时隙后，执行触发的 SRS 资源集和其他 UL 信号/信道之间的冲突处理。

SRS 的触发是在原来半静态时隙偏移的基础上增加了 DCI 动态时隙指示偏置，该新引入的 DCI 指示域用于指示 RRC 配置的多个时隙偏置中的具体偏移值。A-SRS 触发方案最大限度地兼容了现有终端的实现方式，同时保证了 SRS 的相对灵活的触发，具体的触发机制如图 6-6 所示，当 RRC 配置的时隙偏置为 $k=3$，DCI 指示的时隙偏置为 $t=2$ 时，该 SRS 资源集的触发时隙在 $t+1=3$ 的时隙进行 SRS 资源集的发送。

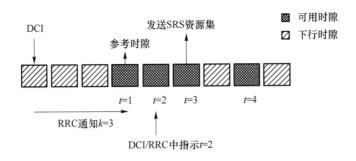

图 6-6 非周期 SRS 触发机制

进一步地,需要确定 DCI 中时隙偏置指示(SOI)的比特数,对于配置了 t 值的载波,比特数由该载波上所有 BWP 上的所有 A-SRS 资源集对应的 t 值候选值中的最大配置数目来决定,同时考虑以下情况:

- 如果最大 t 配置数目为 1,则 SOI 比特域为 0 比特;
- 如果配置 t,则每个 t 候选集配置 K 个 t 值,$1 \leqslant K \leqslant 4$;
- 如果 RRC 没有配置 t,则 $t=0$;
- 如果没有配置 slotoffset,则 $k=0$;
- 如果一个 CC 的所有集合都没有配置 t 值,则按照 Release 15 的规则决定时隙偏置。

2. SRS 触发限制

在当前的协议中,可以使用 DCI 格式 0_1 或 DCI 格式 1_1 触发非周期 SRS。但对于 DCI 格式 0_1,如果没有数据调度和 CSI 请求,则无法触发 SRS。由于非周期 SRS 在各种应用中起着非常重要的作用,因此该限制对用于波束管理和 CSI 捕获、干扰探测以及在调度 DL/UL 数据之前做调度准备的网络的性能有影响。因此标准重新定义了新的触发条件,允许在没有数据调度和没有 CSI 请求的情况下对 SRS 通过 DCI 格式 0_1/0_2 触发,以实现更灵活的 SRS 触发;对于时隙偏置的指示方法和有数据调度的情况一样使用新的 DCI 指示域来指示,并且最大比特数为 2。

6.3.2 SRS 天线切换增强

由于天线技术的发展以及 NR 与 LTE 相比具有在更高频带中的相关实现需求,UE 移动设备可以考虑配备更多的天线。此外,由于 NR 支持的频带范围广泛,部分天线可能需要在多个无线接入技术间实现共享,例如 NR 和 WiFi。一方面,当前的趋势支持更大的 UE 移动设备,以使 UE 有更多的空间配备更多数量的天线;另一方面,其他类型的无线设备,例如 CPE 设备和笔记本计算机,同样可能具有更大的空间尺寸来部署更多天线。部署更多的天线,不仅可以大幅提高下行数据传输速率,也可以实现更高的接收机分集增益和更好的干扰零陷,从而可以有效地提高下行接收性能。

1. 天线配置类型

SRS 天线切换支持至 6Rx/8Rx 的组合如表 6-5 所示。为了支持这样的组合,类似于

xT4R 的 SRS 天线切换,可以为 UE 配置多个 SRS 资源集/SRS 资源以用于天线切换。

表 6-5 SRS 天线切换支持至 6Rx/8Rx 的组合

Tx\Rx	6Rx	8Rx
1T	1T6R	1T8R
2T	2T6R	2T8R
4T	4T6R(Release 17 不支持)	4T8R

这些配置中,4T6R 在标准方案上比较有争议,考虑具体的天线结构对 CSI 可能影响不同,会议也讨论了一些解决方案。总体上,我们认为不同的天线结构带来的类似于插入损耗、CSI 延迟、CSI 性能影响等问题可以在终端通过实现解决,标准不限制该配置在 CPE 等设备上的实现。但是对于 4T6R 的天线切换配置最终并没有达成一致,也导致标准会议最后决定不在 Release 17 中支持 4T6R。

对于接收天线数大于 4 的非周期 SRS,其支持的最大 SRS 集配置如下表 6-6 所示。

表 6-6 SRS 资源集配置

天线配置	最大资源集数目 N_{max}
1T6R	3
1T8R	4
2T6R	3
2T8R	4
4T8R	2

接收天线数小于等于 4 的非周期 SRS,同样有扩展 SRS 资源集的需求,因此在 Release 17 的讨论中多数公司同意该问题可以一起解决,对于 1T4R,扩展最大资源集数目至 4,对于 1T2R/2T4R,扩展最大资源集数目至 2,同时该特性对于终端可选,如果终端不支持该增强,则仍然沿用 Release 15 的集合数目限制。

对于周期、半持续的天线切换 SRS 配置 Release 17 也同样进行了增强。支持增强特性的终端,可以支持最多一个周期 SRS 资源集,同时支持最多两个半持续 SRS 资源集配置,同样,如果终端不支持该增强,则仍然沿用 Release 15 的集合数目限制。

2. 灵活的 SRS 资源重配置增强

为了支持具有最多 8 个接收天线的 SRS 天线切换功能,SRS 资源集可能需要配置更多的 SRS 资源。例如,1T8R 可以配置一个 SRS 资源集,其中包含 8 个 SRS 资源,每个 SRS 资源都有一个 SRS 端口。在一些场景中,网络可能不需要 UE 对所有的 8 个 SRS 资源都进行探测,或者不具备足够的 SRS 资源能够进行完整的信道探测,这时只能进行 RRC 重新配置,这样不仅耗费信令开销,还需要更多的信令开销,相比之下,使用 MAC-CE 指示集合中对应 SRS 资源的激活状态,可以更好地支持 UE 改变或回退到较低的 SRS 切换配置,例如从 1T8R 到 1T4R。在 Release 16 中,UE 报告组合 SRS 的天线切换能力,gNB 可以为每个 BWP 配置不同的天线切换能力。因此,针对当前改变或回退 SRS 天线切换的机制均需要

BWP 切换,使用 MAC-CE 指示可以在不需要 BWP 切换的情况下改变 SRS 配置[20]。

同样也可以考虑 DCI 的触发调整方案,通过扩展 DCI 中的 SRI 触发指示域来支持多个天线切换配置之间的动态切换。为了对 SRS 天线切换配置进行改变或回退,网络无法根据当前机制从 UE 侧获得足够的信息。例如,终端可能希望省电,或部分天线改变用途,或由于信道条件或其他场景而导致部分天线低增益。目前,UE 无法将此类信息反馈给 gNB 用以协助基站决定合适的 SRS 资源以及触发适当的天线切换 SRS。

为了解决这个问题,我司建议采用增强的终端上报机制,通过终端上报期望的天线切换配置 xTyR,协助 gNB 对系统资源调度实现更快、更准确的 SRS 资源调度,成为上述方案的有效补充[22]。从实施角度来看,部分公司认为 Tx 天线的动态切换可能不易于实现,因此,gNB 可以优先考虑实现以天线切换为目的的动态 Rx 天线切换。终端上报信息可以考虑通过 MAC-CE 或者 UCI 上报给基站。由于时间关系,最终该问题没能在 Release 17 达成一致。

6.3.3　SRS 容量和覆盖增强

SRS 容量和覆盖增强方向在标准化过程中主要考虑了 3 类方案,下面分别对其进行介绍。

1. 第 1 类方案

第 1 类方案通过在多个时域传输时机上对同一 SRS 资源进行时域绑定来改进 SRS 覆盖,此外,如果两个资源探测相同的 SRS 端口,则可以对两个不同的 SRS 资源(例如天线切换和码本)进行时间绑定。该方案要求 SRS 传输保持较好的相位连续性,同时通过仿真并没有得到明显的增益,因此该方案在讨论初期就被排除。

2. 第 2 类方案

Release 16 NR-U 支持从时隙中的任意符号传输 SRS,同时用于定位的 SRS 最多可配置 12 个符号用于 SRS 传输。Release 15 将 SRS 重复次数限制为最多 4 次,同时 SRS 传输只能在时隙内的最后 6 个符号进行发送。对于 Release 17 的增强,比较直接的方法就是通过 SRS 重复次数的增加来改善 SRS 的覆盖,因此首先增强支持在一个时隙中的所有符号上传输 SRS。但是,随着更多的时间和/或频率资源被分配给上行,系统的信令开销会增加。考虑 TD-OCC(时域正交覆盖码)的可能使用方案,但是 TD-OCC 的性能对多普勒频移和频率估计错误较为敏感,同时为了保持 TD-OCC 在各个用户间的正交性,就需要各个用户在时域上占用相同的符号,因此对于调度资源有较强的限制,并不利于整体系统资源的合理分配及利用。

Release 17 标准定义的重复传输 SRS 方案支持以下配置组合,$(N_s, R) = \{(8,1), (8, 2), (8,4), (8,8), (12,1), (12,2), (12,3), (12,4), (12,6), (12,12), (10,1), (10,2), (10, 5), (10,10), (14,1), (14,2), (14,7), (14,14)\}$,$N_s$ 为 SRS 传输占用的符号数目,R 为 SRS 重复次数。

3. 第 3 类方案

从频率角度来看,SRS 配置有两种类型。第一种是全频带或宽带探测,另一种是部分频带探测(PFS),即部分频率资源(或带宽)被探测。宽带探测允许 gNB 估计整个传输带宽的信道状态,提供了在整个 DL 传输带宽上进行频域选择性调度的灵活性。与全频带探测相比,部分频带探测则提供了一种提高 SRS 覆盖的方法,因为更小的带宽部分可以使用功率提升来提高性能,另外,部分频带探测可以增强 SRS 容量,也就是说,除了在梳状结构之间进行 FDM(频分复用)和在每个梳状结构内进行 CDM(码分复用)之外,共享相同梳状结构和 CDM 序列的多个 SRS 端口可以在不同的频率资源上由网络考虑复用更多 UE 的 SRS 端口。对于配置跳频的 SRS 传输,PFS 部分跳频就是对于每个跳频的跳(hop),仅部分带宽被探测,与全频带探测相比,这同样实现了更高的复用容量。

部分频带探测可以有不同的实现方向,Release 17 重点标准化了两个方案。第一个方案是基于 RB 级别的部分频带探测方法,第二个方案是基于子载波级别的部分频带探测方法,即通过支持更高的梳状值来达到增加容量和覆盖的目的,Release 17 最高支持到 Comb-8。下面分别来介绍 Release 17 如何支持这两种方案。

1) RPFS

RB 级别的部分频带探测(RPFS)的部分频带探测系数 P_F 可以考虑$\{2,3,4,8,\cdots\}$,其中$\{2,4\}$以外的取值基于现有 SRS 带宽限制都有可能会导致实际的 RPFS 带宽出现非整数,因此没有被采纳。P_F 由高层信令通知。为了确定 RPFS 的初始 RB 位置,高层会通知具体的 k_F,这样每一跳(hop)中初始 RB 位置就可以确定为 $N_{offset}=\dfrac{k_F}{P_F}m_{SRS,B_{SRS}}$,其中 $k_F=\{0,\cdots,P_F-1\}$,$m_{SRS,B_{SRS}}$ 为 SRS 的配置带宽。

配置跳频的 SRS 传输,进一步支持 RPFS 的初始 RB 位置跳频,这样做的好处是可以在全频带进行探测,同时定义了 RPFS 初始 RB 位置跳频的具体图样 $\bar{k}_{hop}$,如表 6-7 所示。

表 6-7　初始 RB 位置跳频图样

$\bar{k}_{hop}$	$k_{hopping}$		
	$P_F=1$	$P_F=2$	$P_F=4$
0	0	0	0
1	—	1	2
2	—	—	1
3	—	—	3

对于支持 RPFS 的基于起始 RB 位置的跳频情况,初始 RB 的位置可以确定为:

$$N_{offset}=\dfrac{(k_F+k_{hopping})\bmod P_F}{P_F}m_{SRS,B_{SRS}} \tag{6-1}$$

RPFS 在 Release 17 引入的机制不仅适用于周期/半持续的 SRS,同样适用于存在多个跳频周期的非周期 SRS。虽然 RPFS 主要为了调频的 SRS 而设计,但是从协议的角度并不限制使用情况,也就是说对于调频和非调频的情况都可以应用,同时对于非调频的支持是终端可选的能力。

为了支持 RPFS,对应的 SRS 序列设计问题也需要解决,标准化过程中主要讨论了两种方案,第一种是按照 RPFS 来生成 ZC 序列,第二种是考虑在全带宽 ZC 序列上进行截取。第二种方法等效于生成新的 ZC 序列,同时会产生高的 PAPR 问题,降低 PA 的效率,因此最后确定 SRS 序列生成采用第一种方法,生成序列长度为 $\dfrac{\dfrac{12}{P_{\mathrm{F}}} m_{\mathrm{SRS},B_{\mathrm{SRS}}}}{\mathrm{Comb}}$ 的 ZC 序列。

2) Comb-8

在 Release 16 中,定位 SRS 引入了 Comb-8,但是,Release 15 仍然限制 SRS 传输 comb 为 2 和 4。SRS 支持更高的梳状值可以增加 SRS 复用资源,有利于增大系统容量的相关设计,但是 Comb-8 也会带来一定的问题,即对于相同的 SRS 带宽,相比全带宽的 CSI 探测,相关特性会降低,序列检测的信道估计处理增益也会减少,同时对于信道的时延扩展更加敏感,因此需要在容量和这些不利方面之间进行权衡,最后确定对于 Comb-8 不增加对应的循环移位数目,最大的循环移位数目为 6,这样系统的增益更多地来自不同用户之间的资源复用。

Comb-8 支持的最小 SRS 配置带宽为 4PRB,与当前 SRS 带宽配置的最小值保持一致,不支持对应生成其他更小长度的 SRS 序列,即 SRS 支持的序列长度为 6 的倍数。

关于 Comb-8 还有一个问题需要确定,即在 SRS 资源支持 4 端口、最大循环移位配置为 6 的情况下,现有协议中确定每个 SRS 端口 i 对应的循环移位值 $n_{\mathrm{SRS}}^{\mathrm{cs},i}$ 的定义将不再适用,因此针对这种情况重新进行了定义,端口 0 和端口 2 映射在一组传输梳 K_{TC} 上,端口 1 和端口 3 映射在另一组传输梳 $(K_{\mathrm{TC}}+4)\bmod 8$ 上,因此循环移位的取值在 Release 17 中定义如下:

$$n_{\mathrm{SRS}}^{\mathrm{cs},i}=\begin{cases}\left(n_{\mathrm{SRS}}^{\mathrm{cs}}+\dfrac{n_{\mathrm{SRS}}^{\mathrm{cs},\max}\left\lfloor (p_i-1\,000)/2\right\rfloor}{N_{\mathrm{ap}}^{\mathrm{SRS}}/2}\right)\bmod n_{\mathrm{SRS}}^{\mathrm{cs},\max}, & N_{\mathrm{ap}}^{\mathrm{SRS}}=4 \text{ 和 } n_{\mathrm{SRS}}^{\mathrm{cs},\max}=6 \\[3mm] \left(n_{\mathrm{SRS}}^{\mathrm{cs}}+\dfrac{n_{\mathrm{SRS}}^{\mathrm{cs},\max}\left(p_i-1\,000\right)}{N_{\mathrm{ap}}^{\mathrm{SRS}}}\right)\bmod n_{\mathrm{SRS}}^{\mathrm{cs},\max}, & \text{其他}\end{cases} \tag{6-2}$$

其中,$n_{\mathrm{SRS}}^{\mathrm{cs}}\in\{0,1,\cdots,n_{\mathrm{SRS}}^{\mathrm{cs},\max}-1\}$。

6.4 CSI 反馈增强

Release 17 FeMIMO 的 WID 中 CSI 测量和上报相关的增强包含两个方面。一个方面是考虑多 TRP(M-TRP)的 CSI 增强,便于实现 NCJT 更动态的信道/干扰假设,适用于 FR1 和 FR2。另一个方面是考虑 FDD 互易性的 CSI 增强,针对 Type II 端口选择码本增强(基于 Release 15/16 Type II 端口选择),比如与角度和时延相关的信息由 gNB 利用信道互易性基于 SRS 来确定,其他的 CSI 由终端来上报,主要目的是达到终端复杂度、性能和上报信令开销的折中。

6.4.1 M-TRP CSI 增强

NR 在 Release 15 之后重点对于多 TRP 场景下的 MIMO 多点协作传输进行了增强。特别是在高频段应用中,阻挡效应会对信息传播的可靠性与时延带来显著影响。这种情况下,利用空间相关性较弱的不同 TRP 传输有利于业务传输性能的提升。Release 16 重点对于 PDSCH 的多点协作传输进行了增强,同时考虑了基于单 DCI 和基于多 DCI 的控制方案,除了传统的 EMBB 业务之外,同样对于 URLLC 业务的传输进行了基于单 DCI 的多点协作传输增强设计,但是 CSI 的测量和反馈机制仍然沿用了 Release 15 的单点传输机制,也就是说一个 CSI 上报只能针对一个 TCI 状态进行测量和上报。这样终端测量上报的 CSI 信息无法反映不同 TRP 的信道特性,很难使基站获得多点协作传输的实际调度增益。

Release 17 针对多点协作的 MIMO 传输进行了研究和增强,通过增强的 CSI 测量和上报帮助系统获得实际多点协作传输的性能增益。Release 17 多点协作传输的 CSI 标准化主要基于 NR 现有的 CSI 测量和反馈架构,为了支持更灵活的信道/干扰的传输假设,Release 17 分别对基于单 DCI 和多 DCI 的 NC-JT 传输进行了优化增强的相关考虑。但是基于多 DCI 的 CSI 增强在 Release 17 中最后没有达成一致的增强方案,因此 Release 17 重点只对基于单 DCI 的多点协作传输进行了增强,具体包括相关的 CSI 上报配置、CSI 资源配置以及相关的信令指示等。

对于 NC-JT 的 CSI 增强确定为基于一个 CSI 上报配置,并在此基础上考虑包括 CSI 的测量配置以及 CSI 的上报配置的增强方案,下面分别介绍其标准化的情况。

1) CSI 测量配置

- 为不同 TRP 配置的不同 CMR 配置在相同的 CSI 资源集中,同时具有相同的端口数,单个 CMR 支持的端口数最大为 32,支持两个 CMR 合并的端口数目如果超过 32 则需要终端能力上报。

- 支持在一个 CSI 资源集中配置 $K_s \geqslant 2$ 个 NZP CSI-RS 资源作为 CMR,以及配置 $N \geqslant 1$ 个 NZP CSI-RS 资源对用作 NC-JT(非相干联合传输)测量假设。支持对 K_s 个 CMR 资源进行分组,分别包含 K_1 和 K_2 个 CSI-RS 资源。N 个 CSI-RS 资源对高层信令选择,并分别来自不同的 CMR 分组。支持 $K_1 = K_2 = 1, N = 1$。

- 支持通过 RRC 信令指示用于 NC-JT 测量假设的 CMR 是否可以单个 TRP 测量假设下的 CMR 配置,同时支持 FR1 下用于 NC-JT 测量假设下的不同 CMR 资源共享。

- 支持基于 CSI-IM(CSI 干扰测量资源)的干扰测量。CSI-IM 支持与 CMR 一对一的 IMR 配置,可以为每个 CSI-RS 资源集配置 M 个 NZP CSI-RS 资源用于单个 TRP 测量假设,配置 N 个 NZP CSI-RS 资源对用于 NC-JT 测量假设,同时支持在 FR1 和 FR2 下的不同测量假设之间的 CSI-IM 资源共享。不支持基于 NZP CSI-RS 资源的干扰测量。

2) CSI 上报配置

- Release 17 支持两种 CSI 上报配置。
  - 方案 1:终端配置上报 X 个用于单 TRP 测量假设的 CSI 上报,以及一个用于 NC-JT 测量假设的 CSI 上报,X 取值为 $0, 1, 2$。X 取值作为 UE 能力上报,当 $X = 0$ 时,终端实际只上报 NC-JT 测量假设下的 CSI。该方案下基站具有最大的调度灵活性。
  - 方案 2:终端基于单 TRP 测量假设和 NC-JT 测量假设下最好的 CSI 测量结果进行上报。该方案下终端具有最大的调度建议权项。

- 同时规定了 RI(秩指示)上报限制,为每个码本配置参数 CodebookConfig 配置两个 RI 限制 (X, Y),X 为所有单 TRP 测量假设的 RI 限制,Y 为所有 NC-JT 测量假设的 RI 限制,其中对于 NC-JT 测量假设,最大的传输层数被限制在 4 以内。

- 支持为每个码本配置参数 CodebookConfig 配置两个 CBSR,每个 CBSR 对应一种测量假设。

基于以上增强 CSI 测量和上报配置,能够更好地支持多点协作传输,提高系统性能。

6.4.2 考虑 FDD 互易性的 CSI 增强

1. Release 15/16 Type II 端口选择码本

当网络侧知道部分下行信道信息时,比如 Release 15/16 端口选择码本通过上下行互易得到了信道的角度信息,并用于设计 CSI-RS 的波束,通过对 CSI-RS 进行预编码,令 UE 测量赋形后的 CSI-RS,无须 UE 上报波束选择指示,降低 CSI 的开销。

Release 15 Type II 端口选择码本包含 W_1 和 W_2。W_1 为从 N 个 CSI-RS 端口中选择 L 个端口,并包含两个极化方向,W_2 为子带上每个端口对应的合并系数信息,包括幅度和相位[21]。

$$W = W_1 W_2 \tag{6-3}$$

$$W_1 = \begin{bmatrix} E & 0 \\ 0 & E \end{bmatrix} \tag{6-4}$$

其中,矩阵 E 的具体表达式如下:

$$E = \left[e_{\mathrm{mod}\left(md, \frac{N}{2}\right)} \; e_{\mathrm{mod}\left(md+1, \frac{N}{2}\right)} \cdots e_{\mathrm{mod}\left(md+L-1, \frac{N}{2}\right)} \right] \tag{6-5}$$

Release 15 Type II 码本可以支持 per-subband(针对每个子带)的 PMI/CQI 上报,而且是基于高量化分辨率的线性合并的多波束(multi-beam)的方式,使得上行上报信令开销较大。基于 Release 15 Type II 码本设计,Release 16 进行了增强,目的在于减少上行信令开销,采用的方法是频域资源的信道相关性。Release 16 增强的 Type II 码本包含 W_1、$\widetilde{W}_2$ 和 W_f。

$$W = W_1 \widetilde{W}_2 W_f \tag{6-6}$$

其中 W_1 为 $N \times 2L$ 的矩阵,N 为天线端口数,L 为被选择的波束数,两个极化方向上具有相同的 L 个波束;W_f 为 $M \times N_3$ 的矩阵,用于频域压缩,即从 N_3 个频域单元中选择 M 个 DFT(离散傅里叶变换)基向量;$\widetilde{W}_2$ 为相关系数信息,最多包含 $2L \times M$ 个幅度和相位值。利用码本参数的设计配置,Release 16 增强的 Type II 端口选择码本可以获得上行信令开销和性能增益之间的较好折中。

Release 15 的 Type II 码本和 Release 16 增强的 Type II 码本可以提高性能,但是其码本都给终端带来很大的实现复杂度,主要体现为每个子带需要执行信道的 SVD(奇异值分解)计算。考虑终端复杂度、CSI 反馈开销和对系统性能的影响,对 Release 15/16 码本提出一些限制。比如,被选择的端口数必须小于或等于 $2L$,L 取值为 2,3 或 4,这就意味着被选择的最大端口数必须小于或等于 8,且端口选择引入了限制:将总端口数分成多个组,每组包含 d 个端口,d 的取值为 1,2,3 或 4,起始端口位置必须是每组里的第一个端口,且 L 个端口要连续。对于端口数的限制限制了空域的 CSI 精确度,这就导致 Release 15/16 Type II 端口选择码本与理想信道反馈之间的性能差异。由于在对 CSI-RS 进行预编码时没有考虑时延信息,所以终端需要反馈多个频域基向量的信息,从而使得终端的信令开销实现复杂度都较大。

2. Release 17 Type II 端口选择码本的增强

为了解决 Release 15/16 Type II 端口选择码本存在的问题,在 Release 15/16 Type II 端口选择码本的基础上,考虑 UE 复杂度、性能和上报/参考信号开销,Release 17 增强主要包含了两个方面:一个方面是对 CSI-RS 的预编码同时考虑了角度和时延信息,从而使得频域基向量数减少,M 取值为 1 或 2,大大地减少了终端计算复杂度和信令开销;另一个方面是将被选择的端口数的最大值增加为 32,提高了性能。但是在相同的性能下,Release 17 端口选择码本的总反馈开销不会超过 Release 16 端口选择码本的反馈开销。

对于 Release 17 端口选择码本的结构,RAN1-104 次会议[15]确定使用 $W = W_1 W_2 W_f^H$ 的结构,同时,W_f 可以由 gNB 关掉,关掉时 W_f 为全 1 矩阵,等价于 $W = W_1 W_2$。Release 17 的端口选择码本结构与 Release 16 一致,即 $W = W_1 W_2 W_f^H$,细节如下。

- $W_1 \in \mathbf{N}^{P_{\text{CSI-RS}} \times K_1}$($K_1 \leqslant P_{\text{CSI-RS}}$)是一个端口选择矩阵,用于从 $\dfrac{P_{\text{CSI-RS}}}{2}$ 个 CSI-RS 端口中自由选择出 $\dfrac{K_1}{2}$ 个端口。(即极化通用选择,其中 W_1 每一列中只有一个"1"。)

- $W_f \in \mathbf{C}^{N_3 \times M_v}$($M_v \leqslant N_3$)是一个基于 DFT 的压缩矩阵,其中 $N_3 = N_{\text{CQIsubband}} \cdot R$,为 CQI 子带 $N_{\text{CQIsubband}}$ 的个数乘以高层 RRC 信令配置的参数 R,$M_v \geqslant 1$。当 $M = 2$ 时,从高层 RRC 信令配置的大小为 $N = 2$ 或 4 的窗内选择 M_v 个 DFT 基向量。

- $W_2 \in \mathbf{C}^{K_1 \times M_v}$ 是一个线性相关系数矩阵。

W_1 的增强:对于 W_1 的端口选择,最大端口数 P 为 32,K_1(即 Release 16 中 $2L$ 的值)包含多个候选值,即 2,4,8,12,16,24,32。Release 16 中 K_1 最大为 8。与 Release 15/16 相比,起始端口选择不受 d 的限制,也可以选择多个非连续的端口。

W_f 的增强:对于 W_f,由于 CSI-RS 已经考虑了时延信息,所以不需要配置更大的码本参数 M_v,M_v 的值为 1 和 2 均可,$M_v = 1$ 时相当于宽带的 PMI 反馈。基站通过上行信道信息获得了窄带的时延信息,利用该时延信息设计了 PDSCH 和 DMRS 的预编码。

是否支持 $M_v > 1$ 为终端可选特性,除 1 之外,M_v 还可以取值为 2,此时 N 的取值可以为 2 或 4。用于 W_f 量化的频域基向量限制在大小 N 可配的一个窗口内,且该窗口内的频域基向量必须连续(Release 16 是连续的),窗口起始位置为 0。

对于 R,即一个 CQI 子带包含 R 个 PMI 子带,在 Release 16 中,R 的取值为 1 或 2。在 Release 17 中,R 的取值还是 1 或 2($M_v = 2$ 时)。

W_2 基本复用 Release 16 Type II 码本的量化反馈和非零系数指示机制。CSI-RS 也没有增强。

参 考 文 献

[1] 3GPP RP-193133. Samsung,New WID:Further enhancements on MIMO for NR,3GPP TSG RAN Meeting #86.

[2] 3GPP Chairman's Notes RAN1♯103-e final，3GPP TSG RAN WG1 Meeting ♯103-e，e-Meeting，October 26th-November 13th，2020.

[3] 3GPP TS 38.306 V16.7.0，User Equipment (UE) radio access capabilities (Release 16). Dec.2021.

[4] 3GPP Chair's Notes RAN1♯108-e v27，3GPP TSG RAN WG1 Meeting ♯108-e，e-Meeting，February 21st-March 3rd，2022.

[5] 3GPP Chair's Notes RAN1♯106-e v24，3GPP TSG RAN WG1 Meeting ♯106-e，e-Meeting，August 16th-27th，2021.

[6] 3GPP Chair's Notes RAN1♯105-e final，3GPP TSG RAN WG1 Meeting ♯105-e，e-Meeting，May 10th-27th，2021.

[7] 3GPP Chair's Notes RAN1♯107-e v18，3GPP TSG RAN WG1 Meeting ♯107-e，e-Meeting，November 11th-19th，2021.

[8] 3GPP R1-2006128. Samsung，Multi-beam enhancements，3GPP TSG RAN WG1 Meeting ♯102-e.

[9] 3GPP R1-2008148. Samsung，Multi-beam enhancements，3GPP TSG RAN WG1 Meeting ♯103-e.

[10] 3GPP Chair's Notes RAN1♯106bis-e v19，3GPP TSG RAN WG1 Meeting ♯106bis-e，e-Meeting，October 11th-19th，2021.

[11] 3GPP TS 38.300 V16.8.0，NR；NR and NG-RAN Overall Description；Stage 2 (Release 16). Dec.2021.

[12] 3GPP R2-2106787. LS Reply on TCI State Update for L1/L2-Centric Inter-Cell Mobility，3GPP TSG RAN WG2 Meeting ♯114-e.

[13] 3GPP RP-211586. Revised WID：Further enhancements on MIMO for NR，3GPP TSG RAN Meeting ♯92e.

[14] 3GPP Chairman's Notes RAN1♯102-e final，3GPP TSG RAN WG1 Meeting ♯102-e，e-Meeting，August 17th-28th，2020.

[15] 3GPP Chairman's Notes RAN1♯104-e final，3GPP TSG RAN WG1 Meeting ♯104-e，e-Meeting，January 25th-February 5th，2021.

[16] 3GPP TS 38.213 V17.1.0，Physical layer procedures for control (Release 17). Mar.2022.

[17] 3GPP Chair's Notes RAN1♯104b-e final，3GPP TSG RAN WG1 Meeting ♯104b-e，e-Meeting，April 12th-20th，2021.

[18] 3GPP TS 38.214 V17.1.0，Physical layer procedures for data (Release 17). Mar.2022.

[19] 3GPP RP-220194. Status Report to TSG，3GPP TSG RAN Meeting ♯95-e.

[20] 3GPP R1-2101451. Qualcomm Incorporated，Discussion on SRS enhancement，3GPP TSG RAN WG1 Meeting ♯104-e.

[21] 沈嘉,杜忠达,张治,等. 5G 技术核心与增强:从 R15 到 R16 [M].北京:清华大学出版社,2021:263-270.

第7章

终 端 射 频

7.1 频 谱 相 关

7.1.1 概述

频谱相关的立项包括引入新频段、新频段组合、新信道带宽,以及单载波高功率等。由于直接来自运营商的网络部署需求,因此这些课题的立项一般都会被 3GPP 重点考虑,较容易立项成功。由于引入的新频段以及频段组合较多,因此频谱相关的立项数量也非常多,这里就不一一列出。下面主要针对研究的热点问题展开介绍。

7.1.2 引入带宽组合集 BCS4

在 LTE 载波聚合讨论初期,定义 LTE 载波聚合的带宽配置组合时,要求每个分量载波都能支持其单载波时所能支持的所有信道带宽,这样 UE 实际上需要满足所有可能的带宽组合配置的要求。例如,频段 x 单载波支持 6 种信道带宽,频段 y 单载波也支持 6 种信道带宽,则当这两个频段在做两载波的载波聚合时,需要支持所有的 36 种带宽组合配置。但在实际部署中,一些运营商的部署方案在初期阶段仅要求某些特定带宽组合配置,而在后期再添加更多的带宽组合配置。如果按照前面为载波聚合中的每个载波定义所有支持的带宽组合配置,将会造成终端的冗余设计和测试负担。另外,当几个运营商使用相同的频段组合时,可能需要支持的带宽组合配置是有差异的,限制信道带宽组合的数量也不是一个可行的方案,因此最终的标准引入了带宽组合集(Bandwidth Combination Set,BCS)的概念,即同一频段组合可以定义多个带宽组合集来满足同一运营商不同时期的带宽组合配置要求,以及不同运营商使用相同的频段组合时要求的具体带宽组合配置不相同的需求。

网络侧根据运营商可以支持的带宽组合保存相应的 BCS 表格。UE 通过信令 bandwidthCombinationSet 中相应的 bit 位上报其支持的 BCS 值,例如 UE 支持 BCS N 则相应的第 N 位 bit 设为 1,前导/最左位(第 0 位)对应带宽组合集 0,下一位对应带宽组合集

1,依此类推。

到 NR 阶段,多载波系统沿用了带宽组合集的定义,即根据运营商的需求为每组频段组合定义不同的带宽组合集来代表不同的带宽组合配置。然而,随着 NR 的不断演进,每个频段可以支持的信道带宽也在持续地增加,例如 NR 在 6 GHz 以下频段现在共支持 12 个信道带宽,即 5 MHz、10 MHz、15 MHz、20 MHz、25 MHz、30 MHz、40 MHz、50 MHz、60 MHz、70 MHz、80 MHz、90 MHz、100 MHz,R17 又引入 35 MHz 和 45 MHz 的信道带宽。当在一个已有频段上扩展新的信道带宽后,如果其相应的频段组合需要支持这些新扩展的信道带宽,就必须为这一频段组合引进一个新的带宽组合集来包含这些新的信道带宽配置。随着支持的信道带宽和运营商需求的不断增加,每个频段组合定义的带宽组合集也会越来越多。这不仅大大地增加了 RAN4 标准化的工作量,同时使得 RAN4 的相关协议变得十分冗长和烦琐。

因此 R17 针对 NR 多载波系统存在的上述问题,通过了一个新的立项[1]。该立项建议引入一个特殊的带宽组合集 BCS4,用于指示载波聚合中的每个载波支持所有单载波支持的信道带宽。

但如前面所说,由于一些运营商或一些部署场景的载波聚合中每个载波不需要支持所有单载波支持的信道带宽,这样 BCS4 由于要求所有的终端都支持所有单载波支持的信道带宽又会对终端系统造成冗余设计和测试负担。在这种情况下,如果继续采用之前的传统方法定义 BCS0,BCS1,BCS2,BCS3,仍然没有减少 RAN4 的工作量和相关协议的复杂度。在讨论过程中,RAN4 同意增加新的 UE 能力 IEsupportedMinBandwidthDL/supportedMinBandwidthUL 来指示 UE 支持的最小信道带宽,联合 R15 中的 UE 能力 IEsupportedBandwidthUL/supportedBandwidthDL(用于指示 UE 支持的最大信道带宽),使 UE 可以根据实际实现能力上报其实际支持的带宽组合配置。

但上述新 UE 能力的引入,会影响 BCS4 概念使用的灵活性。因为运营商希望 R15 的网络也可以识别 BCS4,但在 R17 引入新信令,即使可以从 R15 开始实现,也会出现 R15 和 R16 的网络由于没有及时升级,只能识别 BCS4 而无法识别新的 UE 能力 IE supportedMinBandwidthDL/supportedMinBandwidthUL 的情况,从而会导致网络配置错误。为了很好地利用 BCS4 的概念又不会导致网络出现上述问题,经协商讨论,RAN4 同意新引入一个 BCS5,而 BCS4 维持最初的概念,即不需要支持上述新的 UE 能力。BCS4 和 BCS5 的区别如表 7-1 所示。BCS4 要求载波聚合中支持所有单载波下的带宽配置,而 BCS5+新 UE 能力来指示终端在载波聚合中实际支持的带宽组合配置。

表 7-1 BCS4 与 BCS5 的区别

BCS4	不需要新的 UE 能力	支持所有单载波下的带宽配置
BCS5	需要新的 UE 能力 supportedMinBandwidthDL/supportedMinBandwidthUL	支持所有最小带宽和最大带宽内的带宽配置

BCS4 和 BCS5+新信令都从 R15 开始实现,终端不允许同时上报 BCS4 和 BCS5+新 UE 能力[2]。BCS4 和 BCS5+新 UE 能力适用于 SUL(辅助上行载波)、NR inter-band CA、NR intra-band CA、NR DC 和 MR DC 中的 NR CA 部分,但是不适用于 intra-band MR DC。

7.1.3 高功率终端

在 LTE 阶段,为了弥补高频段上下行发射功率和天线成型因子的差异导致的上下行的覆盖距离差和提高小区边缘用户的体验,TDD 频段引入了高功率的终端。类似地,在 5G 系统中,多个 TDD 频段也引入了高功率终端。在 R17 阶段,高功率终端将继续作为射频的一个重要的增强方向。

1. FDD PC2 高功率终端

一些运营商认为对于 FDD 频段(以 n1 和 n3 频段为例)而言,引入高功率终端对于提高边缘用户的速率也是有好处的,因此建议引入 FDD high power UE 立项,并最终在 2020 年 12 月举办的 RAN♯90e 次全会上通过该立项[3]。由于在 FDD 频段引入高功率终端在 R17 以前没有相关的研究和参考,而且由于无法直接沿用 TDD 的一些结论,因此它先作为研究项目被研究,主要的研究目标包括以下 4 个方面。

1) SAR 问题

SAR 问题主要研究 TDD 频段中引入的上行占空比能力 maxUplinkDutyCycle-PC2-FR1 是否可应用在 FDD 频段。由于在如何保证终端和基站在计算占空比的时间窗保持一致的问题上无法达成一致意见,因此关于该问题的讨论最终只通过了基于终端实现的最大功率回退 P-MPR 方案。

2) 自干扰问题

FDD 频段通常通过双工器(duplexer)来隔离上下行之间的干扰,当上行引入高功率等级后,其带外发射也会增大,因此对其自身的下行的影响也会变大,会造成灵敏度的降低,通常通过定义最大减敏(MSD)值来保证收发信机的最小要求。

3) 射频架构相关的实现问题

射频架构相关的实现问题主要调查现有的商用器件如功放和双工器(PA 和 duplexer)是否能满足输出 PC2 的功率等级要求。一般情况下,RAN4 假设终端射频前端的插损为 4 dB,因此为了达到 PC2 功率等级的输出,PA 的输出功率至少需要达到 30 dBm。而现有商用的支持 n1 频段或 n3 频段的 PA 最大功率只有 28.5 dBm,因此现有商用 PA 无法满足要求,需要重新设计。同样地,双工器允许的最大输入功率至少也要满足 30 dBm 的要求,而现有商用双工器一般最大支持输入 29 dBm,因此双工器也需要重新设计。研究阶段也考虑了采用双 Tx 链路发射分集(Tx Diversity)方案的可行性,即终端通过 23 dBm+23 dBm 双 PA 架构来实现,该方案的好处是可利用现有商用器件,因此理论上可行,但会增加成本和射频设计的复杂度。

4) 系统性能增益

为了评估 FDD 频段高功率对系统性能的影响,研究阶段采用动态系统级仿真和 Monte Carlo 模型仿真。通过动态系统级仿真结果可以得出在小区平均和边沿场景下都有一定的增益,同时,通过 Monte Carlo 模型仿真也可以得出相同的结论。在典型干扰受限的条件下,潜在的下行干扰并不会导致实质性的性能损失。详细的仿真结果,请参考 TR 38.861。

基于以上研究结论,2021 年 9 月举办的全会通过了该课题的 WI 立项[4],开始进行标准化工作。标准化的主要内容包括定义 A-MPR 和确定下行灵敏度,两种射频架构实现方式都被考虑。对于 A-MPR,以 1Tx 为架构推出 A-MPR 的要求,如果终端通过 Tx Diversity 支持 PC2 则允许额外 2 dB 的放松。对于下行灵敏度,分别根据 1Tx 和 2Tx(即 Tx Diversity)定义了独立的灵敏度要求,具体可参照协议 TS 38.101 中 7.3.2 小节的表 7.3.2-1c 和表 7.3.2-1d。

2. 带间载波聚合 PC2 高功率终端

带间载波聚合高功率终端在 2020 年 9 月开始立项[5],其研究的点主要集中在解决 SAR 问题和由于上下之间干扰带来的 MSD 问题。由于 MSD 问题与实际的频段组合相关,因此需要具体频段组合具体分析,一般会重新评估和制定 PC2 的 MSD 要求。对于 SAR 问题,主要讨论如何引入上行占空比能力。在开始的讨论中,主要有 3 个候选方案,表 7-2 中列出了其优缺点。

表 7-2 SAR 候选方案及其优缺点

候选方案	描述	优点	缺点
方案 1	上报一个总的上行占空比能力	信令简单且不需要确定参照 band	无法反映两个 band 对 SAR 影响权重的差别
方案 2	基于参照 band(频段)的上行占空比的值来上报上行占空比能力	可以反映两个 band 对 SAR 影响权重的差别,与高功率 EN-DC 的 SAR 处理方案类似	1. 信令相对复杂。 2. 调度的灵活性取决于参照的上行占空比的个数。 3. 需要确定哪个 band 作为参照 band
方案 3	上报组合的上行占空比能力	可以反映两个 band 对 SAR 影响权重的差别,不需要确定参照 band	信令相对复杂,调度的灵活性取决于上报组合的个数

在后续的讨论中,由于候选方案 1 相对简单,因此最终采用了方案 1,即为 band 组合引入一个总的上行占空比能力 maxUplinkDutyCycle-interBandCA-PC2,取值为 50%、60%、70%、80%、90%、100%。为了反映两个 band 对 SAR 影响权重的差别,引入了如下计算公式:

$$\text{Duty}_{NR,x} \cdot (P_{NR,x}/P_{26}) \cdot \text{SARratio}_{NR,x} + \text{Duty}_{NR,y} \cdot (P_{NR,y}/P_{26}) \cdot \text{SARratio}_{NR,y}$$

其中,

$$\text{SARratioNR}, x = 50\%/\text{maxDutycycleNR}, x;$$

$$\text{SARratioNR}, y = 50\%/\text{maxDutycycleNR}, y。$$

简化后可表示为:$50\% \cdot (\text{DutyNR}, x/\text{maxDutyNR}, x + \text{DutyNR}, y/\text{maxDutyNR}, y)$,其中 DutyNR,$x$ 和 DutyNR,y 表示 Band x 和 Band y 实际调度的上行占空比;maxDutyNR,x 和 maxDutyNR,y 表示单 band 上的最大上行占空比能力。如果某个 band 上配置的功率为 PC3,则其最大上行占空比能力为 100%。

当实际调度的上行占空比通过上述计算得到的值大于上报的 maxUplinkDutyCycle-interBandCA-PC2,则终端回退到 PC3 功率等级,否则维持 PC2 功率等级。当终端未上报

maxUplinkDutyCycle-interBandCA-PC2,则默认终端采用功率回退 P-MPR 的方式来满足 SAR 要求。

3. PC1.5 高功率终端

在 R16 阶段,频段 n41 引入了 PC1.5。R17 阶段根据运营商的需求,在 n77、n78 和 n79 频段都要引入 PC1.5,终端类型包括智能终端和固定台终端。PC1.5 高功率终端主要解决高功率带来的人体安全问题和定义最大功率回退(MPR)要求。对于人体安全问题,智能终端沿用 n41 的方法,不单独引入上行占空比能力而是通过 PC2 的上行占空比能力来推算得出,即 PC1.5 的上行占空比能力等于 PC2 上报的上行占空比能力的一半。而对固定台 CPE 终端,由于衡量其人体安全问题采用的是最大允许暴露量(Maximum Permissible Exposure,MPE),而非 SAR,因此单独引入了针对 MPE 的上行占空比能力 maxUplinkDutyCycle_MPE_FR1。

对于最大功率回退,根据 26 dBm+26 dBm 的双 PA 架构,并且考虑固定台终端在天线和 PCB 板隔离度的设计上的空间优势,通过仿真最终确定了针对智能终端和固定台终端的 MPR 要求,并且需要通过 modifiedMPR-Behavior IE 指示采用哪种 MPR 要求。

7.2　NR FR1 增强

1. 概述

2020 年 9 月举办的 RAN♯89e 次全会,打包通过了 RAN4 R17 的非频谱相关的立项,其中包括 FR1 频段的 RF 增强项目[6],该项目进一步包含 3 个子项目:SUL bands 支持 UL MIMO,上行链路切换增强和同频段载波聚合高功率终端,本节接下来将对这 3 个子项目分别展开介绍。

2. SUL bands 支持 UL MIMO

为了增强上行覆盖和减小高频段上下行覆盖半径的差距,通过低频补充上行链路的 SUL 技术从 NR R15 就已经开始被引入,但在 R15 和 R16 阶段 SUL 频段并不能支持 UL MIMO。由于越来越多低频段开始支持 UL MIMO,因此在 R17 阶段运营商也希望相应的 SUL 频段支持 UL MIMO。由于 UL MIMO 的指标要求已经在 R16 标准化,SUL band 可直接沿用,因此关于该部分 R17 的研究内容较少,主要删除了限制 SUL UL MIMO 的描述和在 UL MIMO 频段中增加相应的 SUL band。

3. 上行链路切换增强(UL Tx switching enhancement)

引入上行链路切换(uplink Tx switching)的目的是提高上行 band 组合(例如 DC、UL CA 和 SUL)的发射性能,可通过上行链路切换实现高低频相互配合,例如,当高频载波上行覆盖不足时,切换到低频载波来提高覆盖能力;当覆盖充足时,利用高频载波大带宽和多天线 MIMO 实现高速率。

R16 仅支持两个载波的 Case 1 和 Case 2 之间的切换,如图 7-1 所示,即 UE 支持一个载波上单层(single layer)单天线端口与另一个载波上双层(two layer)双天线端口之间的切换。

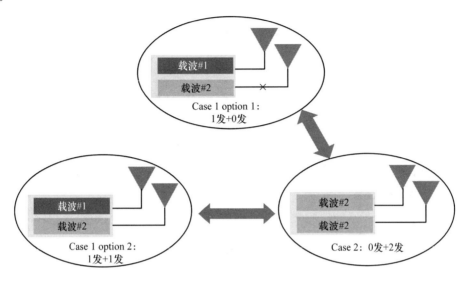

图 7-1　R16 上行链路切换

为了支持更多的切换 Case,R17 阶段对上行链路切换进行了增强。第一:在两个载波 Case 下增加 Case 2 和 Case 3 之间的切换,如图 7-2(a)所示,即 UE 支持一个载波上双层(two layer)双天线端口与另一个载波上双层(two layer)双天线端口之间的切换。第二:增加了三载波切换的情况,如图 7-2(b)所示,即 UE 支持一个载波上双层(two layer)双天线端口与另一个 band 上上行载波聚合双天线端口之间的切换。

上行链路切换课题需要解决的最主要的 3 个问题如下。

1) 切换时间(或切换周期)

终端的 UL Tx 切换时间指的是由于不同 Case 之间的射频链路切换而带来的额外时间,注意这里不包含 20 μs 的 on-off time 转换时间。该切换时间与终端的具体实现架构相关,因此引入了上行切换时间能力,即 uplinkTxSwitchingPeriod per pair of UL bands per band combination 能力,方便不同能力的终端进行上报。上报的候选值为:35 μs、140 μs 和 210 μs。上述数据是根据不同的终端架构推得的。如图 7-3 所示,当终端采用独立的锁相环架构时(如图中 PLL1 和 PLL2 是独立的),切换时间为 35 μs。当锁相环 PLL1 和 PLL2 共用时,需要额外考虑锁相环自身重新调谐锁相的时间,因此切换时间需要更长,一般为 140 μs。另外,考虑终端实现过程中可能会在 PA 前加入预处理模块,比如线性预处理或者采用新的包络跟踪功放(Envelope Track PA,ET)需要额外的预处理时间,为此增加一个候选切换时间 210 μs。

R17 阶段虽然新增加了一些切换 Case,但总体的射频架构对于切换的影响与 R16 是类似的,因此对新增加的切换 Case 依然重用 R16 的 3 种上报数值,即 35 μs、140 μs 和 210 μs。

2) 切换时间的放置位置

切换时间的放置位置以不影响优先级高的载波为原则进行设计。因此在 EN-DC 情况下,由于 LTE 载波优先级更高,UL Tx 切换时间放在 NR 载波上。切换时间的具体放置位置可参照协议 TS 38.101-3 第 6.3B 节中的时间模版。

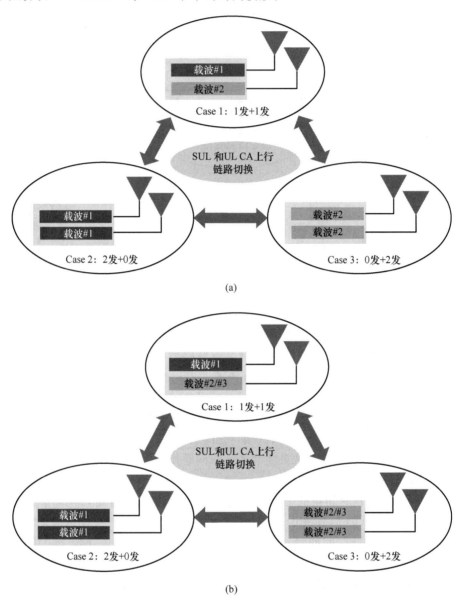

(a)

(b)

图 7-2　R17 上行链路切换增强

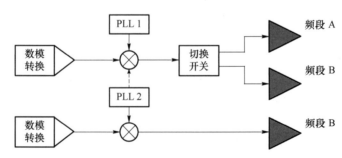

图 7-3　终端射频架构

对于 SUL 和 inter-band 情况,由 RRC 信令 uplinkTxSwitchingPeriodLocation,即上行切换时间位置来指示放在哪个载波上,具体切换时间的放置位置可参照协议 TS 38.101-1 第 6.3A 节中的时间模版。

3) 下行中断影响

下行中断(DL interruption)是指由于一些终端射频架构会采用下行接收链路与上行发射链路共用器件的情况,导致上行链路切换时对下行链路产生影响,从而需要一定的保护间隔或者中断。该 DL interruption 的要求与具体的 band 组合和射频架构相关,具体如下,以 OFDM 符号为单位,起始位置以与上行切换周期完全或者部分重叠的第一个 OFDM 符号开始。与 Tx switching 放置位置类似,在 EN-DC 情况下,下行中断放在 NR 载波上。在 SUL 和 inter-band CA 时,由 RRC 信令 uplinkTxSwitching-DL-Interruption 来指定下行中断放在哪个 NR 载波上。具体哪些 band 允许下行中断,协议 TS 38.101-1 和 TS 38.101-3 中支持的 band 组合表给出了说明。中断的时间要求在协议 TS 38.133 的表 8.2.2.2.10-1 中进行了定义。

4. 同频段载波聚合高功率终端

上行同频段载波聚合(即 intra-band CA)包含 intra-band contiguous CA(带内连续 CA)和 intra-band non-contiguous CA(带内非连续 CA),R16 就已经开始引入,但只支持 PC3 功率等级。为了提高上行覆盖能力,R17 阶段引入 PC2 功率等级。该课题的主要研究点如下。

1) SAR 问题

为了满足电磁波比吸收率(SAR)要求,高功率终端(high power UE)一般引入最大功率回退 P-MPR 和上行占空比(UL dutycycle)的方法。其中 P-MPR 由终端自己实现,不需要向基站上报,而 UL-dutycycle 需要 UE 进行上报。对于同频段连续载波聚合和非连续载波聚合,由于现有协议要求载波之间是同步的且采用相同 UL/DL 时隙配置,因此单载波情况下的 UL dutycycle 能力可直接用于 intra-band CA,而不需要引入额外的 dutycycle 能力上报。

2) 最大功率回退(MPR)

为了使终端满足带内和带外发射特性,终端引入了最大功率回退的要求。R16 阶段已经针对 PC3 定义同频段载波聚合的 MPR。由于 MPR 的要求与终端的射频架构相关,因此有必要先研究支持 PC2 功率等级的载波聚合终端可能的射频架构。研究发现,根据采用不同的 PA 功率等级,以及本振(LO)不同的带宽能力,终端在实现中可能存在以下 4 种架构,如表 7-3 所示。

表 7-3　高功率同频段载波聚合终端的射频架构

射频架构	描述
1	2 个 26 dBm PA+2 个支持 100 MHz 带宽的 LO
2	1 个 26 dBm PA+1 个支持 200 MHz 带宽的 LO
3	2 个 23 dBm PA+1 个支持 200 MHz 带宽的 LO
4	26 dBm+23 dBm PA+2 个支持 100 MHz 带宽的 LO

通过仿真,可以看出不同架构的 MPR 存在差别,因此定义了多个 MPR 指标要求。经过一年多的讨论,最终的结论可总结如下。

对于 intra-band contiguous CA,无论 1LO 还是 2LO 架构(可通过 dualPA-Architecture IE 指示),采用统一的 MPR 表格。如果采用发射分集(Tx diversity),则需要更大的 MPR,因此定义了独立的 MPR 表格。具体请参照协议 TS 38.101-1 中第 6.2A.2.1 节。

对于 intra-band non-contiguous CA,MPR 的定义则更为复杂。不仅需要根据终端本振架构(1LO 还是 2LO),以及是否支持发射分集(Tx diversity)分别定义 MPR,而且需要根据上行载波分配的 RB 大小和位置来进一步确定相应的 MPR 大小。通过仿真可以得出:分配的 RB 大小和位置不同会导致其 3 阶互调产物的位置存在差异。如果互调产物落入频谱辐射模板(Spectrum Emission Mask,SEM)区间内,因其发射限值较高($-13\ \mathrm{dBm/MHz}$),所以需要的 MPR 会小一些。但如果落入 SEM 区间外,需要的 MPR 会更大一些,因为其发射限值较低($-30\ \mathrm{dBm/MHz}$)。对于 intra-band contiguous CA 而言,由于其产生的 3 阶互调产物只可能落在 SEM 内,因此不需要区分;但对于 intra-band non-contiguous CA,根据两个 CC 的间隔(gap)大小,其产生的 3 阶互调产物可能落入 SEM 区间内或区间外,因此需要进行区分。具体请参照协议 TS 38.101-1 中第 6.2A.2.2 节。

7.3 NR FR2 增强

7.3.1 概述

2020 年 9 月举办的 RAN♯89e 次全会,与 FR1 类似,在 FR2 上也通过了 RF 增强项目[7],其进一步包含载波聚合增强和上行 gap 校准两个子项目,在后期进一步添加了终端 intra-band CA 条件下 DC 位置上报的子项目。由于 DC 位置上报子项目加入比较晚,且截至目前还未有明确的结论,因此本节主要介绍前面两个子项目。

7.3.2 频段间载波聚合增强

FR2 UE 由于使用多天线和波束赋形技术,收发射频链路和天线作为一个整体设计来实现,因此 FR2 的射频要求是基于整机空间测试的 OTA(空口)射频指标。R15 定义了 5G UE 单载波工作时的 OTA 射频指标要求。R16 定义了频段内载波聚合,对于频段间载波聚合只针对频段 n260 和频段 n261(28 GHz+39 GHz)的下行载波聚合定义了基于独立波束管理的 OTA 射频指标要求。R17 针对频段间载波聚合做了进一步的增强,但仍然只考虑两个频段间的载波聚合。本节主要就 R17 中对 5G UE 在频段间载波聚合的增强及其 OTA 射频指标要求进行介绍。

如图 7-4 所示,FR2 的频段在频谱上可分成两组,28 GHz 频谱组和 39 GHz 频谱组。对于同一组内的频段,它们在频率上要么是重叠的,要么是相连的。对于不同组的频段,它们在频率上至少间隔 7.5 GHz。

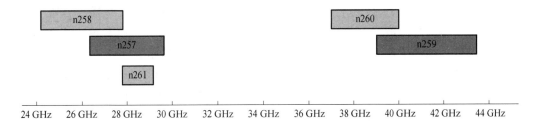

图 7-4 FR2 的频段

尽管 RAN4 对频谱分组的概念没有标准化定义,但是针对 FR2 频段间载波聚合的射频指标要求,采用了类似于 LTE 载波聚合时的讨论方式,分别对 L＋L 组合(28 GHz＋28 GHz)、H＋H 组合(39 GHz＋39 GHz)、L＋H 组合(28 GHz＋39 GHz)进行了分析和讨论。讨论过程中为了方便各种场景的应用,引入了独立波束管理和共同波束管理两种 UE 波束管理能力,但 R16 没有明确定义如何将独立波束管理和共同波束管理应用于特定的载波聚合配置。

1. 波束管理

R17 对独立波束管理和共同波束管理进行了标准化定义。

独立波束管理:一个支持基于独立波束管理的频段间载波聚合的 UE 需要在每个配置了波束管理参考信号的载波上进行下行波束测量,并根据测量结果分别为每个频段选择其下行接收波束,实现方式如图 7-5 所示。

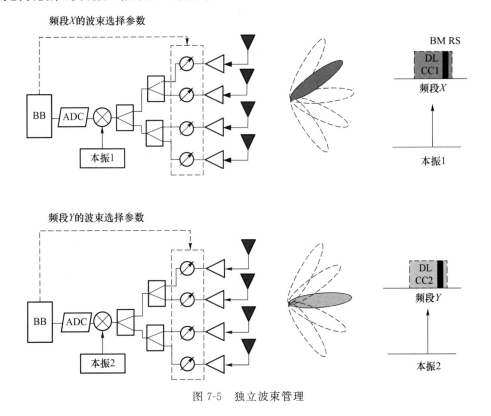

图 7-5 独立波束管理

共同波束管理：一个支持基于共同波束管理的频段间载波聚合的 UE 需要在唯一配置了波束管理参考信号的载波上进行下行波束测量，并根据测量结果为所有载波选择同一下行接收波束或相同的下行接收波束方向，实现方式如图 7-6(a)所示。

在独立波束管理的可行性研究中，主要问题是 L＋L 组合(28 GHz＋28 GHz)和 H＋H 组合(39 GHz＋39 GHz)的载波聚合是否可以采用独立波束管理。经讨论分析，L＋L 组合(28 GHz＋28 GHz)和 H＋H 组合(39 GHz＋39 GHz)的载波聚合也可以采用多射频链路来实现。

在共同波束管理的可行性研究中，主要问题是 L＋H 组合(28 GHz＋39 GHz)载波聚合是否可以采用共同波束管理。经过讨论分析，共同波束管理的载波聚合可以有两种实现方式，L＋H 组合(28 GHz＋39 GHz)载波聚合也可以采用图 7-6(b)所示的多射频链路来实现共同波束管理。

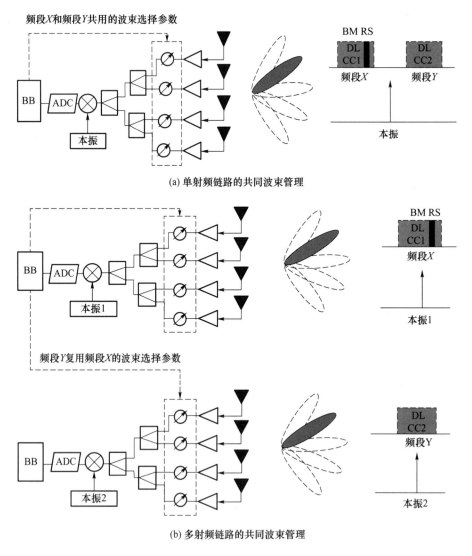

图 7-6　单射频链路和多射频链路的共同波束管理

因此无论 L＋H 组合(28G Hz＋39 GHz)还是 L＋L 组合(28 GHz＋28 GHz)和 H＋H
组合(39 GHz＋39 GHz),其载波聚合既可以采用共同波束管理也可以采用独立波束管理。
UE 可以根据其能力分别上报支持独立波束管理、共同波束管理或同时支持独立波束管理
和共同波束管理。当终端上报同时支持独立波束管理和共同波束管理时,具体使用哪种波
束管理方式取决于网络的调度。

2. 基于独立波束管理的下行载波聚合

针对 L＋H 组合(28 GHz＋39 GHz)基于独立波束管理的下行载波聚合情况,R17 采用
了 R16 中频段 n260 和频段 n261 下行载波聚合时定义的参数结构。针对功率等级 1、2、5,
对接收机灵敏度峰值(Peak EIS)和接收机灵敏度球面覆盖(EIS Spherical Coverage)在单载
波指标要求的基础上分别定义了容限值 $\Delta R_{IB,P,n}$ 和 $\Delta R_{IB,S,n}$。接收机灵敏度峰值的容限值需
要考虑功率不平衡、支持多频段导致的放松、频段间载波聚合放松等影响因素,接收机灵敏
度球面覆盖的容限值需要考虑由于移相器的不确定性导致的空间覆盖不完全重叠。其他下
行接收的指标要求每个载波分别复用其在单载波工作时的 OTA 射频要求。

3. 基于共同波束管理的下行载波聚合

采用共同波束管理的下行载波聚合的射频指标也像采用独立波束管理的下行载波聚合
一样,对接收机灵敏度峰值(Peak EIS)和接收机灵敏度球面覆盖(EIS Spherical Coverage)
在单载波指标要求的基础上分别定义了容限值 $\Delta R_{IB,P}$ 和 $\Delta R_{IB,S,n}$,接收机灵敏度峰值的容
限值需要考虑支持多频段导致的放松、频段间载波聚合放松等影响因素,接收机灵敏度球面
覆盖的容限值需要考虑由于移相器的不确定性导致的空间覆盖不完全重叠。由于基于共同
波束管理载波聚合可以有两种射频实现架构,针对单射频链路的共同波束管理是否需要引
入一个新 UE 能力来指示 UE 的能力以及相应的射频指标是否要兼顾两种实现架构无法达
成一致,因此 RAN4 在 R17 没有定义基于共同波束管理的下行载波聚合的射频指标。

4. 基于独立波束管理的上行载波聚合

R17 针对频段间上行载波聚合只考虑基于独立波束管理的 L-H 频段组合。频段间上
行载波聚合的功率等级仍然由最低波束峰值 $EIRP_{min}$、球面覆盖 CDF EIRP、最大 TRP 与最
大波束峰值 $EIRP_{max}$ 限制来表征,每个聚合频段需遵守单载波工作时的 5 个功率等级,分别
适用于高功率固定无线接入 UE、车载 UE、手持 UE、高功率移动 UE 和固定无线接入 UE。

在频段间上行载波聚合中,除了需要考虑支持多频段导致的放松、频段间载波聚合放松
等影响因素,还需考虑 PA 和 PA 之间的相互影响。PA 和 PA 之间的相互影响是由于激活
状态下 PA 之间相互耦合形成一些非线性的辐射,为抑制这些无用发射,需要额外的放松。
经过讨论,这些放松值将在 CA MPR 要求中体现,因此应考虑最坏情况下的 PA-PA 相互作
用,即当每个频段的 PA 都处于激活状态时,MPR_{PA-PA} 将适用于载波聚合中的每个频段。此
外针对每个聚合频段的最低波束峰值 $EIRP_{min}$、球面覆盖 CDF EIRP,在单载波指标要求的
基础上分别定义容限值 $\Delta T_{IB,P,n}$ 和 $\Delta T_{IB,S,n}$。上行的球面覆盖 CDF EIRP 的容限值也需要考
虑由于移相器的不确定性导致的空间覆盖不完全重叠。

由于手持终端需要考虑 UE 的总功率以及 MPE 等问题,情况比较复杂,因此 R17 不考

虑手持终端的载波聚合,对于上行载波聚合只定义了功率等级 1、2、5 的相关上行射频指标。

7.3.3　上行 gap 校准

2020 年 9 月举办的全会打包通过了 R17 的非频谱相关的 RAN4 立项,其中上行 gap (UL gap)作为 FR2 增强中的一个目标项也被通过[7]。引入 UL gap 主要是基于高频毫米波频段,相对于 FR1 频段而言,具有以下新的挑战:①高频器件的性能更易受到温度变化的影响;②需要支持更大的带宽和更高的上下行速率;③由于高频带来的射频器件如 PA、天线阵列(Antenna Array)的高相位噪声等。因此毫米波频段的收发机的射频性能更易受到温漂和记忆效应的影响。如果能周期性地进行一些校正,将会改善射频性能。如图 7-7 所示,校准前后,收发机的波束方向图性能会得到改善。但校准期间会对正常的发射有影响,因此可能需要网络侧配置一定的周期性的间隔(gap)。实际上,R15 阶段讨论过这个问题,但因为反对的公司较多,所以当时并没有在 R15 中成功推行。

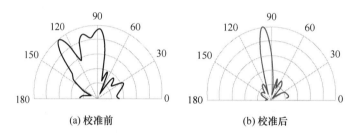

(a) 校准前　　　　　　(b) 校准后

图 7-7　校准前后波束方向图性能[7]

这次 R17 的立项,大多数公司表示了兴趣,因此同意 R17 立项,并且分两个阶段:第一阶段,研究可行性;第二阶段,基于第一阶段的结果,制定相应的指标要求。

1. 场景

开始的讨论过程主要集中于以下 4 个场景。

1)上行功率管理(UL power management)

参照[8]和[9],毫米波频段为了保证人体安全,发射信号需要满足法规规定的功率密度(Power Density,PD)要求,如 FCC、Non-Ionizing Radiation Protection (ICNIRP)的法规要求。实际上人体受到的辐射功率密度取决于终端发射信号的 EIRP 和终端天线到人体的距离。当人体距离天线较近时,为了保证人体安全,EIRP 不能太大,否则需要引入功率回退 P-MPR 或者减小发射占空比(dutycycle)来达到降低平均功率密度的目的。根据一些公司的测试,当距离为 0.2 cm 时,在 100% 上行 dutycycle 时,最大功率的功率回退 P-MPR 超过 10 dB。这样会极大地影响上行吞吐量和上行覆盖。如果人体距离天线达到一定的距离时,功率密度会迅速下降,功率回退 P-MPR 可以降为 0 dB。因此,能够及时探测到发射天线端口与人体的距离,对于精确地控制功率回退非常有帮助的,从而能够避免传统使用保守人体安全策略而导致的对上行容量和覆盖的影响。为此,在毫米波终端实现过程中,可考虑引入基于距离传感器(proximity sensor)的上行功率管理机制,如图 7-8 所示。

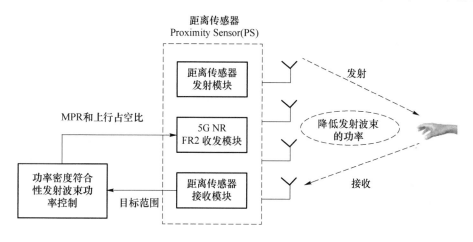

图 7-8　基于近距离探测的上行功率管理示意图[8]

如图 7-8 所示,近距离传感器与 5G NR 发射通道可能无法同时工作,因此为了能够及时地探测到人体的距离,需要引入 UL gap。在讨论过程中,依据终端在 gap 期内是否有上行发射,gap 类型分为如下两类。

- Type1:在 gap 期间,不占用上行时频资源,基站可以将其资源调度给其他用户。
- Type2:在 gap 期间,需要占用上行预留的时频资源,基站不可以将其资源调度给其他用户。

由于上述上行功率管理场景下,在 gap 期间,不需要 5G NR 通道工作,所以 gap 类型属于 Type 1。

2）功放校准（PA calibration）

功放校准（PA calibration）的目的是通过引入反馈链路校准发射通道的 PA 性能。由于引入的反馈链路需要采集发射通道的信号,因此 gap 类型属于 Type 2,即在 gap 期间需要上行发射,由于该发射需要占用时频资源,因此上行系统性能和频谱利用率都有一定的损失。另外,一些公司认为该方案相对于现有不需要额外 gap 的 DPD 算法的好处并不清楚,而且一些可替代的实现方式,如 UE 在一条链路发射同时用另一条接收链路作为反馈链路而实现实时功放校准,可同样达到实时校准的目的,而不需要引入额外的 gap 和时频资源。

基于以上的分析,一些公司对于引入 Type 2 gap 的功放校准的增益存疑,并且其带来网络调度的复杂性和系统性能损失不容忽视,因此在 2021 年 6 月举办的全会上,功放校准的场景从 NR FR2 增强的立项中被去掉了。

3）收发模块校准（Transceiver calibration）

收发模块校准的目的是通过校准来减小 IQ 不平衡（IQ imbalance）、本振泄露（LO leakage）、直流子载波偏移（DC offset）以及中频参考信号偏差（如果终端采用的是中频发射机）,从而提高信号的误差矢量幅度（EVM）和带内发射（in-band emission）性能。一些公司认为收发模块校准可以通过其他方法,如数字处理的方法来实现,而不需要专门的 gap。另外,即使引入 gap 来进行收发模块校准,但如何通过测试来评价引入 gap 带来的增益大小也是非常复杂的,因此和功放校准一样,暂时不考虑标准化,2021 年 6 月举办的全会将收发模块校准场景也从 NR FR2 增强的立项中去掉了。

4) 相干上行 MIMO 校准(Coherent UL MIMO calibration)

相干上行 MIMO 校准场景在最开始的立项中并没有被予以考虑,该场景于 2021 年 4 月的 RAN4♯98bis 第一次被提出,具体参见[10]。为了增强上行性能,R15 引入了相干上行 MIMO(Coherent UL MIMO)和相应的码子(codebook),Coherent UL MIMO 可以使不同层之间的信号相互正交,因此可以减小层之间的干扰,从而可以大幅地提高上行的吞吐量。要保证 Coherent MIMO 能力,终端需要满足一定的射频要求,如 TS 38.101-2 中 6.4D.4 节定义的要求。为了满足上述要求,RAN4 定义了很多边界条件,如频率切换和端口切换是不被允许的,这样就大大地限制了 Coherent MIMO 的使用。为了避免上述问题,可以通过引入 UL gap,在传输 PUSCH 之前对探测信号的相位进行检测,从而对各端口的增益和相位进行相应的补偿,理论上可以扩展 Coherent UL MIMO 的使用场景。

2. 上行功率管理指标要求

为了保证 UL gap 在上行功率管理过程中的性能,定义了如下指标要求,其中,UL gap 启用前后,EIRP 的增益差要满足以下要求。

$$P_{\text{gapOn}} - P_{\text{gapOff}} \geqslant \max((P_{\text{peak\_EIRP}} - 23 \text{ dBm} - \text{margin}) + 10 \cdot \lg(Z/20), 3 \text{ dB})$$

其中,

- $P_{\text{peak\_EIRP}}$ 是 MPR=0 时 UE 测得的 peak EIRP;
- P_{gapOn} 表示在测试时间内 UL gap 处于 on 的状态时测得的 peak EIRP;
- P_{gapOff} 表示在测试时间内 UL gap 处于 off 的状态测得的 peak EIRP;
- Margin=2 dB,考虑 UE 实现的影响;
- Z 是参考测试信道的上行占空比。如上行占空比是 10%,则 Z=10。在测试中为了保证 UL gap 的性能,Z 的取值要满足以下要求:
  - 当终端上报的 maxUplinkDutyCycle-FR2 小于 20% 或者未上报时,Z=20;
  - 当终端上报的 maxUplinkDutyCycle-FR2 大于等于 20% 时,Z 需要大于 maxUplinkDutyCycle-FR2。

上式中的 23 dBm 来自[8]中的计算,即通过远场计算,当 EIRP=23 dBm,并且上行占空比为 20% 时,刚好不需要额外 P-MPR 来满足 MPE 0 dBm/cm^2 的要求。

UL gap 引入了 3 个终端能力,具体如下。

① 能力 1,指示 UE 支持的 UL gap 长度配置的 gap 图案(pattern),如表 7-4 所示,具体可参考协议 TS 38.133。其中,支持 UL gap 能力的 UE 必须支持图案♯1 和♯3 中的至少一个,其他图案是可选的。该终端能力不对频段进行区分,即对所有支持 UL gap 的频段都是适用的。

表 7-4 UL gap 的 gap 图案

UL gap 图案	UL gap 长度/ms	UL gap 重复周期/ms
图案♯0	1.0	20
图案♯1	1.0	40
图案♯2	0.5	160
图案♯3	0.125,当激活的上行 BWP 的 SCS=120 kHz 时; 0.25,当激活的上行 BWP 的 SCS=60 kHz 时	5

② 能力 2,指示 UE 是否支持 UL gap 这个功能,该能力是根据频段上报的,并且是可选的。

③ 能力 3,指示在 inter-band FR2-FR2 CA 或 DC 条件下,配置或者激活的 band 上是否支持上行传输。

3. 相干上行 MIMO 校准方案

相干上行 MIMO 校准在讨论中有两种方案[11],方案 1 是 UL gap 在 PUSCH 时隙内的起始符号,如图 7-9 所示,但该方案可能会影响 DMRS 的位置和性能。

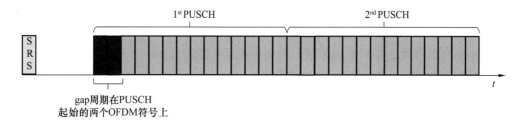

图 7-9   方案 1:UL gap 在 PUSCH 时隙内

方案 2 是 UL gap 在 PUSCH 时隙外,如图 7-10 所示。当边界条件发生时,可以触发 UL gap 对各端口的参考信号相位进行检测,从而对增益和相位进行相应的补偿,保证 Coherent UL MIMO 的能力。该方案由于对 RAN1 设计影响相对较小,因此在讨论过程中被确定为采纳方案。

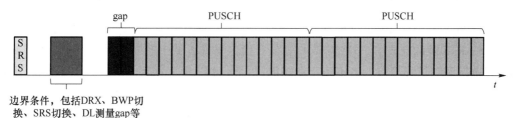

图 7-10   方案 2:UL gap 在 PUSCH 时隙外

与上行功率管理通过信令显式地配置或者激活 UL gap 不同的是,上行 MIMO 相关校准被隐式地触发,即定义 K2_min_cal,包括 PUSCH 准备时间和校准时间,当 Coherent MIMO 的边界条件发生时,gNB 调度较大的 K2,这样 UE 检测到 K2 大于 K2_min_cal 时则自动进行校准。然而,在 R17 最后一次全会的讨论中,由于一些公司的反对,最终该场景也被从 NR FR2 增强的立项中删除。

7.4 测 试 增 强

7.4.1 概述

本节主要介绍 R17 阶段测试相关的一些研究课题,包括 FR2 测试增强、MIMO OTA、

SISO OTA,同时由于在这个时间段 EMC 课题有一些立项前的一些讨论工作,因此本节也简单地做了一些介绍。

7.4.2 FR2 测试增强

RAN4 在 2019 年 12 月举办的会议上明确了一项研究项目[12],即 FR2 测试方法增强。整个研究项目包含以下几项详细的工作内容。

① 对采用高下行功率和低上行功率的测试例定义新的增强测试方法。

② 对于测试仪表和被测件之间由于极化不匹配造成的影响定义相应的增强解决方法。

③ 对 FR2+FR2 inter-band CA 制定增强的测试方法。

④ 制定 FR2 终端在极限温度环境下的射频测试增强方案。

⑤ 针对 FR2 DL 256QAM 的测试相关增强。

⑥ 制定降低整体测试时间的增强测试方案。

在随后的讨论过程中,由于新的频段范围 FR2-2,即 52.6～71 GHz 频段的引入(为了区分,3GPP 将原来小于 52.6 GHz 的 FR2 频段更改为 FR2-1,而新的频段范围 52.6～71 GHz 定义为 FR2-2),RAN4 进一步添加了研究 FR2-2 的测试方法,包括研究相对于 FR2-1 有哪些具体需要增强的地方。

本书对其中较为重要的几个增强方案进行进一步的阐述,具体如下。

1. 对采用高下行功率和低上行功率的测试例定义新的增强测试方法

我们知道不同于 FR1 的传导测试方法,FR2 的测试均采用 OTA 的测试方法。在 RAN5 的 R15 测试方法中,一些需要采用高下行功率或者低上行功率的测试例,由于仪表的动态范围和测试环境引入的不确定度等因素,下行测试最大需要 34 dB 的指标放松,上行测试则需要最大 30.4 dB 的指标放松。而这些指标中,有很大的一部分是跟产品的地域认证直接相关的,如此大的指标放松在认证中不能被接受,因此需要在 R15 测试方法的基础上通过定义新的增强测试方法来减少这些指标放松。具体可参见 RAN5 发给 RAN4 的 LS[13]中对目前一些测试项目的分析表格,分别阐述了相应测试项目在 RAN5 分析后基于以上描述原因所需要的测试指标放松。

3GPP TR 38.810 中对目前的 FR2 终端射频测试方法进行了定义。当前在 TR 中的测试方法,我们称其为已通过的测试方法,适用于所有的 OTA 射频指标。相应地,对于新的增强测试方法和系统,是否依然对所有射频指标均适用,还是仅需要对部分的射频指标的测试进行增强,在整个研究过程的初期被深入讨论。最终的结论是可以接受针对部分射频指标优化的新的增强测试方法。但是并不是所有优化的增强测试方法都被采纳,RAN4 形成的共识是这些新的增强测试方法需要满足以下要求。

- 在特定的测试例中,相较于已通过的测试方法,新的测试方法需要能带来足够大的好处。
- 新的测试方法不能造成过大的额外的测试时间和测试复杂度。

由于 FR2 频段的频率非常高,相应的自由空间损耗也很高,导致需要满足远场条件的测试方法、测试系统因受限于动态范围而无法提供足够大的下行功率,或者无法接收足够小的上行功率,因此基于 NF(Near-Field,近场)测试的解决方案的候选测试系统被提出,主要包括以下 3 种。

- 直接近场(Direct Near-Field,DNF),假设所有的测量和通话链路均通过一个相对于被测件距离为近场的天线实现。这种方法需要在近场中对最大波束方向进行扫描,而这种扫描会存在一定的误差。
- 联合远场/近场(Combined Far-Field Near-Field,CFFNF),这种方法的基础为近远场转换算法,在远场的时候进行最大波束方向的搜索,并且在搜索到远场最大波束方向后进行 UBF(UE Beamlock Function),即开启固定终端波束的功能,保证终端在远场最大波束的状态下,再通过近场探头进行近场测量。
- 联合远场/直接近场(Combined Far-Field Direct Near-Field,CFFDNF),与上述的CFFNF 类似,UBF 终端波束锁定功能开启,保证在远场搜索到的最大波束方向不变,之后进行直接近场的测量。

对于以上基于近场测试的增强测试方法,RAN4 对每个系统在不同测试要求下的表现也进行了相关的研究,具体的研究内容介绍如下。

1)波束管理灵敏度

对于基于近场的解决方案,最大波束扫描是所有测试例所必须经历的过程,因此 3GPP 对以上 3 种测试系统方案进行了终端波束管理,对下行信号幅度和相位变化的灵敏度进行了评估,并对近场系统做了以下两种假设:

- 最大波束搜索在近场进行,比如 DNF 系统;
- 最大波束搜索在远场进行,测试例则在近场进行,比如 CFFNF 系统。

为此 3GPP 进行了一系列的仿真工作,并且针对 R17 进行了新的仿真假设,特别是终端天线的假设,R15 和 R17 中的终端天线仿真假设分别如图 7-11 和图 7-12 所示,可参见[14]。

从仿真的结果来看,各公司的仿真结果有较大差异,对于 DNF 系统的波束管理基于参考值的最大差异在几个 dB 左右,而 CFFNF 相应的最大差异在零点几个 dB 左右,两者有着明显的差异。因此 CFFNF 和 CFFDNF 系统是后续讨论的主要方向。

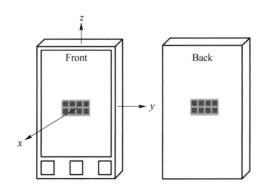

图 7-11　R15 中的终端天线仿真假设

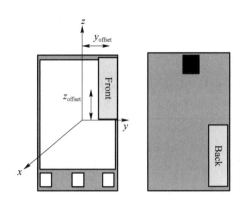

图 7-12　R17 中的终端天线仿真假设

2）需要厂家宣称的内容

在测试系统的讨论之外，还有关于厂家宣称的内容的相应讨论，这也是测试系统中有名的黑白盒讨论。黑盒测试中，因为测试系统对终端的激活天线面没有任何认知，所以测试时放置终端的几何中心与测试系统静区的中心重合。相反，在白盒测试中，由于有厂家对于所有天线面和对应上行/下行测试方向的激活天线面信息，则放置终端的激活天线面辐射体的中心与测试静区中心重合。3GPP R15 就对黑盒测试和白盒测试进行了大量的讨论，而最终的结论则是采用黑盒测试。当然，目前黑盒测试有一定的缺陷，因此有不少厂家重新提出了白盒的测试方案，认为由厂家声明终端的天线位置，以及天线尺寸，可以更好地配置测试静区和测试距离，以降低测试的不确定度。

然而，一些测试仪表厂家的研究通过比对发现，单纯的白盒测试并不如想象中的那样可以提升测试不确定度；基于终端天线位置以及相应上行/下行方向的激活天线面，白盒测试需要改变被测件的位置以保证不同的激活天线面可以处于静区中心，这样就会增加额外的测试时间；另外，为了满足白盒测试，x-y-z 轴的转台将会造成严重的信号纹波以及近场耦合效应，使得静区的不确定度变差。为此，一种黑-白盒的测试方法被提了出来。黑-白盒方法结合了黑盒测试和白盒测试的优点，天线的相位中心补偿由厂家宣称，类似于白盒测试；而测试采用被测件的几何中心与静区中心重合的方法，类似于黑盒测试。通过天线的相位中心补偿，以及探头天线的方向图，一同计算得到优化后的被测件朝向，以此来优化近场测试。相应的测试方法具体可参见[14]。

3）CFFNF 和 CFFDNF

在基于近场解决方案的波束管理灵敏度的研究中，直接近场 DNF 的测试方法因为其仿真结果较差被排除在外，而相应的 CFFNF 和 CFFDNF 这两种方法被视为继续研究的对象。基于这两种方法，3GPP 对各自对应的传统的黑盒测试和新提出的增强黑-白盒测试方法也进行了研究。

CFFNF 和 CFFDNF 这两种方法有着共同的特点：均需要使用远场的探头，例如非直接远场的测试方法中的反射面或者馈入探头，而这些远场的探头无法覆盖到低上行/下行功率的测试例，因此这个远场探头是仅用来固定远场最大波束方向的，而测试则使用近场探头，这样的测试系统有更小的自由空间损耗。

在近场系统中，偏置天线的近场的最大波束方向并不一定与其远场的最大波束方向一致。对于单纯的黑盒测试,需要在远场波束固定后,额外进行多次不同半径的近场扫描,以准确定位近场的最大波束方向。而如果拥有天线的具体相位中心偏置的信息,例如使用黑-白盒测试方法的时候,由厂家宣称相关信息,可以通过相位中心偏置的信息以及探头天线方向图的结合,计算被测件的优化方位,用以优化近场测试。

CFFDNF 和 CFFNF 方法在近场搜索最大波束时的主要差异如表 7-5 所示,CFFDNF和 CFFNF 的测试步骤具体可参见[14],这里不做详细介绍。

表 7-5 CFFDNF 和 CFFNF 的不同测试方法

测试方法	CFFDNF	CFFNF(渐进展开法)
黑盒	N/A	先以 r1 为半径进行宽的本地搜索,再以 r2、r3 为半径进行窄的本地搜索,并保留在 r1、r2、r3 距离上的测试结果
黑-白盒	直接近场测试或者以 r1 为半径的本地搜索	以半径 r1 和 r2 为半径分别进行单独的近场测量

4)近场测试的适用范围

在本章一开始我们就介绍过,改进的近场测试方法并不是对所有测试项普遍适用,而是针对一些特殊的测试项进行了改进,因此需要对以上提出的新的测试方法的适用范围给出界定,具体测试方法的适用性可参见[14],这里不做详细介绍。

2. 测试仪表与被测件之间的极化失配

FR2 测试方法基于极化失配的增强主要包括 3 个方面,第一是分析与极化失配相关的测试例,第二是研究增强的测试方法,第三则是明确增强的测试方法的适用性。

在制定 FR2 终端射频测试方法的最初,定义了测量天线的能力:

- 在两个垂直的极化方向发送和接收;
- 在静区中央每次以单一极化方向引入线性极化的下行信号;
- 通过依次测量两个垂直极化天线的上行功率以合并得到总体的上行功率;
- 单次解调一个信号极化方向的接收信号。

因此,基于测量天线与终端天线的极化失配的测试主要面临以下两点问题。

① EIRP 测量中的下行极化失配。测试仪表与被测件之间的失配将会造成终端自行切断基于一个下行极化方向上的一条发射链路,导致在某些点中 EIRP 的测量值低于引入了极化增益的限值,测试失败。

② 解调测试中的上行极化失配。对于支持上行发射分集的终端,即使其发射分集对于标准透明,但是仍然会因为终端发射的信号仅在一个极化方向上进行解调,进而影响解调性能。

针对以上两点问题,3GPP 也讨论了不同的测试改进方案,分别是增强对于不同能力终端的 ERIP 测试,以及增强上行测试中测试仪表的解调性能,以满足在终端测试时无须专门设定一个关闭终端发射分集的测试模式的要求。

发射预编码矩阵指示(Transmitted Matrix Precoding Indicator,TPMI)基于码本使能多天线传输的基础。TPMI 方法也被用来在 EIRP 测量中使能双极化传输,用以增强 EIRP测量。

在整个讨论过程中,关于如何选用 TPMI、其是固定的还是可变的也进行了相应的讨论,最后明确使用固定 TPMI 的配置进行测试。对应于表 7-6,其中 TPMI Index 2~5 可以强制终端在单流的情况下采用双天线口进行传输,在这 4 个 Index 中,我们选用 TPMI Index=2 来进行测量。

表 7-6　TPMI 取值

TPMI Index	W(按 TPMI 指数从左到右递增的顺序排列)							
0~5	$\frac{1}{\sqrt{2}}\begin{bmatrix}1\\0\end{bmatrix}$	$\frac{1}{\sqrt{2}}\begin{bmatrix}0\\1\end{bmatrix}$	$\frac{1}{\sqrt{2}}\begin{bmatrix}1\\1\end{bmatrix}$	$\frac{1}{\sqrt{2}}\begin{bmatrix}1\\-1\end{bmatrix}$	$\frac{1}{\sqrt{2}}\begin{bmatrix}1\\j\end{bmatrix}$	$\frac{1}{\sqrt{2}}\begin{bmatrix}1\\-j\end{bmatrix}$	—	—

在 TR 38.810 中,现有的测量方法均适用于这种基于 TPMI 的测量增强方法,但是需要在实际测量开始之前,增加 TPMI 控制的流程,以控制终端在单流双天线的工作状态。

在 FR2,终端可以支持双极化,因此可以被认为激活的双天线口就是被激活的双极化方向,通过 TPMI 配置双天线口的传输,实际上是强制终端配置双极化的传输。但是对于这种采用 TPMI 强制双极化传输的测试配置方法,其 SRS 端口的数量配置为 2,根据 TS 38.101-2 中的描述,这样的端口配置是基于全功率传输能力下的单流的传输和双流的普通上行 MIMO 的情况。所以 TPMI 的测试方法仅适用于 R15 和 R16 的 coherent 终端,以及 R16 的支持上行满功率传输 Mode1 的终端。

3. 频段间(FR2＋FR2)载波聚合测量方法的增强

频段间(FR2＋FR2)的载波聚合将采用基于非直接远场的测试场地,额外增加一个偏置天线的测量增强方案。

- 对于支持 IBM 独立波束管理的终端,额外的偏置天线可以提供单独的频段测量,以实现主天线和偏置天线分别测量两个频段的测试,这样每个频段的测试与单天线情况基本一致。但是需要额外考虑偏置天线对于静区的不确定度的影响。
- 对于支持 CBM 共同波束管理的终端,使用额外偏置天线的可行性确实会有一定的限制,然而从 RAN4 仿真的结果来看,偏置天线相对于主天线在球面覆盖项目上的测量误差处于一个可以忽略的数量级。

基于以上情况,RAN4 对以下各种因素进行了仿真,以明确增加偏置天线方法的可行性。具体因素如下。

1) 测试设备产生的下行信号功率谱密度的不平衡影响:分别研究共同波束管理(CBM)和独立波束管理(IBM)终端在不同到达角下的功率谱密度(PSD)偏差。

2) 增加的偏置天线不处于焦点处的影响,进一步包括:静区的质量;基于独立波束管理的接收波束的形状;追踪共同波束管理终端的错误波束的倾向性;共同波束管理终端的球面覆盖测量的仿真。

4. 极限环境测试

在 TR 38.810 中,现有的测试方法,例如直接远场、非直接远场、近远场转换方法等,均可以通过更新额外的气候控制系统来支持极限气候条件下的测试。图 7-13 所示是一个基于非直接远场的极限环境测试[14]。

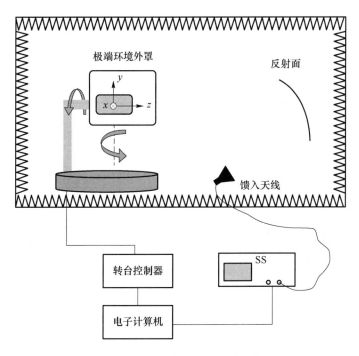

图 7-13　基于非直接远场的极限环境测试

图 7-13 所示测试系统的主要参数为：

- 测试系统支持极限温度为$-10℃\sim+55℃$；
- 相应的温度偏差也有相应对应，推荐的 FR2 的极限环境测试系统的温度偏差为$\pm4℃$。

5. 优化测试时间

FR2 终端的 UE RF、RRM 和解调（demodulation）测试都采用 OTA 的测试方法。OTA 测试系统自身的复杂性，造成这些测试的测试时间相较于 FR1 会有极大的增加。比如最大发射波束方向搜索需要 4 个小时，最大接收波束方向搜索需要 11 个小时，再考虑终端在发射类测试时经常需要满功率发射，电池无法长时间支持测试，额外的充电时间也会增加，因此需要通过改善测试方法来优化测试时间。其中一种方法是采用全新的测量网格。

在定义 R15 的 FR2 OTA 测试的时候，对于 PC3 的终端，天线阵列的假设为 4 * 2，并基于这个假设进行了一系列仿真，得到了如下的测量网格。

- 最大波束搜索网格：该网格用来确定最大发射波束方向和最大接收波束方向。其中使用 3D EIRP 扫描来决定最大发射波束方向，采用 3D 吞吐率/RSRP/EIS 扫描来决定最大接收波束方向。
- 球面覆盖网格：使用该网格，通过计算 3D EIRP/EIS 分布曲线的 CDF 来确定球面覆盖的性能。
- TRP 测试网格：使用该网格，通过积分采样网格上的 EIRP 测量值来确定 DUT 在最大发射波束方向上的总功率。

在 R17 的测试方法增强中，3GPP 通过仿真研究，对于最大波速搜索的网格，在 8 * 2 和

4 * 2 的不同天线假设下,均得到了在系统误差为 0.5 dB 情况下的最少网格点数。与之前的测试网格数相比,减少了三分之二的网格数,相应的测试时间也缩短到原来的三分之一,如表 7-7 所示。

表 7-7　最大波束搜索的网格优化

网格类型	天线配置		
	8 * 2	4 * 2	优化因子
固定步长	1 106	366	3.0
固定密度	800	275	2.9

而对于球面覆盖测量的网格,在 8 * 2 和 4 * 2 的不同天线假设下,对于 EIRP 50% CDF 覆盖的指标,与之前的测试网格数相比,减少了大约一半的网格数,相应的测试时间也缩短到原来的一半,具体需要的最小网格数如表 7-8 所示。

表 7-8　球面覆盖的网格优化

网格类型	天线配置		
	8 * 2	4 * 2	优化因子
固定步长	266(15.0 deg)	146(20.0 deg)	1.8
固定密度	200	100	2

最后,对于 TRP 测量的网格,3GPP 也针对固定步长的网格类型,考虑了无天线系数调零、仅在 $\theta=180°$ 时调零和对于最低两个维度测试点调零的 3 种情况,以及针对固定密度的网格类型,考虑无调零和在 $X<\theta<180°$ 的情况下的调零,对以上不同情况进行了研究,并且在基于标准差小于 0.25 dB 的要求下,排除一些均值较高的网格类型,最终归纳出不同的测试方法下 TRP 测量网格所需要的最小网格点数。

另外,3GPP 还对以下测试方法做了增强,以减少测试时间,并规定了如下的具体测试步骤:基于 RSRP 的最大接收波束搜索;单链路极化测量;快速球面覆盖测试方法;非均匀的测试网格。

6. 52.6 GHz 以上的终端 RF 测试方法

RAN4 目前在讨论 FR2-1 的测试方法是否可以沿用至 FR2-2。对于记录在 TR 38.810 中的 FR2-1 已有的测试方法,目前的结论是测试方法以及测试的校准可以沿用到 FR2-2 频段,但是在一些细节上会有区别。比如,终端天线子阵的系数,将会采用半功率波束宽度为 [80°/60°],天线子阵的增益为 5 dBi 的假设;在制定系统测试误差的时候,天线阵列的假设采用 PC1 类型终端[144(12 * 12)]个子阵、PC2 类型终端[40(10 * 4)]个子阵的假设等。另外,也额外给出了在 71 GHz 下的直接远场系统的最小测试距离。

对于在 7.4.1 小节中引入的新的增强测试方案,其在 FR2-2 的适用性目前仍然在讨论中。现在的结论是至少"对采用高下行功率和低上行功率的测试例定义新的增强测试方法""测试仪表与被测件之间的极化失配""优化测试时间"中的改进测试方法是可以在 FR2-2 中适用的。

7.4.3 MIMO OTA

2020 年 7 月 3GPP RANP♯88 次会议后,3GPP 正式宣布 NR MIMO OTA 的研究阶段完成,并且输出了 TR 38.827 V16.0.0。该技术报告总结了 R16 中 3GPP 对 MIMO OTA 测试方法的研究,包括 NR MIMO OTA 的信道模型总结,NR FR1 MIMO OTA 的暗室布局,NR FR2 MIMO OTA 的暗室布局等内容。同一 3GPP 全会会议也通过了 R17 的工作内容,研究并制定 MIMO OTA 的终端性能指标。

1. FR1 MIMO OTA 测试方法

根据 R16 研究内容中的总结方案,FR1 采用多探头 MPAC 的测试方法,一共采用 16 个均匀分布的双极化探头,测试系统的示意图如图 7-14 所示。具体的测试中,采用 DMSU、DMP 和 DML 一共 3 种摆放方式进行测试,相应的摆放方式可参见[15]。最后采用 TRMS 取平均的方式对测试数据进行处理。在每一种摆放方式的测试中,测试点会沿着 Z 轴旋转 360°,每次的旋转步长为 30°,所以一种摆放方式一共有 12 个测试点。在每一个测试点均进行类似于接收灵敏度的测试,即测试在保证在 70% 吞吐率下所需要的接收功率值。对应得到每一个放置模式下的 S 值,并代入 TRMS 的公式,得到最后平均的 TRMS 值。

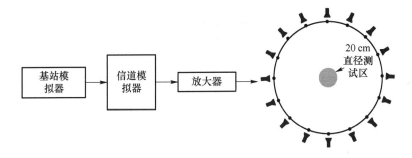

图 7-14　FR1 MIMO OTA 多探头测试系统

由于受限于信号模拟器的功率强度,以及自由空间的能量损耗,接收功率有一个最大值 $P_{\text{RS-EPRE-MAX}}$,即如果下行信号功率抬升达到 $P_{\text{RS-EPRE-MAX}}$ 时,若终端的吞吐率依然未能达到 70%,则这个测试点会被视为“坏点”。在围绕 Z 轴旋转的整个 360° 共 12 个测试点中,最多仅允许 1 个坏点的存在,具体可参见[15]。

另外,由于希望能够更加精确地反映终端 MIMO OTA 的性能指标,R17 给出了额外的测试指标,即满足 90% 的吞吐率的情况下,允许最多 x 个“坏点”存在。目前关于 x 的最后取值还没有最终确定下来,暂时比较合适的 x 取值是 2。

关于 MIMO OTA 的信道模型选择,3GPP RAN4 最初的讨论认为 FR1 4 * 4 MIMO 的情况下,需要更好的信道,终端在实际中才会采用相应的 MIMO 传输,所以使用了 CDL-C Uma 的信道模型。而对于 FR1 2 * 2 MIMO 的情况,认为应该使用 CDL-A Umi 的信道模型。然而在整个讨论的过程中,终端公司则认为对于 2 * 2 MIMO 使用 CDL-C Umi 的信道模型是更为合适的。因此在经过了两次会议的讨论之后,最后各公司一致认为对于 2 * 2

MIMO 采用 CDL-C Umi 的信道模型。

前文提到,接收功率有一个最大值 $P_{\text{RS-EPRE-MAX}}$,测试人员会根据该值的测试情况认定这个测试点是否为"坏点",因此 $P_{\text{RS-EPRE-MAX}}$ 的选择在 MIMO OTA 的测试中就至关重要。在测试频段的频率小于 3 GHz,且测试带宽为 40 MHz 时,同意使用 -80 dBm/15 kHz,即与 LTE 保持一致的最大下行功率。而对于 3 GHz 以上的工作频率,在 10 MHz 和 40 MHz 的带宽下,考虑底噪的抬升,目前建议使用 -79 dBm/15 kHz 的最大下行功率。这个值需要与实际使用中可允许的"坏点"个数共同考虑。

最后是测试时间的选择。对于工作频段在 1 GHz 以上的情况,当 SCS 采用 30 kHz 时,使用 20 k 个时隙作为测试时间,而当 SCS 采用 15 kHz 时,使用 10 k 个时隙作为测试时间。这样能够保证整体的测试时间不变,在保证测量精度的前提下,也确保了测试时间在可接受的范围内。

2. FR2 MIMO OTA 测试方法

FR2 明确使用 3D-MPAC 的测试系统,最大支持 $2*2$ MIMO,采用 CDL-C Umi 的信道模型,一共有 6 个探头分布。考虑原有测试方案中探头分布的方式会由于转轴机械臂的存在,产生遮挡效应,影响测量精度,为了最小化遮挡效应的影响,并且减少现有系统的更改,所以采用探头 1 号与 Z 轴正对的摆放方案。新的探头摆放方案如表 7-9 所示。

表 7-9　探头摆放方案

探头编号	Theta[deg]	Phi[deg]
1	0.0	0.0
2	11.2	116.7
3	20.6	-104.3
4	20.6	104.3
5	20.6	75.7
6	30.0	90.0

最小测试半径为 0.75 m,整体 3D 范围内,一共有 36 个均匀密度分布的测试点,性能指标采用 MASC(MIMO Average Spherical Coverage)的指标。在 36 个测试点中,采用其中最高的 18 个测试点的测试值。3GPP 目前也在定义无法满足 X 个测试点的终端,认为其无法通过相应的测试,在定义的 RE-EPRE 取值为 -79.1 dBm/120 kHz 的前提下,这里 X 取 18,也就是如果有 18 个以上的点无法满足 70% 吞吐率的话,则认为终端无法通过该项测试。

7.4.4　SISO OTA

3GPP 在 2021 年 3 月举办的 RAN 第 91 次全会上通过了 SISO OTA 的标准立项[16],该项目主要研究 FR1 终端 SA 以及 EN-DC 下的 TRP 和 TRS 指标。相应地,整个工作过程形成了一篇技术报告(TR 38.834)以及一篇技术标准(TS 38.161)。具体的讨论分工为，RAN4 明确测试方法以及测试指标，而 RAN5 负责完成测试不确定度 MU 方面的工作，为此 RAN4 与 RAN5 也相互发送了联络函，以明确两个工作组共同协作的流程，并且最终决定 RAN5 相关的 MU 工作会先在小组内形成统一结论，再由一名代表在 RAN4 内部提交相应的文稿。

1. SISO OTA 通用测试参数

对于 OTA 测试，测量带宽明确采用 TS 38.508-1 中表 4.3.1.0A-1 中明确的 mid channel bandwidth，而运营商明确要求的频段则有如下的测量带宽要求：Band n28，20 MHz；Band n41/n77/n78/n79，100 MHz。

每一个频段的测试频点，则适用 TS 38.508-1 第 4.3.1.1 小节中对应的测量带宽的低、中、高 3 个不同的频点，对于运营商额外要求的测试频点，会额外进行讨论。

SISO OTA 的测试目前主要针对手机类型，Redcap 类型的终端不在 R17 的讨论范围之内；并且主要制定手部模型对应的指标。

2. SISO OTA 测试方法

NR SISO OTA 测试的方法，基本与 LTE SISO OTA 的测试方法一致，对于 SA 的测试，目前仅考虑单载波的测试，而对于 EN-DC 的测试，则对 NR 与 LTE 的功率分配进行了激烈的讨论。

该讨论主要分为两种观点：一种观点认为，EN-DC 中，LTE 与 NR 的功率同样重要，LTE 作为锚点，应该保持足够的功率，同时国内的 CCSA 行业标准也采用 NR 与 LTE 50%-50% 的功率分配方式，因此 LTE 与 NR 各 50% 的功率应该作为功率分配的原则；而另外一种观点认为，在 3GPP 全会的讨论上，目前 EN-DC 的 TRP 测试仅测试 NR 部分的功率，LTE 的功率不测量，因此 50% 的 LTE 功率无法得到监控，另外，CTIA 目前的测试要求也采用"NR 最大功率，LTE 仅保持链路连接"的方式。最后，从测试方法统一性的角度，结合 3GPP 全会对于 EN-DC 指标的要求仅测试 NR 部分，采用了固定的低 LTE 链路上行功率的方法，并且固定 LTE 载波的功率为 10 dBm。

而 TRS 测试的功率分配方式则不同于 TRP 测试的功率分配方式。不少公司希望能够看到 LTE 部分对于 NR 部分的影响，因此即使在 3GPP 定义 SISO OTA TRS 指标仅考虑 NR 部分的情况下，TRS 测试仍旧采用了 LTE-NR 功率 50%-50% 平均分配的方式。这个方式也与 CTIA 的功率分配一致，进一步确保了全球范围内测试功率配置的统一。

对于 EN-DC 的测试组合，3GPP 也进行了相应的讨论。由于频段过多，组合类型也非常的多，R17 时间段优先考虑了包含 n28、n41、n78 和 n79 的 EN-DC 组合。因为指标要求仅针对 NR 部分，所以对每一个 NR 频段，选用一组特定的 EN-DC 组合来制定指标，原则上选取没有 MSD 的组合，最终选定的组合频段如表 7-10 所示。对于终端无法支持表 7-10 中的组合的情况，目前 3GPP 仍然在讨论当中。

表 7-10　SISO OTA 制定指标的 EN-DC 组合

EN-DC 配置	E-UTRA 配置	NR 配置
DC_3A_n28A	基于 TR 37.902 配置	基于 TR 38.834 配置
DC_2A_n41A		
DC_1A_n78A		
DC_1A_n79A		

针对多天线的测试,天线切换功能目前也是运营商愿意在 OTA 测试中验证的功能。因此对于 TAS ON 状态,也就是在开启天线切换功能的状态下如何进行 OTA 的测试以及定义指标,3GPP 也进行了充分的讨论。考虑天线切换功能是终端自行实现的功能,其功能逻辑没有标准化,并且涉及除硬件外,软件部分也有关联,因此现有的 TRP/TRS 测试明确采用 TAS OFF 的状态,对于 TAS OFF 状态的验证,目前有实验室采用基于 SAR 扫描的方式,实际测试中这个验证在 R17 是可选的。

7.4.5　UE EMC

1. 概述

终端的 EMC 测试一直也是 3GPP 研究的范围。从 LTE 的 TS 36.124 到 NR 的 TS 38.124 均为终端 EMC 的测试标准,并且由于 EMC 测试的独特性,其核心要求(core requirement)和一致性测试(conformance test)部分均在 RAN4 完成,并非如射频指标般需要区分 RAN4 和 RAN5 的职责。R15 的终端 EMC 协议仅对单载波的情况进行了 EMC 测试配置的说明。然而随着终端能力的提升,载波聚合(CA)以及双链接(DC)的情况在终端上已经越来越常见,如何在这些情况下进行 EMC 测试的配置在整个终端 EMC 界目前也存在着分歧。除了 3GPP,比如 CCSA 和 ETSI 等地区性的标准组织也对终端 EMC 进行了一系列测试的增强,明确了测试配置,因此 3GPP 也急需完善其终端 EMC 协议,以更好地完成其作为指导协议的工作。

2. 各地法规对终端 EMC 的研究进展

当前,终端 EMC 主要的地区法规为欧盟的 ETSI EN 301 489-52 以及中国的 CCSA TC9 YD/T 2583.18 两个标准。其中欧盟的 ETSI EN 301 489-52 标准是一个针对所有移动通信终端的标准,售往欧盟的终端产品都需要满足相应的标准要求。这个标准包含了 2G、3G、4G、5G 终端的所有测试配置以及测试指标要求,其最新版本为 2020 年 12 月份发布的 v1.1.2 版本,目前正在欧盟委员会的讨论过程当中。YD/T 2583.18 是中国国内的行业标准,是终端入网检测认证的依据,其最新的版本为 2019 年 12 月份发布的 YD/T 2583.18-2019。

ETSI 301 489-52 的最新修订中,最为明显的修改为其加入了终端在载波聚合(CA)以及多链接(EN-DC)情况下的测试配置,特别是其第 4.2.3 小节明确地规定了相应的依据,NR(3GPP TS 38.508-1 和 TS 38.521-1)和 LTE(TS 36.508 和 TS 36.521)的相应内容。单独从标准的完整性角度来看,ETSI 301 489-52 目前的版本确实弥补了这一部分之前的空白,为产品的认证以及相应的研发行为提供了依据。但是从另外一个角度来看,当前 3GPP 的测试标准,是针对射频测试给出的相应配置,有着对应射频测试的特殊性。直接套用相应的射频测试配置,不免显得有些繁杂,与 EMC 测试的实际特性不符,因此该修订内容理论上还存在着改进的空间。

CCSA TC9 YD/T 2583.18 本身是针对 5G NR 的标准,2583 其实是一整个系列,包括了从 2583.1 总则开始的一系列通信 EMC 标准,涵盖了各种制式的终端以及基站产品。目前整个 2583 系列也在修订的过程中,特别是 2583.4 混模终端的标准也在尝试加入 NR 相关的部分。特别地,YD/T 2583.18 单独定义了 NR 中单载波的测试配置,这个配置可以作为后续讨论的基础。

可以看到,不管欧盟还是中国,对于通信终端的 EMC 目前都在进行着新一代的标准更新,而标准更新的主要内容就是测试配置的明确。CCSA TC9 也通过联络函的方式将其独特的测试配置和修订计划与 3GPP RAN4 进行了沟通。因此 3GPP RAN4 内部对于终端 EMC 的增强是有统一意见的,并且也记录在了会议的 WF 中。从 2020 年 9 月开始,就有相关的终端 EMC 立项被提交 3GPP RAN 全会,并且该立项后续也与基站 EMC 增强进行了合并,以便更好地规划 RAN4 的工作时间。该立项也获得了包括各终端厂商、基站厂商以及各地运营商的支持。但是由于 R17 的标准化任务已经饱和,因此该立项也被延期到 R18。最终,经过 2021 年 4 次 RAN 全会以及多次的邮件讨论,EMC 也在 2022 年 3 月份举办的 RAN♯95 次全会上被成功立项。作为 RAN4 R18 的工作计划,该项目分别包含了基站部分的增强和终端方面的增强,具体如下所述。

3. R18 EMC 立项的研究内容

R18EMC 立项主要分两个阶段,这两个阶段的工作主要可概括如下。

① 第一阶段

- 进一步筛选目前终端支持的不同功能,以明确后续工作的主要内容。
- 对终端 EMC 的辐射发射测试的频率范围进行研究。
- 研究不同功能下终端如何在 EMC 测试中建立稳定的射频链路。
- 对现行各地区的认证法规进行研究,明确各地法规对于不同功能终端 EMC 测试的指标要求与测试配置。

② 第二阶段

- 修订现行的 EMC 辐射和抗扰类指标,以适应第一阶段筛选出来的功能,同时对辐射抗扰类测试修订免测频段。
- 制定 EMC 测试中通信链路的要求与准则。
- 辐射测试适用频率的上下限的修订。
- 在各地认证法规的基础上,进一步完善终端 EMC 的测试配置。

而基站 EMC 工作主要如下。

① 第一阶段

- 对现行的基站测试配置和对应的能力集合进行进一步的分析与研究。
- 分析简化测试配置的可行性与收益。

② 第二阶段

- 对非 AAS 基站的 EMC 测试进行简化。

- 对 AAS 基站的 EMC 测试进行简化。
- 将现有基站射频测试的能力集进一步应用在 EMC 测试配置中。
- 对现行协议 TS 37.113 和 TS 37.114 第 4 章中的 EMC 测试配置进行简化。

参 考 文 献

[1] RP-202832，WID for introduction of bandwidth combination set 4（BCS4）for NR，Ericsson，3GPP TSG RAN Meeting ＃ 90e，Electronic Meeting，December 07-11，2020.

[2] R4-2108004，LS on NR CA capability for BCS5，Xiaomi，3GPP TSG-RAN WG4 Meeting ＃99-e，Electronic meeting，19-27 May，2021.

[3] RP-202870，New SID Study on high power UE（power class 2）for one NR FDD band，China Unicom，3GPP TSG RAN Meeting ＃ 90e，Electronic Meeting，December 7 -11，2020.

[4] RP-212633，New WID on high power UE（power class 2）for NR FDD band，China Unicom，3GPP TSG RAN Meeting ＃ 93e，Electronic Meeting，September 13 - 17，2021.

[5] RP-201584，WID：SAR schemes for UE power class 2（PC2）for NR inter-band Carrier Aggregation and supplemental uplink（SUL）configurations with 2 bands UL，China Telecom，3GPP TSG RAN Meeting ＃ 89e Electronic Meeting，September 14-18，2020.

[6] RP-202088，New WID proposal：RF requirements enhancement for NR frequency range 1（FR1）in R17，Huawei，3GPP TSG RAN Meeting ＃ 89e Electronic Meeting，September 14-18，2020.

[7] RP-202107，New WID on NR RF Enhancements for FR2 Nokia，Nokia Shanghai Bell，3GPP TSG RAN Meeting ＃89e Electronic Meeting，September 14-18，2020.

[8] R4-2014218，Discussion on UL gaps for self-calibration and monitoring，Apple，3GPP TSG-RAN WG4 Meeting ＃97-e，Electronic Meeting，2-13 Nov. ，2020.

[9] R4-2100218，UL gaps for Tx power management，Apple，3GPP TSG-RAN WG4 Meeting ＃98-e，Electronic Meeting，25 Jan-5 Feb. ，2021.

[10] R4-2107267，On FR2 UL gap for coherence calibration，Huawei，3GPP TSG-RAN WG4 Meeting ＃ 98bis-e，Electronic meeting，April. 12-20，2021.

[11] R4-2119962，A WF on FR2 enhancement UL gap，Apple，3GPP TSG-RAN WG4 Meeting ＃101-e，Electronic Meeting，Nov. 1-12，2021.

[12] RP-192430，Study on enhanced test methods for FR2，Apple，CAICT，3GPP TSG-RAN Meeting ＃86，Sitges，Spain，Dec 9-12，2019.

[13] R5-195196，5G-NR FR2 Transmitter ＆ Receiver Testability Issues-Regional Regulatory Bodies Input Required，3GPP TSG-RAN5 Meeting ＃ 83，Reno，

Nevada，USA，13-17 May 2019.

［14］ TR 38. 884 3rd Generation Partnership Project；Technical Specification Group Radio Access Network；NR；Study on enhanced test methods for FR2 NR UEs；（Release 17）.

［15］ TR 38. 827，3rd Generation Partnership Project；Technical Specification Group Radio Access Network；Study on radiated metrics and test methodology for the verification of multi-antenna reception performance of NR User Equipment（UE）；（Release 16）.

［16］ RP-210807，New WID：Introduction of UE TRP（Total Radiated Power）and TRS（Total Radiated Sensitivity）requirements and test methodologies for FR1（NR SA and EN-DC），Vivo，3GPP TSG-RAN Meeting ♯91-e，Electronic Meeting，16th-26th March，2021.

第 8 章

无线网络切片

8.1　无线网络切片技术背景介绍

5G 与 4G 的显著区别是 5G 将支持更加多样化的垂直业务,比如智能制造、智慧城市、智慧医疗、智能交通等。这些业务在可靠性、时延等方面提出了更高的要求。为了避免这些垂直业务间互相影响,一些垂直业务需要采用隔离的物理资源来保证业务性能。在这种需求背景下,网络切片应运而生。

网络切片是一个概念,通过网络切片技术,运营商能够在一个通用的物理平台上构建多个专用的、虚拟化的、互相隔离的端到端逻辑子网,通过差异化的网络配置,满足不同用户对网络能力的差异化需求,并根据服务水平协议(Service Level Agreement,SLA)和用户订阅信息,确定每个用户有资格使用什么切片。

网络切片的支持依赖于通过不同的 PDU 会话承载不同切片数据,网络通过调度和提供不同的 L1/L2 配置实现不同切片的差异化处理。一个网络切片通常包括 RAN 部分和 CN 部分,并由单个网络切片选择辅助信息(Single Network Slice Selection Assistance Information,S-NSSAI)唯一标识。一个 S-NSSAI 由 8 bit 切片/业务类型(Slice/Service Type,SST)和可选的 24 bit 切片区分标识(Slice Differentiator,SD)组成,一个网络切片选择辅助信息(Network Slice Selection Assistance Information,NSSAI)包括一个或至多 8 个 S-NSSAI。

在 R15/16 中,NG-RAN 侧对于网络切片的支持包括以下几方面[1]。

- 支持对预配置的不同切片进行差异化的数据处理。
- 支持切片 RAN 部分的选择。NG-RAN 基于终端或 5GC 提供的 NSSAI 执行切片 RAN 部分的选择,其中,NSSAI 标识 PLMN 中一个或多个预配置切片。
- 支持切片间资源管理。NG-RAN 支持基于切片 SLA 的策略执行。每个 NG-RAN 可以支持多个切片,并可将最优的无线资源管理(Radio Resource Management,RRM)策略应用于每个支持的切片。
- 支持在一个切片内进行 QoS 区分。

- 支持切片 CN 部分的选择。对于初始接入,NG-RAN 基于终端提供的 NSSAI 执行 AMF 选择并将 NAS 消息路由到该 AMF。如果 NG-RAN 无法使用此信息选择 AMF,或者终端不提供任何此类信息,NG-RAN 会选择其中一个默认 AMF。对于后续接入,NG-RAN 基于终端提供的 5GC 分配的临时 ID 将 NAS 消息路由到相关 AMF,如果 NG-RAN 无法接入该 AMF,执行初始接入的 AMF 选择。

- 支持切片间资源隔离。NG-RAN 支持基于 RRM 策略和保护机制实现共享资源下的切片间资源隔离,不同切片也可以配置特定资源。

- 支持基于切片的接入控制。在统一接入控制(Unified Access Control,UAC)机制中,运营商定义的接入类型可用于实现不同切片的差异化接入控制,NG-RAN 通过广播相关的接入控制参数,可最小化切片拥塞的影响。

- 一些切片可能只在部分网络中可用,NG-RAN 支持的 S-NSSAI(s)由 OAM 配置。NG-RAN 对于邻小区的切片可用性感知可用于异频切换。在现有网络部署中,假设切片可用性在终端的注册区域内不变。NG-RAN 基于切片可用性、资源可用性以及对所请求业务的支持情况决定是否允许或拒绝接入切片。

- 支持终端同时接入多个切片。当终端同时关联多个切片时,NG-RAN 也仅维护一个 RRC 连接。对于同频小区重选,终端始终驻留在最佳小区。对于异频小区重选,NG-RAN 通过配置专有优先级控制终端驻留。

- 支持切片感知。目前 NG-RAN 对于切片感知的粒度是 PDU 会话级别,通过在包含 PDU 会话资源信息的信令中指示对应 S-NSSAI 的方式实现切片感知。

- 支持终端接入切片的权限验证。5GC 负责验证终端是否有接入切片的权限,然而在收到终端初始上下文建立请求消息之前,NG-RAN 可以基于对终端请求接入的切片的感知应用一些临时/本地策略。在初始的上下文建立过程中,NG-RAN 被告知资源请求的切片。

在 R17 中,运营商希望进一步增强 NG-RAN 对网络切片的支持,SI 阶段 RAN2 工作组的研究目标主要包括[2]:研究切片感知的小区重选,以增强终端快速接入预期切片的能力;研究切片特定的随机接入配置和统一接入控制机制,以提高无线网络资源和终端切片需求的精准匹配能力,保障无线资源隔离和敏感业务切片的优先接入。其中,关于切片特定的 UAC 机制增强,由于在 R17 之前 UAC 机制已经支持将切片映射到相应的运营商定义的接入类型,从而在一定程度上实现切片特定的接入控制管理,因此 R17 WI 阶段不考虑该技术增强。其他的 SI 阶段目标均成功进入 WI 阶段,并且,除了实现 RAN 切片的增强需求,R17 还针对 SA2 的切片技术增强需求,提供了 RAN 侧的支持,包括支持通过网络实现保障每个终端的每个切片上下行链路的切片最大比特速率(Maximum Bit Rate,MBR)的执行,以及基于 CN 提供的目标 NSSAI 优化小区重选优先级,需要说明的是,这里的小区重选优先级是指 R17 之前的小区重选机制中非切片特定的小区重选优先级。

除此之外,在 SI 阶段,有部分公司认为支持切片感知的小区选择能够促使终端在初始小区选择时就能够驻留到支持切片的小区,从而减小接入时延,因此想要在 R17 中引入切片感知的小区选择;但反对切片感知小区选择的公司认为其需要在 SIB1 中广播切片信息,然而 SIB1 大小有限且读取多个小区的 SIB1 会增加终端功耗和接入延迟,并且即使终端在小区选择过程中选择了一个不支持预期切片的小区驻留,随后也能够立即执行切片感知的小区重选,从而重选到支持切片的小区。RAN2 工作组最终决定在 WI 阶段不考虑切片感知的小区选择。

8.2　Release 17 切片部署场景

在 Release 17(R17)中,切片可用性可能被进一步限制在某些频率[3],以便为运营商提供改进服务支持和在特定区域实现切片部署场景的工具。

考虑不同的业务需求,可以将不同切片部署在不同频率上,从而有助于提高服务效率和资源管理[4]〔如图 8-1(c)中的地理位置 3 所示〕。另外,为了充分利用无线频谱资源,对于类似于 FR2 的这种宽频带,不同切片也可以部署在相同频率上。除此之外,有公司提出需要考虑所有可用切片在所有频率上部署,但不同切片具有特定的首选频率[5]〔如图 8-1(d)中的地理位置 4 所示〕,在这种场景下,大多数终端将驻留在首选频率小区,但基站可以基于 QoS 要求、覆盖以及小区负载情况,在另一个频率上为终端提供服务,从而使基站能够灵活分配所有可用的无线资源,在最大化服务性能的同时,确保那些仅支持部分频段的终端仍然能够获得所需的切片服务。SI 阶段确定的切片部署场景如图 8-1 所示,其中,小区 X 表示小区集合。需要注意的是,不管是哪种切片部署场景,RAN2 都需要遵循 SA2 对于跟踪区域(Tracking Area,TA)内切片一致支持的部署假设,即 TA 内所有频率/小区都应支持相同类型的切片。

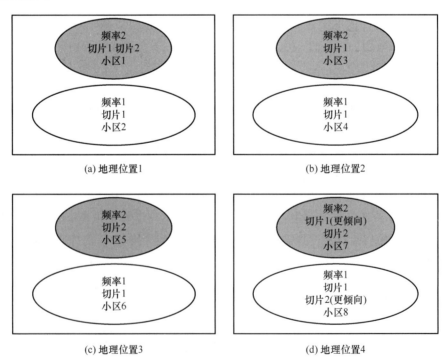

(a) 地理位置1　　　　(b) 地理位置2

(c) 地理位置3　　　　(d) 地理位置4

图 8-1　小区重选切片部署场景示例[6]

8.3　预期切片定义

为了支持终端快速接入支持预期切片的小区,首先需要明确预期切片的含义。

在 R17 之前的版本中,切片信息由 NAS 层存储和维护,因此终端 AS 层首先需要从 NAS 层获取预期切片信息,从而应用相应切片特定的网络配置。对于预期切片的含义,其在不同场景下的含义不同,具体如下。

- 为了使终端在驻留后能够成功注册到请求的 S-NSSAI(s)并获得 RAN 侧无线资源支持而执行的小区重选,终端需要快速找到支持请求的 S-NSSAI(s)的小区接入,因此在该场景下,预期切片为请求的 S-NSSAI(s)。
- 为了支持空闲态或非激活态终端的业务连续性而执行的小区重选,需要保障接入的目标小区能够支持源小区中成功注册到并可获得对应服务的允许的 S-NSSAI(s),因此在该场景下,预期切片为允许的 S-NSSAI(s)。
- 对于上行业务,终端 NAS 层能够将其映射到某一切片 S-NSSAI 以承载对应上行业务数据,在该场景下,预期切片为上行业务关联的 S-NSSAI。
- 对于下行业务,R17 之前的机制中,寻呼消息中未包含任何下行业务对应的切片信息,因此终端 AS 层目前无法获取下行业务对应的预期切片信息。

对于终端是否需要感知下行业务对应的预期切片信息,支持的公司认为终端获取与下行业务对应的切片信息,能够辅助终端选择支持该切片的小区驻留,并在随机接入过程中,基于切片特定的随机接入配置获得接入保障,避免不必要的接入延迟和信令开销;反对的公司认为在 R17 之前的机制中,因寻呼触发的接入始终被允许,在一定程度上能够提供接入保障,并且切片感知的寻呼增强不在 SI 研究目标范围内,重新启动该研究可能会推迟 WI 阶段标准化工作的进展。

RAN2 最终确定 R17 中不考虑下行业务对应的切片触发的小区重选和随机接入。

8.4　切片分组机制

在 R17 中,基站需要通过广播系统消息向终端提供切片相关的小区重选信息或随机接入配置信息,然而,显式的切片标识(例如 S-NSSAI)会带来巨大的信令开销并可能导致安全问题,因此,考虑采用切片分组的方式来解决,即在 R17 中,切片感知的小区重选以及切片特定的随机接入配置都是按照切片分组的粒度配置和执行的。对于切片分组机制,主要提出了以下 3 种方案。

① 方案 1:切片服务类型 SST[7]。该方案相比直接广播 S-NSSAI(32 bit),能够大大地降低信令开销,并且由于目前已经支持并明确定义了 SST 的概念,因此该方案对标准影响较小,且不需要额外的信令提供切片和切片分组之间的映射关系。但是,每个网络切片由 S-NSSAI(32 bit)唯一标识,每个 S-NSSAI 由 SST(8 bit)和 SD(24 bit)组成,因此每个 SST

最多能够标识2[24]个网络切片,无法准确区分具有相同 SST 不同 SD 的切片,进而导致终端无法确定是否能够接入该小区,除非网络能够保证某个小区能支持具有相同 SST 的所有切片,然而这也大大地限制了网络部署切片的灵活性。

② 方案 2:切片相关的接入类型[8]。由于 R17 之前的 UAC 机制就已经支持切片到对应运营商定义的接入类型的映射,因此该方案对标准影响较小,但是会对现有 UAC 机制产生影响,主要体现在以下几个方面。

- 在 UAC 机制中,如果终端确定的切片相关的运营商定义的接入类型对应的接入控制信息没有在广播限制信息中指示,该接入尝试被视为是允许的,因此,如果使用切片相关的运营商定义的接入类型来指示小区支持的切片,该小区支持或者不支持的切片相关的运营商定义的接入类型对应的接入控制信息都应该在广播限制信息中指示,造成巨大的信令开销。

- 目前预留给运营商定义的接入类型数量为 32,而网络能够支持上百个切片,如果采用此方案,大量的切片会被映射到同一个接入类型,从而导致对特定切片的接入控制变得不精确,对 UAC 机制产生不利影响。

③ 方案 3:一种新的分组机制[9,10]。该方案相比前两种方案更为简洁,能够更大程度上提供分组配置的灵活性和可扩展性。但是,该方案需要 SA2/CT1 额外的机制支持,以将切片和切片分组之间的映射规则提供给终端。

由于大多数公司倾向于方案 3,RAN2 最终确定引入一种新的切片分组(Network Slice AS Group,NSAG)机制,以避免对其他机制(例如 UAC)产生影响,并提供更灵活的网络配置。

R17 NSAG 机制定义遵循以下原则。

- 切片到 NSAG 的映射关系是 TA 粒度的,即不同 TA 中 NSAG 映射关系可以不同。

- NSAG 由一个 NSAG 标识符唯一标识。在一个跟踪区域内部,对于同一切片,在切片感知的小区重选和切片特定的随机接入中,可以映射到不同 NSAG,但是对于同一目的(即对于切片感知的小区重选,或对于切片特定的随机接入),一个切片最多能够映射到一个 NSAG 中。

- 如果终端在核心网能力中指示支持 NSAG,AMF 通过注册接受消息或终端配置命令消息为终端提供配置的 S-NSSAI(s)对应的 NASG 信息,并可选地提供 NSAG 的有效 TA 信息,以使终端确定用于小区重选或随机接入的 NSAG。

R17 NSAG 特定的网络配置遵循以下原则。

- 对于随机接入来说,一个小区可以有一个或多个切片特定的随机接入配置。一个切片特定的随机接入配置可以关联一个或多个 NSAG,关联的 NSAG 中的所有切片都可以使用该配置。同时,允许一个 NSAG 不关联任一切片特定的随机接入配置,在这种情况下,该 NSAG 中的所有切片将基于 R17 之前版本中的随机接入配置发起随机接入。

- 对于小区重选来说,服务小区通过 SIB 消息和/或 RRCRelease 消息指示特定于一个或多个 NSAG 的频率优先级。

8.5 切片感知的小区重选

8.5.1 背景介绍

在 R15/R16 的小区重选中,终端接收并基于基站下发的频率优先级,按照频率优先级顺序在某个频率上选择信号质量最好的小区[11]。终端在未知小区切片信息的情况下执行小区重选,可能导致终端重选到不支持预期切片的小区驻留,从而无法发起切片业务。

因此,为了让终端能够优先重选到支持预期切片的小区,一种方式是基于 R15/R16 的机制实现,基站通过 RRC 释放消息配置终端特定的专有优先级控制终端执行小区重选,但此时终端仍然无法感知频率或小区支持的切片信息,并且专有优先级在首次 RRC 连接之前是不可用的,仅当终端从连接态进入空闲态且 T320 定时器运行期间有效。因此,R17 考虑引入切片感知的小区重选机制,意在使终端能够快速接入支持预期切片的小区。

8.5.2 切片感知的异频小区重选

1. 切片感知的小区重选优先级

在 R15/R16 中,不同 NR 频率或 RAT 间频率的绝对优先级可以通过 SIB 消息、RRCRelease 消息或从另一个 RAT 继承提供给终端。R17 切片感知的小区重选仍遵循这个基本原则,基站可以通过 SIB 消息或 RRCRelease 消息提供当前服务频率和邻频支持的 NSAG 信息及每个 NSAG 对应的频率绝对优先级,用于辅助终端执行切片感知的小区重选。终端如果接收到包含非切片特定的频率优先级或切片特定的频率优先级的 RRCRelease 消息,则忽略 SIB 消息配置的所有频率优先级,包括非切片特定的频率优先级以及切片特定的频率优先级。此外,在切片感知的小区重选中,服务小区可以在 SIB 消息中提供每个频率上支持/不支持每个 NSAG 的小区列表,该信息用于辅助终端执行切片可用性检查,进而根据频率上的最佳小区支持的 NSAG 调整该频率优先级。

在小区重选中,预期切片可以有一个或多个,因此预期切片对应的 NSAG 也可以有一个或多个,如果只有一个 NSAG,则终端基于该 NSAG 对应的频率优先级执行小区重选,对于多个 NSAG 的场景,需要明确终端如何确定小区重选优先级。

- 方案 1:仅考虑频率优先级。不考虑 NSAG 优先级,在支持任一 NSAG 的所有频率中选择优先级最高的频率。
- 方案 2:先考虑频率优先级。如果有多个频率具有相同的最高优先级,则基于支持的 NSAG 优先级来确定最终的频率优先级,支持的 NSAG 优先级最高的频率即为最高优先级频率。
- 方案 3:只考虑 NSAG 优先级。终端选择最高优先级 NSAG,并选择任意支持该 NSAG 的频率进行小区重选。

- 方案 4：先考虑 NSAG 优先级。终端按照 NSAG 优先级顺序，优先基于最高优先级 NSAG 对应的频率优先级进行小区重选，如果找不到合适的小区，则基于次高优先级 NSAG 对应的频率优先级进行小区重选，依此类推。如果基于 NSAG 对应的频率优先级没有找到合适的小区，那么终端将回退到"非切片感知的小区重选"。

- 方案 5：支持 NSAG 数目。终端基于频率支持的 NSAG 数目确定频率优先级，支持的预期 NSAG 数目越多，频率优先级越高。该方案适用于基站只提供每个频率上支持的 NSAG 而不提供频率间的优先级的场景。

- 方案 6：终端根据某一频率上的最佳小区中所支持的 NSAG 调整频率优先级执行小区重选，以确保终端不会因为优先考虑切片而失去覆盖。例如，假设终端的预期切片对应的 NSAG 为 NSAG1 和 NSAG 2 且 NSAG 1 的优先级高于 NSAG2，如果 NSAG 1 最高优先级频率上的最佳小区不支持 NSAG1 而支持 NSAG2，则将该频率优先级调整为 NSAG2 对应的该频率优先级。该方案适用于基站提供了每个 NSAG 对应的频率优先级和邻小区支持的 NSAG 信息的场景，并可与方案 4 和方案 5 兼容，以作为增强解决方案，避免对某个不支持 NSAG 的频率配置过高的优先级。当基站没有提供邻小区支持的 NSAG 信息时，退回方案 4，当基站没有提供每个 NSAG 对应的频率优先级时，退回方案 5。

- 方案 7：对于某一频率，该频率优先级为该频率上支持的 NSAG 对应的该频率的优先级最高值。例如，假设终端配置的 NSAG 包括 NSAG 1 和 NSAG 2，如果一个频率支持 NSAG 1 和 NSAG 2，其中，NSAG 1 对应的该频率优先级为 8，NSAG 2 对应的该频率优先级为 7，则可以确定该频率的重选优先级为 8，据此确定每个频率的优先级，终端基于确定的小区重选优先级进行小区重选。

对于方案 1，终端可能会选择到不支持最高优先级 NSAG 的小区，从而无法发起最重要的切片业务，因此被排除；方案 2 因无法为切片业务的连续性提供保障被排除；方案 3 因没有适当地考虑频率优先级导致无法实现负载均衡被排除。

对于方案 4、方案 5、方案 6、方案 7，进一步基于是否能够实现 WID 阶段的研究目标和研究意图，即是否实现了网络提供当前小区和邻小区支持的 NSAG 信息以及每个 NSAG 对应的频率优先级以辅助小区重选，并根据标准实现的难易程度进行评估决策。

对于方案 5，由于网络配置重选频率优先级的一个目的是实现负载均衡，而该方案通过 NSAG 数目隐式地指示频率优先级，如果网络想要为一个频率配置最高优先级，就需要在该频率上部署最高数量的 NSAG，从而可能会导致拥塞，与负载均衡的目标相违背。除此之外，基于现有的切片部署假设，在一个 TA 中的所有小区都支持相同类型的 NSAG，因此在一个 TA 下的所有频率都是同等优先级的，从而增加测量功耗。

对于方案 6，该方案中基站提供的部分小区重选信息（例如，小区支持的 NSAG 信息，每个 NSAG 对应的频率优先级等）是可选的，一定程度上提供了解决方案的灵活性，但同时这种灵活性也会对标准影响较大，并且增加了实现和测试的复杂度。

对于方案 7，某一频率的优先级基于该频率上支持的配置的 NSAG 对应的频率优先级确定，每个 NSAG 对应的频率优先级配置都会影响终端最终确定的频率优先级，因此增加了运营商配置实现复杂度。另一方面，在该方案中 NSAG 优先级由基站确定，并通过为支持更高优先级 NSAG 的频率配置更高优先级隐式指示。然而，广播系统消息中提供的信息对于所有终端来说是一致的,NSAG 优先级对于不同终端可能是不同的。除了上述问题之外,该方案基于配置的 NSAG 确定频率优先级,当终端在跟踪区域边界,由于不同区域之间的优先级不同,可能会导致乒乓重选。

因此,相比于其他方案,方案 4 能够最大程度地满足 WID 的研究目标和研究意图且对标准的影响适中,但仍存在一些问题需要进一步确定和解决,例如有公司反对执行切片循环,认为切片感知的小区重选是一种尽力而为的增强,空闲态/非激活态终端无法预测上行业务对应的切片,即使执行了切片迭代,也无法保障最终重选到的小区能够支持上行业务对应的切片,反而会引入重选延迟和终端功耗,这与快速接入的增强意图相违背,特别是当终端切片数目很大时,重选延迟会大大地增加。

由于大多数公司支持方案 4,RAN2 确定将方案 4 作为切片感知的小区重选技术方案,进一步讨论技术细节。

在 RAN2 116 次会议上,有公司[12]认为方案 4 没有明确切片感知的小区重选和非切片感知的小区重选之间的回退方式,并且既有切片特定的重选频率优先级又有非切片特定的重选频率优先级的频率,可能会引入额外的测量,因此提出一种替代方案,该方案引入了一种切片感知的小区重选频率优先级计算公式,该方案相比于之前确定的方案 4,优势在于其以基于 NSAG 优先级确定的频率优先级公式取代基于 NSAG 优先级的迭代式小区重选,并且保证支持 NSAG 的频率的重选优先级绝对高于不支持任一 NSAG 的频率的重选优先级,避免了方案 4 中回退到"非切片感知的小区重选"的操作。因其能够简化终端重选操作,该方案在本次会议上被通过,但由于大多数公司认为该方案整体流程还不够清晰和明确,其中的问题还需要进一步被确定和解决,并且一部分反对该方案的公司认为该公式计算复杂度较高,因此该方案仅作为一种候选方案,将与方案 4 进行进一步的讨论比较,以确定最终解决方案。

在该方案中,对于不支持任一终端 NSAG 的频率,其重选频率优先级为 R17 之前机制中的非切片特定的重选频率优先级。对于支持至少一个终端 NSAG 的频率,其重选频率优先级计算公式如下:

$$\text{SliceBasedReselectionPriority} = \text{SlicePriority} \cdot \text{MaxReselectionPriorityValue} +$$
$$\text{SliceReselectionPriority}$$

其中,SlicePriority 是该频率上支持的终端 NSAG 列表中的最高 NSAG 优先级;MaxReselectionPriorityValue 是一个高于非切片特定的重选频率优先级最大值的常量;SliceReselectionPriority 是该频率上支持的最高优先级 NSAG 对应的切片特定重选频率优先级。

终端基于上述重选频率优先级确定方式确定网络配置的所有频率的重选优先级,按照R17 之前的小区重选机制执行测量,并评估频率上排名最高的小区支持的 NSAG 是否与该频率支持的 NSAG 一致,如果不一致,则基于该排名最高小区中支持的 NSAG 重新确定一个临时频率优先级,在排名最高的小区发生改变或者终端 NSAG 信息发生了变更之前,将该临时频率优先级作为该频率的重选优先级执行小区重选。

对于临时频率优先级,如果排名最高的小区不支持任一终端 NSAG,临时频率优先级为非切片特定的重选频率优先级,如果没有配置非切片特定的重选频率优先级,则该临时频率优先级无效。如果排名最高的小区支持至少一个终端 NSAG,临时频率优先级计算公式如下：

$$TemporaryReselectionPriority = SlicePriority \cdot MaxReselectionPriorityValue +$$
$$SliceReselectionPriority$$

其中，SlicePriority 是该小区支持的终端 NSAG 列表中的最高 NSAG 优先级；MaxReselectionPriorityValue 是一个高于非切片特定的重选频率优先级最大值的常量；SliceReselectionPriority 是该小区上支持的最高优先级 NSAG 对应的切片特定重选频率优先级。

大多数公司认同上述一次性确定所有频率(包括非切片特定的频率)的重选优先级的方式，从而避免 NSAG 迭代引起的测量时延增加的问题，但反对通过引入复杂的小区重选优先级计算公式来实现这一功能。

因此，RAN2 最终确定在切片感知的小区重选中，考虑所有根据 NAS 层提供的切片信息确定的 NSAG，但不引入 NSAG 迭代以及重选优先级计算公式。对于处于正常驻留状态且支持切片感知的小区重选的终端，其 NAS 层向 AS 层提供 NASG 信息及 NSAG 优先级，当终端收到基站下发的 NSAG 对应的小区重选信息后，终端按照重选优先级确定规则确定切片感知的小区重选优先级，并基于确定的重选优先级，按照 R17 之前的小区重选机制中的重选测量准则和重选准则执行小区重选。

对于根据小区重选准则确定的排名最高的小区，终端可以执行小区的切片可用性检查，如果一个频率上排名最高的小区不支持该频率上支持的最高优先级 NSAG，终端将该频率上排名最高的小区支持的 NSAG 作为该频率上支持的 NSAG，按照协议规定的切片感知的小区重选优先级确定规则，重新确定该频率的小区重选优先级，终端后续将在最多 300 秒内基于该重新确定的小区重选优先级执行小区重选，直到 NAS 层提供了新的 NSAG 信息(包括 S-NSSAI 和 NSAG 之间的映射关系和 NSAG 优先级等)。

其中，协议规定的切片感知的小区重选优先级确定规则如下。

- 支持至少一个 NAS 层提供的 NSAG 的频率，相比于不支持任一 NAS 层提供的 NSAG 的频率，具有更高的重选优先级。
- 支持至少一个 NAS 层提供的 NSAG 的频率，按照该频率上支持的最高优先级 NSAG 的优先级顺序确定重选优先级。
- 对于支持的最高优先级 NSAG(s)是等优先级的频率，按照 SIB 消息或 RRCRelease 消息中配置的等优先级 NSAG 对应的最高绝对频率优先级确定重选优先级。
- 对于支持同一 NSAG 的多个频率，SIB 消息或 RRCRelease 消息配置有绝对频率优先级的频率，相比于未配置有绝对优先级的频率，具有更高的重选优先级。
- 对于不支持任一 NAS 层提供的 NSAG 的多个频率，其重选优先级根据非切片特定的频率优先级确定。

2. 切片可用性检查

对于某一 NSAG 相关频率，其重选优先级是根据其支持的最高优先级 NSAG 确定的，然而当终端处于 TA 边缘时，由于不同 TA 支持的 NSAG 可以不同，因此同属一个频率不同 TA 的小区支持的 NSAG 可能是不同的，在这种场景下，支持切片感知的小区重选的终端可以通过获取小区的切片信息执行小区切片可用性检查，一方面有助于处于 TA 边缘的终端最终重选到支持预期切片对应的 NSAG 的小区,另一方面,终端可以基于频率上排名最高的小区的切片可用性重新确定该频率重选优先级,优化切片感知的小区重选优先级,避免支持多个 NSAG 的高优先级频率上排名最高的小区由于不支持最高优先级 NSAG 被排除在后续重选候选小区之外,最终可能导致终端找不到支持较低优先级 NSAG 的小区。

针对终端如何获取邻小区的切片信息这一问题,讨论过程提出了以下几种方案。

- 方案 1:服务小区广播邻小区的切片信息。大多数公司支持该方案,但该方案信令开销太大,需要进一步优化。例如,仅广播与当前服务小区的切片信息不同的邻小区的切片信息、单独的 SIB(不同于 SIB3/4)消息指示并基于终端请求(on-demand)获取。
- 方案 2:基于 TAC 确定。对于该方案,主要反对意见认为如果将来不支持切片同构部署(即 TA 下所有小区支持相同类型的切片),该方案将不再适用。该方案需要额外提供 TA 和切片之间的映射关系。
- 方案 3:每个小区在 SIB1 广播自身的切片信息。对于该方案,主要反对意见认为读取重选目标小区的其他 SIB 消息会引入额外的重选延迟和功耗。

经讨论,所有公司一致认为终端不应该通过读取邻小区的 SIB1 或者其他 SIB 消息来获取邻频或邻小区的切片信息,从而导致引入额外功耗和延迟,因此,RAN2 最终确定采用方案 1 但不强制网络实现,终端基于服务小区可选广播的频率支持/不支持每个切片的小区列表执行切片可用性检查。

除此之外,正是因为 R17 支持服务小区广播邻小区的切片信息,导致信令负载大大地增加,RAN2 决定通过引入新的 SIB 消息携带频率相关的切片特定的重选信息,包括频率(包括服务频率和邻频)上支持的一个或多个 NSAG 以及 NSAG 对应的频率优先级,可选地携带每个频率上支持/不支持每个 NSAG 的小区列表和 NSAG 的有效 TA 信息。

8.5.3　切片感知的同频小区重选

在 R17 之前的机制中,对于同频小区重选,终端遵循"最佳小区"原则,即重选到信号质量最好的小区。R17 虽然支持切片同构部署,即在跟踪区域内所有小区都支持相同类型的切片,但是在跟踪区域边缘,存在一种场景:同一频率上存在多个合适的小区属于不同的跟踪区域,这些小区支持的切片可能是不同的。在这种场景下,基于 R17 之前的机制中的"最佳小区"原则确定的重选目标小区可能无法保障切片可用,因此,RAN2 需要考虑在切片感知的同频小区重选中,如何确定重选目标小区。

- 方案 1:基于信号质量确定,遵循"最佳小区"原则,即使"最佳小区"不支持终端预期切片,也不选择同频的其他小区。
- 方案 2:基于切片可用性和信号质量确定,如果"最佳小区"不支持终端预期切片,可以选择支持终端预期切片的"次佳小区"。

对于以上两种方案,少数公司认为在切片感知的小区重选中,终端应该尝试选择支持预期切片的小区,方案 1 无法保障这一点。其中,部分公司认为对于同频小区重选,只要满足 S 标准,终端就应该优先选择支持预期切片的小区,另一部分公司认为这取决于 RSRP,如果 RSRP 与最佳小区相差不大,终端应优先选择支持预期切片的小区,如果支持预期切片的小区的 RSRP 值在临界边缘,终端应遵循最佳小区原则,以保障重选小区的信号质量。然而大多数公司认为需要遵循当前的"最佳小区"原则,否则,重选到非最佳小区可能会引入干扰,影响整个系统的性能。

经过会议讨论,RAN2 最终决定在同频小区重选中,终端遵循"最佳小区"原则,驻留在同频最强小区。

8.6 切片特定的随机接入

8.6.1 背景介绍

目前,在 R17 之前的机制中,所有切片共享随机接入资源,一方面无法为切片提供随机接入资源隔离,以保障某些敏感切片在网络拥塞时仍能够成功接入网络;另一方面,网络侧无法基于不同的随机接入资源实现对不同切片的识别,从而无法提供差异化的处理,以保障使用特定切片的终端能够优先接入网络。

R17 支持两种切片特定的随机接入配置,一种是基站通过 SIB 消息提供每个 NSAG 对应的独立 RACH 分区配置(例如独立的时频域传输资源和独立的前导码),以提供随机接入资源隔离。另一种是网络配置 NSAG 对应的随机接入优先级参数(例如 scalingFactorBI 和 powerRampingStepHighPriority),以保障某些敏感切片的优先接入[13]。同属于一个 NSAG 的所有切片都可以使用该 NSAG 对应的 RACH 配置。

需要说明的是,R17 切片特定的随机接入配置仅适用于空闲态/非激活态终端发起的基于竞争的随机接入。

8.6.2 切片特定的随机接入分区

从随机接入资源的角度出发,网络可以通过为不同的 NSAG 配置不同的前导码和/或不同的时频域资源来提供切片特定的随机接入资源隔离。基站通过 SIB 消息将 NSAG 对应的随机接入资源分区配置提供给终端。当终端发起随机接入时,可基于 NAS 层提供的 NSAG 信息(包括 S-NSSAI 和 NSAG 之间的映射关系和 NSAG 优先级等)确定 NSAG,并基于基站下发的该 NSAG 对应的随机接入资源分区配置发起随机接入。

在 R17 中,除了 RAN 切片,包括小数据传输(Small Data Transmission,SDT)、能力简化(Reduced Capability,RedCap)、覆盖增强(Coverage Enhancement,CE)在内的功能特性也需要特定的随机接入资源分区,以实现网络侧对不同功能特性的早期识别,从而能够在后续流程中采用不同的网络配置。例如,对于 SDT 触发的随机接入,网络侧可以配置更大的 Msg.3 用于小数据传输[14];对于 CE 触发的随机接入,网络侧可以配置 Msg.3 盲重传[15];对于 RedCap 终端触发的随机接入,网络侧可以配置合适的 Msg.3 带宽,以避免其超过 RedCap 终端可用带宽[16]。

为了支持多个 R17 功能特性的随机接入资源分区需求,同时避免随机接入资源的过度使用和不同特性之间的配置冲突,在 R17 讨论后期,考虑针对包括 RAN 切片在内的所有 R17 功能特性的随机接入分区,采用通用的解决方案。其中,R17 随机接入资源分区遵循以下原则。

① R17 随机接入资源分区基于特性或特性组合进行配置。对于可能的特性组合,协议不作限制,取决于网络配置,允许网络仅配置部分特性组合对应的随机接入资源分区。

② R17 随机接入资源分区可以与传统 CBRA 共享随机接入时机(RACH Occasion, RO)资源,占用原有 CFRA 的前导码。当共享 RO 资源时,传统终端不允许使用 R17 随机接入分区的前导码。

③ R17 随机接入资源分区之间可以共享 RO 资源,在共享 RO 资源时,每个分区的前导码起始位置由信令明确指示。

④ 为了避免由于选择的 SSB 不同导致可用的前导码个数不同,某一特性/特性对应的前导码必须关联所有的 SSB,并且每个 SSB 中关联的前导码个数必须相同。

⑤ 在同一个 BWP 上,对于同一个特性/特性组合的一个随机接入类型,最多只能配置一个随机接入分区。

⑥ 在信令设计上,可以允许一个特性/特性组合仅使用 RO 配置中的部分 RO,其中,部分 RO 位置通过 RO 位置图样确定,R17 之前机制中的 RO 位置图样可以复用于 R17 随机接入分区。

⑦ R17 随机接入分区选择:当且仅当触发随机接入的特性满足随机接入分区指示的所有特性条件,终端才能选择该随机接入分区,否则终端无法选择使用该分区。例如,如果某个随机接入分区指示其适用于 SDT+CE+RedCap,那么对于 SDT+CE 触发的随机接入,因其不是 RedCap 终端,因此无法选择该分区。进一步地,如果存在多个随机接入分区满足条件,即存在多个随机接入分区指示的特性/特性组合是触发随机接入的特性组合的子集,终端将基于网络侧配置的特性优先级执行资源分区选择。例如,如果网络配置有适用于 SDT+CE 和 SDT+RedCap 的随机接入分区并且网络指示特性优先级为 RedCap>SDT> CE,则对于 SDT+CE+RedCap 触发的随机接入,终端将优先选择 SDT+RedCap 的随机接入分区发起随机接入。

⑧ R17 随机接入资源分区选择发生在载波选择之后,并基于所选载波上的资源配置确定;随机接入类型选择发生在随机接入分区选择之后,基于选择的分区中的参数执行。

⑨ 终端一旦选定了 R17 随机接入资源分区,终端将根据选择分区中的参数配置执行初始化,并且后续所有的重传都在相同的随机接入资源(和相同的载波)上执行,直到达到最大接入次数。

1. 切片特定的随机接入类型选择

R16 中引入了 2-step RACH 增强,将原本 4-step RACH 中的两个上行消息 Msg.1 和 Msg.3 合并为 Msg.A,以及将两个下行消息 Msg.2 和 Msg.4 合并为 Msg.B,从而使整个随机接入过程简化为 2 步,显著降低了随机接入过程中的时延、信令开销和功耗。为了平衡接入效率和可靠性,满足用户在各种场景下的接入需求,小区可以同时配置 2-step RACH 资源和 4-step RACH 资源,用户在发起随机接入之前首先需要确定随机接入类型。根据 TS 38.321,当 2-step RACH 资源和 4-step RACH 资源同时配置时,终端基于网络配置的

RSRP 阈值选择,如果 RSRP 大于该阈值则选择 2-step RACH。

在 R17 中,为了支持终端快速接入预期切片,特别是对于使用 URLLC 切片业务的终端,引入切片特定的 2-step RACH,并且为了使运营商的资源配置灵活性最大化,标准不对网络配置作任何限制,即网络可以配置切片特定的 2-step RACH 资源和/或切片特定的 4-step RACH 资源。

当网络同时配置了 2-step RACH 资源和切片特定的 4-step RACH 资源,终端如何进行接入类型选择,需要解决以下两个问题。

① 是否需要引入一个新的 RSRP 阈值来执行切片特定的 2-step RACH 和 4-step RACH 选择?

RAN2 最终没有引入新的 RSRP 阈值,而是复用 R17 之前机制中的 RSRP 阈值来执行切片特定的 2-step RACH 和 4-step RACH 选择。这是因为,一方面,配置 RSRP 阈值的主要目的是避免终端在较差的覆盖状态下选择 2-step RACH,不利于 PUSCH 的解调,而切片特定的随机接入不会对终端覆盖状态有影响,因此没有必要为切片引入新的 RSRP 阈值。另一方面,由于 RSRP 阈值需要在 SIB1 中广播,如果引入切片特定的 RSRP 阈值,则会增加 SIB1 的负载大小,特别是当配置多个 NSAG 时。

② 终端首先执行切片特定的随机接入和非切片特定的随机接入之间的选择还是先执行 2-step RACH 和 4-step RACH 之间的选择?

RAN2 最终决定先执行切片特定的随机接入和非切片特定的随机接入之间的选择。大多数公司认为,切片特定的随机接入增强的意图是提供随机接入资源隔离并保证尝试接入某个切片的终端优先接入,如果网络预留配置了切片特定的随机接入资源,而终端基于 RSRP 阈值选择了非切片特定的随机接入资源,则无法提供随机接入资源隔离且造成了随机接入资源浪费,并且网络侧无法根据随机接入资源来识别切片而保证优先接入,这与增强意图相违背。

因此,只要网络配置了切片特定的随机接入资源,终端就应优先考虑基于切片特定的随机接入资源发起随机接入。需要注意的是,最终终端是否能够基于切片特定的随机接入资源发起随机接入取决于基于网络配置的特性优先级执行的随机接入分区选择结果。

2. 切片特定的随机接入回退机制

在 R16 中,终端一旦选定了接入类型,在该随机接入进程结束之前都会优先采用相同的接入类型进行重传,除非当 2-step RACH 的 Msg. A 重传次数达到一定阈值,会回退到 4-step RACH 重新发起随机接入,该阈值是由基站在系统消息中配置的。除此之外,当终端收到基站下发的 fallbackRAR 后,也会回退到 4-step RACH。

在 R17 中,针对切片特定的随机接入回退机制,类似于 R16 机制,支持从切片特定的 2-step RACH 回退到切片特定的 4-step RACH。关键问题是终端能否从切片特定的 RACH 回退到非切片特定的 RACH,具体包括以下 3 种回退。

① 切片特定的 4-step RACH 回退到非切片特定的 4-step RACH。

② 如果没有配置切片特定的 4-step RACH,则可以从切片特定的 2-step RACH 回退到非切片特定的 4-step RACH。

③ 如果既没有配置切片特定的 4-step RACH,也没有配置非切片特定的 4-step

RACH,则可以从切片特定的 2-step RACH 回退到非切片特定的 2-step RACH。

由于终端无法获知切片特定 RACH 资源和非切片特定 RACH 资源上的负载情况,为了简化随机接入流程,不支持相同随机接入类型之间的回退,即不支持切片特定的 4-step RACH 回退到非切片特定的 4-step RACH,也不支持切片特定的 2-step RACH 回退到非切片特定的 2-step RACH。

对于第 2 种回退机制,如前文所述,在切片特定的随机接入流程中,终端首先执行切片特定的随机接入类型和非切片特定随机接入类型之间的选择,当网络仅配置了切片特定的 2-step RACH 而没有配置切片特定的 4-step RACH 时,即使 RSRP 不满足 2-step RACH 选择阈值,终端也会选择切片特定的 2-step RACH 资源发起随机接入,在这种情况下很可能发生接入失败。在这种场景下,如果没有配置切片特定的 4-step RACH,可以允许从切片特定的 2-step RACH 回退到非切片特定的 4-step RACH。然而随机接入公共设计讨论过程中,RAN2 明确表示,在达到最大接入次数之前,仅支持同一随机接入分区中不同随机接入类型(即 2-step RACH 和 4-step RACH)之间的回退,不支持跨随机接入分区的回退。

因此,切片特定的随机接入仅支持切片特定的 2-step RACH 回退到切片特定的 4-step RACH,并且如果终端在切片特定的 2-step RACH 中选择了一个前导组 A/B 中的前导码,当回退切片特定 4-step RACH 时,也要选择相同前导组 A/B 中的前导码。切片特定的 2-step RACH 的 Msg. A 最大传输次数,复用 R17 之前机制中的参数配置。

3. RNTI 冲突解决

在 R15/R16 中,RNTI 与传输随机接入前导码的 RO 有关,以 4-step RACH RA-RNTI 为例,计算公式如下[17]:

$$RA\text{-}RNTI = 1 + s\_id + 14 \cdot t\_id + 14 \cdot f\_id + 14 \cdot 80 \cdot 8 \cdot ul\_carrier\_id$$

其中,$s\_id(0 \leqslant s\_id < 14)$ 是指 RO 上第一个 OFDM 符号的索引,$t\_id(0 \leqslant t\_id < 80)$ 是指一个系统帧中 RO 的第一个时隙的索引,$f\_id(0 \leqslant f\_id < 8)$ 是指频域上的 RO 索引,$ul\_carrier\_id$ 是指用于传输随机接入前导码的上行链路载波,0 表示 NUL 载波,1 表示 SUL 载波。

基于上述计算公式,可以发现,对于两个不同的 RO,如果其对应公式中的所有参数都是相同的,也就是说,如果这两个 RO 属于相同的载波($ul\_carrier\_id$ 相同),时域对齐(s_id 和 t_id 相同),并且有相同的频域资源索引(f_id),这两个 RO 就会被映射到相同的 RNTI,即发生了 RNTI 冲突,从而可能导致终端错误接收和解码不属于自己的 RAR。

导致 RNTI 冲突的原因主要有以下两点:第 1 点,不同 PRACH 配置的时域 RO 位置存在重叠;第 2 点,不同 PRACH 配置的 PDCCH 搜索空间相同。

针对第 1 点原因,R17 之前的机制通过网络实现保障解决,即网络合理选择 PRACH 配置索引(PRACH configuration index),确保不同 RPACH 资源的时域 RO 位置不存在重叠,然而目前 PRACH 配置中大量配置间的时域 RO 存在重叠,同时 R17 除了 RAN 切片,包括 SDT、RedCap、CE 在内的功能特性及特性组合也需要特定的随机接入资源配置,这给选择时域不重叠的 PRACH 配置带来了很大的难度,极大地限制了网络配置的灵活性,而且部分情况下可能无法在保证时域 RO 不重叠的情况下同时保证时域 RO 的密度。因此,提出了如下解决方案:为 s_id 和 t_id 增加偏移[18];不同的 PRACH 配置增加偏移[19]。

这两个方案的核心思想是目前不同 PRACH 配置占用的 RNTI 资源并不是连续的,受限于 s_id/t_id/carrier_id 等的取值,很多 RNTI 值是不占用的,通过增加偏移可以有效地利用这些未被占用的 RNTI 值。

针对第 2 点原因,R17 在讨论过程中提出为不同的 PRACH 配置分配独立的搜索空间[20],终端可以在不同的搜索空间上监听 RAR,以此解决 RNTI 冲突问题。

然而,大多数公司认为 RNTI 冲突问题并不明显,通过合理化 PRACH 配置也可以解决,而且期望解决 RNTI 冲突问题的公司也未能在引入偏移和引入搜索空间这两种方案之间形成一致意见,因此,最终由于时间关系 3GPP 决定不在 R17 中对 RNTI 冲突问题进行增强。

8.6.3　切片特定的 RA 优先参数

在 R15 中,NR 针对切换和波束失败恢复场景引入了 RA 优先机制,基站可给部分终端配置 RA 优先参数,包括 scalingFactorBI 和 powerRampingStepHighPriority,用于随机接入前导码重传,基站可以通过配置比常规随机接入更高的功率爬升值 powerRampingStepHighPriority 和更小的随机接入回退因子 scalingFactorBI 来提升随机接入优先级。R16 对该机制进行了扩展,支持为 MPS/MCS 终端配置特定的 RA 优先参数。

在 R17 中,该机制也可以扩展为在 SIB 消息或专有信令中配置切片特定的 RA 优先参数,从而保障某些敏感切片的优先接入。具体参数沿用 R17 之前机制中的 powerRampingStepHighPriority 和 scalingFactorBI。

然而,由于 R17 之前的机制已经支持对于切换、波束失败恢复以及 MPS/MCS 终端配置 RA 优先参数,如果 R17 切片特定的 RA 优先参数与 R17 之前机制中的 RA 优先参数一起配置给终端(例如 MPS/MCS 终端),此时终端将面临选择哪个 RA 优先参数发起随机接入的问题。在 R17 讨论过程中,提出了以下两种解决方案。

- 方案 1:基于协议规定解决。
  - 方案 1.1:切片特定 RA 优先参数覆盖 MPS/MCS 特定 RA 优先参数[21,22]。
  - 方案 1.2:MPS/MCS 特定 RA 优先参数覆盖切片特定 RA 优先参数[23,24]。
  - 方案 1.3:取两种配置中的最优值(例如取 powerRampingStepHighPriority 最大值和 scalingFactorBI 的最小值)[25]。
- 方案 2:基于网络配置解决[26]。

在某些场景下,MPS/MCS 的随机接入优先级应该高于切片特定的随机接入优先级,而在某些场景下则相反,为了涵盖解决所有场景下的参数冲突问题,考虑基于网络配置解决,例如在不同场景下提供不同的 RA 优先参数覆盖指示等。

由于大多数公司倾向于采用方案 2,以提供更为灵活的解决方案且能够更好地向前兼容,RAN2 最终确定基于网络配置的 RA 优先参数覆盖指示解决,该指示在 IE BWP-UplinkCommon 中配置,并作用于所有 NSAG。

参 考 文 献

[1] 3GPP TS 38. 300 NR；NR and NG-RAN Overall Description；Stage 2（Release 16）V16. 8. 0.

[2] RP-193254. Study on enhancement of RAN Slicing，CMCC，Verizon，TSG RAN ♯86.

[3] GSMA 5GJANG. 116，Generic Network Slice Template Version 2. 0.

[4] R2-2007716. Scenarios and requirements for RAN Slicing，SoftBank，TSG RAN WG2 ♯111-e，Online，August 17th-28th，2020.

[5] R2-2007645. Methods for serving slices on different frequencies，Ericsson，TSG RAN WG2 ♯111-e，Online，August 17th-28th，2020.

[6] 3GPPTR 38. 832 NR；Study on enhancement of Radio Access Network（RAN）slicing（Release 17）V17. 0. 0.

[7] R2-2104789. Considerations on slice based RACH configuration，Beijing Xiaomi Software Tech，TSG RAN WG2 ♯114-e，Online，May 19th-27th，2021.

[8] R2-2104792. Slice specific RACH resources and RACH prioritization，ZTE corporation， Sanechips，TSG RAN WG2 ♯114-e，Online，May 19th-27th，2021.

[9] R2-2104741. Further discussion on slice specific RACH，Qualcomm Incorporated，TSG RAN WG2 ♯114-e，Online，May 19th-27th，2021.

[10] R2-2106225. Discussion on slice based RACH configuration，CMCC，TSG RAN WG2 ♯114-e，Online，May 19th-27th，2021.

[11] 3GPP TS 38. 304 NR；User Equipment（UE）procedures in Idle mode and RRC Inactive state；（Release 16）V16. 7. 0.

[12] R2-2110699. Slice-based cell re-selection algorithm，Ericsson，TSG RAN WG2 ♯116-e，Online，November 1st-12th，2021.

[13] RP-210912. New WID on enhancement of RAN Slicing for NR，CMCC，TSG RAN ♯91-e，Online，March 16th-26th，2021.

[14] RP-210870. WI on small data transmissions in INACTIVE state，ZTE Corporation，TSG RAN ♯91-e，Online，March 16th-26th，2021.

[15] RP-210855. Revised WID on NR coverage enhancements，China Telecom，TSG RAN ♯91-e，Online，March 16th-26th，2021.

[16] RP-210918. Revised WID on support of reduced capability NR devices，Nokia，Ericsson，TSG RAN ♯91-e，Online，March 16th-26th，2021.

[17] 3GPP TS 38. 321 NR；Medium Access Control（MAC）protocol specification（Release 16）V16. 7. 0.

[18] R2-2200917. RNTI collision issue for different features in NR，Sony，TSG RAN WG2 ♯116-bis-e，Online，January 17th-25th，2022.

［19］ R2-2110560. RNTI collision problem for Rel-17 features, Ericsson, TSG RAN WG2 ♯116-e, Online, November 1st-12th, 2021.

［20］ R2-2110598. MAC aspects for RACH partitioning, Huawei, HiSilicon, TSG RAN WG2 ♯116-e, Online, November 1st-12th, 2021.

［21］ R2-2103696. Discussion on slice based RACH configuration, CMCC, TSG RAN WG2 ♯113-bis-e, Online, April 12th-20th, 2021.

［22］ R2-2104005. Discussion on slice based RACH configuration, Huawei, HiSilicon, TSG RAN WG2 ♯113-bis-e, Online, April 12th-20th, 2021.

［23］ R2-2102761. Considerations on slice based RACH configuration, Beijing Xiaomi Software Tech, TSG RAN WG2 ♯113-bis-e, Online, April 12th-20th, 2021.

［24］ R2-2103882. Discussion on slice based RACH, Apple, TSG RAN WG2 ♯113-bis-e, Online, April 12th-20th, 2021.

［25］ R2-2104064. Discussion on slice specific RACH resources and RACH prioritization, ZTE corporation, Sanechips, TSG RAN WG2 ♯113-bis-e, Online, April 12th-20th, 2021.

［26］ R2-2104019 Analysis on slice based RACH configuration, CATT, TSG RAN WG2 ♯113-bis-e, Online, April 12th-20th, 2021.

第 9 章

定 位 增 强

9.1　定位增强技术背景概述

3GPP NR 技术在终端定位方面具备一些独特的优势,更大的带宽和大规模天线系统的应用可以进一步提高用户定位的精度。Release 16(R16)标准化了多种定位技术来支持监管和商业用例,R16 的定位技术可以达到的水平定位精度为:对于室内场景是小于 3 m (80%),对于室外场景是小于 10 m(80%)[1]。同时,3GPP 也提出了 5G 服务要求,包括高精度定位要求,其特点是对许多垂直领域的定位精度提出了更高的要求。例如,在工厂车间,对移动物体(例如叉车)或要组装的零件进行定位很重要,运输和物流领域也存在类似的定位需求。

为了满足 5G 新应用和垂直行业带来的更高精度定位要求,展开了 NR 定位增强技术的研究。NR 定位增强技术能够支持更高精度定位需求(水平和垂直)、更低定位延迟、更高的网络效率和设备效率,包括一般商业用例和 IIoT 用例。

9.2　定位增强技术目标需求

相比于 R16 定位,R17 定位从定位精度和定位时延两个方面提出了更高的要求[2],具体地,对于商业用例,NR 定位增强技术的目标需求为:

- 水平定位精度小于 1 m(90%);
- 垂直定位精度小于 3 m;
- 端到端定位时延小于 100 ms。

对于 IIoT 用例,NR 定位增强技术的目标需求为:

- 水平定位精度小于 0.2 m(90%);
- 垂直定位精度小于 1 m(90%);

• 端到端定位时延小于 10 ms。

另外,并非在所有场景下对 UE 定位都能达到上述定位要求,并且对于某些场景,IIoT 用例中对水平位置精度的要求可以放宽到小于 0.5 m。所有定位技术可能无法在所有场景下的达到上述定位要求。

9.3 R16 定位技术及流程

1. E-CID

NR E-CID(增强小区 ID)定位技术在 Cell ID 定位技术利用 UE 服务小区信息进行定位的基础上,结合 RRM 测量等辅助信息提高定位精度。

R16 支持基于 NR RRM 测量的 NR E-CID 定位技术,UE 的测量对象包括 SS-RSRP、SS-RSRQ、CSI-RSRP 和 CSI-RSRQ,以及仅用于上行 NR E-CID 定位的 E-UTRA RSRP、E-UTRA RSRQ。需要注意的是,对于 E-CID 定位技术,UE 只需要上报已有的 RRM 测量结果,而不要求额外的以定位为目的的测量。

NR E-CID 定位技术是基于网络的定位技术,在下行 NR E-CID 定位中,支持 E-CID 定位的 UE 在接收到 LMF 的请求位置信息后将 UE 可用的 RRM 测量值上报给 LMF,由 LMF 确定 UE 位置。在上行 E-CID 定位中,LMF 通过 NRPPa 消息触发 gNB 上报测量结果,gNB 在收到 LMF 通过 NRPPa 消息发送的测量触发请求后,配置并激活 UE UL SRS 传输或配置 UE 进行 RRM 测量上报或根据已有的 RRM 测量结果,将相应的 RRM 测量结果上报给 LMF,由 LMF 确定 UE 位置。具体下行和上行 NR E-CID 定位流程如图 9-1 和图 9-2 所示,E-CID 定位技术的精度一般较低。

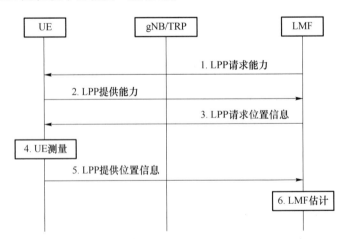

图 9-1 下行 NR E-CID 定位流程

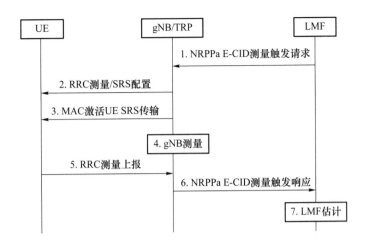

图 9-2 上行 NR E-CID 定位流程

2. Multi-RTT

Multi-RTT(Multi-Round Trip Time,多小区往返行程时间)定位技术基于 UE 测量的 TRP 的 DL PRS 的到达时间与 UE 发送上行的时间差(UE 收发时间差)和 TRP 测量的 UE 的 UL SRS 的到达时间与 TRP 发送下行的时间差(gNB 收发时间差),并可选地基于 DL PRS RSRP 和 UL SRS RSRP 进行 UE 定位。该定位技术不要求各个 TRP 之间时间精准同步。

Multi-RTT 定位技术一般采用基于网络的定位方式,gNB 在接收到 LMF 通过 NRPPa 消息发送的定位信息请求后,配置 UE 发送 UL SRS 的可用资源并激活 SRS 传输。LMF 通过 NRPPa 测量请求消息向 gNB 提供 gNB/TRP 执行 UL SRS 测量所需的信息,并通过 LPP 提供的辅助数据消息向 UE 提供执行 DL PRS 测量所需的辅助数据。支持 Multi-RTT 定位的 UE 将获取的 UE 收发时间差上报给 LMF,各 TRP 将获取的 gNB 收发时间差上报给 LMF,由 LMF 基于 UE 收发时间差和 gNB 收发时间差确定 UE 位置。Multi-RTT 定位流程如图 9-3 所示。

3. DL-TDOA

在 DL-TDOA(Downlink Time Difference of Arrival,下行链路到达时差)定位技术中,UE 根据 LMF 提供的下行链路定位参考信号(DL PRS)配置信息接收各个 TRP 发送的 DL PRS,确定 DL PRS 到达时差(DL PRS RSTD),进而基于 DL PRS RSTD,用基于网络的定位方式或者基于 UE 的定位方式来确定 UE 的位置。DL-TDOA 定位技术要求各 TRP 之间时间精准同步,并且要求 UE 能够从更多 TRP 获得更准确的 RSTD 测量值以降低定位误差。

若采用基于网络的定位方式,则由 UE 将获取的 DL PRS RSTD 测量值上报给 LMF,由 LMF 利用上报的测量值确定 UE 的位置;若采用基于 UE 的定位方式,则由 UE 自身基于 DL PRS RSTD 测量值确定 UE 的位置,并将位置上报给 LMF。DL-TDOA 定位流程如图 9-4 所示。

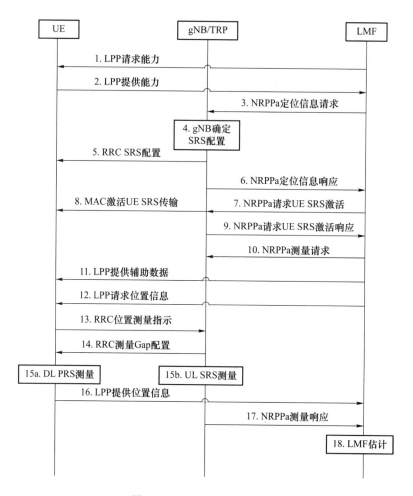

图 9-3　Multi-RTT 定位流程

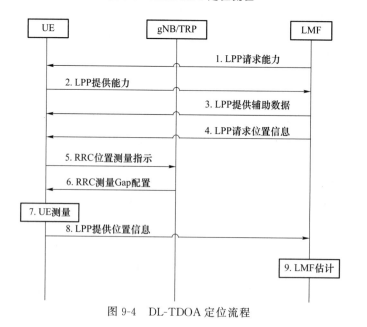

图 9-4　DL-TDOA 定位流程

4. UL-TDOA

在 UL-TDOA(Uplink Time Difference of Arrival,上行链路到达时差)定位技术中,
gNB 为 UE 配置发送 UL SRS 的时频域资源,并将该配置提供给 LMF。LMF 接收到该配
置信息后将配置信息转发给 UE 周围的 TRP。各个 TRP 根据 UL SRS 的配置信息接收
UE 发送的 UL SRS 并获取 UL SRS 到达时间与参考时间的相对时间差,即 UL RTOA
(Uplink Relative Time of Arrival,上行链路相对到达时间),以及将所获取的 UL RTOA 发
送给 LMF,由 LMF 确定 UE 的位置。UL-TDOA 定位流程如图 9-5 所示。

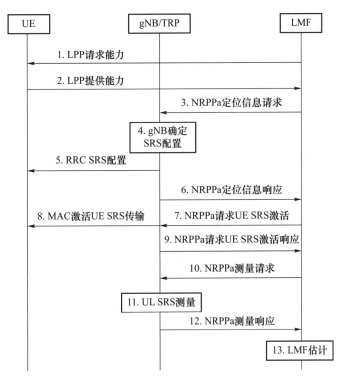

图 9-5　UL-TDOA 定位流程

与 DL-TDOA 类似,UL-TDOA 定位技术要求各 TRP 之间时间精准同步。除此之外,
UL-TDOA 定位技术的关键是让尽可能多的邻 TRP 接收到 UE 发送的 UL SRS 信号,以提
高定位精度。

5. DL-AoD

在 DL-AoD(Downlink Angle-of-Departure,下行链路离开角度)定位技术中,UE 根据
LMF 提供的各个 TRP 的 DL PRS 配置信息执行测量并上报 DL PRS RSRP 测量值给
LMF,LMF 基于该测量值确定 DL-AoD,并进一步基于 DL-AOD 确定 UE 的位置。

DL-AoD 技术的定位流程与 DL-TDOA 相同,区别在于 UE 上报给 LMF 的测量结果不
同,在 DL-AoD 定位技术中,UE 上报 LMF 的是 DL PRS RSRP 测量值,而在 DL-TDOA 定
位技术中,UE 上报 LMF 的是 DL PRS RSTD。

6. UL-AOA

在 UL-AOA(Uplink Angle of Arrival,上行链路到达角度)定位技术中,各个 TRP 基于 LMF 提供的 UL SRS 配置信息接收 UE 发送的 UL SRS,获取 UL-AOA,并上报给 LMF。LMF 基于各个 TRP 提供的 UL-AOA 确定 UE 的位置。

UL-AOA 技术的定位流程与 UL-TDOA 相同,区别在于 TRP 上报给 LMF 的测量结果不同,在 UL-AOA 定位技术中,各个 TRP 确定并上报 UL SRS 到达角度,而在 UL-TDOA 定位技术中,TRP 确定并上报 UL SRS 到达时差。

9.4　R17 定位增强技术

为了满足 R17 定位的精度要求和时延要求,以及提高网络效率,R17 NR 定位增强主要在提升定位精度、降低定位时延、提升网络效率方面做了相应的增强。

9.4.1　接收和发送时延增强

对于利用测量参考信号的时间相关的定位方法,包括 DL-TDOA、UL-TDOA 和 Multi-RTT,发送端和接收端的时间误差会降低定位精度,因此,可以通过减少 UE 和 gNB 的时间误差来提高定位精度,下面首先介绍定时误差相关的定义[3]。

发送定时误差(Tx timing error)是信号传输中涉及的发送时间延迟的结果,它是传输下行定位参考信号或上行定位参考信号时涉及的未校准的发送时间延迟,或 TRP/UE 内部校准/补偿发送时间延迟后的剩余延迟。校准/补偿可以包括同一 TRP/UE 中不同射频链之间的相对时间延迟的校准/补偿,也可以考虑发送天线相位中心与物理天线中心的偏移。

发送时间延迟(Tx time delay),从信号传输的角度来看,是指从基带产生数字信号到射频信号从发射天线传输的时间延迟。

接收时间误差(Rx timing error)是在报告从定位参考信号获得测量结果之前,接收信号所涉及的接收时间延迟的结果。它是在接收下行定位参考信号或上行定位参考信号时涉及的未经校准的接收时间延迟,或 UE/TRP 内部校准/补偿接收时间延迟后的剩余延迟。校准/补偿可能包括同一 UE/TRP 中不同射频链之间的相对时间延迟的校准/补偿,还可能考虑接收天线相位中心与物理天线中心的偏移。

接收时间延迟(Rx time delay),从信号接收的角度来看,是指从射频信号到达接收天线到信号被数字化并在基带上打上时间戳的时间延迟。

在上述时间误差定位的基础上,为了缓解 gNB 和 UE 的接收和发送时延错误,R17 定位引入了多项增强功能[4~8]。

对于 DL-TDOA,UE 向 LMF 提供 RSTD 测量结果,以及测量 RSTD 时的 Rx TEG 标识,TRP 向 LMF 提供 TRP Tx TEG 与 DL PRS 资源的关联信息。另外,UE 还可以用不同的 UE Rx TEG 测量 TRP 的同一 DL PRS 资源,并向 LMF 报告相应的多个 RSTD 测量值。

对于 UL-TDOA,UE 向 gNB 提供 UE 的 Tx TEG 与 SRS 资源的关联信息,gNB 将该信息发送给 LMF。另外,TRP 还可以使用不同的 Rx TEG 来测量 UE 发送的相同 UL SRS 资源,并报告相应的多个 RTOA 测量结果。

对于 Multi-RTT,UE 向 gNB 提供 UE 的 Tx TEG 与 SRS 资源的关联信息,gNB 将该信息发送给 LMF。R17 支持 UE/TRP 提供测量 UE/gNB 收发时间差时的 Rx Tx TEG 标识,或{Rx TEG 标识,Tx TEG 标识}的组合,以及 Tx TEG 与 SRS 或 PRS 的关联信息,以缓解 UE/TRP Rx/Tx 定时错误。

综上所述,UE 和 gNB 发送的具体信息见表 9-1 和表 9-2。

表 9-1   UE 用于消除定时误差的测量报告

定位方法	UE 测量上报	信 令
UL-TDOA	UE Tx TEG 标识以及与其关联的 SRS 资源标识	UE→serving gNB→LMF
Multi-RTT	UE 测量 UE 收发时间差时使用的相关时间误差标志,包括: • UE Rx Tx TEG 标识; • UE Tx TEG 标识; • UE Rx TEG 标识	UE→LMF
DL-TDOA	UE 测量 RSTD 时的 UE Rx TEG 标识	UE→LMF

表 9-2   gNB 用于消除定时误差的测量报告

定位方法	gNB 测量上报	信令(NRPPa)
DL-TDOA	TRP Tx TEG 标识以及与其关联的 PRS 资源标识	gNB→LMF
Multi-RTT	TRP Tx TEG 标识以及与其关联的 PRS 资源标识	gNB→LMF
UL-TDOA	UE Tx TEG 标识以及与其关联的 SRS 资源标识	gNB→LMF

9.4.2   基于角度的定位技术增强

基于角度的定位技术增强主要包括以下内容[4~8]。

对于 UL AOA,LMF 向 gNB 提供其所期望的 AoA/ZoA 的值以及不确定性范围,gNB 向 LMF 报告第 1 条到达路径的 $M>1$ 个 UL-AOA(AoA/ZoA)测量值和上行定位参考信号接收路径功率。其中,上行定位参考信号接收路径功率(UL SRS-RSRPP)被定义为接收第 i 个路径延迟时的上行定位参考信号的信道响应的功率,其中第 1 个路径延迟的 UL SRS-RSRPP 是对应于第 1 个检测路径的功率。

对于 DL-AoD,为了更好地测量 DL-AOD,引入了基于路径的下行定位参考信号接收功率,下行定位参考信号接收路径功率(DL PRS-RSRPP)被定义为接收第 i 个路径延迟时的下行定位参考信号的信道响应的功率,其中第 1 个路径延迟的 DL PRS-RSRPP 是对应于第 1 个检测路径的功率。UE 可以向 LMF 上报 PRS PRSP 和 PRS RSRPP,对于每个 TRP,UE 可以上报最多 N 个 PRS RSRP 和 M 个第 1 条路径的 PRS RSRP,基于 UE 的能力,N 的候选值包括 16 和 24,M 的候选值包括 2,4,8,16,24。

另外,gNB 向 LMF 提供波束/天线的信息,包括每个 TRP 每个角度的 PRS 资源之间的相对功率的量化版本,对于基于 UE 的 DL-AoD,LMF 可以将该信息提供给 UE。

9.4.3 多路径/非直接视线(NLOS)增强

对于多路径,UE 可以报告的额外路径最多达到 8 条,对于每条路径,可以报告路径的 RSRP 和关联的时间信息。对于 UL-TDOA 和 Multi-RTT 定位方法,每个附加路径报告支持多个 UL-AOA(最多 8 个)[6~8]。

对于 NLOS 增强,目前 UE 定位中,由于 NLOS 的存在会降低定位精度,因此为了提升定位精度,需要进一步降低 NLOS 对定位精度的影响,主要包括以下内容[5~8]:

- 对于 UL-TDOA 和 Multi-RTT,TRP 向 LMF 报告上行定位参考信号接收路径功率 (UL-SRS-RSRPP)相关的测量结果;
- 对于 DL-TDOA 和 Multi-RTT,UE 向 LMF 报告下行定位参考信号接收路径功率 (DL-PRS-RSRPP)相关的测量结果;
- 对于 UE 协助的 DL 和 DL+UL 定位,UE 向 LMF 报告 LoS/NLoS 指示;
- 对于 gNB 协助的 UL 和 DL+UL 定位,TRP 向 LMF 报告 LoS/NLoS 指示;
- 对于基于 UE 的定位,LMF 向 UE 提供的定位辅助信息中包含 LoS/NLoS 指示;
- Los/NLos 指示包括 0 或 1,分别对应 NLOS 和 LOS,或路径为 LOS 的概率。

9.4.4 非激活态 UE 定位增强

对于非激活态 UE 定位,UE 可以在非激活态进行上行定位、下行定位和上下行混合定位[9~12]。具体地,支持 UE 在非激活态测量下行定位信号,发送上行定位信号,发送 LPP 和 LCS 消息,从而降低时延。对于 RRC 非激活态 UE 的定位,将使用小数据发送的架构,即 RRC 非激活态 UE 可以通过小数据的方式发送上行 LPP 和 LCS 消息。并且,当 UE 初始化的数据传输使用了小数据发送机制,则网络可以发送下行 LCS、LPP 和 RRC 消息给 RRC 非激活态 UE。

对于 RRC 非激活态的下行定位,网络可以通过以下方式给 UE 发送定位辅助信息:

- 使用定位系统消息发送定位辅助信息;
- 当 UE 处于连接态时给 UE 预配置定位辅助信息;
- 当有正在进行的小数据发送时,直接给 RRC 非激活态 UE 发送定位辅助信息。

对于上行定位,网络可以通过 RRC 释放消息给 UE 配置上行定位参考信号,并且支持周期性和半持续性上行定位参考信号,不支持非周期性上行定位参考信号,当 UE 发生小区重选时,UE 会释放所配置的上行定位参考信号。

下面以延迟的 5GC-MT-LR 定位流程为例,描述基于小数据发送(SDT)的 RRC 非激活 UE 定位,如图 9-6 所示[13]。各步骤的具体解释如下。

步骤 1:执行 TS 23.273 第 6.3.1 小节中的周期或触发的位置事件的延迟 5GC-MT-LR 流程的步骤 1~步骤 21。然后,gNB 发送带有挂起配置的 RRC 释放消息,将 UE 转换到 RRC 非激活态。

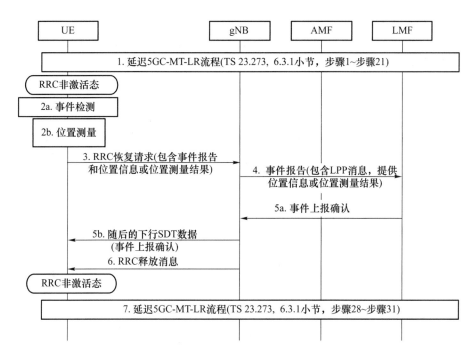

图 9-6 基于 SDT 的延迟 5GC-MT-LR 定位流程

步骤 2：UE 监测步骤 1 中配置的触发或周期事件的发生，UE 根据步骤 1 中的 LPP 位置请求消息确定使用何种定位方法，当事件被检测到时（或稍早），UE 执行位置测量。

步骤 3：UE 应用小数据发送机制，发送 RRC UL 信息传输消息和 RRC 恢复请求消息，其中 RRC UL 信息传输消息中包含 UL NAS 传输消息。UE 在 UL NAS 传输消息中包含 LCS 事件报告和 LPP 提供位置信息消息，以及步骤 1 中收到的延迟路由标识符。

步骤 4：gNB 将收到事件报告与 LPP 提供位置信息消息一起发送给 LMF（通过服务 AMF 转发）。

步骤 5：LMF 收到事件报告与 LPP 提供位置信息后，LMF 将事件报告确认发送给 gNB，然后 gNB 在步骤 5b 向 UE 提供事件报告确认。

步骤 6：gNB 向 UE 发送 RRC 释放消息，将 UE 转换到 RRC 非激活态。

步骤 7：执行 TS 23.273 第 6.3.1 小节中规定的周期或触发的位置事件的延迟 5GC-MT-LR 流程的步骤 28～步骤 31。

9.4.5 按需 DL-PRS

按需发送 DL-PRS，包括 UE 发起的按需（On-Demand）DL PRS 传输请求和 LMF 发起的按需 DL-PRS 传输请求，按需 PRS 传输过程允许 LMF 控制和决定是否传输 PRS，并改变正在传输的 PRS 传输的特性。按需 DL-PRS 功能有以下优点[2]。

- 效率：按需 DL-PRS 避免了在特定时间或网络特定区域不需要 UE 定位的情况下网络不必要的开销、能量浪费等。

- 延迟：当前的 DL-PRS 配置可能不足以满足 LCS 客户端的响应时间要求，例如，可能 PRS 周期过长。

- 精度:目前的 DL-PRS 配置可能不足以满足 LCS 客户端的精度要求,例如,可能 PRS 带宽太小、重复次数太少等。

按需 DL-PRS 流程如图 9-7 所示[3]。各步骤的具体解释如下。

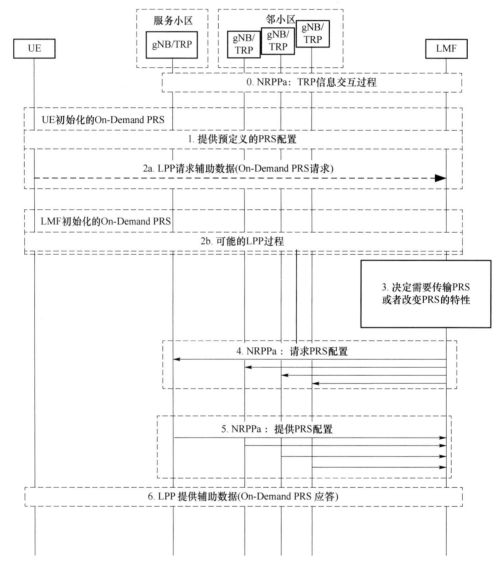

图 9-7 按需 DL-PRS 流程

步骤 0:在 TRP 信息交换过程中,LMF 可能收到关于 gNB 可以支持的按需 PRS 配置的信息。

步骤 1:对于 UE 发起的按需 PRS,LMF 可能通过 LPP 提供辅助数据消息或通过定位系统消息向 UE 提供预定义的 PRS 配置。

步骤 2a:对于 UE 发起的按需 PRS,UE 通过 LPP 请求辅助数据消息向 LMF 发送按需 PRS 请求。按需 PRS 请求可以是请求预定义 PRS 配置的 ID 或请求 PRS 配置的参数,也可以是对 PRS 传输的请求或请求改变 PRS 配置。

步骤 2b：对于 LMF 发起的按需 PRS 请求，LMF 和 UE 之间可能交互一些 LPP 消息，例如 LMF 得到 UE 的测量结果或 UE 的 PRS 能力。

步骤 3：LMF 决定是否需要进行 PRS 传输或改变 PRS 配置。

步骤 4：LMF 通过 NRPPa PRS 配置请求消息向服务和非服务的 gNBs/TRPs 请求新的 PRS 传输或改变 PRS 配置。

步骤 5：gNBs/TRPs 在 NRPPa PRS 配置应答消息中相应地提供更新后的 PRS 配置。

步骤 6：LMF 通过 LPP 提供辅助数据消息向 UE 提供更新后的 PRS 配置或错误原因（LMF 不能满足 UE 的请求）。

具体地，对于 LMF 初始化的按需 PRS 请求，LMF 可以向 gNB 基于每个频率层的每个定位频率的每个资源集请求以下 PRS 参数：PRS 周期、PRS 资源带宽、PRS 资源重复因子、PRS 梳状大小。

对于 UE 初始化的按需 PRS 请求，UE 可以向 gNB 请求以下 PRS 参数：对于每个频率层的每个用于定位的频率，请求 PRS 周期、PRS 资源带宽、PRS 资源重复因子、每个 PRS 资源的 PRS 资源符号数、PRS 梳状大小；对于每个频率层，请求 PRS 频率层的个数；对于每个 UE，请求 PRS 传输的开始和停止时间。

9.4.6 降低定位时延

为了满足 R17 定位时延的要求，需要在 R16 定位方法的基础上，进一步地降低定位时延。目前，主要有以下降低定位时延的方案。

1. 预配置定位辅助数据

在对 UE 进行定位之前，给 UE 预配置定位辅助数据，当对 UE 定位时，UE 可以直接使用预配置的定位辅助数据，从而减少了 UE 获取定位辅助数据的时间[9~12]。具体地，预配置定位辅助数据是指在 LPP 定位会话之前或期间给 UE 提供下行定位参考信号的辅助数据，然后在未来某个时间 UE 会利用该定位辅助数据进行潜在的定位测量。其中，给 UE 预配置的定位辅助数据可以在多个定位会话中使用。网络可以通过 LPP 请求位置信息消息来触发 UE 使用预配置的定位辅助数据。在给 UE 配置预配置定位辅助数据时，也会配置有效区域，UE 在有效区域内可以使用该定位辅助数据。

2. 预定定位时间

预定定位时间允许外部 LCS 客户端、AF 或 UE 指定将来要获得 UE 当前位置的时间。当使用预定定位时间时，定位过程由两个阶段组成，包括定位准备阶段和定位执行阶段。当 LCS 客户端、AF 或 UE 发送位置相关请求来请求 UE 的当前位置时，定位准备阶段开始[14]，该请求包括预定定位时间。作为定位准备阶段的一部分，5GC、gNB 和/或 UE 进行交互以确定合适的定位方法并确定 UE 的定位测量发生在预定定位时间处或附近，从而使得定位准备阶段刚好在预定定位时间之前结束。定位执行阶段在预定定位时间处或附近开始，gNB 和/或 UE 根据在定位准备阶段获得的信息来进行定位测量，LMF 根据 UE 上报的测量信息或位置信息确定 UE 的位置,并将 UE 的位置发送给 LCS 客户端、AF 或 UE。当 LMF 收到的定位请求包含预定定位时间后,LMF 可以在预定定位时间之前开始定位准备阶段的相关过程,从而降低了定位时延。LMF 也可以将预定定位时间发送给 UE,UE 可以在预定定位时间进行定位测量。

3. MG 增强

下行定位通常需要给 UE 配置测量间隔(Measurement Gap,MG),以用于测量 PRS。在 R16 中,当 UE 需要测量 PRS 时,UE 通过 RRC 消息向基站请求测量间隔,基站基于 UE 的请求通过 RRC 消息给 UE 配置测量间隔,这样就增加了定位时延,因此 R17 中对 MG 进行了增强[10~12]。

基站通过 RRC 消息给 UE 预配置多个 MG,每个 MG 对应一个标识。UE 使用 UL MAC CE 请求 gNB 来激活预配置的 MG,其中 UL MAC CE 中包含了预配置的 MG 的标识。另外,LMF 也可以通过 NRPPa 消息请求 gNB 来激活预配置的 MG。当 gNB 收到 UE 或 LMF 发送的预配置 MG 激活请求后,通过 DL MAC CE 来激活预配置的 MG,DL MAC CE 中包含了预配置的 MG 的标识。具体流程如图 9-8 所示[3]。各步骤的具体解释如下。

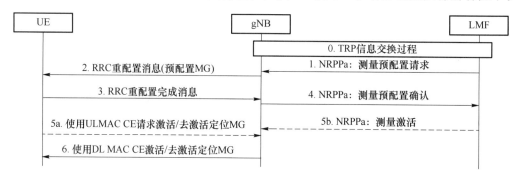

图 9-8 预配置 MG 流程

步骤 0:LMF 获取 TRP 信息,例如 PRS 配置信息。

步骤 1:LMF 通过 NRPPa 测量预配置请求消息将邻小区 PRS 的配置信息提供给基站,并请求服务 gNB 给 UE 配置预配置 MG。

步骤 2:根据 LMF 提供的辅助信息和 UE 的能力,服务基站通过 RRC 消息给 UE 提供预配置的 MG 以及关联的标识。

步骤 3:UE 向 gNB 发送 RRC 重配置完成信息,以确认收到预配置的 MG。

步骤 4:gNB 向 LMF 发送 NRPPa 测量预配置确认消息,向 LMF 指示 gNB 成功配置 MG。

步骤 5a:如果 UE 需要 MG 来进行 LMF 请求的定位测量,UE 发送上行 MAC CE 来请求 gNB 激活/去激活 MG。

步骤 5b:LMF 可能发送 NRPPa 测量激活消息来请求激活 MG。

步骤 6:根据来自 UE 或 LMF 的请求,gNB 可能发送 DL MAC CE 来激活/去激活 UE 或 LMF 所请求的 MG。

4. PRS processing window

为了进一步地降低 DL PRS 的处理时延，UE 可以在 MG 以外测量 DL PRS。gNB 能够使用 RRC 信令给 UE 配置 PRS processing window（PPW），使用 DL MAC CE 激活 PPW。gNB 向 UE 指示在 PPW 内，相对于其他下行信号/信道，处理 DL PRS 的优先级。具体过程如图 9-9 所示[3]。各步骤的具体解释如下。

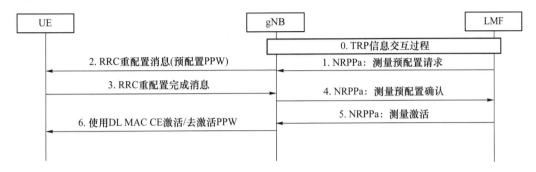

图 9-9 PPW 配置过程

步骤 0：LMF 获取 TRP 信息，例如 PRS 配置信息。

步骤 1：LMF 通过 NRPPa 测量预配置请求消息将邻小区 PRS 的配置信息提供给基站，并请求服务 gNB 给 UE 配置 PPW。

步骤 2：根据 LMF 提供的辅助信息和 UE 的能力，gNB 通过 RRC 重配置消息给 UE 提供预配置的 PPW 以及关联的标识。

步骤 3：UE 向 gNB 发送 RRC 重配置完成信息，以确认收到预配置的 PPW。

步骤 4：gNB 向 LMF 发送 NRPPa 测量预配置确认消息，向 LMF 指示 gNB 成功配置 PPW。

步骤 5：LMF 通过 NRPPa 测量激活消息请求 gNB 激活或去激活预配置的 PPW。

步骤 6：根据 LMF 的请求，gNB 向 UE 发送 DL MAC CE，以激活或去激活 PPW。

参 考 文 献

［1］ 3GPP. TR38. 855 v16. 0. 0-Study on NR positioning support（Release 16）. March 2019.

［2］ 3GPP. TR38. 857 v17. 0. 0-Study on NR positioning enhancements（Release 17）. March 2021.

［3］ 3GPP. TS38. 805 v17. 0. 0-Stage 2 functional specification of User Equipment（UE）positioning in NG-RAN（Release 17）. March 2022.

［4］ R1-2106402，Final Report of 3GPP TSG RAN WG1 ♯105-e v1. 0，Online meeting，10th-27th May 2021.

［5］ R1-2110434，Final Report of 3GPP TSG RAN WG1 ♯106-e v3. 0. Online meeting，

16th-27th August 2021.

[6] R1-2110751,Final Report of 3GPP TSG RAN WG1 ♯ 106b-e v1. 0. 0, Online meeting,11th-19th October 2021).

[7] R1-2200002,Final Report of 3GPP TSG RAN WG1 ♯107-e v1. 0. 0,Online meeting, 11th-19th November 2021.

[8] R1-2200851,Final Report of 3GPP TSG RAN WG1 ♯ 107bis-e v1. 0. 0, Online meeting,17th-25th January 2022.

[9] R2-2109301,Report of 3GPP TSG RAN WG2 meeting ♯115-e,Online,9-27 August, 2021.

[10] R2-2201970,Report of 3GPP TSG RAN WG2 meeting ♯ 116-e, Online, 1-12 November,2021.

[11] R2-2202102,Report of 3GPP TSG RAN WG2 meeting ♯116bis-e,Online,17-25 January,2022.

[12] R2-2204401,Report of 3GPP TSG RAN WG2 meeting ♯ 117-e,Online, 21 February-3 March,2022.

[13] R2-2203949,LS on Positioning in RRC_INACTIVE State,RAN2,3GPP RAN WG2 ♯117,Electronic,February 21-March 3,2022.

[14] 3GPP. TS 23. 273 V17. 4. 0-5G System (5GS) Location Services (LCS) (Release 17). March 2022.

第 10 章

多卡终端

10.1　概　　要

随着智能手机市场的发展,目前大部分手机终端都能够支持多个 USIM 卡,这些 USIM 卡可以签约相同或不同的运营商。其中设备中多 USIM 卡的运行基于不同厂商的具体实现,并没有标准化。通常情况下多卡终端设备上的多个 USIM 卡共用硬件设备,比如基带芯片、天线等。多卡终端技术研究的主要场景,只包含 UE 通过 3GPP 接入技术连接到 EPS 和 5GS 的场景,非 3GPP 接入技术不在研究范围内,具体地,多 USIM 卡设备场景为:EPS USIM 和 5GS USIM;EPS USIM 和 EPS USIM;5GS USIM 和 5GS USIM 3 个场景。GSM、UMTS 的场景不在研究范围内。另外,当多卡终端正在进行紧急业务时,不允许被其他 USIM 卡业务打断[1]。

多卡终端技术的研究对象,主要针对单发/单收,以及单发/双收能力的设备。由于上述多卡终端能力受限,会出现一些问题,比如,一张 USIM 卡在做业务时,多卡终端设备无法接收到另一张 USIM 卡的寻呼消息;再如,当用户在一张 USIM 卡玩游戏时,常常会被另外一张 USIM 卡的寻呼消息打断,而且可能很多都是用户不感兴趣的或后台的数据更新,给使用者带来了很差的用户体验;还有,当多卡终端离开当前工作的 USIM 卡,对另一个 USIM 卡进行操作时,前者会不正常离网,这会进一步引起网络异常行为,如网络会认为该 UE 不可达等。

根据以上问题,本章会进一步详细讲解多卡终端具体特性的增强,如:

- 主动连接释放;
- 基于语音业务的寻呼原因指示;
- 拒绝寻呼请求;
- 寻呼时隙碰撞控制;
- 寻呼限制。

多卡终端研究过程针对多卡终端技术的应用范围讨论比较激烈,部分观点认为多卡终端特性也可以在非多卡终端上,比如寻呼原因指示的特性、寻呼限制特性上得到增益,另外一部分观点认为该项目应该聚焦在立项的范围内,应该严格遵从该项目研究的场景和范围,额外的扩展会对 UE 设备带来额外的影响。最终会上达成一致,多卡终端特性仅适用于多卡的终端。

当多卡终端有多个激活的 USIM 卡,同时支持并向网络请求使用上述一个或多个多卡终端特性时,可以通过附着流程(Attach),或跟踪区域更新流程(TAU),或者注册流程(Registration)来携带多卡终端 UE 所支持的上述一个或多个多卡终端特性,MME/AMF 接收到后会反馈给 UE 网络支持哪些多卡终端特性。当多卡终端只有 1 个 USIM 卡激活时,多卡终端须通知网络 UE 当前不支持所有的多卡终端特性。当多卡终端进行紧急附着/注册或者紧急附着 UE 做跟踪区域更新时,UE 与网络不进行任何的多卡终端特性能力交互。多卡终端须确保每个 USIM 注册到网络时使用独立的 IMEI/PEI[2,3]。

10.2 主动连接释放

1. 背景介绍

当前多卡终端面临的主要问题之一,是当 USIM 1 正在做业务时,收到 USIM 2 的网络给 USIM 2 发送的寻呼消息,此时如多卡终端决定释放 USIM 1 的网络连接,去响应 USIM 2 的寻呼,目前的情况是根据不同厂商的实现 USIM 1 与网络不会做任何操作,而是直接执行 USIM 2 的操作,这样会导致 USIM 1 与 USIM 1 的网络连接异常中断,USIM 1 的网络会认为 USIM 1 丢失不可达,会造成网络的异常处理,比如记录该连接为网络异常,进而会影响网络规划、网络优化,或者扩大寻呼范围、浪费寻呼资源等。

上述问题主要通过研究多卡终端如何协同离开网络来解决。具体地,即如何让 USIM 1 与其网络协同交互,正常离开网络释放连接。研究过程针对多卡终端离开网络释放连接的主要方案主要有两个方向:1)通过 NAS 层触发网络连接的释放;2)通过 AS 层触发网络连接的释放。针对不同的场景可以细分为:

- 多卡终端释放 E-UTRA/EPS 的网络连接的场景,该场景仅支持 NAS 层触发的网络连接释放,UE 可以通过发送 NAS 的服务请求(Service Request)或者跟踪区域更新携带释放 RRC 连接的指示来实现;
- 多卡终端释放 NR/5GS 的网络连接,AS 层和 NAS 层触发的网络连接释放都可以支持;
- 多卡终端释放 E-UTRA/5GS、NR/5GS 的网络连接,支持 NAS 层来触发网络连接的释放,通过服务请求和注册请求消息来承载释放连接的指示[4]。

2. 标准化增强

多卡终端使用连接释放特性时,需要 UE 和网络相互指示都支持该特性。具体地,释放 E-UTRA/EPS 连接时,UE 可以通过服务请求或跟踪区域更新请求流程来携带释放请求指示给 MME,由 MME 触发 S1 连接释放流程;当释放 E-UTRA/5GS 和 NR/5GS 连接时,UE 可以通过服务请求或注册流程来携带释放请求指示给 AMF 来触发 AN 连接释放流程;当释放 NR/5GS 连接时,也可以通过接入层(AS)来实现,详细流程请参见 TS 38.300。在

UE 触发网络连接释放的同时也可以携带一些辅助信息(即寻呼限制信息,详见 10.6 节)给网络,用来根据寻呼限制信息过滤或处理网络下行的数据或寻呼。

在一些特殊场景下,当 UE 进入新的服务区域,需要做跟踪区域更新时,正好需要触发网络连接释放的请求,这时正常流程需要 UE 与网络先做位置更新流程来进行多卡能力的协商,然后再触发单独流程,将网络连接释放的请求发给网络,这样做 UE 需要触发两个流程,效率低、浪费信令,所以在此场景下,UE 可以将能力协商和网络连接释放指示放到一个流程中执行。多卡终端释放 E-UTRA/EPS 网络连接的流程,如图 10-1 所示[3],各步骤的具体解释如下。

步骤 1～步骤 2:UE 发起服务请求,或者跟踪区域更新请求,其中携带释放请求指示,通过 eNB 发送给 MME。

步骤 3:根据现有流程,MME 对 UE 执行鉴权流程。

步骤 4:MME 根据携带的释放请求指示,触发 S1 释放流程,向 S-GW 发送释放接入承载请求。

步骤 5:S-GW 接收到释放接入承载请求后,释放所有与 eNB 相关的信息(如地址/TEIDs),或 MME TEIDs 相关的信息等,并返回释放接入承载响应到 MME。

步骤 6:MME 向 eNB 发送 S1 UE 上下文释放指令来释放 S1 连接。

步骤 7:如果 UE 与 eNB 间的 RRC 连接没有释放,则发送 RRC 连接释放消息到 UE 来释放 RRC 连接资源,当 eNB 接收到 UE 的反馈时,eNB 删除 UE 的上下文。

步骤 8:eNB 向 MME 发送 S1 UE 上下文释放完成指示来确认 S1 连接的释放。

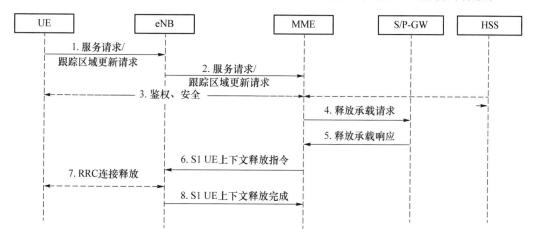

图 10-1 基于服务请求或跟踪区域更新请求的连接释放流程

多卡终端释放 E-UTRA/5GS、NR/5GS 网络连接的流程,如图 10-2 所示,当多卡终端 UE 有紧急高优先级业务正在进行时,SR 流程中不能携带释放请求指示,不允许中断或者释放紧急高优先级业务。当紧急业务结束后,一定时间内也不能使用 SR 流程释放连接,以便给可能的紧急回拨等待业务充足的时间。

基于服务请求的释放流程具体如下。

步骤 1～步骤 2:当 UE 确定释放当前的连接时,通过 NG-RAN 发送服务请求(SR)携带释放请求指示到 AMF。当 UE 使用 E-UTRA 接入 5GS 时使用 eNB 基站接入 AMF;当

UE 使用 5G NR 接入时,使用 gNB 基站接入 AMF。

步骤 3:AMF 可能触发对该 UE 的鉴权相关流程。

步骤 4:AMF 根据收到的释放请求指示,触发 AN 释放流程,向 NG-RAN 发送 N2 UE 上下文释放指令(详见 TS 23.502 中 4.2.6 小节),同时不触发建立用户面资源的信令[5]。

步骤 5:如果 UE 与 NG-RAN 间的 AN 资源没有释放,则请求 UE 释放 AN 连接资源。

步骤 6:NG-RAN 向 AMF 反馈 N2 UE 上下文释放完成信息。

步骤 7:AMF 针对每个 PDU 会话发起 PDU 会话上下文更新请求到 SMF。

步骤 8:SMF 向 UPF 发送 N4 会话更新请求,用来删除 N3 相关的隧道信息。

步骤 9:UPF 完成 N3 相关隧道信息删除等操作后,向 SMF 反馈 N4 会话响应。

步骤 10:SMF 向 AMF 反馈 PDU 会话上下文更新响应。

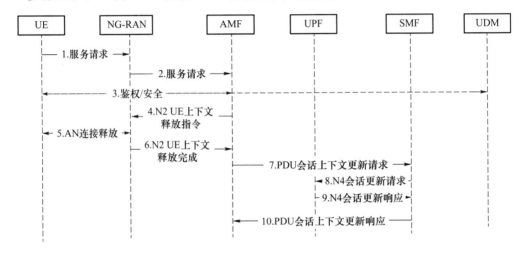

图 10-2 基于服务请求释放 E-UTRA/5GS 和 NR/5GS 网络连接的流程

基于注册请求的释放连接流程,如图 10-3 所示,各步骤的具体解释如下。

步骤 1~步骤 2:当 UE 确定释放当前的连接时,通过 NG-RAN 发送注册请求携带释放请求指示到 AMF。当 UE 使用 E-UTRA 接入 5GS 时使用 eNB 基站接入 AMF;当 UE 使用 5G NR 接入时,使用 gNB 基站接入 AMF。

步骤 3:AMF 可能触发对该 UE 的鉴权相关流程。

步骤 4:AMF 根据收到的释放请求指示,触发 AN 释放流程来释放当前连接(参见图 10-2 中的步骤 4~步骤 10),同时不触发建立用户面的资源的信令。

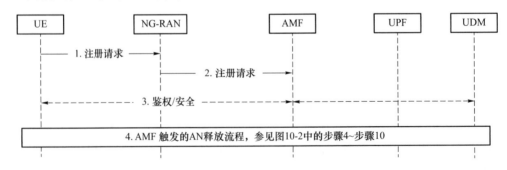

图 10-3 基于注册流程释放 E-UTRA/5GS 和 NR/5GS 连接的流程

10.3 基于语音业务的寻呼原因指示

1. 背景介绍

目前大部分手机都能够支持多个 USIM,由于成本等因素,考虑多个 USIM 共享部分硬件设备,比如基带芯片、天线等。在一些场景下,如 USIM 1 正在运行业务,此时 USIM 2 正好接收到其网络的寻呼消息,手机会中断 USIM 1 的业务,调用资源来响应这个寻呼,很多情况这个寻呼并不是用户期待的业务,而是一些不重要的信息或广告信息,这样给用户体验带来很大的负面影响。

针对以上场景和问题,在标准研究中的主要方案基于寻呼原因进行研究。此方案在寻呼消息中添加一个寻呼原因(paging cause)值,来指示是什么业务触发的寻呼,如语音业务。在标准讨论过程中,寻呼原因值除了可以指示语音业务,还可以指示其他业务,如 SMS 业务、数据业务等,但是一般认为语音业务优先级最高,对用户相对更重要,至于其他寻呼原因值,如数据业务触发,对用户意义不大,无法判定对用户重要与否,所以最后标准化方案的寻呼原因值只有一个,即语音业务。当多卡终端接收到语音寻呼值时,可以决定是否响应这个寻呼,以有效避免不必要的寻呼对当前业务的中断。另外在基于寻呼原因增强的方案的基础上,额外用户给网络提供白名单/黑名单信息,用于过滤相应的 MT 业务。还有一些类似于寻呼原因的方案,比如原因值中添加"重要业务"的指示,用来协助多卡终端决定是否响应该寻呼,但是如何确定哪些业务是"重要业务"非常困难,根据用户的使用习惯,即使来自同一个人的电话,在不同时间或场景下,也会有重要或不重要的区分,所以该方案最终没有被写入标准。

在 EPS 和 5GS 场景下,寻呼原因值仅支持语音业务。只有 UE 处于多卡模式下,网络才能应用寻呼原因的特性。UE 可以获悉小区粒度是否支持寻呼原因指示特性。当多卡终端收到寻呼消息决定不响应时,UE 需要向网络反馈寻呼拒绝响应,同时 UE 可以向网络发送一些辅助信息,用于过滤寻呼[2,3]。

2. 标准化增强

在 5GS 和 EPS 的场景下,如果多卡终端希望使用寻呼原因指示,需要提前和网络协商是否支持该特性。网络通过识别数据包头 DSCP 值来确定下行业务是否为 IMS 语音业务。当网络接收到下行语音业务需要寻呼该 UE 时,寻呼消息中会携带语音业务的寻呼原因标识。

在 5GS 场景下,UE 在 IDLE 和 CONNECTED 态,AMF 通过 NG-AP 寻呼消息向无线侧(NG-RAN)下发该语音业务的寻呼原因标识,无线侧基站在 Uu 口的寻呼信息中包含语音业务的寻呼原因指示下发给多卡终端。UE 在 IDLE 和 CONNECTED 态的寻呼原因实施流程如图 10-4 所示,各步骤的具体解释如下。

步骤 1:UPF 接收到下行数据,向 SMF 发送下行数据通知消息,包括 N4 会话 ID、下行 QoS Flow 信息,以及 DSCP 信息。

步骤 2:SMF 通过 N1N2 消息将寻呼策略指示发送到 AMF,其中寻呼策略指示由 SMF 根据 DSCP 或其他信息获取到。

步骤 3a:当 UE 处于 IDLE 态时,如果网络支持寻呼原因特性,且 UE 在 AMF 的上下文也支持寻呼特性,AMF 将语音业务指示通过 NGAP 寻呼消息发送给 NG-RAN。当基站也支持寻呼原因特性时,寻呼 UE 的消息中会携带语音业务寻呼指示。

步骤 3b:当 UE 通过非 3GPP 接入注册到网络且处于连接态时,如果网络和 UE 同时支持寻呼原因特性,AMF 通过 3GPP 接入路径将寻呼消息发送给 UE,其中携带语音业务寻呼指示。

步骤 4:UE 根据寻呼消息中的语音业务寻呼指示,确定是否触发服务请求流程来响应这个寻呼,具体服务请求流程详见 TS 23.502 中 4.2.3 小节的内容[5]。

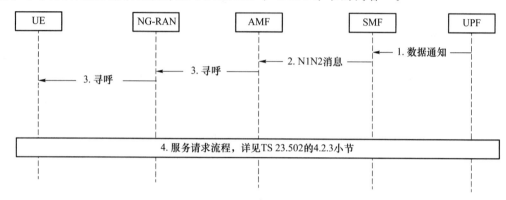

图 10-4　UE 在 IDLE/CONNECTED 态的寻呼原因实施流程

在 5GS 场景下,UE 对于 RRC-Inactive 状态,AMF 会向无线侧基站指示其支持寻呼原因标识这一特性,其中 NG-RAN 需要根据下行数据包检测出是否是语音业务触发的寻呼以及根据 UE 在 NG-RAN 的上下文是否包括支持语音寻呼原因标识,来确定 NG-RAN 在发送给 UE 的寻呼消息中携带语音业务寻呼原因标识。UE 在 RRC_Inactive 态的寻呼原因实施流程如图 10-5 所示,各步骤的具体解释如下。

步骤 1:当 UE 处于 RRC_Inactive 状态时,NG-RAN 接收到下行数据(通过控制面或用户面接收到的数据),当 NG-RAN 支持寻呼原因特性,同时 UE 上下文也指示 UE 支持该特性时,基站发送给 UE 的寻呼消息中添加寻呼原因指示。

步骤 2:NG-RAN 发送 RAN 寻呼消息给 UE。

步骤 3:UE 基于寻呼消息及其寻呼原因指示,如果接受该寻呼消息,则触发连接恢复流程(详见 TS 23.502 中 4.8.2.2 小节的内容)。[5]

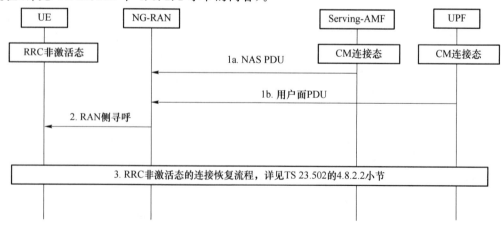

　图 10-5　UE 在 RRC_Inactive 态的寻呼原因实施流程

对一些特殊情况,如 UE 接收到一个寻呼,其中可能是非语音的寻呼,也有可能是一个不支持寻呼原因特性基站下发的寻呼,UE 具备区分这两种情况的能力,详细过程参见 TS 38.331。

在 EPS 场景下,MME 通过 S1-AP 寻呼消息向 eNB 下发语音业务的寻呼原因标识,eNB 根据该标识,在发给 UE 的寻呼消息中携带语音业务的寻呼原因标识,具体实施流程如图 10-6 所示,各步骤具体解释如下。

步骤 1:S-GW 接收到下行数据,根据数据包头等信息,确定寻呼策略指示,下发到 MME。

步骤 2:当 MME 检查到是语音业务触发的寻呼时,根据寻呼策略指示等信息,通过 S1-AP 寻呼信息中添加语音业务的寻呼原因标识。当 eNB 也支持该特性时,在发送给 UE 的寻呼消息中也添加语音业务的寻呼原因标识。

步骤 3:UE 根据寻呼消息中的语音业务寻呼指示,确定是否触发服务请求流程来响应这个寻呼,具体服务请求流程详见 TS 23.401 中 5.3.4.3 小节的内容[3]。

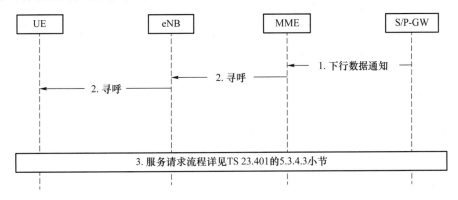

图 10-6　EPS 场景寻呼原因特性实施流程

10.4　拒绝寻呼请求

1. 背景介绍

当前,多卡终端的 USIM 1 正在执行业务时,由于多卡终端能力等因素,USIM 2 无法及时响应 USIM 2 网络的寻呼消息,会导致卡 2 网络误判寻呼失败,引起不必要的操作,如扩大寻呼范围,导致资源浪费。针对上述场景和问题,标准研究过程中的主要方案是向网络快速反馈一个寻呼拒绝请求,网络根据这个请求停止一些不必要的操作,如扩大寻呼。

2. 标准化增强

多卡终端可以建立连接,向网络响应其拒绝寻呼的指示,并在发送请求后立即返回 CM-IDLE 态。空闲状态的多卡终端在被网络寻呼时,可以通过向网络发送服务请求消息来响应该寻呼,用来指示网络释放 N1 或 S1 连接,且不需要建立用户面连接。由于设备实现无法发送拒绝寻呼指示的情况除外。此外,UE 还可能在服务请求消息中包含寻呼限制信息(详见 10.6 节)。该流程如图 10-7 所示,各步骤具体解释如下。

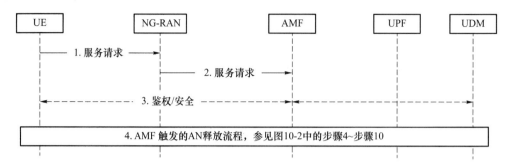

图 10-7　基于 5GS 服务请求的拒绝寻呼请求实施流程

步骤 1~步骤 2:当多卡终端 UE 在 CM-IDLE 态确定不接受寻呼时,通过 NG-RAN 向 AMF 发送服务请求,携带拒绝寻呼指示,也可以携带寻呼限制信息(详见 10.6 节)。

步骤 3:UE 与网络进行鉴权相关流程。

- 当服务请求消息中不携带释放请求指示,或拒绝寻呼指示时,AMF 将删除已保存的寻呼限制信息,同时停止相应限制寻呼的操作。
- 当服务请求消息中携带释放请求指示时,AMF 会根据运营商策略接收或拒绝寻呼限制信息,如果拒绝,会移除已有的所有与寻呼限制相关的信息;如果接受,这些信息会存放到 AMF 上 UE 上下文中。如果没有携带任何寻呼限制信息,意味着 UE 希望取消寻呼限制操作,则 AMF 移除已存放的寻呼限制信息。
- 当服务请求消息中携带拒绝寻呼指示时,不需要建立用户面资源,同时 AMF 触发 AN 释放流程。

步骤 4:根据步骤 3 的 AMF 触发 AN 释放流程来释放当前连接(参见图 10-2 中的步骤 4~步骤 10)[5]。

EPS 场景与 5GS 场景中基于服务请求的拒绝寻呼请求实施流程一致,不同点是将 5GS 网元名称更换为 EPS 网元,如 AMF 更换为 MME,NG-RAN 更换为 eNB,执行过程一致[3]。

10.5　寻呼时隙碰撞控制

1. 背景介绍

当前,多卡终端设备上的每张卡都需要在特定的寻呼时刻监听各自网络的寻呼消息,其中寻呼时刻(Paging Occasions,PO)的确定和 UE 的标识相关,如 5G 系统中 UE 根据 5G-GUTI 来计算获得寻呼时刻,而 4G 系统中 UE 根据 IMSI 来计算获得寻呼时刻。当多卡终端设备上多张卡的寻呼时刻重叠时,就会产生"寻呼碰撞",严重的甚至无法正确接收网络寻呼。

多卡终端的寻呼碰撞避免主要解决以下具体问题:当多卡的寻呼时刻发生重叠或碰撞时,网络如何处理?网络是否需要进一步获知 UE 的能力,比如单天线接收(Rx),用来提升寻呼成功效率？

标准研究过程针对上述问题，提出了以下几大类解决方案。

a）基于 IP 网络的解决方案，即 USIM 2 与 USIM 1 网络的寻呼服务器建立 IP 连接，当 USIM 1 网络寻呼失败后，通过寻呼服务器将寻呼消息发送到 USIM 2。该方案中可以用一个 USIM 来代替另一个 USIM 接听寻呼消息，这样可以从根本上解决寻呼 PO 重叠碰撞的问题，但是需要引入额外的寻呼服务器，增加了标准的复杂性，因此最终未被采纳为标准化方案。

b）基于短消息的解决方案，类似于 a）通过 USIM 1 网络寻呼失败后，通过短消息将寻呼消息发送给 USIM 2。该方案涉及安全问题，最终未被采纳为标准化方案。

c）重新分配 UE 标识的方案，有两种情况。

• 5GS 场景，当多卡终端检测到寻呼碰撞时，向网络申请新的 5G-GUTI，同时携带辅助信息，比如新的 UE 标识，或标识范围，用来协助网络分配新的 5G-GUTI。该方案对标准影响小，最终被采纳为标准化方案，但是上报携带辅助信息没有被采纳，因为 5GS 场景寻呼时隙的确定是根据 UE 动态标识 5G-GUTI 来确定的，只需要申请新的 5G-GUTI 就能解决。其中新申请的 5G-GUTI 也可能会引起寻呼的碰撞，但是大家一致认为发生的概率非常小，可以忽略。

• EPS 场景，由于寻呼时隙与 UE 固定标识 IMSI 相关，所以需要 UE 提供 IMSI 偏移值给网络，用来辅助网络确定提供给 UE 的最终 IMSI 偏移值。该方案最终被采纳为标准化方案。

d）通过改变寻呼策略来避免 PO 碰撞，比如增加寻呼次数，或扩大寻呼频率等，该方案会增加寻呼资源消耗以及引入额外寻呼时延，没有被采纳。

e）通过 UE 的实现方案，比如收发天线可以分时共用，该方案依赖于芯片的工艺和能力，当前标准化主要针对芯片能力有限的场景，所以未被采纳。

f）在当前做业务的系统中协商一个时间段，UE 离开去监听另一个系统的寻呼消息，该方案对业务有中断，引入复杂性高，最终未被采纳[4]。

2. 标准化增强

1) EPS 系统下寻呼碰撞控制

EPS 场景下，为了避免寻呼冲突，提高同一终端上不同 USIM 的寻呼成功率，UE 会为至少一个 USIM 提供请求 IMSI 偏移值（Requested IMSI Offset value），用于辅助网络确定最终 IMSI 偏移值（Accepted IMSI Offset value），即寻呼时机，并通过附着请求或跟踪区域更新请求传递给移动性管理实体（Mobility Management Entity，MME）。MME 接收到该值后会通过附着成功消息或跟踪区域更新成功消息，向 UE 传递最终 IMSI 偏移。最终 IMSI 偏移值存储在 MME 的 UE 上下文中，可能与 UE 提供的请求 IMSI 偏移值不同。如果 UE 在后续的附着请求或跟踪区域更新请求中没有提供请求 IMSI 偏移值，则 MME 将会删去 UE 上下文中存储的 IMSI 偏移值。

UE 和网络会使用最终 IMSI 偏移值计算备选的 IMSI 值，以确定寻呼时机，具体计算方法为：

备选 IMSI 值＝[MCC][MNC][(MSIN 值＋最终 IMSI 偏移值)mod(MSIN 地址空间)]

其中，MCC、MNC 和 MSIN 值为 TS 23.003 中定义的 UE IMSI 的字段。

计算所得的备选 IMSI 值在以下情况下使用：

- 确定寻呼时机，如 TS 36.304 中所示；
- 计算 UE Identity Index 信息，MME 将向 RAN 提供所得的计算值，RAN 使用该值推导出寻呼时机，如 TS 36.304 中所示。

基于附着流程的寻呼时隙碰撞控制流程如图 10-8 所示，各步骤的具体解释如下。

步骤 1～步骤 2：当多卡终端的 UE 检测到寻呼发生碰撞时，附着流程携带一个请求 IMSI 偏移值通过 eNB 到 MME。

步骤 3：UE 与网络进行鉴权和安全的相关流程。

步骤 4：MME 根据 UE 上报的请求 IMSI 偏移值，分配一个最终 IMSI 偏移值，这个值可以不同于请求 IMSI 偏移值，同时存放到 MME 中 UE 的上下文里。当附着消息中不携带请求 IMSI 偏移值时，MME 将删除已经保存的 IMSI 偏移值信息。

步骤 5～步骤 6：MME 通过 eNB 发送附着成功消息到 UE，其中携带最终 IMSI 偏移值。

基于跟踪区域更新请求流程的寻呼时隙碰撞控制流程，与图 10-8 中的流程基本一致，只需要将附着请求替换成跟踪区域更新请求，将附着成功消息替换成跟踪区域更新成功消息。流程中携带的消息指示及 MME 的操作均与上述一致[3]。

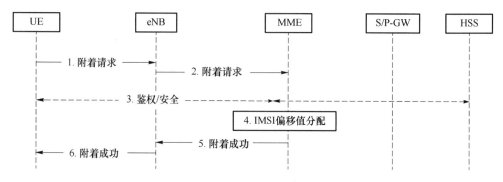

图 10-8 基于附着流程的寻呼时隙碰撞控制流程

2）5G 系统下寻呼碰撞控制

由于 5G 系统中 PF/PO 的计算主要与 5G-GUTI 相关，而网络在许多场景下会更新 5G-GUTI 的值，比如在移动性触发的注册请求过程，网络会为 UE 重新分配一个 5G-GUTI。相对于 4G 系统比较简单，不再需要额外辅助信息就能解决寻呼碰撞的问题。因此 UE 只需要发起一个注册更新流程，即可为 UE 更新 5G-GUTI 值，UE 使用新计算的 PF/PO 可以解决寻呼碰撞的问题[5]。

10.6 寻呼限制

1. 背景介绍

当前多卡终端的 USIM 1 正在执行业务时，由于多卡终端能力等因素，USIM 2 无法及时响应 USIM 2 网络的寻呼消息，会导致卡 2 网络误判寻呼失败后，引起不必要操作，如扩大寻呼范围,导致资源浪费。在一些场景下,如 USIM 1 正在运行业务,此时 USIM 2 正好接收到其网络的寻呼消息,手机会中断 USIM 1 的业务,调用资源来响应这个寻呼,很多情况这个寻呼并不是用户期待的业务,或者是一些不重要或广告信息,这样给用户体验带来很大的负面影响。

针对上述问题,10.3 节和 10.4 节中提出的基于语音业务的寻呼原因指示和拒绝寻呼请求分别得到了一定程度的解决。除此之外,标准方案研究过程又提出了一个有效的方案,就是通过 UE 上报给网络一个过滤规则,网络根据这个过滤规则将一些寻呼过滤掉,以减少对 UE 的寻呼,从而节省寻呼资源,减少对用户体验的影响。

2. 标准化增强

对于支持寻呼限制的 UE 和网络,在 5GS 场景下,UE 可以在服务请求、注册请求消息中携带寻呼限制信息;在 EPS 场景下,UE 可以通过服务请求或位置更新请求来携带寻呼限制信息。根据运营商策略,AMF/MME 可以接受或拒绝 UE 提供的寻呼限制信息,如果网络接受,则这些信息存放到 AMF/MME 中 UE 的上下文中;反之,则删除所有与寻呼限制信息相关的数据。在一些特殊场景下,如因为 UE 移动到新的跟踪区域需要做移动性管理流程,同时正好需要发送寻呼限制信息,则此时为了节省信令,不需要分别写上多卡能力,再上报寻呼限制信息,可以在同一个消息中携带寻呼限制信息。

寻呼限制信息可以包括以下一种或多种规则:

a) 限制所有寻呼;

b) 限制除语音业务(IMS voice)之外的其他寻呼;

c) 限制除特定的 PDU/PDN 会话之外的其他寻呼;

d) 限制除语音业务和特定的 PDU/PDN 会话之外的其他寻呼。

其中 a)规则适用于 UE 不希望任何寻呼打扰的情况;b)规则适用于 UE 只希望语音业务寻呼的情况;c)规则适用于特定 PDU/PDN 会话的寻呼,限制其他所有寻呼;d)规则适用于特定 PDU/PDN 会话和语音业务的寻呼,限制其他所有寻呼。在漫游场景,规则 b)和 d)需要根据运营商间的业务协议而定。

参 考 文 献

[1] SP-200297,Study on system enablers for multi-USIM devices;Intel,3GPP TSG SA Meeting ♯87E,17-20 March 2020.

[2] 3GPP TS 23.501 V17.4.0-System Architecture for the 5G System;Stage 2. (Release 17). March 2022.

[3] 3GPP TS 23.401 V17.4.0-Evolved Universal Terrestrial Radio Access Network (E-UTRAN) access;Stage 2. (Release 17). March 2022.

[4] 3GPP TR 23.761 V17.0.0-Study on system enablers for devices having multiple Universal Subscriber Identity Modules (USIM) (Release 17). June 2021.

[5] 3GPP TS 23.502 V17.4.0-Procedures for the 5G System;Stage 2. (Release 17). March 2022.

第11章

卫星接入

11.1 背景和需求

11.1.1 5G卫星通信组网架构

3GPP定义的新空口(New Radio,NR)接入技术和核心网络架构服务化使得5G不仅可以提供高速的数据传输服务,而且可以支持超大规模接入和超低时延通信的需求。然而,5G网络因为建设和维护成本较高,且使用地面蜂窝网络覆盖范围有限,在偏远地区,例如荒漠、海洋、山区等,难以实现5G网络的广域覆盖。随着卫星通信技术的发展,宽带卫星通信可以以地面蜂窝网络难以比拟的成本优势提供广域甚至全球通信覆盖。因此作为地面网络覆盖的补充,5G网络应融合卫星接入技术,共同构筑天地一体化通信网络,提供无缝覆盖的网络服务,满足用户和行业无处不在的各种通信需求。

具备卫星接入能力的终端设备通过卫星接入5G网络的基础架构如图11-1所示,其中卫星接入支持无线接入网络(NG-RAN)的部分或全部功能[1]。

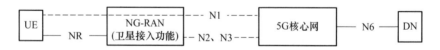

图11-1　终端通过卫星接入5G网络的基础架构

不同轨道高度的卫星网络与地面5G网络组网,卫星可作为5G基站的部分或者全部功能的载体为终端提供无线接入,也可以作为传输节点为地面基站提供数据回传服务。根据卫星在5G网络中执行的功能不同,主要有如图11-2所示的几种组网方式[1]。

图11-2(a)～图11-2(c)中的3种组网方式说明卫星为终端提供无线接入功能。卫星提供无线接入功能时,可以工作在透传模式或再生模式。透传模式要求卫星具备数据转发功能,该模式下卫星仅转发接收的数据,对该数据不作任何处理。图11-2(a)所示的组网方式下,卫星工作在透传模式,卫星作为射频拉远单元在终端和地面5G基站之间透传5G信令

消息和业务数据。再生模式要求卫星具备星上信息处理能力,该模式下卫星对接收的数据按照基站功能进行数据处理后再发送给下一跳网络功能。图 11-2(b)和(c)所示的组网方式下卫星工作在再生模式,其中图 11-2(b)所示的组网中,卫星执行 5G 基站的 DU 功能,处理部分 5G 信令,并与部署在地面的基站 CU 功能之间使用 F1 接口通信;图 11-2(c)所示的组网中,5G 基站全部功能上星,卫星执行 5G 基站的全部功能,卫星系统(卫星和地面接收站)通过 N2、N3 接口与 5G 核心网建立通信。

图 11-2(d)所示的组网方式是由单个卫星或者多个卫星组成的星间链路,为 5G 网络提供数据回传服务。

3GPP R17 仅研究图 11-2(a)所示的组网方式以及不带星间链路的图 11-2(d)所示的组网方式场景[1]。

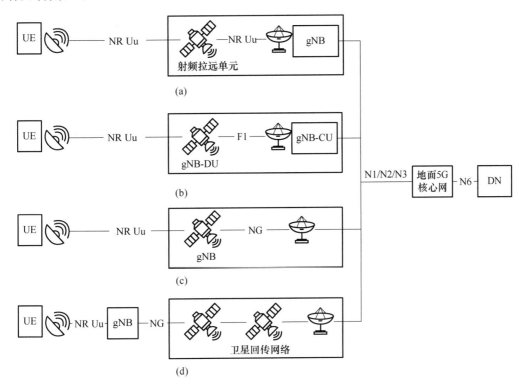

图 11-2　卫星与 5G 地面网络融合组网方式

11.1.2　5G 卫星通信类型

受空气密度、太空碎片以及已在轨运行的低轨卫星的影响,同时考虑 2 000～8 000 km 高度的范艾伦辐射带上的高能粒子的影响,通信卫星通常考虑运行在下列几类轨道,如图 11-3(a)所示[1]。

1. GEO 卫星:运行在高度为 35 786 km 的赤道平面上,这类卫星保持与地球自转速度相同的运转速度,相对于地球静止不动,因此 GEO 卫星可以提供持续的信号覆盖。

2. NGSO 卫星:这类卫星相对于地面是移动的,如果需要长期提供稳定的信号覆盖,保持服务连续性,就需要若干卫星组建星历表来满足这一需求。这类卫星运行的高度越低,提供稳定信号覆盖所需的卫星就越多。这类卫星按照运行轨道高度又可分为 3 类。

1) LEO 卫星:运行高度在 $500 \sim 2\,000$ km 之间,轨道面倾角为 $0 \sim 90°$。其轨道在国际空间站和空间碎片的上方,第一范艾伦带的下方。

2) MEO 卫星:运行高度在 $8\,000 \sim 20\,000$ km 之间,轨道面倾角为 $0 \sim 90°$。其轨道位于范艾伦带之上。

3) HEO 卫星:运行高度在 $7\,000 \sim 45\,000$ km 之间,倾角的选择是为了完全或部分补偿地球相对于轨道平面的相对运动,使卫星能够依次覆盖北半球大陆的不同地区(例如西欧、北美和东北亚)。

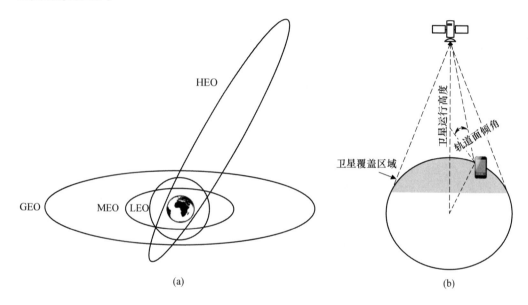

图 11-3 通信卫星类型和卫星覆盖示意

卫星运行高度、轨道面倾角和卫星覆盖区域如图 11-3(b)所示。如果使用 NGSO 提供连续覆盖,表 11-1 说明了用于提供倾角为 $5 \sim 10°$ 的连续覆盖所需的卫星数量。MEO 或 GEO 卫星可能无法实现全球覆盖,但在这种情况下,世界上绝大多数人口都得到了覆盖。

表 11-1 卫星运行高度与提供全球覆盖的卫星数量的关系

轨道类型		全球覆盖所需卫星数量
LEO	800	80
	1400	50
MEO	8000	10
GEO	35786	3

11.1.3 卫星通信移动性管理

地面蜂窝通信网络中,多个无线小区(Cell)的集合构成一个 TA,Cell 和 TA 相对固定。

卫星通信网络中,由卫星发射的波束覆盖地面,形成 Cell。一个 Cell 可由单个或者多个卫星波束构成。Cell 的大小和卫星波束半径相关。由于卫星天线直径的限制,卫星波束的大小随着卫星高度的增加而增大,例如 LEO 的波束半径可达数十千米,MEO/GEO 的波束半径可达数百千米。因此与地面蜂窝通信的 Cell 和 TA 规划可能存在不同,卫星通信网络中 Cell 的覆盖范围可能涵盖一个或者多个 TA 的范围。

GEO 卫星通信中,由于卫星相对地面上空静止,因此 GEO 的卫星波束对地面的覆盖是固定的,从而与地面通信类似,GEO 通信可以对地面形成固定的 Cell 和 TA,如图 11-4 所示。

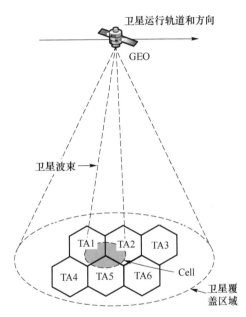

图 11-4　GEO 的 TA 覆盖示意

NGSO 卫星通信中,由于卫星相对于地面是移动的,卫星波束对地面的覆盖也时刻发生变化,对应覆盖的 Cell 和 TA 也在发生变化。但是通过图 11-5 所示的机制也可以实现 NGSO 卫星对地面的固定覆盖。NGSO 卫星通信中,随着卫星的移动,Cell 是移动的,为了保证对 TA 的固定覆盖,NG-RAN 需要更改 Cell 系统中的广播 TA 信息。如图 11-5 所示,首先由卫星 A 的 Cell 覆盖特定 TA,卫星移动过程中,通过波束转向实现对所述 Cell 或 TA 的持续覆盖。当卫星 A 移出了覆盖所述 TA 的范围,通过星历表的控制确保立即由卫星 B 的 Cell 进入覆盖所述 TA 的服务区域,从而实现 NGSO 下对 TA 持续固定覆盖的效果[3]。

通过上述分析可知,无论 GEO 还是 NGSO 类型的卫星通信,通过波束、星历表等控制方式都可以实现卫星对地面的持续固定覆盖。在此前提下,终端通过卫星接入网络过程、移动性管理及会话管理等过程均可重用通过地面蜂窝网络接入 5G 网络的处理机制和对应流程,但是结合卫星通信信号覆盖的特性,例如受卫星运行高度和波束的影响,卫星通信存在较大的时延,卫星 Cell 的覆盖范围远大于地面蜂窝网络覆盖范围,甚至同一卫星 Cell 覆盖多个国家或区域,因此卫星通信在重用原有 5G 网络相关功能和处理机制的同时,还需要在移动性管理、QoS 管理、法规监管等方面对现有处理机制进行增强。

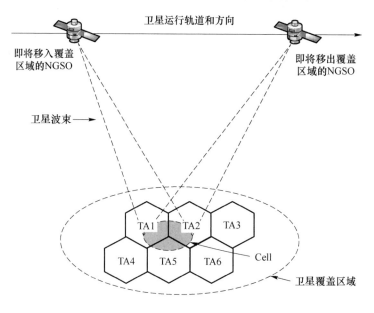

图 11-5　NGSO 的 TA 连续覆盖示意

11.2　3GPP R17 卫星通信关键特性

11.2.1　移动性注册更新

1. 背景和问题

对于卫星通信,3GPP RAN 和 SA 研究组一致同意使用相对地球固定的 TA,这样可以最大限度地重用地面蜂窝网络的通信机制和流程。对于 NGSO 通信时 Cell 移动的情况,要求 Cell 在移动时更新向地面广播的 TA。卫星通信中有两种广播 TA 更新方式[4],分别如图 11-6 和图 11-7 所示。

广播 TA 的硬更新方式是 Cell 在移动过程中,总是向地面广播单个 TA。图 11-6 说明了当卫星从左向右(例如从西向东)移动跨越地面两个 TA 区域时 Cell 向地面广播 TA 更新的过程。在 T1 时刻,卫星波束对 TA1 的覆盖范围大于对 TA2 的覆盖范围,此时 Cell 广播 TA1;在 T2 时刻,随着卫星的移动,波束对 TA2 的覆盖范围大于对 TA1 的覆盖范围,此时 Cell 进行广播 TA 更新,向地面广播 TA2。这种由 TA1 向 TA2 的切换就像接入 Cell 的

UE 发生移动,如果 TA2 此前不包含在 UE 的注册区 RA 内,TA 的切换就需要触发 UE 执行注册更新,以将 TA2 更新包含在 RA 内。

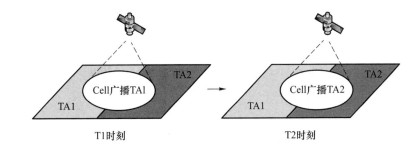

图 11-6 广播 TA 硬更新方式示意

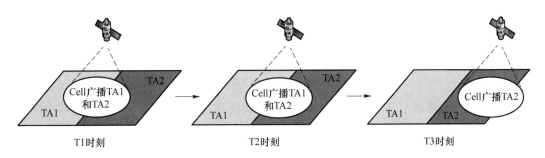

图 11-7 广播 TA 软更新方式示意

广播 TA 软更新方式是 Cell 在移动过程中,向地面广播多个 TA。如图 11-7 所示,被卫星波束覆盖的 TA 都会在 Cell 中广播,例如在 T1、T2 时刻,Cell 总是向地面广播 TA1 和 TA2,此时如果 UE 的注册区 RA 包含了 TA1,就允许通过该 Cell 接入网络,并且在 T1 至 T2 时刻 Cell 移动过程中都不需要触发 UE 的注册更新过程。在 T3 时刻,Cell 覆盖已经完全移出了 TA1,Cell 就需要进行广播 TA 的软更新,此时向地面广播 TA2 以及被其覆盖的其他 TA。如果 T3 时刻广播的 TA 都不包含在 UE 的注册区 RA 内,此时就需要触发 UE 执行注册更新,以将 T3 时刻广播的 TA 包含在 RA 内。

对于卫星通信,根据卫星部署高度的不同,LEO 和 MEO 的无线波束覆盖半径通常在 50~500 km,HEO 和 GEO 的覆盖范围可以达到 1 800 km。而对于地面蜂窝网络使用的 TA 划分半径通常在 100~200 km,因此卫星通信的 Cell 覆盖范围是 TA 范围的数十倍,这就意味着卫星通信如果使用地面蜂窝网络的 TA 规划,则使用卫星接入的 UE 将会频繁进行注册更新,这将会大大地增加终端和网络设备的信令处理开销以及网络通信负担。

2. 解决方案

通过上述分析得知,卫星通信中 TA 区域的划分不能相对 Cell 覆盖半径过小。除此之外,另一种极端是 TA 区域划分相对 Cell 覆盖半径过大。例如 Cell 的覆盖半径是 50~500 km,但 TA 的区域划分达到 500~3 000 km,是 Cell 覆盖范围的几倍。对于这种情况,许多国家的领土面积可能无法支持如此大区域的 TA 划分,除非一个国家就划分一个 TA。这样 TA 的好处就无法得到体现,例如无法对 UE 的移动进行精确的控制或者无法对 UE 进行高效寻呼(Paging)。因此相对较好的方式是结合卫星通信的 Cell 覆盖范围和地理区域的实际情况(例如国家领土面积),将 TA 区域划分成大小和 Cell 覆盖范围相当或者相差不会太大的范围(例如控制在 Cell 范围的一半以上)[5]。图 11-8 举例说明了对传统 TA 划分范围扩大到近似 Cell 覆盖范围的情况。

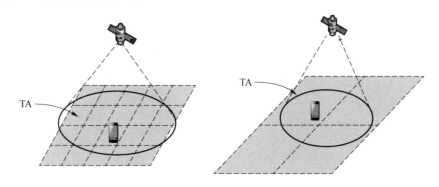

图 11-8　卫星通信中的 TA 划分优化

　　卫星通信中,通过对 TA 区域划分优化,扩大传统 TA 划分范围,可以减少因为用户移动或者 Cell 移动而引发的频繁注册区更新。

　　另外,卫星使用广播 TA 软更新机制时,还可以通过对移动性注册更新流程的触发机制进行增强以避免频繁发起的注册更新。具体实现是当通过卫星接入的 UE 进行注册时,AMF 根据所述广播 TA 等信息为用户构建 RA,并将 RA 通过注册成功消息提供给 UE。此后如果 UE 或 Cell 发生移动,UE 从 NG-RAN 接收广播 TA 信息,如果广播 TA 中至少有一个 TA 包含在 RA 中,用户就不需要发起注册更新。如果移动之后接收的广播 TA 都不包含在 RA 中,用户需要发起注册更新,以便 AMF 根据最近的广播 TA 信息更新 RA 并将更新后的 RA 提供给 UE[6]。

11.2.2　卫星通信下的 UE 寻呼

1. 背景和问题

　　网络通过 Paging 找到 UE。如果 UE 处于 CM_IDLE 态或者处于 CM_CONNECTED 和 RRC_INACTIVE 态(即 N2、N3 资源因空闲被释放),当核心网络侧有下行数据到达 UPF 时,UPF 将无法直接转发给 UE。UPF 根据 SMF 下发的 FAR 缓存或者将数据转发给 SMF 后,由 SMF 触发 Paging 流程,通过 AMF 向 UE 发送 Paging 消息,通知 UE 恢复会话上下行数据链路。核心网络侧向 UE 发起 Paging 的过程如图 11-9 所示。

　　Paging 过程根据 UE 注册阶段构建的注册区 RA 进行 Paging。注册区 RA 包含已成功注册到网络的 UE 的 TA 信息,核心网将其保存到 RM-REGISTERED 上下文中。当 AMF 发起 Paging 请求时,携带所述 TA 信息,指示 gNB 在 UE 所在的 TA 范围内进行 Paging。gNB 接收到 Paging 消息后,解读其中的内容,得到该 UE 的 TA 列表,并在其下属于列表中 TA 的 Cell 进行空口 Paging。根据 TA 进行 UE Paging 的过程如图 11-10 所示。

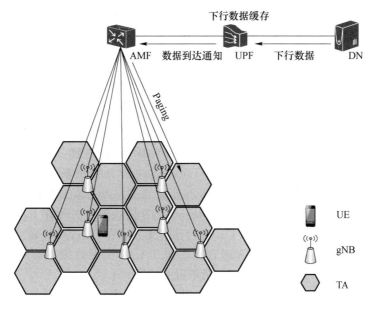

图 11-9 核心网侧 Paging UE 的示意

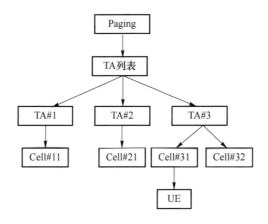

图 11-10 根据 TA 进行 UE Paging 的示意

图 11-10 说明了 TA 通常用于识别 UE 接入的 Cell。基于 TA 可以快速 Paging 到 UE。在地面蜂窝网络系统中,Cell 广播单个 TA 给 UE,UE 将代表自己位置的所述 TA 提供给网络,网络根据所述 TA 构建 RA。在此后的 Paging 过程中,可以根据所述 TA 找到 UE。在 UE 使用卫星接入网络时,由于 Cell 会向 UE 广播多个 TA,UE 在广播区域内无法感知所处的 TA,如果 UE 从广播 TA 中随机选择一个 TA 作为自己的位置上报给网络,也会存在选择的 TA 与 UE 真实所处的位置相距甚远的可能,导致难以进行高效 Paging。因此在卫星通信中,尤其在 Cell 支持广播多 TA 的情况下,如何提高 Paging 效率是需要考虑的问题。

2. 解决方案

为了提高卫星通信过程中的 Paging 效率,同时结合 Cell 支持广播多 TA 以及在该情况下 UE 无法感知自己所处的 TA 等通信特征,研究了如下可能的 TA 选择方案[7]。

1) gNB 从 Cell 广播的多个 TA 中选择一个 TA 作为 UE 当前所处的 TA,并提供给

AMF。在选择过程中优先选择 UE 所处地理位置对应的 TA,如果 UE 所处地理位置对应的 TA 不包含在广播 TA 内,则从广播 TA 内选择一个靠近 UE 所处地理位置的 TA。

2) UE 从 Cell 广播的多个 TA 中选择一个 TA 作为 UE 当前所处的 TA,并提供给 AMF。在选择过程中优先选择 RA 内的 TA。

3) gNB 根据 UE 实际所处的地理位置选择对应的 TA 并提供给 AMF。不管所述 TA 是否包含在广播 TA 内,gNB 都会将所述 TA 提供给 AMF。

4) gNB 将 Cell 广播的所有 TA 都提供给 AMF。

方案 1)由 gNB 从广播 TA 中选择能标识 UE 当前所处的位置,或者邻近 UE 当前所处位置的 TA 上报给 AMF,AMF 根据所述 TA 构建注册 RA,此后根据所述 RA 能快速 Paging 到 UE,可以改善卫星通信场景中的 Paging 效率。但是该方案在改善 Paging 效率的同时,又会引发新的问题,就是如果当 AMF 从 gNB 接收的 TA 不在 RA 内,则 AMF 会向 UE 发送触发注册更新的消息要求 UE 进行注册更新,将所述 TA 更新到 RA 内,当 UE 接收到所述触发消息时,判断所述 TA 包含在广播 TA 内,按照规则不需要发起注册更新,从而导致 UE 侧和 AMF 侧对注册更新判断矛盾的问题。

方案 2)中由于 UE 无法感知自己的位置,因此从 RA 中选择 TA 时是任意选择的,如果选择的 TA 距离 UE 实际所处的位置较远,则此后根据该 TA 进行 Paging 时反而会降低 Paging 效率。

方案 3)由于 gNB 选择的是 UE 实际所处位置所在的 TA,因此会改善卫星通信下的 Paging 效率。但是存在代表 UE 实际所处位置的 TA 不被广播 TA 包含的情况,此时如果 AMF 根据所述 TA 构建的 RA 返回给 UE 后,由于 UE 无法感知自己所处的位置,从而无法判断何时需要注册更新,另外使用该方案也无法实现对 UE 的禁止区域或服务域限制等移动限制。

方案 4)由 gNB 将广播 TA 全部上报给 AMF,AMF 根据广播 TA 构建 RA。显然这种方案无助于改善 Paging 效率,但是不会引发诸如上述其他方案引发的其他问题。

综合上述考虑,在改善 Paging 效率的同时,为了避免引发其他问题,3GPP R17 对于卫星通信 Paging 所需的 TA 采取 gNB 通过 NGAP 消息将广播 TA 提供给 AMF,同时,如果 gNB 能获取 UE 当前位置对应的 TA,也将所述 TA 提供给 AMF。AMF 根据广播 TA 及 UE 当前所处 TA 构建 RA,在确保处理机制不出现异常的前提下,可以尽力改善 Paging 效率。

11.2.3 禁止区和服务区限制

1. 背景和问题

3GPP 在 5G 标准技术中定义了移动限制,用于限制 UE 移动或者限制 UE 接入服务等控制,例如在某些特定区域只限制某些 UE 接入或者切换进来。禁止区和服务区限制均属于移动限制。

禁止区限制用于限制 UE 不能在指定区域下发起任何与网络的通信。网络侧如果决定对 UE 使用禁止区限制,则网络设备会在注册响应中将禁止 UE 接入区域的 TA 列表提供给 UE。后续 UE 进行 Cell 选择、RAT 选择、PLMN 选择时就要考虑禁止区进行合适的选择。

服务区限制定义了哪些区域下 UE 可以和网络通信,哪些区域下 UE 不能和网络发起通信。服务区限制分为允许区和非允许区。允许区是允许 UE 和网络进行正常的业务通信,非允许区是 UE 和网络都不允许发起 Service Request 或 Session Management 信令去获取用户业务。UE 不能因为进入非允许区而触发网络选择或者 Cell 重选。当 UE 处于 CM_CONNECTED 和 RRC-INACTIVE 态时,其 RRC 流程和在允许区一样,Registration Management 流程也和在允许区的一样,如果核心网或者 RAN 发起 Paging,UE 也要发起 Service Request 响应网络的 Paging,简而言之就是当 UE 处于非允许区时,UE 可以驻留在网络,但是不能进行任何业务(例如视频、游戏等)。针对 UE 只能进行允许区或非允许区控制,但两者不能同时使用。

地面蜂窝通信中,由于 UE 接收的广播消息中仅包含单个 TA,因此该 TA 即可代表 UE 位置,即 UE 可以感知到自己的位置,从而 UE 根据自己的位置判断是否处于禁止区限制、服务区限制中。在卫星通信中,由于 Cell 可以广播多个 TA,且 UE 无法感知自己所处的 TA,从而无法判断是否处于禁止区限制或服务区限制内,因此需要研究卫星通信中支持 Cell 广播多 TA 的情况下,如何对 UE 实施禁止区限制、服务区限制的问题。

2. 解决方案

3GPP R17 针对卫星通信中禁止区限制和服务区限制进行了如下增强[6]。

1) 禁止区限制

当 AMF 从 NG-RAN 接收到单个广播 TA 或者多个广播 TA 时,根据用户签约信息,如果所述接收的单个广播 TA 位于禁止区域或者所述接收的多个广播 TA 都在禁止区域时,AMF 禁止 UE 接入网络。如果广播的多个 TA 中至少有一个 TA 不在禁止区域时,AMF 就可以认为 UE 不在禁止区域,可以接入网络。

2) 服务区限制

当 AMF 从 gNB 接收到单个广播 TA 或者多个广播 TA 时,作为注册过程的一部分,AMF 向 UE 提供服务区限制,包括允许区域或者非允许区域。当用户在允许区域或者不在非允许区域时,用户可以和网络进行通信。如果使用非允许区域控制,根据用户签约信息,当所述广播单个 TA 不在非允许区域,或者所述广播多个 TA 都不在非允许区域,则 AMF 认为 UE 不在非允许区域。如果使用允许区域控制,根据用户签约信息,如果所述广播单个 TA 在允许区域,或者所述广播多个 TA 中至少有一个 TA 在允许区域,则 AMF 认为 UE 在允许区域。

11.2.4　卫星通信的 QoS 增强

1. 背景和问题

5G 网络使用 QoS 流实现对 QoS 有不同要求的数据流的 QoS 区分控制。QoS 流包括需要 QoS 绝对保证的 GBR QoS 流和不需要 QoS 绝对保证的 Non-GBR QoS 流。QoS 流使用 QoS 流标识(QFI)区分,在 PDU 会话内部取值唯一。网络对 PDU 会话内相同 QFI 的 QoS 流实施相同的传输处理(例如调度、带宽等)。QFI 以压缩头形式被端到端传递,在传输过程不会改变。给每个 QoS 流分配 QFI 的同时,还分配与之对应的 5QI。

5QI 的不同取值可以标识一组具有特定取值的 QoS 特性的集合。这些 QoS 特性包括资源类型(GBR、Non-GBR)、包时延预算(PDB)、包出错率(PER)等。当为每个 QoS 流选定了 5QI 取值时，对所述 QoS 流实施控制的 QoS 特性参数及取值也就确定了。

与 5QI 对应的关键 QoS 特性之一包延时预算（PDB）定义了一个数据包在 UE 和 UPF 之间传递所花时间的上限。PDB 对上下行数据都适用，且针对某个 5QI 其对应的上行数据和下行数据的 PDB 是相同的。3GPP 网络基于 PDB 进行调度配置和链路层功能的配置（例如设置调度优先级权重）。PDN 由接入网 PDB 和核心网 PDB 组成。接入网 PDB 定义了 UE 和 gNB 之间的 PDB；核心网 PDB 定义了 gNB 和核心网网元（例如 AMF、UPF）之间的 PDB。表 11-2 是 3GPP 针对地面蜂窝网络定义的 5QI 以及对应的 QoS 特性[8]。

表 11-2　5QI 以及对应的 QoS 特性

5QI 值	资源类型	优先级	包时延预算/ms	误包率	最大数据突发量	平均窗口	典型业务
1	GBR	20	100	10^{-2}	N/A	2 000 ms	语音通话
2		40	150	10^{-3}	N/A	2 000 ms	实时视频通话（直播）
3		30	50	10^{-3}	N/A	2 000 ms	在线游戏、V2X 消息、中压配电、自动监控
4		50	300	10^{-6}	N/A	2 000 ms	非实时视频流（可以缓存）
65		7	75	10^{-2}	N/A	2 000 ms	PTT 业务的关键语音流的传输
66		20	100	10^{-2}	N/A	2 000 ms	PTT 业务的非关键语音流的传输
67		15	100	10^{-3}	N/A	2 000 ms	关键视频流的传输
75							
71		56	150	10^{-6}	N/A	2 000 ms	直播业务上行流
72		56	300	10^{-4}	N/A	2 000 ms	直播业务上行流
73		56	300	10^{-8}	N/A	2 000 ms	直播业务上行流
74		56	500	10^{-8}	N/A	2 000 ms	直播业务上行流
76		56	500	10^{-4}	N/A	2 000 ms	直播业务上行流
5	Non-GBR	10	100	10^{-6}	N/A	N/A	IMS 信令
6		60	300	10^{-6}	N/A	N/A	非实时视频流（可以缓存）；基于 TCP 的业务（例如网页浏览、电子邮件、FTP 下载、P2P 业务）
7		70	100	10^{-3}	N/A	N/A	直播业务的语音、视频流；在线交互游戏
8		80	300	10^{-6}	N/A	N/A	非实时视频（可以缓存）；基于 TCP 的业务（例如网页浏览、电子邮件、FTP 下载、P2P 业务）
9		90					
69		5	60	10^{-6}	N/A	N/A	PTT 业务的对时延敏感的关键任务信令
70		55	200	10^{-6}	N/A	N/A	关键任务数据（例如 5QI 值为 6/8/9 的业务）
79		65	50	10^{-2}	N/A	N/A	V2X 消息
80		68	10	10^{-6}	N/A	N/A	EMBB 低时延应用、AR 业务

5QI 值	资源类型	优先级	包时延预算/ms	误包率	最大数据突发量	平均窗口	典型业务
82		19	10	10^{-4}	255 bytes	2 000 ms	离散型自动处理业务（Discrete Automation）
83		22	10	10^{-4}	1 354 bytes	2 000 ms	离散型自动处理业务（Discrete Automation）；V2X 消息（UE-RSU 管理、自动驾驶：基于 LoA 的变道）
84		24	30	10^{-5}	1 354 bytes	2 000 ms	智能交通系统
85	Delay-critical GBR	21	5	10^{-5}	255 bytes	2 000 ms	高压配电、V2X 消息（遥控驾驶）
86		18	5	10^{-4}	1 354 bytes	2 000 ms	V2X 消息（自动驾驶：碰撞避让，高 LoA 等级的车队管理）
87		25	5	10^{-3}	500 bytes	2 000 ms	交互业务-运动数据跟踪
88		25	10	10^{-3}	1 125 bytes	2 000 ms	交互业务-运动数据跟踪
89		25	15	10^{-4}	17 000 bytes	2 000 ms	面向 cloud/edge/split rendering 的视觉内容
90		25	20	10^{-4}	63 000 bytes	2 000 ms	面向 cloud/edge/split rendering 的视觉内容

对于 5G 网络支持卫星通信，无论卫星作为接入技术，还是作为回传链路，都会产生较大的传输时延。标准规范针对地面通信系统定义的 PDB 无法适用于卫星通信的时延，因此需要对 5QI 以及 PDB 定义进行扩展，以满足卫星通信的 QoS 控制需求。

2. 解决方案

1）5QI 和 PDB 扩展

3GPP RAN1 和 RAN2 的研究结论是如果使用卫星通信，在 UE 和 NTN 网关（例如地面卫星接收站）的双向传输时延 RTD 为 541.46 ms（使用 GEO 卫星）、41.77 ms（使用部署在 1 200 km 高度的 LEO）、25.77 ms（使用部署在 600 km 高度的 LEO）；3GPP RAN1 和 RAN2 建议 SA2 基于 RTD，并综合考虑数据包重传次数以及 PER 取值确定适用于卫星通信的 PDB，适用于卫星通信的 PER 可以与适用于地面网络的 PER 上限相同。

对上述内容 RAN1 和 RAN2 仅考虑了传输时延，但没有考虑调度时延。对于上行数据包，调度时延为 1 个 RTD+UE 向 gNB 发送数据的时延，即 541.46 ms＋270.73 ms＝812 ms，如图 11-11 所示[9]。

基于上述分析，针对地面蜂窝网络定义的 PDB 值均小于 812 ms，无法满足 GEO 卫星通信的时延，因此需要满足 GEO 卫星通信延时的 PDB 和 5QI 值。

SA2 将上述 GEO 卫星通信下的接入网 PDB＝812 ms 反馈给 RAN1 和 RAN2。RAN1 和 RAN2 认为接入网 PDB 为 812 ms 基本可行，但是担心这会导致无线资源效率的下降。因此 SA2 又根据 RAN1 持有的观点"如果 RTD 取值为 X，PER 取值为 Y，如果 Y 取值为 10^{-6}（参考地面蜂窝网络定义的指标）可能会遇到数倍于 RTD 的时延"以及 RAN2 的观点"如果 PER 取值为 10^{-6}，且 PDB 为 RTD 的 1.5 倍，这将要求更多无线资源，因此会导致低频谱效率",将 PDB(为 1.5 倍的 RTD)进一步扩大。合理扩大接入网 PDB 将使得无线资源消耗更少,利用率更高。据此,接入网 PDB 至少为 2 倍的 RTD,即 1 082 ms,同时考虑核心网 PDB 通常为 20 ms,因此卫星通信的 PDB 约为 1 110 ms。

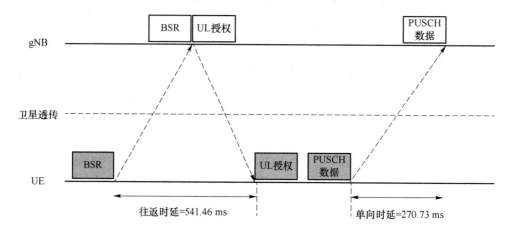

图 11-11　上行(UL)报文调度时延示意

SA2 对 TS 23.501 中的表 11-2 进行扩展,重新定义 5QI＝10 对应 PDB＝1 100 ms,PER＝10^{-6},用于卫星接入技术下开展 Non-GBR 业务(例如非实时视频、电子邮件、FTP 下载、P2P 共享等)对应的 QoS 特性。适用于卫星通信的 5QI 和 QoS 特性扩展如表 11-3 所示。

表 11-3　适用于卫星通信的 5QI 和 QoS 特性扩展

5QI 值	资源类型	优先级	包时延预算/ms	误包率	最大数据突发量	平均窗口	典型业务
10	Non-GBR	90	1 100	10^{-6}	N/A	N/A	非实时视频(可以缓存);基于 TCP 的业务(例如网页浏览、电子邮件、FTP 下载、P2P 业务);使用卫星接入技术的任何业务

2) 卫星接入类型

网络需要识别 UE 使用的接入技术,例如是卫星接入还是地面 NR 接入,如果 UE 使用卫星接入还需要识别出卫星接入类型,例如是 LEO、MEO,还是 HEO。网络根据卫星接入类型为 UE 通过卫星接入开展业务制定相应的 QoS 策略。

3GPP R17 通过对接入类型(RAT Type)定义新的取值来表示 NR 卫星接入类型,包括使用低轨卫星的 NR 接入 NR(LEO),使用中轨卫星的 NR 接入 NR(MEO),使用地球同步卫星的 NR 接入 NR(GEO),以及使用其他类型卫星的 NR 接入 NR(OTHERSAT)。5GC 通过 RAT Type 区分不同类型的 NR 卫星接入类型。

在终端进行初始接入注册过程中,AMF 根据接收的 RAN 全球标识(Global RAN Node ID)中的基站标识(gNB ID)确定 RAT Type 取值为卫星接入类型。卫星接入类型只被核心网感知。

由于不同的卫星通信类型引发的时延各不相同,因此需要对不同类型的卫星接入使用不同的 QoS 规格。在 PDU 会话建立过程中,AMF 将确定的卫星接入类型发送给 SMF,并进一步发送给 PCF(如果网络配置了 PCF)。PCF 根据卫星接入类型为 PDU 会话授权 QoS

规格,所述 QoS 规格中包含了适用于卫星接入类型的 5QI 值。SMF 和 UPF 根据授权 5QI 为所述 PDU 会话提供对应的带宽、时延、丢包率等 QoS 控制。卫星接入类型还可以根据需要进一步传递给核心网的其他网络功能,例如传递给当前服务网络的网络功能,用于判断用户通过卫星接入是否存在接入限制或移动性限制。

3）卫星回传类型

3GPP R17 除了支持卫星作为接入技术,还支持在接入网和核心网络之间使用卫星作为回传链路。与卫星接入类似,卫星回传同样存在较大的时延以及带宽受限等问题,因此如果使用了卫星回传链路,核心网络需要感知,以便为使用卫星回传服务的业务授权合适的 QoS。另外,在一些场景下,应用功能也需要获知是否使用卫星回传链路,以便判断所提供的业务是否可以接受卫星回传服务。

3GPP R17 研究了卫星回传的基本场景,使用单个卫星（GEO 或者 NGSO 卫星）作为 RAN 和 5GC 之间控制面和用户面数据的回传连接[10],参考图 11-2(d)中的场景。

3GPP R17 假设控制面和用户面使用相同的卫星回传链路。在用户的 PDU 会话建立过程中,AMF 可以基于本地配置,例如根据 Global RAN Node ID 和卫星回传链路的配置关系,确定用户接入 5G 网络使用的卫星回传链路类别（LEO、MEO、GEO 等）。所述卫星回传链路类别可由 AMF 经 SMF 发送给 PCF 用于制定控制策略,例如 PCF 为使用所述卫星回传链路的用户授权对应的 QoS。AMF 获取的卫星回传链路信息还可以进一步提供给应用功能 AF,以便 AF 判断卫星回传链路的时延是否可以满足业务对时延的要求。

11.2.5 卫星通信的法规监管

1. 背景和问题

由于卫星运行轨道的高度优势,卫星通信覆盖范围广阔,更有甚者一套卫星通信系统可以对多个国家实现覆盖,如图 11-12 所示。

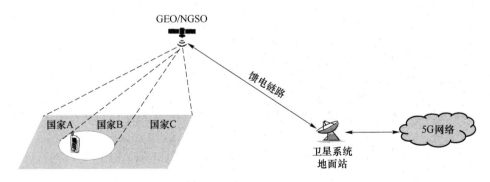

图 11-12 卫星广域覆盖示意

图 11-12 中,如果 A 国运营商和 B 国运营商使用相同的卫星覆盖,由于不同国家的法规、监管方式等存在不同,A 国的用户在非漫游情况下禁止接入 B 国的运营商核心网络。

为了满足上述法规和管理要求,一方面,用户在使用卫星接入,并在感知自己位置的情况下,基于自己的位置信息选择允许接入的 PLMN;另一方面,在用户接入、移动性管理和会话管理过程中,网络也需要获取用户当前所处的位置信息,验证用户当前所在的位置是否允许所述用户接入所选的 PLMN。

2. 解决方案

用户通过卫星接入 5G 网络,AMF 通过 NGAP 消息获取用户位置信息,并对用户位置进行验证[11]。如果 AMF 基于从 gNB 接收的用户选择的 PLMN 标识和用户位置信息(包括 Cell 标识)判断所述用户在当前位置禁止接入所述 PLMN,AMF 必须拒绝用户的任何 NAS 请求,并告知拒绝原因。如果在 AMF 判断出用户在当前位置禁止接入网络之前,所述用户已经注册到所述网络,则 AMF 需要向 UE 发起去注册过程。除非 AMF 有足够精确的用户位置信息用于判断所述用户在当前位置是否可以接入到网络,否则 AMF 不应该拒绝用户的任何 NAS 请求,或者要求用户去注册。

如果 AMF 基于 NGAP 消息接收的位置信息无法感知用户的精确位置,从而难以判断所述用户在当前位置是否允许接入所述 PLMN,AMF 可以先处理针对该用户的移动性管理或会话管理过程,并在处理完成后发起用户定位流程以获取用户当前位置信息。如果使用用户定位流程从 LMF 获取的用户当前位置信息指示用户在当前位置注册到了一个禁止所述用户接入的网络,则 AMF 需要向所述用户发起去注册。

用户切换过程中,如果切换后的目标 AMF 判断用户在当前位置禁止接入切换前的 PLMN,则 AMF 需要拒绝用户切换,或者在完成切换后发起 UE 的去注册过程。

参 考 文 献

[1] 3GPP TR 23.737:"Study on architecture aspects for using satellite access in 5G".

[2] 5G-Advanced 网络技术演技白皮书 2.0,2022.

[3] 3GPP TR 38.821:"Solutions for NR to support non-terrestrial networks(NTN)".

[4] S2-2102433. Discussion of Mobility Registration Update to support NR Satellite Access,Qualcomm,3GPP SA2♯144e,e-meeting,12th-16th April 2021.

[5] S2-2106519. Discussion of Tracking Area Support with Hard and Soft TAC Update,Qualcomm,3GPP SA2♯146e,e-meeting,16th-27th August 2021.

[6] S2-2109097. TA handling for moving cells in satellite access,Ericsson,3GPP SA2♯148e,e-meeting,15th-22th November 2021.

[7] S2-2107779. Resolution of Tracking Area Indication in the NGAP ULI for Moving Cells,Qualcomm,3GPP SA2♯147e,e-meeting,18th-22th October 2021.

[8] 3GPP TR 23.501:"System architecture for the 5G System(5GS)".

[9] S2-2100815. 5QIs for satellite access,Qualcomm,3GPP SA2♯143e,e-meeting,24th February-9th March,2021.

[10] S2-2104893. Removal of UPF indication of backhaul QoS to SMF,Nokia,Xiaomi,3GPP SA2♯145e,e-meeting,17th-28th April,2021.

[11] S2-2109338. UE location verification handling,Ericsson,Nokia,3GPP SA2♯148e,e-meeting,15th-22th November,2021.

第12章
定位业务

12.1 概　　述

12.1.1 背景与需求

定位业务(Location Service,LCS),是指通过移动网络的定位技术获取移动终端的位置信息,并将位置信息以特定的格式(例如地理坐标)提供给终端用户、运营商、第三方机构等[1]。从移动通信 2G 时代开始定位业务就是移动通信系统中非常重要的一个功能,分为基于控制面的定位和基于用户面的定位两种实现方式[2]。其中,基于控制面的定位技术标准由 3GPP 制定,并随着移动通信技术的迭代升级而不断演进。5G 系统的定位业务沿用了4G 定位的基本特性,摒弃了一些过时的特性。3GPP 第一个版本 Release 15 的定位业务制定了服务化的定位网络架构和最基本的业务流程,但仅限于监管业务[3]。Release 16 将定位业务进一步增强,不仅支持监管业务定位也支持商用业务的定位,在架构上的演进主要是增加了对非 3GPP 接入定位技术的支持。3GPP Release 17 考虑定位流程的端到端时延以及信令开销,提出核心网中 UE 定位能力存储。此外,Release 17 支持终端移动导致的LMF 变更,局部坐标系实现更高精度的定位[4],对卫星接入的支持[5,9],以及对定期定位时间的支持[6]。

12.1.2 架构模型与基本概念

1. 定位业务类型

根据定位请求发起方的不同,定位业务可以分为如下 3 种。

(1) 网络触发定位请求(Network Induced Location Request,NI-LR):请求从正在为终端提供服务的核心网网元 AMF 发出,主要应用于对紧急呼叫发起方的定位。

(2) 终端终止定位请求(Mobile Terminated Location Request,MT-LR):终端通过 LCS客户端(LCS client)向 PLMN 发起定位请求。

（3）终端始发定位请求（Mobile Originated Location Request，MO-LR）：终端通过空中接口发起定位请求，向网络直接请求位置信息、辅助数据或请求将自己的位置信息发送给第三方。

根据定位请求响应时间的不同，可以将定位请求分为如下两种类型。

（1）即时定位请求（Immediate Location Request）：LCS 客户端、AF 向 PLMN 发起对目标 UE 的定位请求，并期望在较短时间内收到包含目标 UE 位置信息的响应，即时定位请求可以是 NI-LR、MT-LR、MO-LR 中的任一类型。

（2）延迟定位请求（Deferred Location Request）：LCS 客户端、AF 向 PLMN 发起对目标 UE 的定位请求，该定位请求并不立即执行，而是由特定事件触发。定位请求的响应信息中包含定位触发事件指示和目标 UE 位置信息。3GPP Release 17 仅支持 MT-LR 类型的延迟定位请求，并定义了如下事件作为延迟定位请求的触发事件。

① UE 可达性（UE Availability）：当 UE 不活跃、失去无线连接或由于 IMSI 分离等原因导致不可达时，触发位置上报。UE 可达事件只需对 LCS 客户端、AF 进行一次性响应，响应完成后 UE 可达事件结束。

② 特定区域（Area）：UE 进入、离开、停留在预先定义的特定区域内时触发位置上报。

③ 周期定位（Periodic Location）：UE 中的周期定时器到期时触发位置上报。

④ 移动（Motion）：UE 移动过程中，相对之前位置的位移超出预定的直线距离时触发位置上报。

2. 定位业务质量

定位业务服务质量（Quality of Service，QoS）由运营商确定或 LCS 客户端协商确定，有 3 个关键属性，分别如下。

1）QoS 等级

QoS 等级描述的是定位业务对服务参数的契合度，标准中定义了 3 种 QoS 等级。①尽力而为（Best Effort Class）：如果获得的位置估计不满足当前 QoS 参数的要求，仍然返回该位置估计值，并携带指示，表明请求的 QoS 未得到满足；如果没有获得位置估计，则发送错误原因。②多样 QoS（Multiple QoS Class）：如果获得的位置估计不能满足最严格的 QoS 要求，则 LMF 触发新的位置估计，并判断结果是否满足次严格的 QoS 要求，若不满足则继续触发新的位置估计，直到判断新触发的位置请求是否满足最宽松的 QoS 要求，若仍无法满足最宽松的 QoS 要求，则该位置估计将被丢弃，并发送一个适当的错误原因。③可靠（Assured Class）：如果获得的位置估计不满足 QoS 参数要求，则该位置估计值将被丢弃，并发送错误原因。

2）准确性

准确性描述了位置估计在水平方向和垂直方向的精度[1]。

3）响应时间

TS 22.071[1] 中为位置估计定义了 3 种响应时间：无时延、低时延、可容忍时延。

3. 定期定位时间

定期定位时间允许外部 LCS 客户端、AF 或 UE 定义一个未来的时间，以获得这个时间的 UE 位置。定期定位时间可应用于 5GC-MT-LR 流程、5GC-MO-LR 流程或延迟的 5GC-

MT-LR 流程。定位准备阶段开始于位置请求发送时,其请求中包括定期定位时间参数 T。在定位准备阶段,5GC 和 UE 互相协商定位方法和 UE 的定期定位的测量。LMF 负责协商并且能够获知定期定位时间。定位准备阶段结束于时间 T,然后开始定位执行。在定位执行阶段,UE 位置被获取并返回给 LCS 客户端、AF 或 UE。

为了在 5GC-MO-LR 流程中支持定期定位时间,UE 延迟发送定位请求给 AMF。当到达一个临近定期定位时间的阈值时,UE 才将请求发送给 AMF,以避免 HTTP 请求超时造成的失败。

为了在 5GC-MT-LR 流程中支持定期定位时间(即 LCS 客户端/AF 在定期定位时间获得 UE 位置),同时避免 HTTP 请求超时造成的失败,可应用下列方法之一。

方法 1:LCS 客户端或 AF 延迟发送请求直到临近定期定位时间。

方法 2:重用周期性 5GC-MT-LR 流程,例如,可以设置报告次数为一次。

4. 定位业务架构

图 12-1 和图 12-2 分别为非漫游场景和漫游场景下的参考点图。

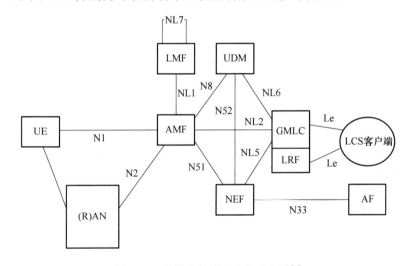

图 12-1　非漫游场景下的参考点图[3]

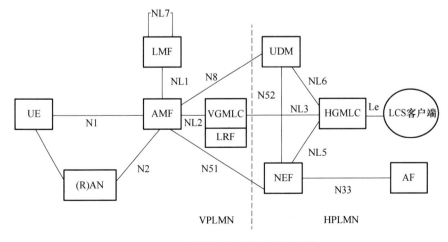

图 12-2　漫游场景下的参考点图[3]

12.2 定位业务中各网元功能

1. 接入网

接入网涉及各种定位过程的处理,包括目标终端的定位、提供与特定目标终端无关的位置相关信息、AMF 和 LMF 以及目标终端之间的定位消息传输。接入网会根据 TS 23.032 确定使用地理和/或本地坐标进行位置估计。在 3GPP R17 中,定位业务对 NG-RAN 和非 3GPP 访问开放。

2. LCS 客户端、AF、NF

AFs 和 NFs 可以使用 Ngmlc 接口从相同信任域的 GMLC 访问定位业务,也可以使用 Namf 接口从相同信任域的 AMF 访问带有位置信息的事件开放。LCS 客户端可以使用 Le 参考点从 GMLC 访问定位业务。外部 AF 可以通过 Nnef 接口或 CAPIF API 从 NEF 访问定位业务。

3. 网关移动定位中心(Gateway Mobile Location Centre,GMLC)

GMLC 具备支持定位业务所需的功能,在一个 PLMN 中可能存在多个 GMLC。GMLC 是外部 LCS 客户端在 PLMN 中访问的第一个节点,AF 和 NF 可以直接访问 GMLC 或通过 NEF 访问 GMLC。GMLC 可以通过 Nudm 接口向 UDM 请求路由信息和/或目标 UE 隐私信息。在对外部 LCS 客户端或 AF 进行授权并验证目标终端隐私后,GMLC 通过 Namf 接口将定位请求转发给当前服务 AMF,对于终端漫游的情形,GMLC 通过 Ngmlc 接口将定位请求转发给另一个 PLMN 中的 GMLC。

访问地 GMLC(Visited GMLC,VGMLC)是与目标 UE 的服务节点相关联的 GMLC;归属地 GMLC(Home GMLC,HGMLC)是存在于目标终端的 Home PLMN 中的 GMLC,负责控制对目标终端的隐私检查。

GMLC 可以执行以下功能来支持位置服务:

① HGMLC 从多个服务 AMF 中确定目标终端的服务 AMF;

② HGMLC 当第一个 AMF 返回的位置信息不满足 QoS 要求且有多个服务于 AMF 时,确定是否尝试从不同的 AMF 对目标终端进行第二次定位请求;

③ HGMLC 支持来自外部 LCS 客户端和 NEF 的 5GC-MT-LR 定位请求,延迟的 5GC-MT-LR 定位请求;

④ HGMLC 根据部署配置,将漫游终端的定位请求转发给 VGMLC 或 VPLMN 中服务的 AMF;

⑤ HGMLC 从 VGMLC 或 LMF 接收延迟 5GC-MT-LR 的事件报告,并返回给外部 LCS 客户端或 NEF;

⑥ HGMLC 取消周期性或事件触发的定位请求;

⑦ HGMLC 从 VGMLC 接收 5GC-MO-LR 定位请求的位置信息,在终端要求时转发给

LCS 客户端或通过 NEF 转发给 AF；

⑧ VGMLC 接收 HGMLC 对漫游终端的位置请求，并转发给服务端的 AMF；

⑨ VGMLC 从 LMF 接收漫游终端的延迟 5GC-MT-LR 的事件报告，并转发给 HGMLC；

⑩ VGMLC 从 AMF 接收 5GC-MO-LR 定位请求的位置信息，并转发给 HGMLC；

⑪ HGMLC 拒绝来自 LCS 客户端的定位请求；

⑫ HGMLC 上为来自外部 LCS 客户端的定位请求分配参考号；

⑬ HGMLC 如果服务请求中接收到假名指示，则分配假名，并将其传递给外部 LCS 客户端；

⑭ HGMLC 在批量操作过程中，将组标识符解析为单个 UE 的标识符，并将 LCS 客户端或 NEF 的响应汇总。

4. 位置检索功能（Location Retrieval Function，LRF）

LRF 可以单独配置或与 GMLC 共同配置，负责检索或验证位置信息，为发起 IMS 紧急会话的终端提供路由和/或相关信息。

5. 统一数据管理（Unified Data Management，UDM）

UDM 包含定位业务订阅者的定位隐私配置文件和路由信息，UDM 可以通过 Nudm 接口从 AMF、GMLC 或 NEF 访问。

6. 用户终端（UE）

目标终端支持 4 种不同的定位模式。

（1）终端辅助定位（UE assisted mode）：UE 获取位置测量值，并将测量值发送给另一个实体，如 LMF，计算位置信息。

（2）基于终端定位（UE based mode）：UE 利用服务 PLMN 提供的辅助数据获取位置测量值并计算位置估计值。

（3）独立定位（standalone mode）：UE 在不使用服务 PLMN 提供的辅助数据的情况下获得位置测量值并计算位置估计。

（4）基于网络定位（Network based mode）：服务 PLMN 获取由目标 UE 传输的信号的位置测量值，并计算位置估计值。

UE 在注册时，可以将其定位能力发送至 AMF，AMF 随后将其部分定位能力转发至 LMF。UE 也可以直接将其定位能力发送到定位服务器（如 LMF）。

UE 具备以下用于支持定位业务的功能：

① 支持从网络接收的 5GC-MT-LR、5GC-NI-L 以及 5GC-MT-LR 的周期性或事件触发的延迟定位请求；

② 支持向网络发起 5GC-MO-LR 定位请求；

③ 支持 5GC-MT-LR 或 5GC-MT-LR 延迟请求的隐私通知和验证；

④ 将隐私更新要求发送到服务的 AMF；

⑤ 支持向 LMF 进行周期性或事件触发的位置报告；

⑥ 支持更改当前服务 LMF；

⑦ 取消周期性或事件触发的位置报告；

⑧ 支持多个定位业务同时进行；

⑨ 支持接收 NG-RAN 广播的加密和/或加密辅助数据；

⑩ 支持接收来自 AMF 的辅助数据的加密密钥。

7. 接入与移动性管理功能 (Access and Mobility Management Function, AMF)

AMF 包含负责管理目标 UE 所有类型的定位请求的定位功能，AMF 可通过 Namf 接口访问 GMLC 和 NEF，通过 N2 参考点访问 RAN，通过 N1 参考点访问 UE。

AMF 具备如下支持定位业务的功能：

① 为 IMS 紧急呼叫的 UE 发起 NI-LR 定位请求；

② 接收和管理来自 GMLC 的 5GC-MT-LR 定位请求，周期性、事件触发的延迟 5GC-MT-LR 定位请求，以及 UE 可用定位事件；

③ 接收和管理来自终端的 5GC-MO-LR 定位请求；

④ 接收和管理来自 NEF 关于位置信息的事件开放请求；

⑤ 选择 LMF；

⑥ 从终端接收更新隐私的要求，并通过 UDM 转移到 UDR；

⑦ 取消目标 UE 的周期性或触发的位置报告；

⑧ 目标 UE 的周期性或触发的位置报告的服务 LMF 变更；

⑨ 当 5GS 以加密形式广播辅助数据时，AMF 从 LMF 接收加密密钥，并使用移动性管理流程发送到适当的订阅终端；

⑩ 存储从 LMF 接收到的 UE 定位能力，发送终端定位能力和收到的定位请求到 LMF。

8. 定位管理功能 (Location Management Function, LMF)

LMF 管理定位访问或注册在 5G 核心网的 UE 所需资源的整体协调和调度。LMF 还用于计算或验证最终位置和速度估计，并估计达到的精度。LMF 通过 Nlmf 接口接收来自当前服务 AMF 对目标终端的定位请求。LMF 在接收定位请求时，根据 LCS 客户端类型和支持的 GAD(General Area Description) 形状确定以地理坐标还是本地坐标确定定位结果。如果定位请求指示当前定位请求客户端类型为监管定位，则 LMF 以地理坐标确定定位结果，可选地以本地坐标形式确定定位结果。如果定位请求指示当前定位请求客户端类型为增值定位，则 LMF 以本地坐标或地理坐标确定定位结果，或同时以本地坐标或地理坐标确定 UE 的位置。

LMF 具备如下支持定位业务的功能：

① 支持从目标 UE 的服务 AMF 接收单个的定位请求；

② 支持从目标 UE 的服务 AMF 接收周期性或事件触发的定位请求；

③ 根据 UE 和 PLMN 能力、QoS、每个访问类型的 UE 连接状态、LCS 客户端类型，确定定位方法和流程的类型和数量；

④ 向 GMLC 报告目标 UE 周期性或事件触发的定位位置估计；

⑤ 取消目标 UE 的周期性或事件触发的定位；

⑥ 通过 NG-RAN 以加密或非加密形式向终端提供广播辅助数据，并通过 AMF 将加密密钥发送给订阅终端；

⑦ 更改服务 LMF，用于定期或触发目标终端的位置报告；

⑧ 支持终端定位能力存储，并为 AMF 提供终端定位能力。

9. 网络开放功能（Network Exposure Function，NEF）

网络开放功能为外部 AF 或内部 AF 提供了访问定位业务的方法。根据 QoS 要求，NEF 可以将定位请求转发给 GMLC，也可以向当前服务的 AMF 请求位置信息开放。当使用 AMF 的事件开放时，NEF 可以通过 Nudm 接口向 UDM 请求路由信息和/或目标 UE 隐私信息。

NEF 具备如下支持定位业务的功能：

① 支持来自 AF 的即时定位请求和周期性和事件触发的延迟定位请求；

② 基于位置请求向 AF 开放位置信息；

③ 根据 AF 的 QoS 要求及定位请求类型，确定 GMLC 和 AMF；

④ 从多个服务 AMF 中为目标 UE 选择服务 AMF；

⑤ 在有多个服务 AMF 时，当第一个 AMF 返回的位置信息不满足 QoS 要求，确定是否尝试从不同的 AMF 对目标终端进行第二次定位请求；

⑥ 从 AF 提供 UE 定位业务隐私配置文件；

⑦ 暂停或取消周期性或事件触发的定位请求；

⑧ 对 AF 定位请求的授权；

⑨ 拒绝 AF 定位请求；

⑩ 为来自 AF 的延迟定位请求分配参考编号。

10. 统一数据存储（Unified Data Repository，UDR）

UDR 中包含目标 UE 的隐私数据信息，可以通过 UDM 的服务 AMF 更新从终端接收到的新的隐私信息。

12.3　定位业务关键特性

1. LMF 的选择

LMF 是执行对目标 UE 进行定位操作的网元。LMF 可以由 AMF 或 LMF 进行选择：AMF 可根据 UE 位置上下文中包含的 LMF ID 选择所指示的 LMF；LMF 判断其不能支持 UE 当前接入网的定位服务时，会选择新的 LMF。

LMF 选择需要考虑的因素包括如下几个方面：

① LCS 客户端类型；

② 请求的业务信息的质量,包括准确性、响应时间等;

③ 接入类型,包括 3GPP 接入、非 3GPP 接入;

④ 无线接入技术,包括 5G、eLTE,以及服务目标 UE 的接入网节点,包括 gNB、NG-eNB;

⑤ 接入网配置信息;

⑥ LMF 能力;

⑦ LMF 负载情况;

⑧ LMF 位置;

⑨ 指示单个事件报告或多个事件报告;

⑩ 事件报告持续时间;

⑪ 网络切片信息;

⑫ LMF 服务区域信息;

⑬ 支持的 GAD 类型。

2. GMLC 发现与选择

HPLMN 中可以有多个 GLMC 为同一 UE 的定位请求提供服务。

AMF、LMF、NEF、LCS 客户端和 GMLC 支持 GMLC 发现和选择功能。其中,LCS 客户端可以被配置 GMLC 地址,也可以通过执行 DNS 查询来确定 GMLC 地址;NEF、LMF、AMF 或 GMLC 等网元可以被配置 GMLC 地址,也可以向 NRF 查询 GMLC 地址。

在某些场景中,终端可能提供关于 GMLC 实例的信息,此时可以使用该 GMLC 实例。

(1) MT-LR 延迟定位请求:当 UE 向 AMF 报告检测到的事件时,可能还会包含(H)GMLC 地址。

(2) MO-LR 定位请求:当 UE 发起定位业务请求时,在向报告位置估计报告时会包含(H)GMLC 地址。

3. 定位业务接入类型选择

终端定位可以通过 3GPP 接入或非 3GPP 接入方式实现。

对于 MT-LR 定位请求,GMLC 使用从 UDM 检索到的访问类型、当前服务 AMF 标识、UE 连接状态,以及本地配置的运营商策略等信息,选择定位接入类型。

(1) 如果 UDM 只提供 AMF 标识,GMLC 将选择该 AMF 进行 UE 定位。

(2) 当终端同时被多个 PLMN 服务且分别使用 3GPP 接入和非 3GPP 接入时,UDM 可以提供多个相应接入类型对应的 AMF 身份。GMLC 选择一种访问类型及其关联的 AMF,如果该 AMF 提供的位置估计结果不能满足 QoS 要求,GMLC 可以从 UDM 提供的候选列表中重新选择另一种访问类型及其关联的 AMF 来执行定位。

当 AMF 收到 MT-LR 定位请求时,AMF 将向 LMF 提供每种接入类型的 UE 的连接状态以及从 GMLC 接收到的 QoS 要求。当 AMF 接收来自 UE 的 MT-LR 定位事件报告时,AMF 可选择一个 LMF 或使用 UE 指示的 LMF,并向 LMF 提供每个访问类型的 UE 连接状态。LMF 根据从 AMF 接收到的接入类型、终端/网络定位能力、终端连通性状态以及本地配置的运营商策略来确定定位接入类型和定位方式。

4. UE 定位业务隐私

UE 定位业务隐私是控制 AF 和 LCS 客户端对终端位置信息的访问权限,可以通过订阅和 UE 定位隐私配置文件处理来支持 UE 定位隐私特性。

在订阅的方法中,UE 的隐私偏好作为 UDM 中 UE 订阅数据的一部分,存储在 UE 的定位隐私配置文件中。GMLC、NEF 等网元可以向 UDM 请求 UE 的隐私偏好。UDM 也可以将 UE 定位隐私文件存储在 UDR 中。在 UE 定位隐私文件处理的方法中,UE、AF 可以提供、更新部分 UE 定位隐私文件,并通过 UDR 更新将信息提供给网络。在现有的标准版本中,UE 定位隐私文件仅限于位置隐私指示(Location Privacy Indicator,LPI)。

1) UE 定位隐私文件

UE 定位隐私文件中包含 LCS 客户端隐私等级,又称为隐私等级,以及位置隐私指示(LPI)。

(1) 隐私等级:在现有的标准版本中,UE 隐私偏好的订阅仅限于 Call/Session 无关类以及 PLMN 运营商类[2]。

(2) 位置隐私指示:LPI 用于指示来自 UE 和 LCS 客户端的定位请求是否被允许,有如下 3 种情况。

① 不允许对该 UE 定位;

② 允许对该 UE 定位;

③ LPI 有效时间段,包括 LPI 有效期的起始时间和结束时间。

2) UE 定位隐私文件配置

UE 定位隐私文件中 LPI 的生成和修改由 UE 决定,通过 N1 NAS 信令发送给网络,并可由 UE 随时更新。被授权的 AF 可以通过 NEF 获取特定 UE 定位隐私文件中的 LPI。

UE 定位隐私文件中的 LPI 可由 UE 在 5GC-MT-LR 和延迟 5GC-MT-LR 流程中提供或更新。UDM 将从 AMF 获取的更新后的 UE 定位隐私文件存储到 UDR 中。UE 定位隐私文件中的 LPI 应包括是否允许定位的指示,还可能包括 LPI 的有效时间段。

此外,UDM 会通过 GMLC 或 NEF 向订阅的用户通知 UE 定位隐私文件的更改,该通知包括目标 UE 身份(GPSI、SUPI)和更新的 UE 定位隐私文件。

5. 定位业务开放

位置服务可以开放给被授权的控制平面网元或者 LCS 客户端,其通过 MT-LR 流程获取 UE 位置信息来启用相应的应用和服务。当定位服务开放给不能够与 AMF 或 GMLC 直接交互的 AF 时,可在 NEF 和 AF 之间使用 CAPIF API[7]。

对于位置服务公开,有两种类型的位置服务请求:即时定位请求(Location Immediate Request,LIR)和延迟定位请求(Location Deferred Request,LDR)。

位置服务请求中可能包含以下属性:

① 目标 UE 身份;

② LCS 客户端身份、AF ID;

③ 服务标识(如果必要);

④ 密码(如果必要);

⑤ 触发事件类型的定义,如 UE 可达性、区域变化、运动或周期性定位(仅适用于延迟定位请求);

⑥ 区域变化类型的延迟请求定义。

6. 并发定位请求

并发定位请求是 5GC 定位业务的关键特性之一,用于降低过多定位请求带来的信令开销。并发定位请求可能发生在 UE、AMF、LMF、GMLC、NEF 等实体之间,有两种情况:第一种,上述实体在同一时间段内对同一目标 UE 发起多个定位请求;第二种,在定位会话期间,上述实体对同一目标终端发起定位请求,以支持旧的定位请求。

在上述两种情况中,如果被 QoS 要求和隐私设置允许,实体可以通过合并并发定位请求,通过执行其中一个定位请求并使用位置估计结果来满足其他定位请求。当系统支持并发定位请求时,每个实体需要确保每个定位响应与对应的定位请求相关联。不同的并发定位请求应被单独处理,不同实体之间不存在依赖关系。

当实体本身或与之关联的实体不支持并发定位请求,或者只能支持一定数量的并发定位请求时,可以拒绝或推迟一个新的并发请求,或者取消一个或多个现有请求。对于第二种情况,新的定位请求可以与之前的定位请求并发处理,或分开处理。

当拒绝或延迟并发定位请求或取消一个或多个现有定位请求时,应考虑 LCS 客户端和 AF 优先级,以及其他相关优先级信息,如 UE 订阅偏好。特别地,与紧急服务或合法拦截客户相关的定位请求应优先于其他定位请求。

12.4 定位业务流程

12.4.1 5GC-MT-LR 流程

1. 监管定位业务流程

图 12-3 展示的是非漫游场景下,PLMN 外部 LCS 客户端的监管定位业务流程。该场景中目标 UE 使用 SUPI 或 GPSI 标识,LCS 客户端被授权使用位置服务,且无须进行隐私验证。

(1) 外部 LCS 客户端向 GMLC 发送请求,以获取由 GPSI 或 SUPI 标识的目标 UE 的位置信息。请求中包括所需的 QoS 和所支持的 GAD 形状;LCS 客户端的定位请求中可以包含对多个目标 UE 的定位请求,GMLC 判断其请求的目标 UE 数目是否超出所支持的最大目标终端数目,若超出则 GMLC 直接在步骤 11 中向 LCS 客户端指示错误原因。

(2) GMLC 向目标 UE 的归属地 UDM 请求 AMF 地址。

(3) UDM 返回当前服务该 UE 的 AMF 地址。

(4) GMLC 向 AMF 发送对目标 UE 的定位请求,请求中包含 SUPI、客户端类型、要求的 QoS(可选)、支持的 GAD 形状(可选)。

（5）如果目标 UE 处于 CM IDLE 状态，AMF 启动网络触发的业务请求流程，与终端建立信令连接，如 TS 23.502 中 4.2.3.3 小节所示[8]。

（6）AMF 根据可用信息或本地配置选择 LMF，LMF 的选择需考虑当前为 UE 服务的接入网，LMF 选择过程中可以使用 NRF 查询。

（7）AMF 向 LMF 请求目标 UE 的当前位置，携带 LCS 相关标识符、双连接场景中主RAN 节点和辅 RAN 节点中主小区的服务小区标识、LCS 客户端类型、UE 是否支持 LPP的指示、要求的 QoS、UE 定位能力（可选）、支持的 GAD 形状。

（8）LMF 执行对目标 UE 的定位，将定位相关的 N1 消息以及网络定位信息分别发送给 UE 和 UE 当前服务的 RAN 节点，并确定以地理坐标或局部坐标的形式返回 UE 位置信息。

（9）LMF 向 AMF 发送位置请求响应，返回 UE 位置信息、UE 定位能力（可选）、LCS相关标识符、位置估计结果及其龄期和精度，还可包含定位方法相关信息。

（10）AMF 向 GMLC 发送位置请求响应，返回 UE 位置估计、龄期和精度，并可能包括定位方法相关的信息。当从 LMF 收到 UE 定位能力时，AMF 将其存储在 UE 上下文中。

（11）GMLC 发送定位请求响应至外部的 LCS 客户端。

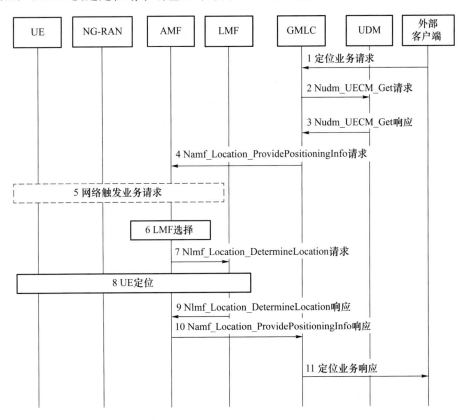

图 12-3　监管定位业务流程[3]

2. 商用定位业务流程

图 12-4 所示为商用 MT-LR 定位流程。该场景中使用 SUPI 或 GPSI 标识目标 UE，由

LCS 客户端或 AF 对目标 UE 当前位置信息发出请求。该流程中需要对定位请求进行隐私验证,并且 LCS 客户端或 AF 需要获得授权才能使用定位业务。

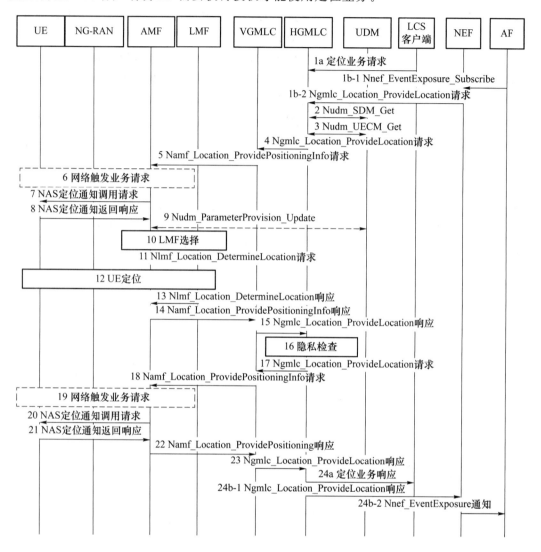

图 12-4　商用定位业务流程[3]

　　(1) LCS 客户端或 AF(通过 NEF)向(H)GMLC 发送一个位置请求,请求目标 UE 位置信息以及速度(可选),该目标 UE 由 GPSI 或 SUPI 识别。该请求可能包括要求的 QoS、支持的 GAD 形状和其他属性。(H)GMLC(1a)或 NEF(1b)授权 LCS 客户端或 AF 使用定位业务。如果授权失败,跳过步骤 2~步骤 23,(H)GMLC(1a)或 NEF(1b)在步骤 24 中向 LCS 客户端或 AF 响应服务授权失败;在某些情况下,(H)GMLC 可从订阅数据或 LCS 客户端或 AF 提供的其他数据获取目标 UE 的 GPSI 或 SUPI 以及 QoS。

　　LCS 请求也可以携带服务标识[1]、码字和服务覆盖信息。(H)GMLC 可以验证在 LCS 请求中接收到的服务标识是否匹配 LCS 客户端或 AF 允许的服务标识之一。如果服务标识与 LCS 客户端或 AF 的其中一个服务标识不匹配,(H)GMLC 应拒绝 LCS 请求。否则,(H)GMLC 可以将接收到的服务标识映射为相应的服务类型。

如果所请求的位置类型是"当前或最后已知的位置",并且包含了所请求的位置信息的最大龄期,(H)GMLC 可以省略步骤 2～步骤 23,在步骤 24 返回之前获得能够满足该定位请求所要求的精度和龄期的位置信息。

同样地,GMLC 会判断定位请求中的目标 UE 数目是否超出所支持的最大目标终端数目,若超出则拒绝该请求并返回错误原因。

(2)(H)GMLC 向目标 UE 的 UDM 请求目标 UE 的隐私设置,检查 UE 定位隐私文件。

(3)(H)GMLC 向目标 UE 的 UDM 请求当前服务该 UE 的 AMF 地址以及 VGMLC 的地址(漫游情况下)。如果是即时定位请求,(H)GMLC 检查服务节点地址的国家代码。如果(H)GMLC 发现当前 AMF 超出了(H)GMLC 的服务覆盖范围,(H)GMLC 将向 LCS 客户端或 AF(通过 NEF)响应错误原因。

(4)对于漫游场景,HGMLC 可以在步骤 3 中从 UDM 获取 VGMLC 的地址,或者可以使用 HPLMN 中的 NRF 服务,根据步骤 3 中收到的 AMF 地址中包含的 VPLMN 标识,在 VPLMN 中选择可用的 VGMLC。HGMLC 向 VGMLC 发送位置请求。

如果隐私检查结果显示需要根据当前位置进行验证,HGMLC 应向 VGMLC(漫游情况)或 AMF(非漫游情况)发送位置请求,提示"允许定位无须通知"。

(5)对于漫游场景,VGMLC 对来自 HGMLC 的定位请求进行授权,授权成功后 VGMLC 向 AMF 请求目标 UE 当前的位置信息,其中包括 SUPI、客户端类型,以及要求的 QoS(可选)、支持的 GAD 形状和其他在步骤 1 中接收或确定的属性。

(6)当目标 UE 处于 CM-IDLE 状态时,AMF 启动网络触发的服务请求流程,与 UE 建立信令连接。如果信令连接建立失败,则跳过步骤 7～步骤 13,AMF 在步骤 14 中用最后已知的 UE 位置(例如,小区标识)以及该位置信息的龄期响应 GMLC。

(7)如果隐私检查相关操作的指示需通知 UE 或需要进行隐私验证通知,对于具备定位通知能力的 UE,AMF 会向目标 UE 发送通知,表明 LCS 客户端的身份以及是否需要隐私验证。

(8)目标 UE 将定位请求通知 UE 用户,如果请求了隐私验证,则等待用户授予权限或拒绝该请求。UE 向 AMF 响应当前定位请求是否被授予权限。如果 UE 用户在预定时间内未作出响应,AMF 将推断"无响应"状态。

(9)AMF 在 UDM 中存储从 UE 接收到的位置隐私指示(LPI)信息,然后 UDM 可以将更新的 UE 隐私设置信息存储到 UDR 中,作为订阅数据的"LCS 隐私"数据子集。

(10)～(13):步骤 10 到步骤 13 与图 12-3 中的步骤 6 到步骤 9 相同,不同之处在于 LMF 在确定 UE 位置时可以选择使用局部坐标和\或地理坐标。如果在步骤 11 中未收到支持的 GAD 形状,或支持的 GAD 形状中未包含局部坐标,则 LMF 应确定地理坐标。

(14)AMF 向(V)GMLC 返回当前 UE 位置信息,其中包括位置估计及其龄期、精确性,其中还可能包括使用的定位方法。

(15)对于漫游场景,VGMLC 将步骤 14 中收到的 UE 位置信息相关的信息传递给 HGMLC,对于非漫游场景,该步骤省略。

(16)如果步骤 2 中的隐私检查表明需要进一步的隐私检查,(H)GMLC 应执行额外的隐私检查,以确定(H)GMLC 是否可以将位置信息转发给 LCS 客户端或 AF,以及可以发送通知。

（17）如果步骤 16 的隐私检查结果显示需要基于当前位置的通知（和验证），在漫游的情况下，(H)GMLC 应该向 VGMLC 发送一个位置请求，位置类型为"仅通知"。

（18）(H)GMLC 或 VGMLC 基于当前位置向 AMF 发送通知或验证请求。

（19）如果 UE 处于 CM-IDLE 状态，AMF 发起一个网络侧触发的业务请求流程，与 UE 建立信令连接。

（20）如果隐私检查指示终端必须被通知或进行隐私验证，对于支持 LCS 通知的 UE，AMF 向目标 UE 发送通知消息，指示 LCS 客户端的身份以及是否需要隐私验证。

（21）目标终端将位置请求通知终端用户，如果请求了隐私验证，则等待用户授权或拒绝。

（22）AMF 返回在步骤 20 和步骤 21 中执行的通知和验证过程的结果。

（23）在漫游的情况下，VGMLC 向 HGMLC 指示通知和隐私验证的结果。对于非漫游场景，跳过此步骤。

（24）(H)GMLC 向 LCS 客户端或 AF（通过 NEF）发送定位服务响应，(H)GMLC 可以根据需求将 AMF 提供的通用位置坐标转换为本地地理坐标。(H)GMLC 发送到 LCS 客户端或 AF 的响应中可包含有关所使用的定位方法的信息，以及所获得的位置估计是否满足所要求的精度的指示。如果在步骤 2、步骤 15、步骤 16 或步骤 23 中，(H)GMLC 判定目标 UE 不允许被 LCS 客户端或 AF 定位，则 (H)GMLC 拒绝定位请求，并选择性地指示拒绝原因（例如，目标 UE 不允许被定位）。如果 LCS 的 QoS 等级为可靠（Assured），并且 (H)GMLC 检测到请求的准确性没有达到，则 (H)GMLC 将在响应中包含失败原因。

12.4.2　5GC-MO-LR 流程

图 12-5 所示为 UE 向服务 PLMN 请求的一般网络定位，以获取自身的位置相关信息或辅助数据。Release 17 对 UE 的 MO-LR 定位流程进行增强，以减少端到端延迟的定位时延，当定位请求类型为"当前或最后已知位置"且定位请求中包含所请求的位置信息的最大龄期（the requested maximum age of location information）时，AMF 可以判断其存储的位置信息是否满足定位请求中的条件，并决定是否需要重新定位。

（1）当 UE 处于 CM-IDLE 状态时，UE 发起终端触发的业务请求[8]与 AMF 建立信令连接。

（2）UE 在 UL NAS TRANSPORT 消息中包含 MO-LR 请求（MO-LR Request）消息，MO-LR 请求中可以选择性地包含 LPP 定位消息，可以请求不同类型的位置服务：UE 的位置估计、发送到 LCS 客户端或 AF 的 UE 位置估计、位置协助数据（location assistance data）。如果 UE 请求自己的位置或请求将自己的位置发送给 LCS 客户端或 AF，则此请求消息将携带定位请求的 QoS（例如准确性、响应时间、QoS 等级）、定位请求的最大龄期、请求的位置类型（如"当前位置""当前或最后已知位置"）。当 UE 请求将位置信息发送给 LCS 客户端或 AF 时，请求消息中还会包含 LCS 客户端或 AF 的身份和 GMLC 的地址。

如果定位请求类型是"当前或最后已知的位置"，并且请求中包含位置信息最大龄期，AMF 将判断其是否存储了满足相应要求的目标 UE 位置信息，若存在，AMF 将跳过步骤 3～步骤 6。

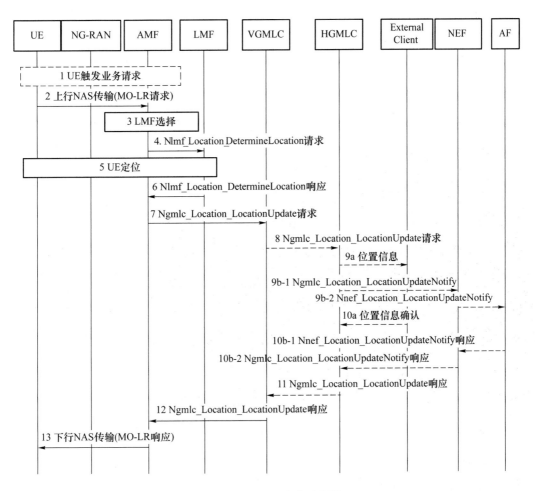

图 12-5　MO-LR 定位流程[3]

（3）AMF 选择相应的 LMF。

（4）AMF 向 LMF 发送定位请求，该请求中包含：LCS 相关标识符（LCS Correlation Identifier）、服务小区标识、客户类型、指示请求内容的标识（位置估计、位置协助信息）、UE 定位能力（可选）、MO-LR 订阅的协助数据列表以及 MO-LR 请求中嵌入的 LPP 消息。如果请求的是 UE 的位置信息，服务请求中会包含 UE 是否支持 LPP 的指示、请求的 QoS 和支持的 GAD 形状。如果请求的是位置协助数据，嵌入的 LPP 消息将传输所请求的位置帮助数据类型。

（5）LMF 进行定位流程。如果 UE 请求位置协助信息，LMF 将该信息传输给 UE，根据 UE 指定的数据类型、UE 定位能力、MO-LR 订阅的辅助数据和当前小区，LMF 确定要传输的准确位置辅助数据。

（6）当获得最能满足请求的 QoS 的位置估计值或者当请求的位置辅助数据已传输到 UE 时，LMF 向 AMF 发送定位响应，其中包含 LCS 相关标识、位置估计、位置估计龄期和精度、定位方法的信息、UE 定位能力。如果无法成功获得位置估计，或者请求的位置协助数据无法成功传输到终端，则 LMF 向 AMF 发送失败原因。如果终端请求位置协助数据，则跳过步骤 7～步骤 12。

（7）如果成功获得位置估计，AMF 向 VGMLC 发送位置更新，携带 UE 的身份、触发位置估计（5GC-MO-LR）和位置估计的事件、龄期、定位精度指示和目标 UE 请求的 LCS QoS 类。此外，还可能包括假名标识、LCS 客户端的身份、AF ID、GMLC 地址和终端指定的服务标识（可选）。

（8）如果在步骤 2 中，UE 没有请求将其位置传输到 LCS 客户端或 AF，则跳过步骤 8～步骤 11。如果 VGMLC 与 HGMLC 是同一个 NF 实例，则跳过此步骤。否则，VGMLC 通过查询 UE 的 UDM 来获取 HGMLC 的地址，并向 HGMLC 传递 VGMLC 接收到的信息。

（9）步骤 9a：GMLC 将位置信息传输给 LCS 客户端，包括目标 UE 请求的 LCS QoS 类，携带终端的标识或假名、位置估计触发事件、服务标识（可选）以及位置估计及其龄期。如果 UE 请求的 LCS QoS 为 Assured 类，则 GMLC 在结果已经表明满足请求的准确性时才将结果发送给 LCS 客户端。如果 UE 请求的 LCS QoS 为 Best Effort 类，则 GMLC 将其收到的任何结果发送给 LCS 客户端，并在请求的准确性未得到满足时提供适当的指示。

步骤 9b-1：如果步骤 1 中包含了 AF ID，则 HGMLC 根据本地配置或通过 NRF 分配 NEF 地址，并向 NEF 发送位置更新通知，此步骤中发送的位置信息参数与步骤 9a 相同。

步骤 9b-2：NEF 将位置信息传递给被识别的 AF。

（10）步骤 10a：如果 LCS 客户端不支持 MO-LR 或无法处理 UE 的位置估计，LCS 客户端会向 HGMLC 返回位置信息确认消息（ACK），并说明适当的错误原因。否则，LCS 客户端根据服务标识处理位置估计，向 GMLC 或 HGMLC 发送位置信息确认消息，表明终端的位置估计已经成功处理。

步骤 10b-1：如果 AF 无法处理 UE 的位置估计，AF 则向 NEF 响应服务请求，并给出一个合适的错误原因。否则，AF 根据服务标识处理位置估计，并向 NEF 响应服务请求，表明终端的位置估计已经成功处理。

步骤 10b-2：NEF 向 HGMLC 发送一个服务响应，其中包含操作的结果。

（11）如果 VGMLC 与 HGMLC 是同一个 NF 实例，则该步骤省略。如果识别的 LCS 客户端或 AF 不可访问，则 HGMLC 向 VGMLC 发送服务响应，并给出相应的错误原因。否则，HGMLC 向 VGMLC 发送的服务响应中包含一个指示，用于说明 LCS 客户端或 AF 是否成功处理了终端的位置估计。如果没有，则反馈步骤 10 中获得的错误原因。此外，HGMLC 可以记录 UE 和 Inter-working 的收费信息。

（12）如果 VGMLC 从 HGMLC 获得位置信息确认（Location Information Acknowledgement），但 LCS 客户端或 AF 不可达，则 VGMLC 将向 AMF 发送错误原因。否则，VGMLC 应向 AMF 响应确认，响应中指示 LCS 客户端或 AF 是否成功处理了终端的位置估计，如果没有处理成功，则包含步骤 9 或步骤 10 中得到的错误原因。

如果 VGMLC 从 AMF 接收的请求中不需要将定位消息交付给 LCS 客户端或 AF，VGMLC 将记录 UE 的计费信息并响应 GMLC 的请求。

（13）AMF 通过 DL NAS TRANSPORT 消息对 MO-LR 定位请求进行响应。如果 UE 请求自己的位置信息，则响应中包含 UE 的位置估计、位置估计是否满足相应定位精度的指示或位置估计是否成功地传输给 LCS 客户端、AF。如果位置估计成功传输给 LCS 客户端、AF，MO-LR 响应消息中会说明 LCS 客户端或 AF 是否成功处理了终端的位置估计，如果未成功处理，则在该步骤中说明错误原因。此外，AMF 可以记录计费信息。

12.4.3 5GC-NI-LR 流程

图 12-6 所示为终端在使用 NG-RAN 发起紧急会话或其他会话时的 NI-LR 定位流程，这个过程假设提供服务的 AMF 知晓与会话关联的监管服务。3GPP Release 17 考虑了通过卫星接入的场景，对 NI-LR 定位流程进行增强，使得 AMF 可启动终端定位流程，以获得较高精度的终端位置信息进行网络选择决策[8]。

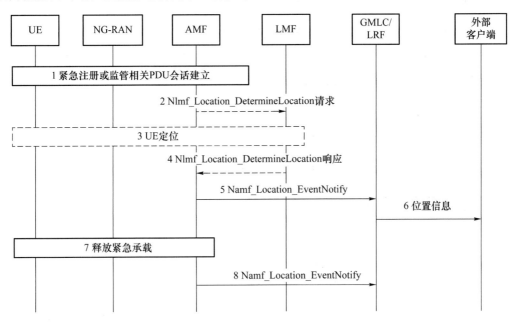

图 12-6　NI-LR 定位流程[3]

（1）UE 向核心网进行紧急注册，请求建立一个与监管服务相关的 PDU 会话或通过卫星接入的注册。

（2）AMF 根据 NRF 查询或 AMF 中的配置进行 LMF 的选择，并向 LMF 发送请求定位 UE 当前位置。请求中包含 LCS 相关标识符、双连接场景下 RAN 主节点和辅节点中的主小区的服务小区标识、位置请求来自监管服务客户端的指示、UE 是否支持 LPP 的指示、所需的 QoS 等级、支持的 GAD 形状、UE 的定位能力、是否需要 UE 所在国家的指示（AMF 需要的情况）。

（3）LMF 执行定位流程。如果 AMF 需要 UE 所在国家的信息，LMF 需要将 UE 的位置映射到相应的国家或国际区域。

（4）完成定位流程后，LMF 向 AMF 发送定位请求的响应，返回 UE 当前位置。响应中包含 LCS 相关标识符、位置估计以及其龄期和准确性、定位方法。如果步骤 2 中 AMF 向 LMF 指示需要获取 UE 所在国家信息，LMF 会向 AMF 中返回其所在国家或国际区域的指示。

（5）AMF 基于配置或 NRF 查询选择 GMLC，并向 GMLC 发送紧急会话开始的通知。通知中包含 SUPI/PEI、GPSI、AMF 身份、紧急会话指示和步骤 3 中获取的位置估计。

（6）GMLC 将位置信息传递给外部的紧急业务客户端。

（7）释放紧急业务会话和 PDU 会话。

（8）AMF 通知 GMLC 紧急会话已释放，GMLC 和 LRF 释放与紧急会话相关的资源。

12.4.4 定位业务常见子流程

1. UE 辅助和基于 UE 的定位流程

图 12-7 所示为 UE 辅助和基于 UE 的定位流程。

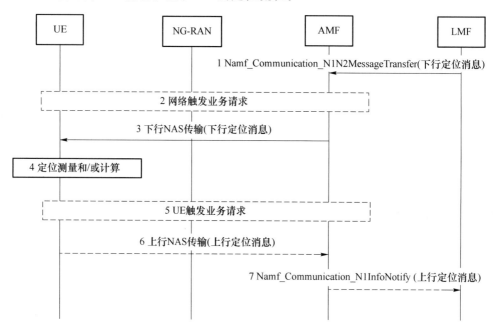

图 12-7　UE 辅助和基于 UE 的定位流程[3]

（1）LMF 请求 AMF 向终端发送下行定位消息，下行定位消息可以向终端请求位置信息，向终端提供定位辅助数据，也可以在没有收到终端定位能力的情况下查询终端的功能。

（2）当终端处于 CM IDLE 状态时，AMF 将启动"网络触发业务请求"过程，与终端建立信令连接。

（3）AMF 将下行定位消息以 DL NAS TRANSPORT 形式转发给终端，下行定位消息可能会请求终端响应网络，如请求终端确认下行定位信息、返回位置信息或 UE 能力。

（4）终端保存下行定位消息中提供的辅助数据，并执行下行定位消息请求的定位测量和/或位置计算。

（5）若在步骤 4 中终端进入 CM-IDLE 状态并需要响应步骤 3 中收到的请求，则终端发起终端触发的服务请求，以建立与 AMF 的信令连接。

（6）UE 将上行定位消息包含在 NAS 传输消息中发送给 AMF，用于确认下行定位消息、返回步位置信息或 UE 能力。

（7）AMF 向 LMF 发送上行定位消息，如果终端需要发送多条上行定位消息来响应步骤 3 中的请求，则重复步骤 6 与步骤 7。

2. 网络辅助定位流程

图 12-8 展示了网络辅助定位流程。

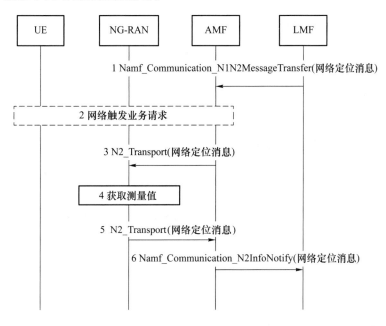

图 12-8 网络辅助定位流程[3]

（1）LMF 向 AMF 请求将网络定位消息传递给终端的 NG-RAN 节点（gNB 或 ng-eNB）。网络定位消息会向 NG-RAN 请求终端的位置信息。

（2）当终端处于 CM IDLE 状态时，AM 启动网络触发业务请求，与终端建立信令连接。

（3）AMF 通过 N2_Transport 消息将网络定位消息转发给当前服务的 NG-RAN 节点。

（4）当前服务的 NG-RAN 节点获取步骤 3 中请求的终端的位置信息。

（5）当前服务的 NG-RAN 节点将步骤 4 中获取的位置信息返回到 N2_Transport 消息中包含的网络定位消息中，发送给 AMF。

（6）AMF 将步骤 5 中的网络定位消息发送给 LMF。为进一步获取位置信息和 NG-RAN 能力，步骤 1 到步骤 5 可以重复执行。

3. 获取非终端关联网络辅助数据

图 12-9 所示为网络辅助定位和基于网络的定位中可能用到的定位辅助数据获取流程，用于从 NG-RAN 节点（如 gNB 或 eNB）获取网络辅助数据。

（1）LMF 向 AMF 请求将网络定位消息传输到 NG-RAN 中的 NG-RAN 节点（gNB 或 eNB）。

（2）AMF 通过 N2_Transport 消息将网络定位消息转发给步骤 1 中的目标 NG-RAN 节点。

（3）目标 NG-RAN 节点获取步骤 2 中请求的位置相关信息。

（4）目标 NG-RAN 节点通过 N2_Transport 消息中的网络定位消息将步骤 3 中获取的

位置相关信息返回给 AMF。

（5）AMF 将步骤 4 中接收到的网络定位消息返回给 LMF。

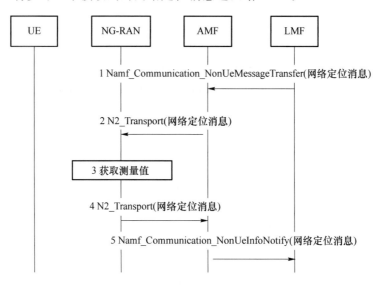

图 12-9　获取非终端关联网络辅助数据的流程[3]

12.4.5　辅助数据广播流程

1. LMF 广播辅助数据

图 12-10 所示为 LMF 向目标终端广播网络辅助数据的流程。其中，AMF 用于将网络辅助数据发送到 NG-RAN 节点，由 NG-RAN 节点广播到目标终端。LMF 和 NG-RAN 节点之间的通信相关流程被定义在 TS 38.455[15]中。

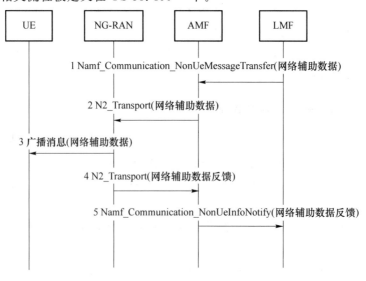

图 12-10　网络协助数据广播流程[3]

（1）LMF 向 AMF 请求将网络协助数据传输至目标 NG-RAN 节点，网络协助数据可被选择性地加密。

（2）AMF 将网络协助数据通过 N2_Transport 消息传输至步骤 1 中所示的目标 NG-RAN 节点。

（3）NG-RAN 节点广播网络协助数据消息中包含的协助数据。

（4）目标 NG-RAN 节点可以在网络协助反馈消息中将协助数据广播的反馈返回给 AMF。

（5）AMF 向 LMF 发送步骤 4 中收到的网络协助数据反馈信息。

2. 辅助数据加密密钥

图 12-11 所示为广播协助数据加密密钥传输流程，该过程使用了 TS 23.502[8] 中定义的注册流程。终端在接收加密密钥之后能够破译来自 LMF 的辅助数据。

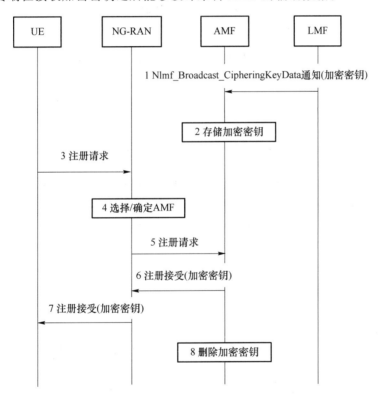

图 12-11　广播协助数据加密密钥传输流程[3]

（1）LMF 向 AMF 发送加密密钥，用于对广播到终端的网络辅助数据进行解密。每个加密密钥包括加密密钥值、加密密钥标识符、有效期、一组适用的跟踪区域和一组适用的广播辅助数据类型。

（2）AMF 存储加密密钥，包括有效期、适用的跟踪区域和适用的广播辅助数据的类型。

（3）终端向 RAN 节点发送注册请求。注册请求可以作为正常移动管理的一部分发送，也可以专门发送注册请求来请求和获取加密密钥。终端在注册请求中包含要求加密密钥的指示。

（4）对于 CM-IDLE 状态的终端，RAN 将选择 AMF；对于 CM-CONNECTED 状态的终端，RAN 节点决定 AMF。

（5）RAN 节点将注册请求转发给 AMF。

（6）AMF 向 RAN 节点返回注册接受。如果终端订阅接收加密广播数据，AMF 在注册接受中包含一个或多个适用于终端当前跟踪区域的加密密钥。

（7）RAN 节点将注册受理转发到终端。一旦加密密钥的有效期开始，并且终端当前处于适用的跟踪区域，终端可以开始使用每个加密密钥来解密广播的网络辅助数据。终端进入不适用该密钥的跟踪区域时，应当停止使用该密钥。当加密密钥过期后，终端应停止使用并删除加密密钥。

（8）当加密密钥过期时，AMF 将删除该密钥的所有信息。

参 考 文 献

［1］ 3GPP TS 22. 071 V 17. 0. 0-Location Service（LCS）；Service description；Stage 1.（Release 17）. March 2022.

［2］ 3GPP TS 23. 271-Functional stage 2 description of Location Service（LCS）；Stage 2.（Release 17）. December 2021.

［3］ 3GPP TS 23. 273 V17. 4. 0-5G System（5GS）Location Services（LCS）；Stage 2.（Release 17）. March 2022.

［4］ SP-210063，LMF Change Procedure；Nokia，Nokia Shanghai Bell，3GPP TSG-WG SA2 Meeting ♯143e，Feb 24th-March 9th，2021.

［5］ SP-210913，Satellite RAT Type in LMF selection；Nokia，Nokia Shanghai Bell，SA WG2 Meeting ♯146e，August 16th-27th，2021.

［6］ SP-211280，Addition of a Scheduled Location Time；Qualcomm Incorporated，SA WG2 Meeting ♯148e，November 15th-22th，2021.

［7］ TS 23. 222 V17. 5. 0-Functional architecture and information flows to support Common API Framework for 3GPP Northbound APIs；Stage 2.（Release 17）. June 2021.

［8］ TS 23. 502 V17. 4. 0-Procedures for the 5G System；Stage 2.（Release 17）. March 2022.

［9］ SP-210338，Support for Area Decision of Satellite Access；Nokia，Nokia Shanghai Bell，3GPP SA WG2 Meeting ♯145e，May 17-28，2021.

第 13 章
核心网网络切片

13.1 主要场景与研究问题

GSMA 在 NG.116[1] 文档中引入了通用网络切片模板（Generic Network Slice Template,GST）的概念。通过给 GST 中相应的参数赋值,可以生成所需要的网络切片类型（Network Slice Types,NESTs）。3GPP SA2 R17 网络切片主要研究了支持通用网络切片模板的相应网络和功能的增强,主要研究了 7 个关键问题,包括网络切片支持的最大注册终端数,网络切片支持的最大激活会话数,用户的基于网络切片的上下行带宽限制,切片上下行带宽的动态调整,网络切片的用户数和会话数等状态的订阅与通知,可同时使用的多个网络切片的约束限制,以及 5GC 协助小区选择以接入切片等。

网络切片支持的最大注册终端数,可用于网络资源状态的评估和资源扩展,主要研究了是否和如何支持一个网络切片的当前最大注册用户数的控制,包括:

- 5GS 如何知道网络切片可以支持的最大终端数量,哪些网络功能（Network Function,NF）需要知道这些阈值;
- 5GS 如何知道当前网络切片的终端数量,哪些网络功能需要知道这些信息;
- 当 UE 注册到网络切片时,5GS 是否以及如何执行这样的阈值控制;
- 5GS 如何保障该阈值控制只应用在需要执行配额限制的网络切片;
- 5GS 如何对漫游终端执行该网络切片的最大用户数阈值限制。

网络切片支持的最大激活会话数,研究了一个网络切片（包括该网络切片标识 S-NSSAI 所关联的所有 DNN 网络）是否支持以及如何支持可同时建立的最大 PDU 会话数的限制,具体研究内容包括:

- 5GS 如何知道网络切片可以支持的最大 PDU 会话数,哪些网络 NF(s)需要知道这些阈值;
- 5GS 如何知道当前网络切片中正在建立的 PDU 会话的数量,哪些 NF(s)需要知道这些信息;
- 当 UE 请求建立一个新的 PDU 会话到某个网络切片时,5GS 是否执行该阈值限制,以及如何执行,比如当超过限制时,网络是否拒绝会话激活,还是接收会话但不提供相关 QoS 保障;网络需要提供什么机制来支持该功能;

- 5GS 如何只针对需要执行最大激活会话数的网络切片执行该功能，而不波及其他网络切片；
- 对于执行该功能的网络切片，漫游用户如何处理。

用户的基于网络切片的上下行带宽限制，描述了终端 UE 在某个具体网络切片中所支持的最大上下行速率。该不同吞吐量的特性可用于区分不同级别的用户签约。5G 网络此前可支持会话的最大带宽或 UE 的最大带宽限制，但无法支持基于网络切片或终端用户的包括 GBR 数据流和 Non-GBR 数据流的最大带宽限制。该问题具体研究了是否以及如何限制 UE 某个切片的上下行比特率（包括该切片中的 GBR 流和 Non-GBR 流），如何识别出该带宽限制，对签约数据的影响，以及对 RAN 的影响研究。

网络切片的用户数和会话数等状态的订阅与通知，研究了是否以及如何支持网络切片相关状态事件（比如用户数或会话数阈值）的订阅与通知。该问题支持 R17 切片研究包括的所有相关状态事件或阈值的订阅通知。具体研究了 AF 是否以及如何从 5GS 网络请求事件通知，并由 5GS 通知网络切片相关属性的状态或阈值，比如，通知 AF 某个参数阈值已到达，从而供 AF 执行相关路由决策做参考。

网络切片支持上下行带宽的动态调整，以满足网络切片的上下行最大吞吐量限制（包括 GBR 流和 Non-GBR 流）。该特性可以用于网络切片的不同级别签约。此前网络可以通过配置静态地限制切片的数据率，但是不支持切片的上下行数据率的动态调整。该问题具体研究了是否以及如何调整 UE 的数据速率限制（包括 GBR 流和 Non-GBR 流），以及是否和如何调整切片内的终端数，来支持切片的上下行带宽的动态调整。

可同时使用的多个网络切片的约束限制，研究了如何支持多个切片的同时使用。3GPP R15 和 R16 明确了可同时注册多个网络切片，但是没有对如何支持多个切片的同时使用做进一步的规范定义。该问题具体研究了在漫游和非漫游场景下，如何在终端和网络中同时使用多个网络切片，以及如何保障多切片支持的方案对 R15 和 R16 5GS 网络和终端不会产生负面影响。

5GC 协助小区选择以接入切片，研究如何更有效地注册到切片。此前终端在尝试注册到切片时，不感知具体 5G-AN 对切片的支持情况，只能不断请求尝试，直到被授权允许。运营商对于不同网络切片的支持频段范围可能不同，这里研究了该场景下如何选择一个支持所请求切片的小区执行注册请求，具体如下。

- 5GS 如何引导终端通过支持所请求切片的 5G-AN（例如特定频段）注册到终端可被授权应用的切片。
- 5GS 需要哪些信息来决策将 UE 引导到某个合适的 5G-AN。
- 需要向终端提供哪些信息来选择合适的 5G-AN，以及如何发送相应的信息到终端。
- 对 RAN 的相关影响的讨论，以及和 RAN 标准的协同一致。

关于以上主要问题的研究结论，参见本章后续的详细描述。本章的主要参考文档是 3GPP 规范 TS 23.501[3]、TS 23.502[4] 和 TS 23.503[5]。

13.2　网络切片概述

网络切片定义在一个 PLMN 或 SNPN 内，包括核心网 CN 的控制面和用户面网络功

能,以及所服务 PLMN 内的以下至少一种功能:

- 3GPP TS 38.300[2] 中所描述的 NG-RAN;
- 为非 3GPP 接入网提供的 N3IWF 或 TNGF 功能,或为支持 N5CW 设备的可信 WLAN 提供的 TWIF 功能;
- 为有线接入网提供的 W-AGF 功能。

部署在 PLMN 中的 5G 系统,需要支持 3GPP TS 23.501[3]、TS 23.502[4] 和 TS 23.503[5] 中定义的相关流程、信息和配置,支持网络切片实例的选择。网络切片功能的漫游场景描述在 13.7 节中详细描述。

网络切片可能因支持的特性和网络功能优化而不同。不同的切片/业务类型由不同的 S-NSSAIs 区分。针对不同的用户组,运营商可能部署多个提供完全相同特征的网络切片实例。例如,提供不同的服务需求,或者客户专用切片。在这种情况下,这样的网络切片可以具有不同的 S-NSSAI,这些不同的 S-NSSAI 具有相同的切片/业务类型标识,但具有不同的切片区分标识。

不管 UE 当前注册使用的是什么接入类型(3GPP 和/或非 3GPP 接入),单个 UE 通过 5G-AN 可以同时连接到一个或多个网络切片实例。为 UE 服务的 AMF 实例逻辑上属于为该 UE 服务的每个网络切片实例,即该 AMF 实例对为 UE 服务的网络切片实例是共享存在的。

需要说明的是,每个 UE 的网络切片实例的同时连接数量,受 Requested NSSAI/Allowed NSSAI 中的 S-NSSAIs 数量的限制,且假定在任何 PLMN(归属或拜访地 PLMN)中,总是能够选择一个 AMF,该 AMF 可以服务于 Allowed S-NSSAI。

UE 的网络切片实例集合的选择流程,通常在注册过程中由初始服务 UE 的 AMF 触发,该 AMF 通过与 NSSF 交互执行选择,该选择的过程可能会触发 AMF 的重选流程。在切换过程中,源 AMF 通过与 NRF 交互来选择 Target AMF。

在 PLMN 内部,一个 PDU 会话属于且只属于一个特定网络切片实例。不同网络切片实例不共享 PDU 会话,尽管不同网络切片实例可能使用相同的 DNN 来建立切片相关的 PDU 会话。

3GPP Release17 增加了网络切片接纳控制 NSAC 功能,执行对切片的注册用户数和 PDU 会话数的接纳控制;增加了基于签约限制可同时注册使用的切片组 NSSRG 信息,用于支持可注册同时使用的切片的控制;支持 UE 基于切片的 MBR 带宽限制。具体在后续章节中详细描述。

13.3 网络切片的标识和选择:S-NSSAI 和 NSSAI

1. 概述

一个 S-NSSAI 标识一个网络切片。其中,S-NSSAI 可能由如下两个部分组成:

- 切片/业务类型(SST),指特定功能和业务类型的网络切片特性;
- 切片区分标识(SD),是完善切片或切片业务类型的可选信息,用于区分同一个切片或业务类型的多个网络切片。

一个 S-NSSAI 可以有标准值(标准值 S-NSSAI 只包括 SST,不包括 SD,SST 也是标准定义值),或非标准值(非标准值 S-NSSAI,同时包括 SST 和 SD,或者只包括非标准值 SST 但不包括 SD)。非标准值 S-NSSAI,用于标识相关 PLMN 中的单个网络切片。具有非标准值的 S-NSSAI,除了相关 PLMN,不能在其他 PLMN 的接入流程中使用。

URSP 规则包含的 NSSP 中的 S-NSSAIs 和 Subscribed S-NSSAIs,只包含归属地 HPLMN S-NSSAI 值。

Configured NSSAI、Allowed NSSAI、Requested NSSAI、RejectedS-NSSAIs 中,只包含服务 PLMN 的值。服务 PLMN,可以是归属地 HPLMN,或者是拜访地 VPLMN。

PDU 会话建立中的 S-NSSAI(s)包含一个服务 PLMN S-NSSAI 值,还可以包含与该服务 PLMN S-NSSAI 存在映射关系的 HPLMN S-NSSAI 值。

可选的服务 PLMN S-NSSAIs 到 HPLMN S-NSSAIs 的映射关系,包括服务 PLMN S-NSSAI 值和相应 HPLMN S-NSSAI 值。

NSSAI 是一组 S-NSSAI 的集合。一个 NSSAI,可以是一个 Configured NSSAI、一个 Requested NSSAI 或一个 Allowed NSSAI。在 UE 与网络之间传送的信令消息中,Allowed NSSAIs 和 Requested NSSAIs 最多可以有 8 个 S-NSSAI。UE 向网络发送 Requested NSSAI,允许网络根据 Requested NSSAI 为该 UE 选择服务 AMF、网络切片和网络切片实例。

基于运营商的运营或部署需求,一个网络切片实例可以和一个或多个 S-NSSAIs 相关联,并且一个 S-NSSAI 可以与一个或多个网络切片实例相关联。与同一 S-NSSAI 相关联的多个网络切片实例,可以部署在同一个或不同的跟踪区域 TA 中。当与同一 S-NSSAI 相关联的多个网络切片实例部署在同一跟踪区域 TA 时,为 UE 服务的 AMF 实例逻辑上属于(即共用)多个与该 S-NSSAI 相关联的网络切片实例,即为多个切片实例共享。

在 PLMN 中,当一个 S-NSSAI 与多个网络切片实例相关联时,作为网络切片实例选择过程的结果,这些网络切片实例中的一个实例服务于 UE,该 UE 允许使用这个 S-NSSAI。对于任何 S-NSSAI,除非出现例如该网络切片实例在给定注册区域 RA 不再有效,或 Allowed NSSAI 发生更改等情况,否则,无论何时,网络仅向 UE 提供一个与此 S-NSSAI 相关联的网络切片实例。

基于 Requested NSSAI 和签约信息,5GC 负责选择一个网络切片实例来为 UE 提供服务,包括与此网络切片实例相对应的 5GC 控制平面和用户平面网络功能。签约信息中可能包括对同时注册网络切片的限制信息。作为 UE 签约信息的一部分,该限制信息将以网络切片同时注册组(NSSRG)信息,提供给当前的服务 AMF。

在 5GC 发送 Allowed NSSAI 给(R)AN 之前,(R)AN 可以使用 Requested NSSAI 在接入层信令中处理 UE 控制平面连接。(R)AN 使用 Requested NSSAI 进行 AMF 选择。当 UE 处于 CM-CONNECTED 状态,且处于 RRC 非激活态时,若 UE 要求恢复 RRC 连接,则 UE 不应在 RRC 恢复消息中包含 Requested NSSAI。

当 UE 通过某个接入类型成功注册到网络时,核心网(CN)通过相应接入类型提供 Allowed NSSAI 给(R)AN。关于 RAN 如何使用 NSSAI 信息的细节描述,参见 3GPP TS 38.300[2]协议。

2. 标准化 SST 值

标准化的 SST 值提供了一种切片全局互操作性的方法,使 PLMN 能够更有效地支持漫游场景下的常用切片/业务类型的使用。

已定义的标准化 SST 值,如表 13-1 所示。

表 13-1 标准化 SST 值

切片/业务类型	SST 值	特征
EMBB	1	切片适用于处理 5G 增强移动宽带
URLLC	2	切片适用于处理超可靠、低时延通信
MIoT	3	切片可高效、经济地支持大量高密度的物联网设备
V2X	4	切片适用于处理 V2X 业务
HMTC	5	切片适用于处理高性能机器类型通信

需要说明的是,PLMN 不需要支持所有标准化 SST 值。表 13-1 中 SST 值指示的业务也可以用其他 SST 值来实现。GSMA NG.116 中定义了网络切片类型 NEST 到标准 SST 值的映射。

13.4 网络切片的相关签约

签约信息应包含一个或多个 S-NSSAIs,即签约切片标识 Subscribed S-NSSAIs。签约信息需要包括至少一个缺省 S-NSSAI。UDM 最多向 AMF 发送 16 个 Subscribed S-NSSAI,这些数量刚好可以填入 UE 的 Configured NSSAI。UDM 发送给 AMF 的签约信息需要至少包括一个缺省 S-NSSAI。

如果一个 S-NSSAI 被标记为缺省值,则当 UE 在注册请求消息中没携带任何可批准使用的 S-NSSAI 时,则网络将通过缺省 S-NSSAI 对应的网络切片服务该 UE。

每个 S-NSSAI 的签约信息中,可能包括如下内容:

- 一个签约 DNN 列表和一个缺省 DNN;
- 一个标记,指示 S-NSSAI 是否已为缺省 Subscribed S-NSSAI;
- 一个标记,指示 S-NSSAI 是否需要执行网络切片特定认证和授权 NSSAA 流程;
- 网络切片同时使用组(NSSRG)信息。

网络根据签约数据验证 UE 在注册请求中提供的 Requested NSSAI。对于需要执行 NSSAA 的切片,在后续 13.11 节中具体介绍。

需要说明的是,建议至少有一个 Subscribed S-NSSAI(该切片标记为缺省 S-NSSAI)不用执行切片相关认证和授权 NSSAA 流程,以确保即使该认证和授权失败 UE 也依然可以接入和访问业务;建议尽量减少支持 NB-IoT 或 NR RedCap 能力的 UE 签约中 Subscribed S-NSSAI 的数量,以减少通过 NB-IoT 或 NR RedCap 在 RRC 和 NAS 消息中的 Requested NSSAI 中发送大量 S-NSSAI 导致的开销。

在漫游情况下,UDM 应仅向 VPLMN 提供 HPLMN 允许 UE 在 VPLMN 中使用的

Subscribed S-NSSAIs。如果 UE 受到同时注册网络切片的限制（例如，如果 S-NSSAIs 的签约信息包含 NSSRG 信息），UDM 将向 VPLMN 提供一个 Subscribed S-NSSAIs 和 NSSRG 信息。

需要说明的是，网络切片实例支持需要执行 NSSAA 流程的 S-NSSAI，需要部署支持 NSSAA 功能的 AMF，否则执行 NSSAA 流程的 S-NSSAIs 将无法被正确处理和获取授权。网络切片实例支持 S-NSSAI 执行网络切片接纳控制（Network Slice Admission Control，NSAC），需要部署支持 NSAC 功能的 AMF，否则请求执行 NSAC 流程的 S-NSSAIs 将无法被正确处理并获取切片的 NSAC 允许。

当 UDM 通知 AMF Subscribed S-NSSAI(s)更新时，基于该 AMF 中的配置，AMF 本身或通过 NSSF 确定当前服务 PLMN 的 Configured NSSAI 和 Allowed NSSAI 与 Subscribed S-NSSAI(s)的映射。服务 AMF 再进一步依据上述信息更新 UE。

13.5 UE NSSAI 配置和 NSSAI 存储相关

13.5.1 概述

1. UE 网络切片配置

网络切片配置信息，包含一个或多个 Configured NSSAI(s)。一个 Configured NSSAI，可以由服务 PLMN 配置，并应用于该服务 PLMN；也可以由 HPLMN 通过缺省 Configured NSSAI 配置，应用于所有没向 UE 提供特定 Configured NSSAI 的 PLMN。每个 PLMN 最多只能有一个 Configured NSSAI。需要说明的是，缺省 Configured NSSAI 中使用的值，由所有漫游伙伴共同决定，例如，通过使用 3GPP 或其他机构定义的标准化值。

如果在 UE 上配置了缺省 Configured NSSAI，则仅当 UE 在当前服务 PLMN 中没有可应用的 Configured NSSAI 时，UE 才会在该服务 PLMN 中使用缺省 Configured NSSAI。

一个 PLMN 的 Configured NSSAI 可能包含具有标准值的 S-NSSAIs，或 PLMN 定义的具有非标准值的 S-NSSAIs。

服务 PLMN 的 Configured NSSAI，包括可用于服务 PLMN 中的 S-NSSAI 值，以及 Configured NSSAI 中包含的每个 S-NSSAI 与一个或多个相应 HPLMN S-NSSAI 值的关联映射。

UE 签约信息中，可能包含网络切片同时使用限制组（NSSRG）信息，该场景下的 UE 配置的执行，参见 13.13 节的描述。

UE 可能预先配置了缺省 Configured NSSAI。由 HPLMN UDM 确定的缺省 Configured NSSAI，可通过 UDM 控制平面，执行 UE 数据更新流程，发送给 UE 或者更新 UE 原先的 Configured 配置。缺省 Configured NSSAI 中的每个 S-NSSAI，都可以对应 Subscribed S-NSSAI(s)中的一个 S-NSSAI。因此，如果 Subscribed S-NSSAI(s)发生更新，而且相关 S-NSSI 也包含在缺省 Configured NSSAI 中，则 UDM 需要同时更新 UE 中的缺省 Configured NSSAI。

在 HPLMN 中，网络向 UE 提供的 Configured NSSAI，应与 UE 的 Subscribed S-NSSAI 相匹配。当 Subscribed S-NSSAI(s)更新（即一些现有 S-NSSAIs 移除和/或添加新 S-NSSAIs）并且更新后 Subscribed S-NSSAI 中的一个或多个 S-NSSAI 适用于 UE 注册的服务 PLMN，或相关映射发生更新时，AMF 应当更新 UE 服务 PLMN 的 Configured NSSAI、Allowed NSSAI，以及与 HPLMN S-NSSAIs 相关的映射。当需要更新 Allowed NSSAI 时，AMF 应向 UE 提供新的 Allowed NSSAI 以及与 HPLMN S-NSSAIs 相关联的映射。除非 AMF 无法确定新的 Allowed NSSAI（例如，原有 Allowed S-NSSAIs 已经全部从 Subscribed NSSAI 中删除了），在这种情况下，AMF 将不会向 UE 发送任何 Allowed NSSAI，但是会指示 UE 执行注册流程。如果 UE 处于 CM-IDLE 状态，则 AMF 可以触发网络侧发起的服务请求，或保持等待直到 UE 处于 CM-CONNECTED 状态再执行。

当在注册流程中向网络提供 Requested NSSAI 时，给定 PLMN 中的 UE 仅包含和使用应用于该 PLMN 的 S-NSSAI；还可以提供 Requested NSSAI 中 S-NSSAIs 到 HPLMN S-NSSAIs的映射。Requested NSSAI 中的 S-NSSAI 是适用于本 PLMN 的 Configured NSSAI、Allowed NSSAI 的一部分。如果 UE 在收到 Configured NSSAI 时，同时收到了 NSSRG 信息，则 Requested NSSAI 只包括共享同一个 NSSRG 的 S-NSSAIs。如果 PLMN 中没有 Configured NSSAI 和 Allowed NSSAI，则 Requested NSSAI 对应于 UE 中的缺省 Configured NSSAI。当 UE 成功完成在某个接入类型下的注册流程时，UE 从 AMF 获得该接入类型的 Allowed NSSAI，其中包括一个或多个 S-NSSAI，以及它们到 HPLMNs-NSSAI 的映射。Allowed NSSAI 中的这些 S-NSSAIs，在 AMF 提供的当前注册区域和接入类型下有效，而且 UE 可以同时使用这些 S-NSSAIs。

UE 还可以从 AMF 获得一个或多个 Rejected S-NSSAIs，并同时获得拒绝的原因和有效期。S-NSSAI 可能被拒绝的方式包括被整个 PLMN 拒绝或被当前注册区拒绝。

虽然 UE 在 PLMN 中保持 RM-REGISTERED 态，而且不管何种接入类型，UE 都不应该再尝试注册到被这个 PLMN 拒绝的 S-NSSAI，直到该 Rejected S-NSSAIs 从拒绝列表中被删除。

虽然 UE 在 PLMN 中保持 RM-REGISTERED 态，在当前注册区内 UE 不应再尝试注册到被当前注册区拒绝的 S-NSSAI，直到 UE 移出当前注册区域。

UE 在 Requested NSSAI 中提供的 S-NSSAI，如果既不在 Allowed NSSAI 中，也不是 Rejected S-NSSAI，则 UE 不应视其为被拒绝的切片。也就是说，UE 可以在下次发送 Requested NSSAI 时再次请求注册到这些 S-NSSAIs。

UE 按如下方式存储(S-)NSSAIs。

- 当为 PLMN 提供了 Configured NSSAI、Configured NSSAI 到 HPLMN S-NSSAIs 的映射，或者 Configured NSSAI 中包括了每个 S-NSSAI 的 NSSRG 信息，或因为切片签约信息的变更而请求删除配置信息时，UE 应该执行如下操作。
  - 在该 PLMN 内，采用新的 Configured NSSAI，替换此前保存的任何该 PLMN 的 Configured NSSAI；
  - 删除该 PLMN 内与原先 Configured NSSAI 相关的全部映射，存储 Configured NSSAI 到 HPLMN 到 S-NSSAIs 的新的映射；
  - 删除原先 Configured NSSAI 的每个 S-NSSAI 相关的所有 NSSRG 信息，存储新的 NSSRG 信息；

■ 删除该 PLMN 内所有存储的 Rejected S-NSSAI;

■ 保持以下信息存储在 UE,包括收到的 PLMN 的 Configured NSSAI、管理映射关系和 Configured NSSAI 中每个 S-NSSAI 相关的 NSSRG 信息。即使注册到另一个 PLMN,直到 UE 收到新的 Configured NSSAI、相关映射,或者直到网络切片签约信息变更之前,都保存原有信息。对于除 HPLMN 外的 PLMN,在 UE 中保存的 Configured NSSAIs 和关联映射的数量,取决于 UE 的实现。UE 应该能够存储所服务 PLMN 的 Configured NSSAI 和必要的映射关系,以及缺省 Configured NSSAI。

• 注册接受消息或 UE 配置更新命令中收到 Allowed NSSAI,当至少有一个 PLMN 的 TAI 包含在 RA/TAI 列表中时,Allowed NSSAI 将应用于该 PLMN。如果 UE 配置更新命令包含一个 Allowed NSSAI 列表而不是 TAI 列表,那么最后收到的 RA/TAI 列表将应用于决策将 Allowed NSSAI 应用于哪个 PLMN。如果收到 PLMN 的 Allowed NSSAI 和接入类型,以及与此 Allowed NSSAI 和 HPLMN S-NSSAI 的映射关系,将这些信息都存储在 UE 中。哪怕 UE 关机,或者直到网络切片签约信息变更之前,UE 都应该存储相应 Allowed NSSAI 和相关映射关系。需要说明的是,当 UE 关机时,UE 是否还存储 Allowed NSSAI 和 Allowed NSSAI 到 HPLMN S-NSSAI 的关联映射,取决于 UE 实现。

• 当 UE 通过接入类型接收到 PLMN 新的 Allowed NSSAI,以及 Allowed NSSAI 到 HPLMN S-NSSAI 的相关映射时,UE 应:

■ 用这个新的 Allowed NSSAI,替换所有原先存储的 Allowed NSSAI 相关映射;

■ 删除该 PLMN 此前存储的 Allowed NSSAI 的所有关联关系,存储新的 Allowed NSSAI 和 HPLMN S-NSSAI 的关联映射。

• 如果收到了被整个 PLMN 拒绝的 S-NSSAI,当 UE 在 PLMN 中处于 RM-REGISTERED 时,无论接入类型如何,都应存储在 UE 中,直到删除该被拒绝的 S-NSSAI 为止。

• 如果收到当前注册区域的拒绝 S-NSSAI,当 UE 在 PLMN 中处于 RM-REGISTERED 时,都应存储在 UE 中,直到 UE 移出当前注册区,或直到删除该被拒绝的 S-NSSAI 为止。

• 如果收到挂起的 NSSAI,则将其存储在 UE 中。

2. 将 Allowed NSSAI 和 Requested NSSAI 中的 S-NSSAI 值映射到 HPLMN 中使用的 S-NSSAI 值

提供给 UE 的 Allowed NSSAI 中的一个或多个 S-NSSAI 的值,可能不是 UE 当前服务 PLMN 的网络切片配置信息中的值。网络除了提供 Allowed NSSAI,同时提供 Allowed NSSAI 每个 S-NSSAI 到 HPLMN 相应 S-NSSAI 的映射。根据 URSP 规则中的 NSSP 或 UE 本地配置,该映射信息允许 UE 将应用关联到 HPLMN S-NSSAI,并关联到 Allowed NSSAI 中的相应 S-NSSAI。

漫游场景下,UE 可能需提供 Requested NSSAI 中的 S-NSSAI 值到 HPLMN 中使用的相应 S-NSSAI 值的映射。这些值来自先前服务 PLMN Configured NSSAI 或 Allowed NSSAI 的相应 S-NSSAIs 与 HPLMN 相应 S-NSSAIs 的映射信息。

13.5.2 更新 UE 网络切片配置

在任何时候,AMF 可以向 UE 提供一个新的 Configured NSSAI 以及 Configured NSSAI 到 HPLMN S-NSSAI 的映射关联信息,用于服务 PLMN。服务 PLMN Configured NSSAI 和映射信息要么由 AMF 决定(如果基于配置,允许 AMF 决定整个 PLMN 的网络切片配置),要么由 NSSF 决定。AMF 通过 UE 配置更新流程,给 UE 提供更新后的 Configured NSSAI。

如果从 UDM 收到的订阅信息中包含 NSSRG 信息,并且如果 UE 已在注册请求中表示支持该功能,AMF 应在提供 Configured NSSAI 的同时,一并向 UE 提供 NSSRG 信息。

如果 HPLMN 执行 UE 的配置更新流程(例如由于改变 Subscribed S-NSSAI(s)或由于改变 NSSRG 信息),会导致更新 HPLMN Configured NSSAI 和相应的 NSSRG 信息。如果配置更新影响当前 Allowed NSSAI 中的 S-NSSAI(s),则更新 Allowed NSSAI、Allowed NSSAI 到 HPLMN S-NSSAI 的关联映射。

如果 VPLMN 执行 UE 的配置更新流程(例如由于修改 Subscribed S-NSSAI(s),更新相关映射,或改变 NSSRG 信息),会导致服务 PLMN Configured NSSAI 的信息、相关映射信息的更新和相应每个 SNSSAI NSSRG 信息的更新。如果配置更新影响到当前 Allowed NSSAI 中的 S-NSSAI(s),则可能会触发更新 Allowed NSSAI 和相应映射。

如果 UE 在当前服务 PLMN 内的 Configured NSSAI 已经更新,且要求该 UE 执行注册流程,则 UE 将发起注册流程,获取新的且有效的 Allowed NSSAI。

当 Subscribed S-NSSAIs 发生变更时,在 HPLMN 中设置 UDR 标志,以确保 UDR 通知当前 PLMN(如果 UE 不可达,则为下一个服务 PLMN)网络切片签约数据已变更。当 AMF 收到来自 UDM 签约变更指示时,AMF 告知 UE 签约信息的变更,并将从 UDM 收到的订阅信息更新到 UE。AMF 更新到 UE 并获得 UE 确认后,AMF 通知 UDM 配置更新成功,UDM 清除 UDR 中的标志。如果 UE 处于 CM-IDLE 状态,AMF 可能触发网络触发的业务请求,或等到 UE 处于 CM-CONNECTED 状态再执行。

如果 UE 从 AMF 收到网络切片签约信息已变更指示,UE 本地删除所有 PLMN 的网络切片信息,只保留缺省 Configured NSSAI,使用从 AMF 收到的信息更新当前 PLMN 的网络切片配置信息。

URSP 规则(包括 NSSP)在相应需要更新的场景中都会执行更新,具体可参见 TS 23.503[5] 中的描述。

13.6 详细的执行描述

13.6.1 概述

通过网络切片实例建立到数据网络的用户平面连接,包括两个步骤:
- 执行 RM 流程来选择支持所请求网络切片的 AMF;
- 通过网络切片实例建立一个或多个连接到所请求的数据网络的 PDU 会话。

13.6.2 网络切片的服务 AMF 的选择

1. 注册到一组网络切片

当 UE 通过某种接入类型注册到 PLMN,如果 UE 具有这个 PLMN 的 Configured NSSAI 或当前接入类型的 Allowed NSSAI,甚至两者都有,则 UE 将通过 AS 层将这些信息提供给网络,通过 NAS 层提供 Requested NSSAI 给网络。其中,Requested NSSAI 包括 UE 想要注册的网络切片对应的 S-NSSAIs,但不包含 Pending NSSAI 中的切片。

Requested NSSAI 中包含的切片,来源于以下类型之一:

- 缺省 Configured NSSAI,即当 UE 没有当前 PLMN 的 Configured NSSAI 也没有 Allowed NSSAI 时,采用缺省 Configured NSSAI;
- Configured NSSAI 或其子集,例如,当 UE 没有当前 PLMN 相应接入类型的 Allowed NSSAI 时,采用 Configured NSSAI;
- 发送 Requested NSSAI 相应接入类型的 Allowed NSSAI 或其子集;
- 发送 Requested NSSAI 相应接入类型的 Allowed NSSAI 或其子集,加上来自 Configured NSSAI 但为包含在该接入类型 Allowed NSSAI 中的一个或多个 S-NSSAIs。

需要说明的是,当 UE 只请求注册到 Configured NSSAI 或 Allowed NSSAI 的子集,且 UE 具有 URSP 规则或本地配置,则 UE 一并考虑 URSP 规则或本地配置,确保 Requested NSSAI 中的切片与 URSP 规则或本地配置之间互相不冲突。

如果 Requested NSSAI 中包含的是 Configured NSSAI 子集,则相应的切片标识不会是已经包含在当前接入类型的现有 Allowed NSSAI 中的切片标识。

UE 也不会将当前被网络拒绝的任何 S-NSSAI 包括在 Requested NSSAI 中(也就是在当前注册区域或 PLMN 中被拒绝的切片)。当 Requested NSSAI 既不是 Configured NSSAI,也不是现有 Allowed NSSAI 时,则相应切片标识对应于缺省 Configured NSSAI,除非 UE 已创建会话到 HPLMN 切片(此时 Requested NSSAI 中需一并提供到 HPLMN S-NSSAIs 的映射)。如果 UE 在收到 Configured NSSAI 时同时收到了 NSSRG 信息,则 Requested NSSAI 中的切片标识享有一个共同的 NSSRG。

当 UE 通过某个接入类型注册到 PLMN 时,如果 Requested NSSAI 是基于缺省 Configured NSSAI 生成的,则 UE 在注册请求消息中需要指明这一点。

UE 在 RRC 连接建立中、在 N3IWF/TNGF 的连接建立中,以及在 NAS 注册流程消息中,携带 Requested NSSAI。但是除非它具有相应 PLMN 的 Configured NSSAI,相应 PLMN 和接入类型的 Allowed NSSAI,或者缺省 Configured NSSAI,否则 UE 不会在 RRC 连接建立或初始 NAS 消息中指示任何 NSSAI。无论是否具有相应 VPLMN S-NSSAI,如果 UE 有已创建 PDU 会话的 HPLMN S-NSSAI(s),则应在 NAS 注册请求消息 Requested NSSAI 的映射标识中提供相应 HPLMN S-NSSAI(s)。(R)AN 将在 UE 和所选择的 AMF 间传送 Requested NSSAI,其中相应 Requested NSSAI 从 RRC 连接创建或到 N3IWF/ TNGF 的连接消息中获得。如果(R)AN 基于 Requested NSSAI 无法选择一个 AMF,它将

传送 NAS 信令到一组缺省 AMF 中的某个 AMF。在 NAS 信令中,如果具有 Requested NSSAI 中相应切片标识到 HPLMN S-NSSAI 的映射,则 UE 将在 Requested NSSAI 中一并提供。

当一个 UE 注册到一个 PLMN 时,如果 UE 在创建到(R)AN 的连接时没有包含该 PLMN 相应的 Requested NSSAI 或 GUAMI,(R)AN 将所有与该 UE 往来的 NAS 信令路由到一个缺省 AMF。当在 RRC 连接建立中或在 N3IWF/TNGF 连接建立中,从 UE 接收到 Requested NSSAI,以及 5G-S-TMSI 或 GUAMI 时,如果 5G-AN 能连接到相应 5G-S-TMSI 或 GUAMI 的 AMF,则 5G-AN 将请求消息转发给该 AMF。否则,5G-AN 根据 UE 提供的 Requested NSSAI 选择一个合适的 AMF,并将请求转发给该 AMF。如果 5G-AN 无法基于 Request NSSAI 选择到一个 AMF,那么将请求消息发送到一个缺省 AMF。

注册流程中,当 AN 选择的 AMF 接收到 UE 注册请求,或者 MME 选择的 AMF 收到来自 SMF+PGW-C 的 S-NSSAI(s)时:

(1) 作为注册流程的一部分,或作为通过 N26 接口执行 EPS 到 5GS 切换流程的一部分,AMF 可以查询 UDM 以获取包括 Subscribed N-NSSAIs 在内的 UE 签约信息。

(2) AMF 基于 Subscribed N-NSSAIs,验证 Requested NSSAI 中或 SMF+PGW-C 收到的 S-NSSAI(s)是否可授权(识别 Subscribed S-NSSAIs,AMF 可能使用 UE 在 NAS 消息中提供的到 HPLMN S-NSSAIs 的映射)。

(3) 当 AMF 的 UE 上下文中没有包括相应接入类型的 Allowed NSSAI 时,AMF 将向 NSSF 查询。除非基于 AMF 本地配置 AMF 可自行决策是否服务于某个 UE。在 AMF 中本地配置了 NSSF 的 IP 地址或 FQDN。需要说明的是,AMF 的配置取决于运营商策略。

(4) 当 AMF 中的 UE 上下文已经包含了相应接入类型的 Allowed NSSAI,则 AMF 基于本地配置,AMF 可以决策是否为该 UE 提供服务。

(5) AMF 或 NSSF 或许在之前已经订阅了由 NWDAF 执行的网络切片负载水平、可观测的业务体验、网络数据分析相关的离散分析,其中可以是针对一个或多个 TAIs 构成的感兴趣区域的订阅。如果 AMF 订阅了以上分析,则 AMF 可能会根据收到的分析数据,决策无法为 UE 提供服务。如果 AMF 订阅了来自 NSSF 的关于网络切片或实例可用性信息的变更通知(同样可以是针对所支持 TAIs 中部分区域的订阅),则 AMF 可能在收到限制通知后决策无法为该 UE 提供服务。如果 AMF 未向 NSSF 订阅相关的有效性信息变更通知,NSSF 可在 AMF 查询时将 NWDAF 的分析信息用于决策。

① 根据上述配置,AMF 可能会决策是否服务于该 UE,并执行以下操作。

- 对于从 EPS 到 5GS 的迁移,AMF 首先根据 Requested NSSAI(CM-IDLE 状态)映射中的 HPLMN S-NSSAI(s),或从 SMF+PGW-C(CM-CONNECTED 状态)接收的 HPLMN S-NSSAI(s),获取当前服务网络的 S-NSSAI(s)。然后 AMF 将所获取的值视为 Request NSSAI。

- 对于 5GC 内的跨 PLMN 移动,新 AMF 基于 Requested NSSAI 映射中的 HPLMN S-NSSAI(s)获得当前服务网络的 S-NSSAI(s)。然后 AMF 将所获取的值视为 Requested NSSAI。

- AMF 检查是否可以为 Subscribed S-NSSAI 中出现的所有请求的切片服务,或者为 Subscribed S-NSSAI 中标识为缺省的所有切片服务:

- 如果 AMF 已经订阅了由 NWDAF 执行的网络切片负载水平、可观测的业务体验、网络数据分析相关的离散分析，或者收到来自 NSSF 的应用于 AMF 所支持 TAIs 区域的切片限制通知，AMF 可能会使用收到的这些信息，来决策是否为该 UE 提供 Requested S-NSSAI 中相应切片的服务。

- Allowed NSSAI 由基于 Subscribed S-NSSAIs 授权的 Requested NSSAI 中的一系列 S-NSSAI(s) 构成，或还包括具有映射到 HPLMN 切片的当前服务网络的一系列 S-NSSAI(s)。或者当 Requested NSSAI 和 Requested NSSAI 中的映射标识都没有可授权的切片时，Allowed NSSAI 中授权的所有切片都来自 Subscribed S-NSSAIs 中的缺省切片。同时，授权 Allowed NSSAI 时，会考虑切片实例对相应切片在当前 TA 下的服务有效性，以及 NSSF 所提供的 Allowed NSSAI 相应切片的限制。

如果 AMF 已收到作为 UE 签约信息一部分的 Subscribed S-NSSAIs 的 NSSRG 信息，则 Allowed NSSAI 中包含的所有 S-NSSAI 具有一个相同的 NSSRG。如果 Requested NSSAI 中至少有一个 S-NSSAI 在当前 UE 的跟踪区域中不可用，那么 AMF 可能会决策一个 Target NSSAI 或执行步骤②。如果 Allowed NSSAI 中包含的 S-NSSAI(s) 需要映射到 Subscribed S-NSSAI(s)，则 AMF 决定相应的映射关系。如果没有提供 Requested NSSAI 或者 Requested NSSAI 中提供的 S-NSSAIs 到 HPLMN S-NSSAIs 的映射不正确，或 Requested NSSAI 中包含一个在当前服务网络中无效的 S-NSSAI，或 UE 指示该 Requested NSSAI 是基于缺省 NSSAI 生成的，那么 AMF 基于 Subscribed S-NSSAI(s) 和运营商配置，仍然可以为服务网络决策生成 Configured NSSAI，以及 Configured NSSAI 到归属网络切片的映射，用于配置 UE。然后执行步骤③。

- 否则，AMF 查询 NSSF（见下面的步骤②描述）。

② 如上所述，当 AMF 需要查询 NSSF 时，执行如下操作。

- AMF 向 NSSF 查询 Allowed NSSAI，查询请求中携带如下参数：携带 Requested NSSAI、缺省 Configured NSSAI 指示、Requested NSSAI 到 HPLMN S-NSSAIs 的映射、Subscribed S-NSSAIs（如果标记为缺省 S-NSSAI，则同时携带缺省指示）、UDM 提供的 NSSRG 信息、任何当前接入类型可能包含的 Allowed NSSAI、PLMN ID 以及 UE 当前的 TA。

- 基于这些信息、本地配置和其他本地的可用信息（包括 UE 当前 TA 的 RAN 能力，或 NWDAF 提供的网络切片实例的负载信息），NSSF 执行以下操作。

  - 通过比较 Subscribed S-NSSAI 和 Requested NSSAI 到 HPLMN S-NSSAI 映射中的 S-NSSAI，来确认 Requested NSSAI 中哪些 S-NSSAI 可以被允许使用。如果未提供 Requested NSSAI，或 Requested NSSAI 中没有切片可以被确认允许（也就是不在 Subscribed S-NSSAI 中，或在当前 UE 的 TA 内不可用），则 NSSF 考虑将 Subscribed S-NSSAI 总的缺省标识授权允许使用。如果提供了 NSSRG 信息，NSSF 只选择共享共同 NSSRG 的 S-NSSAIs 进行授权。

  - 如果 AMF 没有向 NSSF 订阅网络切片或实例的有效信息变更，并且 NSSF 已经向 NWADF 订阅了切片负荷水平、可观测的业务体验、网络切片的分散数据分析，NSSF 可以使用这些分析信息来决策相应 UE 的 Allowed NSSAI(s) 中的

S-NSSAI 列表。

- NSSF 选择相应网络切片实例来为 UE 服务。当 UE 当前 TA 中有多个网络切片实例可为给定的 S-NSSAI 提供服务,则根据运营商配置,NSSF 可以选择其中一个服务于该 UE。或 NSSF 可能会先推迟网络切片实例的选择,直到因为某项业务而必须做出选择。

- NSSF 确定用于服务 UE 的 Target AMF 集,或者根据配置确定候选 AMF 列表;可能首先会查询 NRF,再确定相应 AMF 选择。需要说明的是,如果 NSSF 返回的 Target AMF 在候选 AMF 列表中,则注册请求消息只在初始 AMF 和所选 Target AMF 之间的直接交互信令中传送。当 NSSF 提供一个 Target NSSAI 用于重定向或切换到另一个 TA 小区时,NSSF 不会提供 Target AMF(s)。

- NSSF 为相应接入类型确定 Allowed NSSAI(s)。Allowed NSSAI 由基于 Subscribed S-NSSAIs 授权的 Requested NSSAI 中的一系列 S-NSSAI(s)构成,或者还包括具有映射到 HPLMN 切片的当前服务网络的一系列 S-NSSAI(s)。或当 Requested NSSAI 和 Requested NSSAI 中的映射标识都没有可授权的切片时,Allowed NSSAI 中授权的所有切片都来自 Subscribed S-NSSAIs 中的缺省切片。同时,授权 Allowed NSSAI 时,会考虑切片实例对相应切片在当前 TA 下的服务有效性,以及 NSSF 所提供的 Allowed NSSAI 相应切片的限制。如果应用了 NSSRG 信息,NSSF 只选择具有共同 NSSRG 的 S-NSSAIs 进行 Allowed NSSAI 授权允许使用。

- 如果有需要,NSSF 会确定 Allowed NSSAI 到 Subscribed S-NSSAI 每个切片的映射。

- 根据运营商配置,NSSF 可以确定用于在选定网络切片实例中选择 NFs/服务的 NRF(s)。如果没有提供 Requested NSSAI,或者 Requested NSSAI 包含一个在当前 PLMN 中无效的 S-NSSAI,或 Requested S-NSSAI 中的切片标识到 HPLMN S-NSSAIs 的映射不正确,或收到 AMF 的缺省 Configured NSSAI 指示,NSSF 基于 Subscribed S-NSSAI(s)和运营商配置可能会确定所服务网络的 Configured NSSAI,以及到 HPLMN S-NSSAIs 的相关映射,用于配置 UE。

- 如果 Requested NSSAI 中至少一个 S-NSSAI 在 UE 当前 TA 中不可用,NSSF 可能会提供一个 Target NSSAI,供 NG-RAN 重定向 UE 到另一个频段支持该切片的另一个 TA 的小区。

- NSSF 给当前 AMF 返回相应接入类型的 Allowed NSSAI,Allowed NSSAI 的每个 S-NSSAI 到 Subscribed S-NSSAI 的映射和 Target AMF 集,或者根据配置,返回候选 AMF 列表。NSSF 可能会返回用于在选定网络切片实例中选择 NFs/服务的 NRF(s),NRF 可用于从 AMF 集中确定候选 AMF 列表。NSSF 可能会返回关联到特定切片的切片实例的 NSI ID。NSSF 可返回 Rejected S-NSSAI(s)。NSSF 可能会返回当前服务网络的 Configured NSSAI 以及 Configured NSSAI 到 HPLMN S-NSSAI 的关联映射。NSSF 还可返回相应 Target NSSAI。

- 根据有效性信息和配置信息,AMF 可能会向相应的 NRF 查询 Target AMF 集(其中 NRF 可以本地预配置或由 NSSF 提供)。NRF 返回候选 AMF 列表。

- 如果需要执行 AMF 重选,当前 AMF 将转发 UE 上下文到被选择的目标 AMF。
- 执行步骤③。

③ AMF 应确定一个注册服务区域 RA,在该区域内的所有 TA 内,Allowed S-NSSAI 中的所有切片都是有效的,然后在 Allowed NSSAI 中携带该 RA 给 UE,同时还会携带 Allowed NSSAI 到 Subscribed S-NSSAIs 的映射。AMF 可能会返回相应 Rejected S-NSSAI(s)。S-NSSAI 如果没有携带任何 Requested NSSAI,或者 Requested NSSAI 到 HPLMN S-NSSAIs 的映射不正确,或 Requested NSSAI 在当前 PLMN 内无效(例如 Requested S-NSSAI 中至少一个 S-NSSAI 在 PLMN 内 UE 无法使用而被拒绝),或 UE 指出 Requested NSSAI 是基于缺省配置 NSSAI 生成的,则 AMF 可能更新 UE 切片配置信息。

如果 Requested NSSAI 没有包括映射到 HPLMN 而需要执行 NSSAA 的 S-NSSAIs 同时当前 TA 内没有 S-NSSAI 可授权,也没有缺省切片可授权,则 AMF 不会提供 Allowed NSSAI,在拒绝消息中携带合适的原因值,发送注册拒绝消息。

如果 Requested NSSAI 中携带了映射到 HPLMN 需要执行 NSSAA 的 S-NSSAIs,则 AMF 注册接受消息中,携带 Allowed NSSAI,其中只包含那些无须执行 NSSAA 的切片,以及需要执行 NSSAA 但此前执行成功并记录在 UE 上下文在的切片(任何接入类型的 NSSAA 执行成功都可以)。

AMF 还应提供 Rejected S-NSSAIs 列表,其中每个切片都会提供相应的拒绝原因值。

如果 AMF 确定了 Target NSSAI,或收到来自 NSSF 的 Target NSSAI,AMF 将其提供给 PCF,用于生成相应 RFSP。如果没有部署 PCF,则 AMF 基于本地配置确定相应 RFSP。随后 AMF 将 Target NSSAI 和相应 RFSP 提供给 NG-RAN。映射到归属 PLMN 的 S-NSSAI 如果需要执行 NSSAA,则放入 Pending NSSAI 列表中,并从 Allowed NSSAI 中删除。Pending NSSAI 中还会包含从服务 PLMN 到 HPLMN S-NSSAI 的映射。任何接入类型场景中,UE 都不可以在 Requested NSSAI 中携带任何处于 Pending NSSAI 中的切片。

当 Requested NSSAI 中的所有 S-NSSAI(s)都需执行 NSSAA,或者没提供任何 Requested NSSAI,或提供的 Requested NSSAI 无法匹配任何签约切片,而且所有缺省切片也都需要执行 NSSAA 时,AMF 将在注册接受消息中向 UE 提供一个空的 Allowed NSSAI,同时携带"NSSAA 待执行"的指示。基于收到的注册接受消息,UE 会注册到网络,等待 NSSAA 执行完成,更新配置流程,接收有效 Allowed NSSAI。在此之前 UE 除了紧急业务不做其他业务操作。

然后,AMF 将发起相应 S-NSSAI 的 NSSAA 流程,除非该切片已经通过其他接入类型执行了 NSSAA。NSSAA 流程结束后,AMF 通过 UE 配置更新流程,提供新的 Allowed NSSAI 给 UE,其中包括 NSSAA 流程执行成功的切片。NSSAA 完成后,AMF 可能会针对执行 NSSAA 的这些切片执行 AMF 重选。如果需要执行 AMF 变更,AMF 通过 UE 配置更新流程,发起 UE 去注册请求。原先在 Allowed NSSAI 中,但后续执行 NSSAA 没有成功的切片,会加入到 Rejected NSSAI 中,一并携带 NSSAA 失败的原因值。

一旦完成 NSSAA 流程,如果 AMF 发现其中没有 Allowed NSSAI 可授权给 UE,也没有缺省切片可授权,AMF 会执行网络发起的去注册流程,在去注册请求消息中带上 Rejected S-NSSAIs,以及相应拒绝原因值。

当 UE 拒绝 S-NSSAI 且拒绝原因值为"NSSAA 失败或 NSSAA 授权撤回",UE 可以根据策略重新请求该 S-NSSAI。

2. UE 网络切片设置的修改

当 UE 已注册到网络,则在相应条件下,可以由 UE 或网络发起,变更 UE 的切片设置。

基于本地策略、签约变更、UE 移动性、UE 离散数据分类、运营原因(例如,切片实例不可用、NWDAF 提供的切片负荷或业务体验),网络可能会更改注册到网络的 UE 的切片设置,并为 UE 相应接入类型提供新的 RA、新的 Allowed NSSAI,以及该 Allowed NSSAI 到 HPLMN S-NSSAI 的映射。

此外,网络还可以为服务 PLMN 提供 Configured NSSAI、相关的映射信息和 Rejected S-NSSAI。网络可在注册流程中对每个接入类型执行此类变更,或者发送通知给 UE 使用 UE 配置更新流程变更切片信息。AMF 为 UE 提供如下信息。

- 需要 UE 提供确认的指示。
- 为服务 PLMN 提供的 Configured NSSAI,Rejected S-NSSAI(s) 和 TAI 列表。
- 每个接入类型的新的 Allowed NSSAI 和相关映射(除非 AMF 无法决策新的 Allowed NSSAI,例如原先 Allowed NSSAI 中的所有 S-NSSAIs 已经从 Subscribed S-NSSAIs 中删除)。
- 如果 Allowed NSSAI 的变化需要 UE 立即执行注册流程,因为该变化影响了现有 AMF 连接(例如新的切片需要单独 AMF 接入而且不是当前服务的 AMF,或者 AMF 无法确定 Allowed NSSAI 时),或者由于 AMF 本地策略需要立刻执行注册流程:
  - 当前的服务 AMF 告知 UE,在进入 CM-IDLE 状态后,UE 需要执行一个注册流程,不需要在接入层信令中包含 GUAMI 或 5G-S-TMSI。AMF 在收到 UE 的确认信息后,释放到 UE 的 NAS 信令连接,允许进入 CM-IDLE。
  - 当 UE 收到以上指示,则删除原先存储的所有 Allowed NSSAI 和相关映射,以及 Rejected S-NSSAI;在进入 CM-IDLE 状态后,应启动注册流程,注册类型为移动注册更新。UE 将在注册请求消息中携带 Requested NSSAI 和相关映射,此外,在部分场景中,UE 还会在接入层信令中携带 Requested NSSAI,但不携带 GUAMI。

如果存在已创建的紧急业务相关 PDU 会话,则 AMF 指示 UE 执行注册流程,但不会释放当前的 NAS 信令连接。当前紧急业务 PDU 会话释放后,UE 才会执行该注册流程。

除了向 UE 发送新的 Allowed NSSAI 外,当服务于 UE 的一个或多个 PDU 会话的网络切片不再可用时,执行如下操作。

- 如果网络切片在同一 AMF 下不可用(例如由于 UE 签约信息变更),AMF 向 SMF 指示释放与相关 S-NSSAI 对应的 PDU 会话。SMF 执行 PDU 会话释放流程。
- 如果网络切片由于 AMF 切换而不再有效(例如注册区改变),新 AMF 指示旧 AMF 释放相关 S-NSSAI 对应的 PDU 会话。旧 AMF 通知相应 SMF 释放指定 PDU 会话。SMF 执行相应 PDU 会话释放。然后,新 AMF 修改相应的 PDU 会话状态。UE 收到注册接受消息中的 PDU 会话状态后,本地释放 PDU 会话上下文。

UE 使用包含 NSSP 的 URSP 规则,或者基于本地配置,决策是否当前数据流可以在新切片的现有 PDU 会话上,或在新切片的新建 PDU 会话上执行传送。具体可参见 TS 23.503 中的描述。

为了变更 UE 某个接入类型下的切片设置,UE 需要发起一个相应接入类型的注册流程。

如果对于已建立的 PDU 会话,存在如下情形,则网络将执行 PDU 会话释放:

- 注册请求消息中携带的 Requested NSSAI 映射信息所包含的 HPLMN 切片标识和 PDU 会话关联的归属网络的切片标识,没有一个能够匹配上,则会释放 PDU 会话;
- Requested NSSAI 中的切片标识和 PDU 会话关联的归属网络标识可以匹配,但 Requested S-NSSAI 到归属网络切片标识的映射信息没有包含在注册请求中时,也会释放该 PDU 会话。

网络执行如下操作释放相应 PDU 会话:AMF 通知相应 SMF 释放指定的 PDU 会话;SMF 按照指示执行会话释放;然后 AMF 相应地修改 PDU 会话状态;UE 收到 AMF 发送的会话状态后,本地释放 PDU 会话上下文。

根据运营商策略,对于已注册 UE,无论是网络还是 UE 触发的切片设置变更,都可能导致 AMF 变更。

3. AMF 重选以支持网络切片

在注册流程中,如果网络决定基于网络实例考虑该 UE 需要由另一个 AMF 接入,则首先收到注册请求的 AMF 应当将注册请求重定向到一个 Target AMF。重定向消息通过 5G-AN 转发,或者在两个 AMF 之间通过直接信令向 Target AMF 传送。如果 NSSF 返回了 Target AMF,且该 AMF 在候选 AMF 列表中,重定向消息只能通过初始 AMF 和 Target AMF 之间的直接信令发送。如果重定向消息是由 AMF 通过 5G-AN 发送的,则该消息中需要包括为 UE 选择的新 AMF。

注册流程中,当 UE 请求的某个 S-NSSAI 在当前 TA 中不支持,则 AMF 可能会确定一个 Target NSSAI,并提供该 Target NSSAI 给 NG-RAN。Target NSSAI 的选择,由 AMF 直接决策或者 AMF 和 NSSF 交互决策。NG-RAN 执行 UE 重定向或 HO 流程,将 UE 切换到支持 Target NSSAI 的另一个 TA 中。

在 EPS 到 5GS 网络通过 N26 接口执行 HO 切换流程时,如果网络基于网络切片考虑决策该 UE 应该由另一个 AMF 接入,则收到来自 MME 的前转重定位请求的 AMF,将通过和 Target AMF 的直接交互信令,前转 UE 上下文给 Target AMF。

对于一个已经注册的 UE,系统应当支持网络发起的重定向,UE 从当前 AMF 重定向到 Target AMF。该重定向原因,是由于网络切片的相应变更,例如运营商改变了网络切片实例和 AMF 之间的映射关系。根据运营商策略,决策是否可执行 AMF 间的重定向。

13.6.3 在网络切片中建立 PDU 会话

通过在网络切片实例中建立一个到 DN 的 PDU 会话,执行该网络切片实例中的数据传输。一个 PDU 会话关联到一个切片标识 S-NSSAI 和数据网络名称(DNN)组合。UE 通过一个接入类型注册到网络,或相应 Allowed NSSAI 在 PDU 会话建立流程中指示相应切片标识 S-NSSAI,如果有 DNN 也一并携带。该切片标识可根据 URSP 规则中的 NSSP 或 UE

本地配置来确定。UE 携带从 Allowed NSSAI 中选取的 S-NSSAI,如果有 Allowed NSSAI 到归属网络的切片标识映射,则一并提供相应映射信息。

如果 UE 执行了应用到 PDU 会话的关联后,无法确定任何 S-NSSAI,则 UE 在 PDU 会话建立流程中不会携带任何 S-NSSAI。

网络(HPLMN)可能会向 UE 提供网络切片选择策略(NSSP),该策略作为 URSP 规则的一部分提供。如果签约信息中包含多个 S-NSSAI,当网络希望修改这些切片的使用时,则网络向 UE 发送 URSP 规则,更新 NSSP。如果签约信息只包含一个 S-NSSAI,则网络不需要提供 NSSP 给 UE。NSSP 规则将一个应用与一个或多个 HPLMN S-NSSAI 相关联;还可以包含一个将所有应用匹配到 HPLMN S-NSSAI 的缺省规则。

UE 存储和应用 URSP 规则,其中包括 NSSP。当与特定 S-NSSAI 关联的 UE 应用请求数据传输时,将执行如下操作。

- 如果 UE 已经建立了一个或多个与该切片的 PDU 会话,则 UE 将使用其中一个会话传送该应用的用户数据,除非 UE 中的其他条件禁止了这些 PDU 会话的重用。如果应用提供了 DNN,那么 UE 将 DNN 作为参考来决定使用哪个 PDU 会话。
- 如果 UE 尚没有建立与该切片的 PDU 会话,UE 会请求建立一个关联该切片的新的 PDU 会话,如果应用提供了 DNN,则一并关联 DNN 到该切片。为了在 RAN 中能选择到合适的资源来支持网络切片,RAN 需要知道 UE 的网络切片使用情况。

如果 AMF 无法确定合适的 NRF 来查询 UE 请求 S-NSSAI,则 AMF 可能会向 NSSF 查询,一并提供具体 S-NSSAI、位置信息、SUPI 的 PLMN ID 等信息。NSSF 确定并返回适当的 NRF 给 AMF,用于为相应切片实例选择具体的网络功能或服务。除了 NRF,NSSF 也可以返回一个 NSI ID 给 AMF,用于选择切片实例内的网络功能。

AMF 或 NSSF,可能会根据 NWDAF 提供的切片负载水平、可观测的业务体验、分散分析等信息来选择一个网络切片实例。

在 AMF 中,本地配置了 NSSF 的 IP 地址或 FQDN。

当 UE 触发 PDU 会话建立时,切片实例的 SMF 的发现和选择由 AMF 执行。NRF 用于协助切片中相应网络功能的发现和选择。具体地,根据 S-NSSAI、DNN、NSI-ID、用户签约和本地运营商策略等其他信息,AMF 查询相应 NRF 来选择网络切片实例中的 SMF。所选择的 SMF 基于 S-NSSAI 和 DNN 信息来建立相应的 PDU 会话。

当 AMF 属于多个网络切片实例时,AMF 可能会基于配置,使用相应的 NRF 执行 SMF 选择。

当使用特定网络切片实例为给定的 S-NSSAI 建立了 PDU 会话时,CN 将该实例对应的 S-NSSAI 提供给(R)AN,协助 RAN 执行具体的接入功能。

如果 PDU 会话的 S-NSSAI 没有包含在目标接入类型的 Allowed NSSAI 中,则 UE 不应执行从原有接入类型到目标接入类型的 PDU 会话切换。

13.7 漫游场景的网络切片支持

对于漫游场景:

- 如果 UE 只使用标准的 S-NSSAI 值,那么 VPLMN 中的 S-NSSAI 值可以与 HPLMN 中的 S-NSSAI 值相同。
- 如果 VPLMN 和 HPLMN 存在 SLA,支持在 VPLMN 使用非标准 S-NSSAI 值,则 VPLMN 的 NSSF 会将 Subscribed S-NSSAI 值映射到 VPLMN 的相应 S-NSSAI 值。VPLMN 中使用的 S-NSSAI 值,由 VPLMN 的 NSSF 根据 SLA 决定。VPLMN 的 NSSF 不需要通知 HPLMN,在 VPLMN 中具体使用了哪些值。根据运营商策略和 AMF 本地配置,AMF 可以决定在 VPLMN 中使用的 S-NSSAI 值以及到 Subscribed S-NSSAI 的映射值。
- UE 生成 Requested NSSAI,并提供 Requested NSSAI 中的 S-NSSAIs 到 HPLMN S-NSSAIs 的映射。
- NSSF 决定 VPLMN 中的 Allowed NSSAI,无须与 HPLMN 交互。
- HPLMN 可在签约信息中提供 NSSRG 信息。
- 给 UE 的注册接受消息中,Allowed NSSAI 携带了 VPLMN 中使用的各 S-NSSAI 值,同时也一并提供了相应映射信息给 UE。
- 如果 S-NSSAI 需要执行网络切片接纳控制(NSAC),根据运营商政策、VPLMN 和 HPLMN 间的漫游协议或 SLA、VPLMN 中的 AMF 或 SMF 触发相应 S-NSSAI 的 NSAC 请求。
- 在 PDU 会话建立流程中,UE 同时携带以下信息:在 NSSP 内或在 UE 本地配置的,匹配触发该会话请求应用的 S-NSSAI,该 S-NSSAI 值在 HPLMN 中使用;一个属于 Allowed NSSAI 的 S-NSSAI,该标识使用到归属地切片的映射,映射到上述 S-NSSAI 值,该 S-NSSAI 的值在 VPLMN 中使用。

对于归属地路由场景,V-SMF 发送 PDU 会话建立请求消息给 H-SMF,携带 S-NSSAI 和在归属地使用的值。如果这些切片 S-NSSAI 需要执行 NSAC,则 V-SMF 或 H-SMF 触发相应请求执行 NSAC,具体参见后续章节有关 NSAC 的描述。

- 当相应的 PDU 会话成功创建,CN 给 AN 提供该 PDU 会话的 S-NSSAI(该 S-NSSAI 由 VPLMN 提供)。
- VPLMN 中,由预配置的 NRF,或者 NSSF 提供的 NRF,根据 VPLMN 中使用的 S-NSSAI 值,来执行网络切片实例相关的网络功能选择。HPLMN 中,由 VPLMN 通过 HPLMN 中的相应 NRF,依据 HPLMN 中使用的 S-NSSAI 值,执行切片实例相应 NF 的选择。

13.8 与 EPS 互通场景的网络切片支持

1. 概述

5GS 支持网络切片,可能需要与该 PLMN 或其他 PLMN 中的 EPS 网络互通。EPC 可能支持专用核心网(Dedicated Core Networks,DCN)。在某些部署场景中,UE 向 RAN 提供的 DCN-ID 可用于辅助执行 MME 的选择。

在 5GC 与 EPC 网络间切换,不能保证所有激活 PDU 会话都能切换到 EPC 网络。

在 EPC 中建立 PDN 连接时,UE 分配 PDU Session ID,通过 PCO 发送给 SMF+PGW-C。与 PDN 连接相关的 S-NSSAI 由 SMF+PGW-C 支持的切片标识、UDM 的签约标识和运营商策略决定。例如基于 SMF+PGW-C 地址和 APN 的组合,通过 PCO 和切片相关的 PLMN ID 一起发送给 UE。在归属地漫游(HR)场景,UE 从 SMF+PGW-C 接收到 HPLMN S-NSSAI 值。如果 SMF + PGW-C 支持多个 S-NSSAI,且 APN 也对多个 S-NSSAI 有效,SMF+PGW-C 应该只选择一个切片标识 S-NSSAI,该标识映射到 UE 签约标识,且该签约标识不需要执行 NSSAA 流程。UE 存储该切片标识 S-NSSAI,以及与 PDN 连接相关联的 PLMN ID。UE 结合收到的 PLMN ID 生成请求切片标识 Requested NSSAI。当 UE 注册到 5GC 网络时,将该请求标识列表包含在 NAS 注册请求消息中。该处理适用于 UE 非漫游场景和漫游 UE 在 VPLMN 具有配置切片标识 Configured NSSAI 的场景。当漫游 UE 在 VPLMN 没有配置切片标识时,UE 在 NAS 注册请求消息中携带归属网的切片标识列表 HPLMN S-NSSAIs。

当 UE 从 EPS 移动到 5GS 时,可能会引发 AMF 重定位流程。

需要说明的是,假设 MME 配置了一个面向 AMF 的 N26 接口,则 MME 和所有服务该区域的 AMF(而不只是该 UE 的初始 AMF)之间都具有 N26 接口连接,可用于支持 EPS 到 5GS 的移动处理。

2. 空闲模式相关

以下内容适用于与 N26 的互通。

- 当 UE 从 5GS 移动到 EPS 时,AMF 给 MME 发送 UE 上下文信息,包括 UE Usage 类型;AMF 从 UDM 的签约数据中获取到该信息。
- 当 UE 从 EPS 移动到 5GS 时,UE 在 RRC 连接创建消息和 NAS 消息中携带请求标识列表,该标识列表为与创建的 PDN 连接相关的切片标识列表。UE 还在注册请求消息中向 AMF 提供相关映射信息。UE 通过从 EPS PCO 中最新接收到的有效消息和从 5GS 最新接收到的包括 URSP、Configured NSSAI、Allowed NSSAI 等信息为服务 PLMN 生成切片标识列表。归属地路由 HR 漫游场景,AMF 选择缺省 V-SMFs。SMF+PGW-C 向 AMF 发送 PDU Session ID 和相应的 S-NSSAIs。AMF 为服务 PLMN 生成 S-NSSAI 值,并确定该 AMF 是否是为 UE 服务的合适 AMF。否则,可能需要触发 AMF 重定位。对于每个 PDU 会话,AMF 根据服务 PLMN 关联的 S-NSSAI 值决定是否需要重新选择 V-SMF。如果 V-SMF 需要重新选择,即从缺省 V-SMF 更改为另一个 V-SMF,AMF 触发 V-SMF 重定位流程。

除了以上描述的互通原则,以下描述适用于没有 N26 接口的互联场景。

- 当 UE 发起注册流程,且符合后续互通章节规定的条件时,UE 在 RRC 连接建立消息中将与已建立 PDN 连接相关联的 S-NSSAI 标识放入 Requested NSSAI 中带给网络,同时带有在目标 5G 网络中服务 PLMN 的这些切片标识的值。
- 当使用 PDU 会话建立请求消息将 PDN 连接移动到 5GC 时,UE 在会话创建请求消息中携带切片标识和 PCO 中收到的 HPLMN 切片标。UE 通过使用 EPS PCO 消息中接收到的最新有效信息和从 5GS 接收到的最新的包括 URSP、Configured

NSSAI、Allowed NSSAI 等可用信息,来生成服务 PLMN 切片标识的值。

3. 连接模式相关

除了前述的互通原则外,以下内容适用于部署 N26 接口场景的互通。

- 当 UE 在 5GC 中处于 CM-CONNECTED 状态,并发生到 EPS 的切换时,AMF 根据源 AMF Region ID、AMF Set ID 和目标位置信息选择目标 MME。AMF 通过 N26 接口将 UE 上下文转发给所选择的 MME。在 UE 上下文中,AMF 还包括 UE 使用类型,该数据是 AMF 所接收的签约数据中的内容。具体切换流程参见 3GPP TS 23.502[4] 中的描述。当切换流程成功完成时,UE 执行跟踪区域(TA)更新。这一流程可完善 UE 在目标 EPS 网络的注册。如果目标 EPS 使用 DCN-ID,UE 将在该流程中获取到 DCN-ID 标识信息。

- 当 UE 在 EPC 网络中处于 EPC ECM-CONNECTEDUE 状态,且执行到 5GS 的切换时,MME 则根据目标位置信息,例如 TAI 和任何其他可用的本地信息(包括 UE 使用类型)选择 Target AMF,并通过 N26 接口,将 UE 上下文前转给所选择的 AMF。归属地 HR 漫游场景时,AMF 选择缺省 V-SMF。具体切换流程参见 3GPP TS 23.502[4] 中的描述。SMF+PGW-C 向 AMF 发送 PDU Session IE 和相应的切片标识 S-NSSAIs。根据接收到的 S-NSSAI 值,Target AMF 为服务 PLMN 生成 S-NSSAI 值。如果需要重定位 AMF,则 Target AMF 触发 AMF 重定位流程,重新选择最终 Target AMF。对于每个 PDU 会话,如果 V-SMF 需要重定位,则最终 Target AMF 触发 V-SMF 重定位流程(具体可参见 3GPP TS 23.502[4] 中的第 4.23.2 小节)。当切换过程成功完成,UE 执行注册过程,完成 UE 在目标 5GS 中的注册。该流程中,UE 获取新的 Allowed NSSAI。

13.9 配置 PLMN 中的网络切片可用性

网络切片的应用范围,可以在整个 PLMN 中可用,也可以在 PLMN 的一个或多个跟踪区域中可用。

网络切片的可用性,是指所涉及的 NFs 中对相应 S-NSSAI 的支持。此外,NSSF 中的策略可能会进一步限制在特定 TA 区域中的某些网络切片的使用(例如,取决于 UE 的 HPLMN 策略)。

在 TA 中,网络切片可用,是指在网络功能之间通过信令和 OAM 来建立的端到端的可用网络连接。基于 5G-AN 中每个 TA 支持的 S-NSSAIs、AMF 中支持的 S-NSSAIs 和 NSSF 中每个 TA 支持的运营商策略,来生成这样的端到端网络。

当 5G-AN 节点建立或更新与 AMF 的 N2 连接时,AMF 生成 5G-AN 针对 TA 粒度支持的 S-NSSAIs。每个 AMF 集中的一个或所有 AMF,提供并更新针对 TA 粒度支持的 S-NSSAIs 给 NSSF。当 5G-AN 节点与 AMF 建立 N2 连接,或 AMF 更新与 5G-AN 的 N2 连接时,5G-AN 生成针对 PLMN 粒度的 S-NSSAIs。

NSSF 可以配置运营商策略,指定在什么条件下可以限制 UE 在具体 TA 和 HPLMN

的 S-NSSAI 使用。

TA 粒度的 S-NSSAI 限制,可以在网络部署最初和网络变更时,提供给 AMF 集中的相关 AMFs。

可以基于运营商策略的 TA 或 HPLMN 限制,为 AMF 配置它支持的所有切片的切片标识 S-NSSAIs。

13.10 接入层连接建立中包含受控运营商的切片 NSSAI

当建立由服务请求(Service Request)、周期性注册更新或用于更新 UE 功能的注册流程触发创建连接时,服务 PLMN 可以控制在接入层中 UE 按接入类型接入哪个切片 NSSAI。此外,Home 和 Visited PLMNs 还可以指示 UE 永远不要在访问层中包含 NSSAI,无论建立 RRC 连接的流程是什么,始终保障该 NSSAI 隐私。

在注册流程中,AMF 可以给 UE 提供注册接受信息,其中接入层连接创建 NSSAI 包含模式参数,指示 UE 是否和何时在接入连接创建消息中携带 NSSAI 信息。RRC 连接建立的具体描述,可参见 3GPP TS 38.331[6]中的定义。具体地,根据以下模式之一执行。

1) 在服务请求、周期性注册更新或用于更新 UE 能力的注册流程触发的接入层连接创建中,UE 应包括一个 NSSAI,用于 Allowed NSSAI。

2) UE 应在以下场景中携带 NSSAI。

- 当由服务请求引起的接入层连接创建包括触发该连接创建的所有相关切片标识的一个 NSSAI,即业务请求中用于用户面重激活的所有 PDU 会话的切片标识 S-NSSAIs ,或控制面交互触发的服务请求的切片标识 S-NSSAIs 片,例如当为会话管理时,会话管理消息相关的 PDU 会话的切片标识 S-NSSAI。

- 当由周期性注册更新或用于更新 UE 能力的注册流程触发的接入层连接创建,携带一个用于 Allowed NSSAI 的 NSSAI。

3) 在由服务请求、周期性注册更新或用于更新 UE 能力的注册程序引起的接入层连接建立中,UE 不会携带任何 NSSAI。

4) UE 不在 Access Stratum 层提供 NSSAI。

对于在 1)、2)或 3)模式下,由移动注册更新或初始注册引起的接入层连接建立的情况,UE 将携带 NAS 层提供的请求切片标识 Requested NSSAI。

对于所有允许使用模式 1)、2)或 3)的 UE,接入层连接建立 NSSAI 包含模式,应该有相同的注册区域。作为网络切片配置的一部分,UE 应存储并遵守每个接入类型的 PLMN 所需的行为。服务 PLMN AMF 不得指导 UE 在 3GPP 接入 4)之外的其他模式运行,除非 HPLMN 提供了允许指示,例如如果 PLMN 允许运行于 1)、2)、3)模式,那么该 PLMN 的 UDM 将会发送一个显式指示给 AMF,NSSAI 可以包含在 RRC 中,该指示作为签约数据的一部分发送给 AMF。

UE 缺省运行模式为:

- 对于 3GPP 接入,UE 默认在模式 4)下运行,除非有指示明确要求在模式 1)、2)或 3)下运行;

- 对于非受信非 3GPP 接入,UE 应默认在模式 2)中运行,除非提供了在模式 1)、3)或 4)中运行的指示;
- 对于受信的非 3GPP 接入,UE 应默认在模式 4)中运行,除非提供了在模式 1)、2)或 3)中运行的指示;
- 对于 W-5GAN 接入,5G-RG 默认工作在模式 2),除非有指示明确要求其工作在模式 1)、3)或 4)。

运营商可以预先配置 UE 在 HPLMN 中按照模式 3)缺省运行(即当 UE 使用 HPLMN 执行初始注册和移动注册更新时,默认接入层中包含 NSSAI,直到 HPLMN 按照上述描述更改模式)。

13.11　网络切片的认证和授权

服务 PLMN 或独立非公用网络,应根据签约信息,对需要执行 NSSAA 认证和鉴权的 HPLMNS-NSSAIs 或独立非公用网络 S-NSSAIs 执行 NSSAA 流程。UE 应在注册请求消息中的 5GMM 核心网能力中指出 UE 是否支持 NSSAA 能力。如果 UE 不支持 NSSAA 能力,并且 UE 请求的所有切片都需要执行 NSSAA,则 AMF 不会为 UE 触发此过程,并且 PLMN 或者独立非公用网络将拒绝 UE 附着到这些切片。如果 UE 支持 NSSAA 能力,并且 UE 的 Requested S-NSSAI 需要执行 NSSAA,将会把这些切片放入 PLMN 或独立非公用网络的 Pending NSSAI 中。

如果 UE 配置了 S-NSSAIs,且这些 S-NSSAI 需要执行 NSSAA,则 UE 会存储 S-NSSAI 和相应的网络切片认证授权证书的关联。其中 UE 如何感知切片需要执行 NSSAA,3GPP SA2 规范没有进行具体限定。

UE 可以支持 NSSAA 证书的远程配置。UE 支持接收通过 UP 远程提供 NSSAA 证书,则需要通过接入证书提供服务器的切片或 DNN 网络,为该远程提供创建一个 PDN 会话。

为了对某个切片 S-NSSAI 执行 NSSAA,AMF 发起一个该切片的基于 EAP 的切片授权流程。基于 EAP 的切片授权流程,在 3GPP TS 23.502[4] 和 33.501[7] 中均有详细描述。当对某个切片标识 S-NSSAI 启动了 NSSAA 流程,并且流程在进行中时,AMF 将该切片标识 S-NSSAI 的 NSSAA 状态存储为 pending,当 NSSAA 流程执行完成,该切片标识 S-NSSAI 要么进入 Allowed NSSAI,要么被拒绝成为 Rejected S-NSSAI。如果 AMF 中有存储,则各 S-NSSAI 的 NSSAA 状态在 AMF 变更时会传送给新的 AMF。

对于所服务的 UE,AMF 可以在任何时候发起该流程,例如下列情况。

a. UE 注册到 AMF,归属网络 HPLMN 或独立非公用网的切片标识中有切片标识映射到 Requested NSSAI 中且请求执行 NSSAA 流程,一旦 NSSAA 流程执行成功,则 AMF 将该 Requested NSSAI 中的切片标识添加到 Allowed NSSAI 中。

b. 切片相关的 AAA 服务器触发了 UE 关于某个切片标识的重新鉴权和重新授权流程。

c. 基于运营商政策或签约变更,AMF 决定发起对此前已经授权的切片标识的 NSSAA

流程。

上述 b 和 c 中的重鉴权和重授权流程,适用于以下场景。

- 如果请求执行 NSSAA 流程的切片标识,所映射的 S-NSSAI 包含在了每个接入类型的 Allow NSSAI 中,则 AMF 根据网络策略选择其中一个接入类型执行 NSSAA 流程即可。
- 如果执行 NSSAA 流程的切片,其所映射的切片标识已经在 NSSAI 中,当 NSSAI 流程执行不成功,AMF 则通过 UE 配置更新流程,更新该 UE 的每个接入类型的 Allowed NSSAI。
- 如果映射到 Allowed NSSAI 的所有 S-NSSAI 执行 NSSAA 流程均失败,AMF 会确定一个包含缺省 S-NSSAI(s)在内的新的 Allowed NSSAI,如果没有缺省 S-NSSAI(s)可授权,AMF 将执行网络侧发起的去注册流程,在去注册请求消息中,携带明确的 Rejected S-NSSAIs 列表,以及各自相应的拒绝原因值。

无论 UE NSSAA 流程执行成功与否,当 UE 处于 RM-REGISTERED 状态时,AMF 中的 UE 上下文均会保存相关切片标识的鉴权授权状态,这样,AMF 不用每次周期性地注册更新和移动注册流程时均需要为该 UE 执行 NSSAA 流程。

切片相关的 AAA 服务器可随时撤回授权或重新要求鉴权授权。当映射到某个接入类型 AT 当前 Allowed NSSAI 中切片标识的某个切片标识授权被撤回,AMF 将为该 UE 提供新的 Allowed NSSAI,释放相应接入类型相关的所有 PDU 会话。

AMF 提供相关 UE 的 GPSI 给某个 S-NSSAI AAA 服务器,用于 AAA 服务器发起 NSSAA 或者授权撤回流程,该 UE 需要执行系统标识识别,因此 UE 的授权状态可以撤回或重新执行鉴权授权。

UE 的 NSSAI 流程,在 SUPI 主鉴权授权流程成功结束后才会执行。因此,如果 SUPI 授权被撤回,则相应的求切片的授权也会被撤回。

13.12　网络切片的接纳控制

1. 概述

网络切片接纳控制功能(NSACF),用于监控需要执行 NSAC 相关切片的注册 UE 数和 PDU session 数。NSACF 按切片标识配置了允许注册的最大 UE 数和/或最大 PDU 会话数。同时,NSACF 还配置了指示需要执行 NSAC 的切片标识 S-NSSAI 的接入类型信息(即 3GPP 接入类型、非 3GPP 接入类型,或两种接入都需要)。

NSACF 还提供基于事件的网络切片状态通知和报告给相应的消费者网络功能 NF(例如 AF)。

NSACF 可能负责一个或多个切片的 NSAC 功能。可能会有一个或多个 NSACF 部署在网络内,具体如下。

- 如果网络配置为单个服务区域(service area),则每个网络切片允许的最大注册 UE

数量和/或最大 PDU 会话数量配置在单个 NSACF 上。

- 如果网络配置了多个服务区域,每个 NSACF 按服务区域部署,一个服务区域可能部署一个 NSACF 实例,或者一个 NSACF Set。每个 NSACF 配置在服务区域内有效的最大允许注册用户数和 PDU 会话数。

如果 PLMN 内或 SNPN 内的单个切片配置了多个 NSACFs,则一个 NSACF 配置服务区域和切片内的最大允许注册 UE 数和 PDU 会话数。

需要说明的是,当部署多个 NSACF 时,切片最大允许注册 UE 数和 PDU 会话数如何在多个 NSACF 之间分配,取决于具体实现。当部署了多个 NSACF,UE 移动到部署了不同 NSACF 的新的服务区域,而且如果目标 NSACF 中的 UE 数或会话数都到达了最大允许数目,那么,是否保障业务连续性取决于具体实现。

根据运营商政策和国家/地区法规,紧急业务、关键和优先级服务(如 MCX、MPS)可豁免执行 NSACF。

当 AMF 收到一个注册类型显示为紧急注册的注册请求,或者注册请求内携带创建原因为优先级服务(例如 MPS、MCX),或者当 AMF 确认在 UDM 中有优先业务相关的签约,AMF 可能不执行相应 NSACF,接受注册请求,例如 AMF 触发 NSAC 流程,但 NSACF 给 AMF 的注册相应地可忽略。

当 SMF 收到一个 PDU 会话请求,用于紧急 DPU 会话,或者会话创建请求携带有优先级指示,SMF 可能会不执行 NSAC 而接受该会话创建请求,例如 SMF 触发 NSAC 流程,但忽略 SMF 的响应消息。或者,当 NSAC 豁免执行,AMF 和 SMF 为相应的 UE 或者 PDU 会话跳过相应 NSAC 流程,例如 UE 或会话数不统计在最大的允许数目内。

NSAC 为可选功能,相应的加载取决于运营商的网络加载策略。但是,切片的 NSAC 功能不适用于注册类型为"SNPN 加载"的注册到 ON-SNPN 网络的 UE。

2. 每个网络切片允许注册的最大 UE 数

NSACF 保持跟踪网络切片注册的当前 UE 数量,以便保证不超过允许在该网络切片注册的最大 UE 数。NSACF 还维护一个注册到该切片的需要执行 NSAC 的 UE ID 列表。当 UE 相关事件导致 UE 注册到网络切片的数量增加,NSACF 首先检查 UEID 是否已经在 UE 列表中。如果不在列表中,则 NSACF 会检查注册到该网络切片的 UE 数是否到达了最大值,如果已经到达,则 NSACF 将执行接纳控制策略。

当 UE 在需要执行 NSAC 的网络切片中的注册状态发生改变,AMF 触发请求到 NSACF,执行最大 UE 数接纳控制,具体包括 UE 注册和去注册流程,NSSAA 流程,AAA 服务器触发的网络切片重鉴权流程,AAA 服务器触发的授权撤回流程,以及 UE 配置更新流程。早期接纳控制(EAC)模式,可应用于切片的注册 UE 数的 NSAC 流程,优化注册流程。

UE 可通过 3GPP 接入和/或非 3GPP 接入,注册或去注册到一个网络切片。当 UE 注册到网络时,接入类型相应的 Allowed NSSAI 可能会发生改变。当 AMF 触发对 NSACF 的请求增减注册用户数时,AMF 提供了相应接入类型 AT 给 NSACF。NSACF 存储相应的一个或多个接入类型 AT,在决策注册到网络的 UE 数的增减时,可能会一并考虑接入类型 AT。例如,基于考虑 AT 的策略,NSACF 可能会增加或减少相应接入类型的注册 UE ID,增加或减少注册到该网络切片的 UE 数。如果 NSACF 上没有配置 AMF 所提供的接入类型 AT,则 NSACF 接受 AMF 请求,但不会增加或减少相应 UE 统计数目。如果 AMF 提供的 AT 配置在 NSACF 上,且最大阈值已到达,NSACF 发送拒绝相应给 AMF,携带相应接入类型。

例如,如果 NSACF 只配置对 3GPP 接入执行 NSAC,则 NSACF 只统计通过 3GPP 接入类型注册的 UE 数。如果在 NSACF 中配置对两种接入类型均执行 NSAC,当 UE 通过 3GPP 接入新注册到该切片,而该 UE 已经通过非 3GPP 接入注册到了同样的切片(反之亦然),则 NSACF 同时将 UE ID 更新为 3GPP 接入类型和非 3GPP 接入类型,基于策略决策将该 UE 的数量统计为一次还是两次。

3. 每个网络切片允许激活的最大 PDU 会话数

NSACF 保持跟踪每个网络切片的当前 PDU 会话数量,使其不超过该网络切片允许服务的最大 PDU 会话数量。当 UE 相关事件导致创建到该网络切片内的当前 PDU 会话数量增加时,NSACF 检查该网络切片的最大 PDU 会话数量是否已经达到最大值,如果已经到达,则 NSACF 执行接纳控制策略。

PDU 会话创建或释放流程中,锚点 SMF 触发到 NSACF 的请求,执行注册到网络切片的最大 PDU 会话数的控制。每个网络切片控制最大 PDU 会话数。其中 Insert-SMF 不执行 NSACF 相关功能。

当触发请求到 NSACF 执行会话数增减时,SMF 一并提供接入类型 AT 给 NSACF。 NSACF 可基于接入类型考虑 PDU 会话数的增减。

需要说明的是,对于多接入 MA PDU 会话,在相应接入网络的用户面连接建立或释放时,SMF 提供接入类型给 NSACF。SMF 在同一个请求消息中,可提供 MA PDU 会话的一个或两个接入类型给 NSACF。基于 NSAC 的接入类型的适用与否,NSACF 可以拒绝一个或两个接入类型。

4. 网络切片接纳控制的漫游处理

在漫游场景下,根据运营商策略、VPLMN 和 HPLMN 之间的漫游协议或 SLA,可以由 VPLMN 或 HPLMN 执行漫游 UE 的 NSAC 流程。具体描述如下。

首先,VPLMN 管理的网络切片的最大 UE 数和/或最大 PDU 会话数的漫游 UE 的 NSAC,遵循以下原则。

- HPLMN 中的每个需执行 NSAC 的切片标识,基于 VPLMN 运营商策略和配置,映射到 VPLMN 中的相应 S-NSSAI,执行 NSAC。
- 对于 HPLMN 切片最大 UE 数的 NSAC 处理,VPLMN 中的 NSACF 可以配置相应允许的最大漫游数。

在这一场景下,AMFs 触发到 VPLMN 的 NSACF 的请求。

- 对于 HPLMN 切片的最大 PDU 会话数的 NSAC 处理,VPLMN 中的 NSACF 可以配置 LBO 场景下允许的最大漫游数。

对这一场景,VPLMN 中的锚点 SMF 触发请求到 VPLMN 中的 NSACF。

- 对于 VPLMN 中的切片最大 UE 数的 NSAC,AMF 触发请求到 VPLMN 中的 NSACF,基于 VPLMN 中需要执行 NSAC 的切片标识来执行 NSAC。HPLMN 中的 NSACF 不参与相关流程。
- 对于 LBO 漫游情况下 VPLMN 的切片最大会话数的 NSAC,SMF 触发到 VPLMNNSACF 请求执行 NSAC。NSAC 基于 VPLMN 中需要执行 NSAC 的切片标识来执行。HPLMN 中的 NSACF 不参与相关流程。
- VPLMN 中的 AMF 或 LBO 漫游场景下的 SMF 同时提供 VPLMN 中的 S-NSSAI 和 HPLMN 中相应映射的 S-NSSAI 到 VPLMN NSACF。VPLMN 中的 NSACF 根据 PLMN 间的 SLA 协议,对 VPLMN 中的 S • NSSAI 和 HPLMN 中相应映射的 S-NSSAI 进行 NSAC。

其次,对于 HPLMN 的漫游 UE 的切片最大 PDU 会话数的 NSAC 流程,遵循以下原则:对于 HR 漫游场景的 PDU 会话,HPLMN 中的 SMF 对需要执行 NSAC 的切片执行 NSAC 流程。

5. 网络切片的状态通知和报告

消费者网络功能 NF(例如 AF)可以向 NSACF 订阅网络切片状态通知和报告。当订阅了相关事件,NSACF 可以直接或通过 NEF 间接向消费者网络功能 NF 提供基于事件的通知和报告,这些通知和报告是网络切片当前的注册用户数或者创建 PDU 会话数。

6. 支持网络切片接纳控制和与 EPC 互通

如果一个网络切片请求了 EPS 的 NSAC 统计,则在发生 EPC 互通的 PDN 连接创建时执行切片的最大注册 UE 数和/或最大 PDU 会话数的统计。为了支持 EPC 中每个网络切片的最大 UE 数和/或最大 PDU 会话数的统计,SMF+PGW-C 配置了哪个网络切片需要执行 NSAC 的信息。在 EPC 中建立 PDN 连接时,SMF+PGW-C 选择一个与 PDN 连接相关联的 S-NSSAI。如果 SMF+PGW-C 选择的 S-NSSAI 需要执行 NSAC,则 SMF+PGW-C 在将选择的 S-NSSAI 提供给 UE 之前,先触发与 NSACF 的交互,检查网络切片的可用性。如果网络切片可接入,则 SMF+PGW-C 继续执行 PDN 连接的建立流程。

在向 SMF+PGW-C 返回响应之前,NSACF 执行以下操作来检查网络切片可用性。

- 对于 UE 数的 NSAC 流程,如果 UE 标识已经包含在所注册网络切片的 UE 列表中,或 UE 标识未包括在注册网络切片的 UE 列表中,且当前注册 UE 数还没有到达最大阈值,NSACF 向 SMF+PGW-C 发送网络切片可用的响应消息。NSACF 将 UE 标识添加在列表中,增加当前注册用户数。否则,NSACF 返回消息,指示切片的最大阈值已经到达。
- 对于 PDU 会话数的 NSAC 流程,如果 PDU 会话数低于最大值,则 NSACF 给 SMF+PGW-C 返回网络切片可用的响应消息。NSACF 增加相应 PDU 会话数。否则 NSACF 返回消息,指示切片的最大阈值已经到达。
- 如果最大 UE 数或 PDU 会话数已经到达,除非运营策略执行不同处理,SMF+PGW-C 拒绝 PDN 连接。

- 作为实现的可选方案之一,如果 APN 映射到多个切片标识 S-NSSAI,当首选切片标识 NSAC 有效性检查不通过,则基于运营策略可以再次选择一个切片用于 PDN 连接创建。
- 如果创建 PDN 连接的 SMF＋PGW-C 不同于该切片原先创建 PDN 连接的 SMF＋PGW-C,则各 SMF＋PGW-C 发送请求给 NSACF 执行统计更新。NSACF 上可能为同一个 UE 按 SMF＋PGW-C 粒度执行存储统计。
- 当触发请求变更切片的 UE 或会话时,SMF＋PGW-C 同时提供接入类型给 NSACF。

当具有 PDN 连接的 UE 从 EPC 切换到 5GC,UE 注册到新 AMF,SMF＋PGW-C 触发请求减少 UE 注册数,AMF 触发请求增加 UE 注册数。如果有多个 PDN 连接与 S-NSSAI 相关联,NSACF 可能会收到来自不同 SMF＋PGW-Cs 对同一 S-NSSAI 的多个请求。当具有 PDU 会话连接的 UE 从 5GC 切换到 EPC,SMF＋PGW-C 触发请求增加 UE 注册数,原先的 AMF 因为 UE 从该 AMF 上去注册,触发请求减少 UE 注册数。如果与 S-NSSAI 相关联的 PDU 会话多于一个,则 NSACF 可能会收到来自不同 SMF＋PGW-Cs 对同一 S-NSSAI 的多个请求。NSACF 根据 SMF＋PGW-C(s) 和 AMF 的请求维护一个 UE 标识列表,并相应地调整当前的注册数量。

EPS 执行切片 NSAC,当具有 PDN 连接的 UE 从 EPC 移动到 5GC,NSAC 流程支持会话连续性的保障,由于 PDN 连接建立时已授予许可,会话连续性得到保证,即 5GC 中不再需要重复统计 PDU 会话的数量。

在 EPC 中,如果与 S-NSSAI 相关联的 PDN 连接释放,SMF＋PGW-C 触发到 NSACF 的请求(即减少统计数),更新相应切片的最大用户数和/或会话数。如果在 EPC 中与 S-NSSAI 相关联的 PDN 连接全部释放,则 NSACF 减少当前注册用户数,删除列表中的 UE 标识。

如果网络切片不需要 EPS 执行 NSAC 统计,则当 UE 从 EPC 移动到 5GC 时,执行网络切片的最大 UE 数和/或最大 PDU 会话数的 NSAC 处理。也就是,当 UE 执行从 EPC 到 5GC 的移动注册流程(切片最大用户数 NSAC)和/或当 PDN 连接从 EPC 到 5GC 的切换流程(切片最大 PDU 会话数 NSAC)。SMF＋PGW-C 配置指示网络切片仅执行 5GS NSAC 功能的信息。特定场景下,当最大注册用户数或者最大 PDU 会话数超出最大阈值时,从 EPC 到 5GC 的移动,不保障所有激活 PDU 会话连接都可以迁移到 5GC。鉴于 EPS 不执行 NSAC 统计时,会话连续性无法保障,建议需要执行 5GS NSAC 的业务也开启 EPS NSAC 统计。当部署多个 NSACF,且目标 NSACF 找那个的 UE 数已经到达最大值,则是否保障业务连续性具体取决于实现。

13.13 可同时注册的网络切片组的功能支持

1. 概述

UE 签约信息可能包括每个 S-NSSAI 网络切片同时注册组(NSSRG)的信息,这些组信息规定了哪些切片标识 NSSAI 可以在 Allowed NSSAI 中同时提供给 UE。

当多个切片标识包含相关 NSSRG 信息,则这些标识可以包含在 Allowed NSSAI 中。

NSSRG 信息,定义了 S-NSSAIs 与 NSSRG 的关联,作为附加的单独信息提供给 UE。

如果可选的 NSSRG 信息未包含在切片标识的签约信息中,且其他限制条件也不适用,例如在特定位置的可用性,则可假定签约信息中的所有切片标识 S-NSSAI 可以同时在 Allowed NSSAI 中提供给 UE。但是,如果签约信息中存在 NSSRG 信息,则签约信息中的每个 S-NSSAIs 必须至少有一个 NSSRG 关联。在任何时候,如果 AMF 收到包含 NSSRG 信息的 UE 签约信息,那么 UE 的 Allowed NSSAI 只能包含具有一个共同 NSSRG 的切片标识。

缺省的 S-NSSAIs,如果存在多个,则与相同的 NSSRG 相关联,即始终允许 UE 同时注册所有缺省 S-NSSAIs。HPLMN 只发送共享所有 NSSRGs 的缺省 S-NSSAIs 给不支持 NSSRG 的 VPLMN,签约信息传送。也就是,除了缺省 S-NSSAIs,HPLMN 将发送共享所有 NSSRG 信息的缺省 S-NSSAIs,同时 HPLMN 不发送 NSSRG 信息给 VPLMN。签约信息包含 NSSRG 信息,也至少包含一个缺省 S-NSSAI。

一个支持的 AMF/NSSF,当收到一个 Requested NSSAI 时,根据这些 Requested NSSAI 所有 NSSRG 信息,评估 HPLMN S-NSSAI 以确定它们是否可以在 Allowed NSSAI 中一同提供给 UE。

需要说明的是,支持 NSSRG 的 HPLMN,可以在 NSSRG 信息被添加到签约信息之前设置签约 S-NSSAI(s)。如果需要继续支持这些切片的相同的业务执行,则为缺省 S-NSSAI(s)定义相同的 NSSRGs。

2. UE 和 UE 配置

UE 可选地支持基于签约的功能限定,以实现网络切片的同时使用。在这种场景下,UE 在初始注册和移动注册更新注册请求消息中指示该功能的支持,该功能包含在 5GMM CN 能力信息中。

当服务 PLMN AMF 提供了 Configured NSSAI 给 UE,且 UE 已表示它支持 NSSRG 功能,AMF 也将给 UE 提供 S-NSSAIs NSSRG 信息。当 UE 从网络切片配置信息中接收到 NSSRG 值时,携带的 Requested NSSAI 只能包含共享共同 NSSRG 的 S-NSSAIs。如果 HPLMN 改变了 UE 签约信息中的 NSSRG 信息,UDM 更新 AMF 中的 NSSRG 信息,AMF 可能在与 NSSF 交互后通过 UE 配置更新流程更新 UE 网络配置信息。

任何时候,当 UE 支持 NSSRG 功能,且已经收到了 Configured NSSAI 和 NSSRG 信息时,所有接入类型的 Requested NSSAI 均具有一个或多个相同的 NSSRG。

AMF 支持基于订阅的同时注册网络切片特性的限制,为不支持该功能的 UE 提供 Configured NSSAI,除非 UDM 另有指示,则将只包含共享所有 NSSRG 的缺省切片 S-NSSAI(s)。除了缺省的 S-NSSAI(s),AMF 发送给 UE 携带 Configured NSSAI 中,任何其他的签约 S-NSSAI 的 NSSRG 也包含在缺省 S-NSSAI(s)的 NSSRG 标识中。

支持 HPLMN 中的 UDM,可选择地保存 PEIs 或 UE 能力的类型分配码,用来处理那些无法在 Allowed NSSAI 中同时提供给 UE 的网络切片。

UDM 可以根据配置或可选的 PEI 记录,指示 AMF 向不支持该功能的 UE 提供全部 Subscribed S-NSSAIs,即使它们不共享共同的 NSSRG。UDM 通过指示可以给 UE 传送包

含签约信息中所有切片标识的 Configured NSSAU,以指示 AMF 执行。如果 AMF 从
UDM 处收到该指示,则该指示包含在 UE 上下文中。

根据自身策略,UDM 也可以为不支持 NSSRG 功能的 VPLMN 提供签约信息的所有
S-NSSAI 给 AMF。该场景下,AMF 将签约信息中的所有切片标识作为 Configured
NSAAI 提供给 UE。

AMF 不向不支持该功能的 UE 提供 NSSRG 信息。

当一个 AMF 支持该功能,从 UE 收到 Requested NSSAI,包含的切片标识在 TA 内支
持,但他们没有共同的 NSSRG,则 AMF 假定 UE 的配置消息未更新,提供以下处理:为支
持该功能的 UE 更新配置信息,为 Configured NSSAI 中的各切片标识携带新的 NSSRG 信
息;只有在 UE 上下文不包含提供所有签约信息中的签约 S-NSSAIs 指示场景下,为不支持
该功能的 UE 更新配置信息,该配置信息中只包含共享所有 NSSRG 的缺省 S-NSSAIs。

13.14 UE 网络切片内的带宽限制功能

UE 签约信息可能包括可选的 UE 切片最大比特率(签约 UE-Slice-MBR),该签约参数
仅适用于 3GPP 接入类型。签约 UE-Slice-MBR 包括一个 UL 值和一个 DL 值。如果签约
UE-Slice-MBR 与签约信息中 S-NSSAI 相关联,则 AMF 在向 RAN 提供 UE-Slice-MBR
QoS 参数 Allowed NSSAI 时,将其提供给 RAN。如果 UE 的签约 UE-Slice-MBR 发生变
化,AMF 将更新 RAN 中相应的 UE-Slice-MBR 信息。

在漫游场景下,如果为映射到归属网络切片的 VPLMN 切片标识提供 UE-Slice-MBR,
AMF 可以首先与 PCF 交互,以获得签约 UE-Slice-MBR 的授权。如果 AMF 与 PCF 交互,
则 PCF 可提供授权的 UE-Slice-MBR。AMF 按该 UE-Slice-MBR 执行相应带宽限制。

需要说明的是,漫游 UE 提供了 UE-Slice-MBR 的相应 VPLMN 的切片标识,应该映射
到 HPLMN 的同一个切片标识,以保证在 HPLMN 执行切片带宽的限制。

如果在 RAN 中的 UE 上下文中存在 S-NSSAI,UE-Slice-MBR 值的具体执行,可参见
3GPP TS 23.501[3] 第 5.7.1.10 小节中的描述。

PDU 会话的 PCF 可能会额外配置用于执行 UE 切片带宽的监控功能,具体可参见
3GPP TS 23.503[5] 第 6.2.1.9 小节的描述。

13.15 网络切片接入选择组功能

RAN 可支持 TS 38.300[2] 中定义的网络切片接入选择组功能。一个网络切片接入选
择组,可以在一个或多个 TA 中有效。RAN 利用 NG 建立流程或配置更新流程,给 AMF
提供或更新网络切片接入选择组的取值。

AMF 接着提供这些信息给 NSSF。在部署中,分组的总数不超过 TS 38.331[6] 中定义
的 NSAG 大小限制所能关联的分组数目,在 RAN 中配置的所有 NSAG 可能是每个 PLMN
唯一的。如果终端在 5G 移动管理核心网络能力中指示支持 NSAG,AMF 可能在

Configured NSSAI 中为一个或多个 S-NSSAI 配置 UE 的 NSAG 信息。该 NSAG 配置可通过注册接受消息或 UE 配置控制消息携带给 UE。如果 AMF 在 UE 配置信息中提供了 NSAG 在不同 TA 中关联不同 NSSAI 有效，AMF 需要在 NSAG 信息中指示，在具体哪个 TA 下中关联 S-NSSAIs 有效。AMF 提供的配置，至少包括 UE 在注册区域内的 TA 中的 NSAGs 信息。

UE 存储并应用所收到的 NSAG 信息。在 PLMN 内，UE 收到注册接受消息或配置命令消息携带的新 NSAG 信息前，或者收到一个未携带任何 NSAG 信息的 Configured NSSAI 前，该 NSAG 信息在所注册的 PLMN 内均有效。

UE 存储注册 PLMN 内收到的当前有效的 NSAG 信息。UE 需要能够存储 R-PLMN 和 E-PLMNs 的 NSAG 信息。只有 R-PLMN 可以提供 NSAG 信息给 UE。UE 在一个 PLMN 内，同时最多可配置 32 个 NSAG 组。最多 4 个 NSAG 可以有可选的关联 TAI。

UE 关机后或者去注册后，不需要继续存储 NSAG 信息。

对于 RACH 场景，一个网络切片 S-NSSAI 最多可关联一个 NSAG 值，且一个 TA 内最多一个 NSAG 值用于小区重选。在不同 TA 内，一个网络切片 S-NSSAI 可以关联不同 NSAG 值。

参 考 文 献

［1］ GSMA NG. 116 V5. 0-Generic Network Slice Template. June 2021.

［2］ 3GPP TS 38. 300 V17. 0. 0-NR；NR and NG-RAN Overall Description. （Release 17）. April 2022.

［3］ 3GPP TS 23. 501 V17. 5. 0-System Architecture for the 5G System；Stage 2. （Release 17）. June 2022.

［4］ 3GPP TS 23. 502 V17. 5. 0-Procedures for the 5G System；Stage 2. （Release 17）. June 2022.

［5］ 3GPP TS 23. 503 V17. 5. 0-Policy and Charging Control Framework for the 5G System. （Release 17）. June 2022.

［6］ 3GPP TS 38. 331 V16. 7. 0-NR；Radio Resource Control （RRC）；Protocol Specification. （Release 16）. Dec. 2021.

［7］ 3GPP TS 33. 501 V17. 5. 0-Security architecture and procedures for 5G system. （Release 17）. March 2022.

第14章

测 距 业 务

14.1 背 景 概 述

在很多应用中,获得两个 UE 之间的相对距离和方向的信息至关重要,是下一步业务逻辑决策的基础。UE 之间的相对距离和方向可以通过对两个 UE 进行分别定位来推算。定位技术是移动通信中一个非常成熟的技术,并且在各种场景中被广泛采用,然而对 UE 进行定位的过程需要每个 UE 和网络之间大量的信令交互,不仅占用了网络空口资源还会造成业务时延。在两个 UE 之间,如果通过侧行链路直接连接的方式进行无线信号测量和通信,则可以大大地节省空口资源的消耗并减少远距离通信的时延。

测距业务是指通过 UE 间的直接连接来测量目标 UE 相对于观察 UE 的距离和方向(由天顶角和地平角表示)。如图 14-1 中的天体坐标系所示,观察 UE 提供原点、参考方向和参考平面(包括天顶方向和地平经度)。天顶角是指目标 UE 与观察 UE 之间的连线在参考平面上的投影与参考方向之间的夹角;地平角是指目标 UE 与观察 UE 之间的连线与参考平面之间的夹角。

图 14-2 是测距业务在 2D 坐标系中的示例。作为观察 UE,UE_1 提供参考方向(y 轴),x 轴与 y 轴形成的平面为参考平面。UE_2 和 UE_3 为目标 UE。在 $T=t_1$ 时刻,UE_2 的位置在 UE_1 的 2 点方向($\theta_1=30°$,距离$=d_1$),UE_3 的位置在 UE_1 的 9 点方向($\theta_2=-90°$,距离$=d_2$);在 $T=t_2$ 时刻,UE_1 指向 UE_2,即 y 轴与 UE_2 重合,$\theta_1'=0°$,UE_1 与 UE_2 的距离没有变化,只有相对方向发生了变化,UE_1 与 UE_3 之间的距离也没有变化,而相对方向发生了变化,即 $\theta_2'=-120°$。

与测距业务相同,侧行链路定位也是通过 UE 间侧行链路的直接连接来测量目标 UE 相对于观察 UE 的距离和方向,尽管应用场景略有区别,侧行链路定位和测距业务可以采用相同的技术方案。

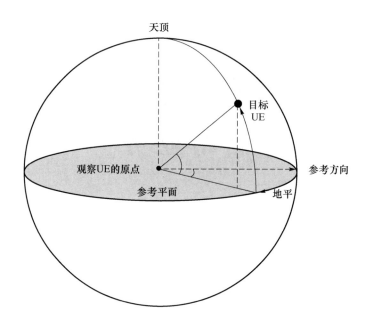

图 14-1 天体坐标系中目标 UE 相对于观察 UE 的距离和方向

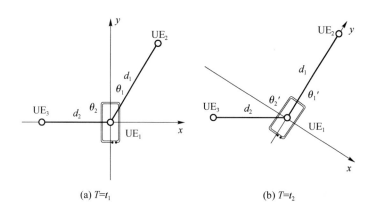

(a) $T=t_1$ (b) $T=t_2$

图 14-2 从 $T=t_1$ 时刻到 $T=t_2$ 时刻目标 UE 相对于观察 UE 的距离和方向的变化

14.2 典型业务场景与应用案例

测距业务与侧行链路定位技术可以被广泛地应用于智能家居、智慧城市、物体追踪、内容共享、公共安全、紧急通信和车联网等多种应用场景中,具体定义参见 3GPP 的 TR 22.886[1]、TR 22.855[2] 以及 TR 38.845[3]。测距业务与侧行链路定位技术的应用案例如下。

1. 物体追踪

如图 14-3 所示,Tom 的宠物狗 Jerry 丢了,幸好 Jerry 脖子上挂着追踪器。这个追踪器由一个纽扣电池供电,不支持 GPS 和任何传统定位业务,支持测距业务。

Jerry 跑到了一个没有网络信号覆盖的区域。Tom 发动他的无人机来寻找 Jerry。

Tom 的手机上安装了物体追踪 App,可以监控无人机和 Jerry 之间的测距信息(即相对距离和方向)。无人机通过与 Jerry 的追踪器之间的信号交流发现了 Jerry。物体追踪 App 通过获知无人机的位置以及无人机和 Jerry 的相对距离和方向计算出 Jerry 的位置,并显示在 Tom 的手机上。Tom 按照手机上显示的信息找到了 Jerry。

物体追踪的方案也可以用来找人,从而应用于公共安全业务中。

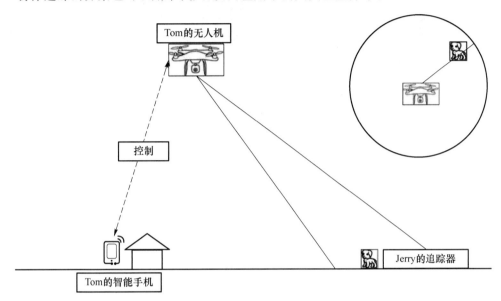

图 14-3　物体追踪示意图[2]

2. 博物馆导览

当我们参观博物馆时,通常会租借语音讲解器。目前比较智能的讲解器可以自动识别我们所在的展厅,并播放此展厅中的各展品信息。但只要稍微走神错过语音提示,就可能找不到展品的位置,无法按照语音播放的信息同步欣赏展品。

测距业务则可以有效地解决这个问题。如图 14-4 所示,在每个展品下面安装支持测距和侧行链路功能的接收器,另外部署博物馆导览应用服务器用于监控 UE 相对于展品的距离和方向,以获知游客想要了解的展品信息。游客打开手机的测距功能,当走近并用手机指向梵高的画作《向日葵》时,博物馆导览应用服务器获知手机展品接收器相对于手机的距离在 5 m 左右,相对于手机参考方向的夹角小于 10°,即开始向手机推送《向日葵》的导览信息。游客的手机自动播放《向日葵》的导览音频。

3. 车联网中的短距离协作建组(CoSdG)

图 14-5 所示为车联网中的短距离协作建组(CoSdG)示意图。一组相邻距离非常小(规定的合法间距,例如小于 50 cm)的汽车之间形成一个小组,其中包括一个由经验丰富的司机驾驶的领航汽车以及多个自动驾驶的跟随汽车。每辆车都支持测距和侧行链路定位技术,设有自己的参考方向和原点。领航汽车与跟随汽车之间随时进行信息沟通,持续性地监控车与车之间的测距信息,以保持合法间距。通过这种方式可以有效地减少风阻,从而减少能源消耗以及尾气排放。

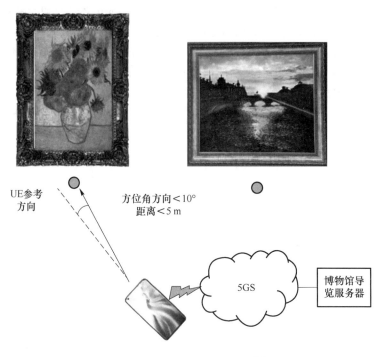

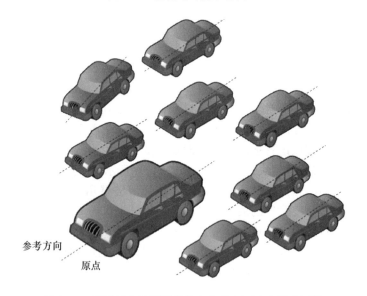

图 14-4 博物馆导览示意图[2]

图 14-5 车联网中的短距离协作建组(CoSdG)示意图[1]

4. 对无网络覆盖 UE 的定位

由于 5G 网络的部署需要一个过程才能达到全方位覆盖,另外在一些有高山建筑物遮挡、地下以及室内等环境中仍然有未被网络覆盖的地区,UE 需要通过中继 UE 才能接入网络。对于通过中继 UE 接入网络的 UE,很难通过传统的定位技术来进行定位,因为传统定位技术需要 UE 和 gNB 的直接交互来获得测量信息。

图 14-6 所示为对无线网络覆盖 UE 的定位示意图。在远端 UE 和中继 UE 之间可以采用测距业务和侧行链路定位技术获得测距的测量信息或测量结果。5GC 网络根据中继 UE 的定位测量信息和远端 UE 和中继 UE 之间的测距测量信息或测量结果计算出远端 UE 的定位结果。

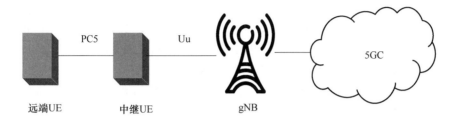

图 14-6　对无网络覆盖 UE 的定位示意图[3]

14.3　业务需求以及待解决的问题

测距业务与侧行链路定位技术中的两个 UE 可以有或没有 5G 覆盖,按照是否有 5G 覆盖可以分为以下 3 个场景,见图 14-7。

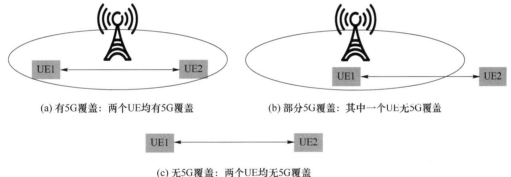

图 14-7　测距业务与侧行链路定位支持有 5G 覆盖、部分 5G 覆盖以及无 5G 覆盖的场景

测距业务中的两个 UE 通过直接连接来进行测距所需要的测量,直接连接的通信可采用授权或非授权的频谱,如果使用授权频谱则必须在运营商管控之下运行。

为了支持测距业务与侧行链路定位技术,5G 系统需要支持以下功能。

- 具备测距能力的 UE 的互相发现。
- 当使用授权频谱时,对一个或一组测距 UE 的授权。
- 对 UE 和用户隐私的保护,确保在测距过程中信息不会泄露给不需要参与测距的任何实体。
- 对测距功能的开关。
- 观察 UE 和目标 UE 都可以发起测距业务。
- 当使用授权频谱时,测距业务只能在提供网络覆盖的运营商管控下使用,除非是采用专用频谱的公共安全的网络。在采用专用频谱的公共安全网络中,测距业务可以在没有 5G 网络覆盖或部分 5G 网络覆盖的场景中使用。

- 测距的节能。
- 根据应用层的指示开始和停止测距业务。
- 运营商或第三方应用配置管理测距的操作。
- 在辅助 UE 的协助下在观察 UE 和目标 UE 之间进行测距。在选择辅助 UE 时,必须确保辅助 UE 和观察 UE 以及辅助 UE 和目标 UE 之间保持 LOS 路径。
- 两个支持测距功能的 UE 之间互相协调对距离和角度测量的支持能力。
- 一个支持测距功能的 UE 可以决定另一个测距 UE 保持固定或移动状态,以及在测距之前或之后保持固定或移动状态。这种情况也许需要另外一个支持测距功能的 UE 的辅助。
- 由两个测距 UE 之外的另一个 UE 触发测距请求并接收测距结果。
- 由应用服务器触发对两个 UE 的测距请求并接收测距结果。
- 一个 UE 可以向另一个 UE 触发测距流程。
- 测距的两个 UE 可以是不同运营商的签约用户。
- 测距的两个 UE 可以是漫游的 UE。
- 确保测距 UE 测距信息的完整性和机密性。
- 保证测距过程中的用户隐私满足国家和地区法律法规的规定。
- 当测距的两个 UE 是不同运营商的签约用户时,保证安全保护(例如安全互操作)。
- 测距业务的执行不能破坏现有 5G 系统提供的安全等级。
- 安全地识别其他具有测距能力的 UE。

在 3GPP R18 阶段,测距业务与侧行链路定位技术将采用 V2X 或 ProSe 架构作为基础,与直接通信相关的功能尽可能重用现有方案,以减少开发成本。

在 3GPP R18 阶段,测距业务与侧行链路定位技术主要解决以下问题。

- 为了实现运营商对业务的管控以及辅助业务的执行,运营商需要对业务和功能进行授权以及策略/参数进行配置。
- 测距设备的发现与业务执行,包括在两个 UE 之间,一个 UE 与多个 UE 之间,以及通过辅助 UE 进行测距。
- 业务触发,包括 UE、应用服务器、5GS 网元的触发和测距信息上报。
- 由于测距业务对 UE 的电量消耗较大,而且具有测距能力的 UE 有可能是低功耗 UE,所以需要充分考虑节能的需求。
- 对用户隐私的保护,对测距信息的完整性和机密性的保护。
- 如果测距业务使用了运营商的频谱资源,为保证运营商的利益,需要对测距业务进行计费。

14.4　测距业务与侧行链路定位技术在价值链中的意义

尽管业务的执行过程发生在两个 UE 之间,测距业务与侧行链路定位技术对产业链中的各个环节都产生积极的影响。

如图 14-8 所示,业务功能主要由手机制造商和汽车制造商实现,以提供业务所需要的基本功能,同时为了实现运营商的业务管控以及辅助业务的顺利进行,网络设备制造商需要提供必要的管理和配置功能。运营商的作用也至关重要,例如可以对业务进行授权和管控,提供策略和参数辅助业务的执行,提供频谱,向 UE、应用服务器或 5G 系统中的任一网络功能提供业务使能。应用服务商可以通过使用这个业务拓展自己的业务领域,为客户开发出更多的应用和便利以满足用户工作和生活中的各种需求,提高用户的业务体验。

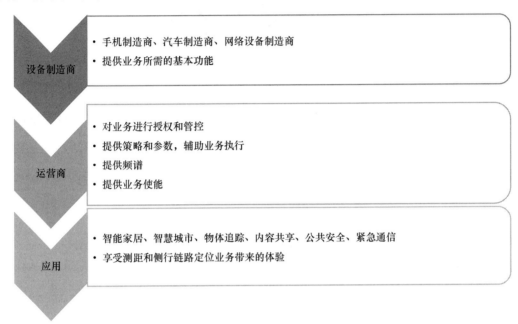

图 14-8 测距业务与侧行链路定位技术在价值链中的意义

参 考 文 献

[1] 3GPP TR 22.886 V16.2.0. Study on enhancement of 3GPP Support for 5G V2X Services. December, 2018.

[2] 3GPP TR 22.855 V18.0.1. Study on Ranging-based Services. June, 2021.

[3] 3GPP TR 38.845 V17.0.0. Study on scenarios and requirements of in-coverage, partial coverage, and out-of-coverage NR positioning use cases. September, 2021.

第 15 章

5G 后续演进展望

　　本章介绍了 3GPP Release 18 的时间规划和主要的立项,Release 18 作为 5G 基础版本后的一个重要演进版本必将对通信产业产生重大的影响。

15.1　Release 18 简介

　　3GPP 于 2021 年 12 月 17 日在 3GPP RAN♯94e 会议通过 3GPP RAN Release 18 (R18)的研究项目,并于 2021 年 12 月 20 日在 3GPP SA♯94e 会议通过 3GPP SA Release 18 的研究项目。3GPP Release 18 作为 5G-Advanced 的第一个版本,其研究课题的确立,决定了 5G-Advanced 的技术走向,并且为未来的无线技术发展奠定了研究方向。3GPP 对 Release 18 的时间规划见图 15-1。

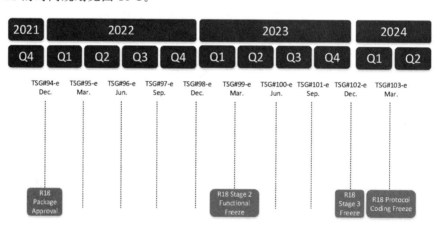

图 15-1　Release 18 时间规划

15.2　5G RAN Release 18 的主要立项

　　5G RAN Release 18 课题总体来说,继续保持了对 EMBB 业务的技术增强,并且对

Release 17 引入的垂直行业的相关技术进行了进一步的增强。

15.2.1 面向 EMBB 业务的功能增强

1. MIMO 增强

NR 从一开始就支持 MIMO 技术,并在 Release 16 和 Release 17 中进行了增强。Release 18 将对 MIMO 进行进一步的增强,包括下列领域/场景:

- 更加灵活的上下行波束管理;
- 增加参考信号容量;
- CSI 增强,包括提高中高速移动场景下的性能和利用 M-TRP 的 CJT 增强覆盖和吞吐量;
- 提高上行覆盖和吞吐量。

2. 上行覆盖增强

覆盖性能是无线网络的关键指标之一,它不仅直接影响网络的建设成本和运营成本,还直接影响用户的使用体验。5G 系统工作频点更高,面临更大的穿透损耗及路径损耗,因此对覆盖性能也提出了更高的要求。

Release 17 的覆盖增强标准化项目,主要针对上行的多个瓶颈信道完成了覆盖增强的相关标准化工作,包括对 PUSCH、PUCCH、Msg3 PUSCH 的增强。Release 18 考虑进一步的覆盖增强需求,主要确定了以下 3 个标准化研究方向。

- PRACH 覆盖增强。针对 Release 17 未解决的上行覆盖瓶颈之一的 PRACH,继续考虑覆盖增强,PRACH 涉及随机接入及波束失败恢复(BFR),主要在 4 步 RACH 过程中采用相同波束的多 PRACH 传输,研究论证后,进而在 4 步 RACH 过程中采用不同波束的多 PRACH 传输。
- 功率域增强。一方面主要基于 Release 17 RAN4 WI"提高 CA 和 DC 的 UE 功率上限",进一步实现功率限制的相关增强。另一方面主要针对降低 MPR/PAR 进行相关增强,包括 DFT-S-OFDM 的频域频谱成形以及预留子载波,通过以一定的频率资源为代价,换取 MPR/PAR 的降低,从而实现覆盖的性能提升。
- 支持上行波形 DFT-s-OFDM 和 CP-OFDM 之间的动态切换。目前上行波形为网络半静态配置,无法及时适配信道的动态变化。该特性主要通过在上行覆盖受限场景下,实现快速切换到 DFT-S-OFDM 波形,从而达到改善覆盖的增强目标。

3. 多载波增强

NR 支持不同频率范围的带宽频谱。在低频率 FR1 频段,NR 的可用频谱呈现分散化、离散化的特点。联合使用 FR1 和 FR2 频段的时候,频谱带宽更大。为了满足不同的频谱需求,提高 inter-band 以及 intra-band 情况下多载波调度的灵活性,以及频谱效率和能量效率,在多载波上行传输时,现有标准存在一定的约束,比如,两个发送天线的终端,最多可配置两个上行带宽。为了更好地支持上行高速率业务,需要对此进行增强。Release 18 多载波增强包括下列领域/场景。

- 增加 inter-band 以及 intra-band 情况下多载波调度的灵活度以及频谱效率和能量效率;
- 增加上行操作的灵活度。

4. 双工增强

NR 在 TDD 频段,只能在 UL symbol/flexible symbol 上传输上行数据信道、控制信道或者参考信号。由于 UL/flexible symbol 的数量有限,上行传输的容量和覆盖均受到限制,且会带来较大的传输时延。为了解决上述问题,Release 18 启动了双工增强技术的研究,该课题的研究内容包括下列领域/场景:

- 对应用场景、仿真模型进行研究,并对相关技术的性能进行仿真;
- 对 inter-gNB CLI、inter-UE CLI、非重叠子带全双工技术进行研究;
- 研究与 legacy UE 共存的场景对于 legacy UE 的影响;
- 研究对射频要求和法规的影响。

5. 动态频谱共享

随着 NR 通信的逐步发展,在 NR 与 LTE 终端共存场景下,通过 DSS(动态频谱共享)技术提升 NR 通信性能非常重要。

在 DSS 场景中,随着 NR 通信业务量的增加,提升 PDCCH 性能的需求更为迫切。在当前标准机制下,NR PDCCH 不允许在 CRS 所在的 OFDM 符号上传输,以 4 端口 CRS 为例,在前 3 个 OFDM 符号上,NR 终端只能在最后一个 OFDM 符号上接收 PDCCH。为了提升 PDCCH 的容量,R18 将支持终端在 CRS 所在的 OFDM 符号上接收 PDCCH。

对于 NR 用户来说,除了当前的 LTE CRS,NR 用户可能还会受到相邻 LTE 小区传输的 CRS 的干扰。为降低 LTE CRS 的干扰,R18 将允许非多 TRP 用户配置多个 CRS 速率匹配图样。

DSS 场景下,R18 将采用如下方式提升 NR 频谱效率。

- 支持 NR 终端在 CRS 所在 OFDM 符号接收 PDCCH,所述 PDCCH 被 CRS 打孔,并进一步研究对 NR PDCCH DMRS 的影响。
- 允许非多 TRP 终端配置两个重叠的 CRS 速率匹配图样。

注:现有标准已经支持多 TRP 用户配置两个 CRS 速率匹配图样。

6. 移动性增强

传统切换是由层 3 的测量和信令完成的,这会导致较大的信令开销和较长的时延。在 Release 17 基于条件的主辅小区更改和添加中,如果成功接入了一个主辅小区,UE 会删除之前的配置。网络需要重新为 UE 配置基于条件的主辅小区,这会导致较大的时延和信令开销。在 FR2 中,UE 可能需要进行频繁的辅小区更改,这个问题会更加严重。如果基于条件的切换和多接入技术双连接同时配置,当 UE 接入主小区时,辅小区的信号可能不够好,无法达到最优的系统性能。因此 Release 18 移动性增强的研究目标包括:

- 基于层 1/层 2 的移动性管理;
- NR 双链接中动态选择小区组;

- 基于条件的切换中携带目标主小区组,并同时支持基于条件的辅小区组更改和添加配置。

7. XR 增强

增强现实(XR)和云游戏(CG)已经在 Release 17 的 SI 阶段进行了场景的研究。虽然 XR 和 CG 为未来的移动系统提供了一系列有吸引力的应用,但它们也为 NR 带来了一系列需要研究和解决的潜在挑战。比如,许多 XR 和 CG 用例的特点是准周期流量,即可能存在抖动,因此有必要研究更好的解决方案,以更好地支持此类具有挑战性的业务。而且,若考虑将来用户 XR 和 CG 设备是移动的、小型的,因此这对省电提出了更高的需求,如何在运行 XR 和 CG 服务时尽可能地降低终端功耗,从而延长有效的电池寿命是我们需要考虑的重要问题。另外,若高层的更多附加信息,例如 QoS 流关联、帧级 QoS、XR 特定 QoS 等能够在终端、基站被感知到,将更好地提升 NR 系统对于 XR 服务的支持能力。因此 Release 18 WI 阶段需要考虑的关键点如下。

- RAN 对业务的感知:进一步研究 XR 的业务特性、Qos,以及 APP 层信息是否可以被 RAN 感知。
- 省电:主要在于 C-DRX 增强以及减少 PDCCH 监听。
- 容量提升:研究有效的资源分配(比如 SPS 等)和调度策略来支持更多的 XR 用户。

8. 设备内共存增强

终端侧支持的无线通信技术的增加以及更加复杂和整合的射频器件会导致终端的发射信号对接收信号造成干扰,从而产生终端设备内的不同无线技术间的共存问题,进而导致接收信号的质量下降而影响频谱效率,并在干扰严重的情况下导致连接中断。5G 技术支持的频段和带宽的增加也导致传统的通过上报干扰频点的方式无法准确地辅助网络侧定位发生干扰的频率范围,并且,由于缺乏时分干扰消除机制,当无法通过更换服务频点而消除干扰的时候,无法让终端通过时分的方式在产生干扰的频率上有效地工作。因此 Release 18 将对无线技术的设备内共存问题进一步增强,具体包括下列研究目标[2]:

- 增强的频分干扰消除技术,允许上报的干扰频点有更多的颗粒度(如 BWP 或 PRB 级颗粒度);
- 时分干扰消除技术(如指示终端倾向的上行发送或下行接收的时分位置)。

15.2.2 面向行业应用的功能增强

1. Sidelink 增强

尽管 NR Sidelink 最初是针对 V2X 应用开发的,但是业界对将 NR Sidelink 的适用性扩展到其他商业应用用例的兴趣日益浓厚。Release 18 Sidelink 的商业应用已经明确了如下两个关键需求。

- 增加数据速率:Sidelink 的数据速率的增强可以通过载波聚合或者使用非授权频谱

来解决。另外,对 FR2 频谱上的 Sidelink 通信进行优化也可以提高 Sidelink 在 FR2 上的数据速率。

- 支持新的载波频率:支持新的载波频率(如非授权频谱或 FR2 频谱),有利于增加 Sidleink 数据速率,更重要的是有利于 Sidelink 技术在商业应用设备上的部署。

除此之外,对于 V2X 应用,Release 18 需要解决的一个问题是 V2X 的部署问题,即 LTE V2X 和 NR V2X 同频共存需要能够高效地共享频谱资源。

最终,考虑标准化时间的限制,Release 18 Sidelink 增强课题的研究内容包括下列领域/场景:

- 标准化直连通信载波聚合;
- 研究并标准化非授权频谱上的直连通信;
- 研究并标准化直连通信在 FR2 频谱上的增强;
- 研究并在有必要的情况下标准化 LTE/NR 共存方案。

其中,载波聚合以及 FR2 频谱上的增强会在 RAN♯97 会议评估了非授权频谱和 LTE/NR 共存的进度之后再开始。

2. Sidelink 中继增强

Release 17 支持基于 Sidelink 的中继,但是由于时间有限,只支持 UE 到网络的中继以及基站内的直接链路与中继链路之间的服务连续性。为了更好地支持邻近业务以及基于 Sidelink 的中继业务,需要进一步支持更完整的功能。而且,同时支持中继链路和直接链路的多路径功能可以提高 UE 的可靠性和吞吐量。Sidelink 中继增强课题的研究目标包括:

- 单跳的 UE 到 UE 的层 2 和层 3 中继;
- 增强单跳的 UE 到基站的层 2 中继的服务连续性;
- 研究多路径对于可靠性和吞吐量的增益及潜在方案;
- 支持 UE 到基站层 2 中继的 Sidelink 非连续接收。

3. 进一步增强能力简化终端

Release 17 开展了 RedCap 的标准化工作,降低了终端的成本和功耗。为了进一步降低 RedCap 终端的复杂度和成本,以进一步拓展 RedCap 终端的应用领域,Release 18 启动了进一步增强能力简化终端的研究项目,该课题的研究内容包括下列领域/场景:

- 支持低数据速率业务类型,如工厂传感器、低端可穿戴设备等;
- 进一步降低终端复杂度,如更低的带宽、峰值速率和处理时延放松;
- 解决与其他类型终端共存的问题。

4. NTN 增强

3GPP 在 Release 17 中完成了第一个版本的 NTN 技术的标准化工作。Release 18 将对 NTN 技术进行进一步的增强,NTN 增强课题的研究内容包括下列领域/场景:

- 手持终端覆盖增强,尤其是针对智能手机的覆盖增强;
- 支持 10 GHz 以上频段;

- NTN-TN 以及 NTN-NTN 的移动性增强;
- 终端上报位置的可靠性验证。

5. IoT NTN 增强

3GPP 在 Release 17 中完成了第一个版本的 IoT 终端使用卫星通信技术的标准化工作。Release 17 仅支持较短时间的数据传输。Release 18 将对 IoT NTN 技术进行进一步的增强,NTN 增强课题的研究内容包括下列领域/场景:

- IoT NTN 的性能增强;
- 支持 HARQ 禁用功能以避免 HARQ 拥塞的问题;
- 研究必要的 GNSS 测量相关的增强;
- 移动性增强;
- 非连续覆盖的增强;
- 截至目前尚未确定 Release 18 工作中是否包含这部分的标准化工作。

6. 无人机增强

无人机增强项目是将 Release 15 阶段应用于 LTE 的无人机项目扩展到 NR,并且做了进一步的技术演进,该项目的主要研究目标如下。

- 测量上报增强。
  - 基于配置的高度阈值的终端触发的测量上报;
  - 测量报告中上报高度、位置和速度信息;
  - 飞行轨迹上报;
  - 当配置的多个小区同时满足触发条件的时候,进行测量上报。
- 制定支持基于签约无人机身份识别的信令。
- 无人机身份信息广播。

7. MBS 增强

Release 17 已经引入了基础的 MBS 功能,用于支持多播和广播业务。然而 Release 17 的多播接收模式只能支持终端在连接态接收多播业务,这会导致终端为了接收多播业务而一直保持在连接态,从而耗电更多。Release 17 的广播接收模式允许终端仅工作在下行接收状态,而由于终端的广播和单播接收的硬件能力是可以共享的,因此当终端进行广播业务接收的时候,其单播连接会由于硬件处理能力被广播业务使用而受到影响。为了解决上述问题,Release 18 将对 MBS 业务接收功能进一步的增强,包括以下研究目标[3]:

- 支持终端在非激活态接收广播业务,并进一步研究在非激活态接收广播业务的移动性和状态迁移的相关功能影响;
- 增强空口信令以支持终端使用共享的广播和单播接收(即引入终端能力相关的辅助信息上报机制,体现连接态单播接收与同时的广播接收的能力共享问题)。

8. 车载中继

Release 17 从健壮性、负载均衡、频谱效率和端到端性能等各个方面实现了 NR IAB 增强。移动 IAB 的支持需要建立在 Release 17 NR IAB 增强的架构和协议之上。

在 Release 18 中,移动 IAB 的工作应该聚焦于车载移动 IAB 节点为车上和/或周围 UE 提供 5G 覆盖/容量增强的场景。

在 Release 18 中,移动 IAB 支持以下功能,这些功能适用于 FR1 和 FR2:

- 带内和带外回传;
- 移动 IAB 节点不应该有后代 IAB 节点,即它只服务于 UE。
- 解决方案应支持 UE 切换和双连接。

车载中继项目的具体目标包括:

- 定义迁移/拓扑适配流程,以实现 IAB 节点的移动性,包括在 IAB donor 间迁移整个 IAB 节点(即完全迁移);
- 增强 IAB 节点及其服务 UE 的移动性,包括与群组移动性相关的方面;
- 减少由于 IAB 节点移动造成的干扰问题,包括避免潜在的参考信号和控制信号冲突(如 PCI、RACH)。

9. 定位增强

在 Release 17,3GPP 研究了覆盖范围内、部分覆盖、覆盖范围外的 NR 定位用例的场景和要求,也对基于测距的服务进行了研究,提出了相关用例和测距精度需求。因此,在 Release 18,3GPP 需要研究 sidelink 定位,制定对应的解决方案来满足 Release 17 确定的用例、场景和要求。Release 17 也研究了 5G 在新应用和垂直行业所要求的更高定位精度、更低延迟的定位、高完整性和可靠性要求,但仍然有一些方案还没有被标准化,因此 Release 18 仍然会对提高定位精度和高完整性进行研究。SA1 为工业物联网场景引入了 LPHAP (低功耗高精度定位)的要求,要求高精度和极低的功耗,电池寿命可持续一年或更长时间。虽然 Release 17 NR 定位引入了对 RRC_INACTIVE 状态下的定位支持,但有必要评估当前定位是否允许满足 LPHAP 的要求。另外,Release 17 规定了对 RedCap UE 的支持,这种 UE 可以支持 NR 定位功能,但既没有规定 RedCap UE 进行的定位相关测量的核心和性能要求,也没有评估 RedCap UE 能力的降低可能对最终的定位精度产生什么影响,因此 Release 18 对 Redcap UE 定位也将进行研究,具体包括以下研究目标[5]。

- Sidelink 定位
  - 绝对定位、相对定位、测距
- 提升定位精度、完整性和能耗效率
  - 研究基于 RAT 定位技术的完整性
  - 提升定位精度,包括 PRS/SRS 带宽聚合和基于载波相位定位
  - 低功耗高精度定位,针对 RRC INACTIVE/IDLE UE 定位
- RedCap UE 定位
  - 评估定位性能以及可能的增强

15.2.3 跨领域功能增强

1. 网络节能

为了环境的可持续发展,以及降低 5G 网络运营成本,在 Release 18 阶段 3GPP 开始了

网络节能项目的研究,其主要技术目标是降低网络侧能耗,这也与我国目前推进的节能减排政策一致。

网络节能项目所重点关注的场景为空闲、低到中等业务负载的场景。该项目将研究和确定 5G 基站的能耗模型以及节能方案的评估指标,并研究各种网络节能候选技术的可行性。从大的方向上看,时域、频域、码域、空域的动态或者半静态收发调整,以及 UE 辅助信息、反馈信息上报机制等,都在技术可行性研究范围内。

2. AI 无线增强

为了进一步拓展 AI/ML 在无线通信中的应用边界,3GPP 开启了利用 AI/ML 算法来增强空口性能的研究。这里的增强性能取决于具体的用例,例如,改进的吞吐量、健壮性、准确性或可靠性等,通过对典型用例的研究,评估其性能以及相关的潜在规范影响,使其解决方案成为可能,为今后应用奠定基础。

AI 无线增强项目将聚焦于以下用例的研究:

- CSI 反馈增强,例如减少 CSI 反馈,提高 CSI 反馈的准确性;
- 波束管理,例如通过对时域、空域进行预测来减少信令开销,提高波束选择准确性;
- 定位精度增强,例如在 NLOS 较严重的情况下,提高定位精度。

其具体的研究范围包括:

- 针对以上用例开展性能评估,以确定 AI/ML 算法针对以上用例的性能增益,同时,确定在以上用例中使用 AI/ML 算法带来的潜在标准化影响;
- AI/ML 在无线空口中的应用框架研究,包括 AI/ML 算法定义以及复杂度的研究,确定与所选用例相关的 UE 和 gNB 之间的协作级别,AI/ML 模型的生命周期管理,数据集的构建等。

3. AI 网络增强

不断增加的关键性能指标(KPI)数量是 5G 网络管理需要面临的挑战,这些指标包括时延、可靠性、连接密度、用户体验、能源效率等,而人工智能(AI)和机器学习(ML)能通过分析收集到的数据和预见性的自动化处理,为运营商改善网络管理和用户体验提供了一个强大的工具。

项目 880076"NR 和 EN-DC 数据收集增强研究"研究了通用的高层原则、AI/ML 功能框架和潜在用例,以及潜在用例对应的解决方案。TR 37.817 中包括该项目在人工智能赋能的 RAN 上取得的研究成果,Release 18 应继续进行基于 Release 17 的这些研究结论的规范化工作。

Release 18 AI 网络增强的具体目标为:在现有 NG-RAN 接口和架构(包括非分离架构和分离架构)中,标准化数据收集增强和信令支持,以支持基于 AI/ML 的网络节能、负载均衡和移动性优化。

4. 低功耗唤醒信号

低功耗唤醒信号项目关注终端侧节能,是 Release 16/17 阶段终端节能项目的进一步技术演进。该项目主要关注对功耗极端敏感的终端,例如可穿戴设备、随身医疗监控设备、工业互联网控制器、传感器等垂直行业终端设备。这些设备一般要求极低的功耗以保证足够的待机时长,同时也要求数据传输时延不能过大。

终端的主收发机负责一般的数据收发处理,在主收发机之外,还可单独部署低功耗接收机来接收低功耗唤醒信号。该项目主要研究低功耗唤醒信号的设计以及对应的接收机架构,并研究引入该低功耗唤醒信号之后的工作机制。

5. 多卡终端增强

多卡终端增强项目是 Release 17 阶段多卡终端项目的进一步技术演进。该项目的主要应用场景是多卡终端同时在网络 A 和网络 B 处于 RRC 连接态工作,主要研究目标如下。

- 制定当多卡终端需要开始在网络 B 发送和接收的时候,终端上报给网络 A 其倾向的临时能力限制信息的机制,包括:能力更新、小区释放、配置资源的(去)激活等。
- 制定当多卡终端不需要在网络 B 发送和接收的时候,终端上报给网络 A 其临时能力限制去除指示的机制。
- 共存的无线接入技术,包括:网络 A 由 NR 独立部署(如配置了 CA 或 DC)。网络 B 是 LTE 或 NR。
- 适用多卡终端的终端架构为双收双发。

6. 小数据发送增强

Release 17 的小数据发送项目支持基于非激活态终端主叫的上行小数据发送。下行的基于终端被叫的小数据发送也有类似于上行小数据发送的类似增益,即减少由于连接状态转换而导致的控制信令损耗和终端耗电,并可以减少数据发送的延时。因此 Release 18 将对下行小数据发送进一步增强,研究目标如下[4]:

- 对于非激活态终端,支持基于终端被叫的小数据发送,并支持通过随机接入过程和配置的上行授权进行上行反馈;
- 对于非激活态终端,支持在初始下行数据接收,以及支持后续的上行或下行数据传输。

7. SON/MDT 增强

LTE 中引入了用于支持系统部署和性能优化的自组织网络(SON),其中包括网络自配置和自优化的解决方案。NR SON 在 Release 16 中首次被引入,并在 Release 17 中得到进一步的增强。

由于时间有限,Release 17 SON/MDT WID 的一些功能被推迟到 Release 18 中进一步研究和标准化。此外,考虑实际的商业利益、稳定性和技术成熟度,Release 18 还考虑了对一些 Release 16/Release 17 SON/MDT 新功能的增强。该项目的目标是标准化 NR SON/MDT 数据收集的增强,具体工作目标是:

- 支持数据收集的 SON 功能,包括"遗留"功能(即 MR-DC CPAC 和 MRO 成功的 PSCell 变化报告,快速 MCG 恢复,NR-U)和用于系统间切换语音回退的 MRO 增强;
- 标准化必要的 UE 上报,以增强移动性参数优化;

- 标准化节点间的信息交互，包括对可能的接口进行增强；
- 支持对于 RACH 增强和 NPN 的 SON/MDT 增强；

- 支持基于信令的 logged MDT 覆盖保护，解决当 UE 与 NR 相连时基于信令的 MDT 在 LTE 中配置的场景。

8. QoE 增强

Release 18 QoE 增强的目的在于增强现有的 NR QoE 框架，并支持 5G 新业务类型，如 AR、MR、云游戏，以及支持在 RRC_CONNECTED、RRC_INACTIVE 和 RRC_IDLE 状态下的 MBS 业务。

Release 17 标准化了 QoE 测量触发、配置、收集、移动性支持和上报的基本机制。还有一些特性在 Release 17 中被讨论过但没有完成，这些特性也会在 Release 18 中继续被讨论和完成。

MBS 业务（即广播和多播）是一项非常重要的业务，目前已经在 LTE 和 NR 中被支持。增强 NR QoE 需要与 SA4 协同工作，以支持在 RRC_CONNECTED、RRC_INACTIVE 和 RRC_IDLE 状态下的 MBS 业务。在 Release 18 中，也需要标准化如何配置和上报 legacy QoE 和 RAN visible QoE 指标，以及如何对齐 QoE 与无线相关测量的机制。

NR-DC 是 5G 网络重要的商用部署场景之一，因此，在 NR QoE 框架中支持 NR-DC 是至关重要的。Release 18 QoE 应该支持在 NR-DC 场景下的 QoE 测量配置和通过 MN/SN 的测量上报，以及支持通过 MN/SN 的 RAN visible QoE 上报、移动连续性、QoE 和 MDT 的对齐等。此外，高速场景也是 5G 的重要场景之一，但目前的规范不支持高速场景下（如高速列车）的 QoE 测量，这些内容应在 Release 18 中被讨论和标准化。Release 18 NR QoE 增强的具体工作目标如下。

- 支持新业务类型，如 AR、MR、MBS，以及其他 SA4 定义的或将支持的新业务类型。支持这些新业务类型的 RAN 可见参数，如果需要支持现有业务，还需要与 SA4 协同工作。
    - 标准化 SA4 定义的或将支持的新业务类型和现有业务类型，并考虑高速场景（如高速列车）。
- 标准化在 RRC_INACTIVE 和 RRC_IDLE 状态下的 MBS QoE 的测量配置和收集，至少考虑广播业务。
    - 标准化支持无线相关测量和 QoE 报告的对齐机制。
- 标准化支持 NR-DC 中的 QoE，例如通过 SN 上报 QoE 报告。
    - 标准化 NR-DC 架构下的 QoE 配置和通过 MN/SN 测量上报，并标准化通过另一个 DC leg 的 QoE 上报，以保证报告的连续性。
    - 支持 NR-DC 场景下 RAN visible QoE 和无线相关的测量配置和上报。
    - 标准化 NR-DC 场景下 QoE 测量移动的连续性。
    - 标准化在 NR-DC 中 QoE 测量（包括 legacy QoE 和 RAN visible QoE 测量）和无线相关测量的对齐。
- Release 18 应讨论 Release 17 的遗留功能，以及在 Release 17 规范阶段没有被包括的现有功能的增强。

- 在 5GC 内 RAT 间切换过程中,支持流媒体业务和 MTSI 业务的 legacy QoE 测量任务的连续性。

9. 敏捷型基站

在每一个分离的 gNB 中,一个逻辑的 gNB-CU-CP 会连接到多个逻辑的 gNB-DU 和逻辑的 gNB-CU-UP。由于分离 NG-RAN 架构的以上特点,一旦出现 gNB-CU-CP 故障,就可能会导致用户平面业务和 UE 连接中断。基于这些原因,Release 18 敏捷型基站的研究目标为:基于现有的 NG-RAN 架构,研究并确认与 gNB-CU-CP 故障相关的场景。

15.3　5GC Release 18 的主要立项

2022 年 12 月举办的 3GPP SA 全会通过了 Release 18 网络架构 Stage 2 的 28 个新研究课题。作为 5G-Advanced 第一个版本,3GPP Release 18 Stage 2 的研究课题的确立决定了未来 5G-Advanced 的技术走向,是通信技术演进的新里程碑。28 个研究课题包括从 Release 17 延续下来的增强性的课题和新技术课题,按照主流技术方向可以分成以下几类,如图 15-2 所示。

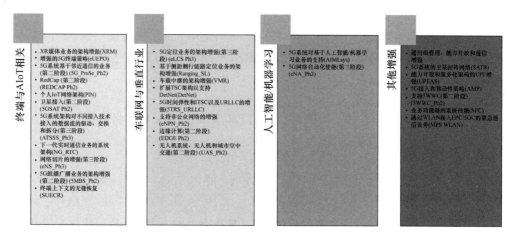

图 15-2　3GPP Release 18 Stage 2 的研究课题

15.3.1　终端与 AIoT 相关

1. XR 媒体业务的架构增强

包括移动多媒体业务、云游戏在内的交互类业务,在 5G 网络中占用的流量越来越多。Release 17 结合交互类业务和工业物联网等课题研究,新增了 5QI 满足相应需求,定义了上下行传输时延、上行待渲染数据和下行渲染后的音视频数据的可靠性,以及相应的传输数据率要求。

但是,现有 5GS 使用通用的 QoS 机制处理数据业务流,无法更有效地支持差异化的上下行需求(比如,上行数据可靠性和下行数据带宽的非对称需求)。同时,XR 媒体数据流具有高带宽低时延和高可靠性需求的特点,导致耗能突出,能耗方案也是影响用户体验的一个重要因素。此外,除了音视频流外,新兴的 XR 媒体业务还具有例如生物触觉感知的数据流。为支持多模态的业务数据流传送,也需要对 5G 系统做进一步的增强。

针对以上一系列的需求,SA2 Release 18 扩展现实 XR 和多模态业务课题[6],将对此进行进一步的研究,主要包括以下研究内容。

- 增强支持多模态业务;研究是否以及如何支持一个应用的多模态数据在近乎相同的视角传送到 UE。主要聚焦于策略控制的增强需求,例如 QoS 策略协同。
- 增强网络能力开放,支持 AF 和 5GS 间的交互,具体包括:研究是否和如何实现 AF 和 5GS 间的应用同步、单个 UE 的多 QoS 数据流协同,以及多 UE 间的 QoS 策略协同;研究 5GS QoS 信息和网络条件对 AF 的开放,协助快速编解码和速率适配,协助提供 QoE 需求(例如协助缓解 5GS 拥塞)。
- 研究是否以及如何进行 QoS 和策略增强,执行 XR 和多媒体业务的传送。具体包括:研究相应的数据流特征,以便于网络资源使用和 QoE 增强;增强 QoS 架构,支持具有相同 QoS 需求的媒体单元粒度的 QoS 处理;支持根据重要性不同,对媒体粒度单元进行不同的 QoS 处理;研究是否以及如何支持上下行传送的协同,以满足 UE 和 UPF N6 接口间的双向时延需求;研究优化抖动的潜在策略增强,聚焦于例如 AF 提供需求和 PCC 规则的扩展等方面。
- 研究考虑媒体业务流量特性的能耗管理的潜在增强,例如,支持考虑设备电池时长的吞吐量、时延、可靠性等因素的平衡,是否以及如何考虑 XR 媒体流量特性增强 CDRX 等。

2. 增强的 5G 终端策略

作为区别于 4G 的 5G 新特性,3GPP 在 R15 就定义了 5G 终端策略,然而仍有下面列举的问题需要进一步解决。

在现有方案中,URSP 只能由 HPLMN 的 H-PCF 来提供,在漫游的情况下,H-PCF 负责提供每一个与 HPLMN 有漫游协议的 VPLMN 的 URSP 规则。在某些场景下,同一个应用可能将不同的 URSP 规则应用于不同的 VPLMN。另外,URSP 的生成可能无法满足一些需要动态配置 URSP 的业务需求,比如边缘计算相关的 URSP 参数(例如 DNN、SSC 模式和 S-NSSAI)的更新。所以需要研究一个更动态的机制来支持 VPLMN URSP 的更新,包括归属地漫游和拜访地漫游的场景。

在 5G 的部署中,运营商可能会限制某些第三方业务提供商对特定网络切片的使用(例如基于 S-NSSAI 和 DNN),这可以通过 PCF 生成 URSP 并配置给终端设备来实现。但目前没有一种机制可以让 5G 网络知道 URSP 是否被终端设备执行。网络希望能知晓第三方业务提供商的应用数据流在 URSP 的控制下被路由。

尽管 TS 24.526 明确定义了 URSP 在 5GS 和 EPS 之间的互通机制,仍然有可能 ANDSF 并没有部署或者终端设备无法在 EPC 下接收到 URSP。在这种情况下,终端设备的行为在 EPC 覆盖下可能由于缺少 EPC 侧的终端策略而不一致。

GSMA 要求 3GPP 研究如何通过 URSP 的描述器来实现标准化的流类别和运营商特定的流类别。

针对以上一系列的问题,增强的 5G 终端策略课题[7]将对此进行进一步研究,主要包括以下研究内容。

- 对归属地漫游和拜访地漫游的 URSP 规则的配置和更新过程,同时要遵守现有的基于 HPLMN 的策略控制架构。
- 网络如何知道终端设备正确执行了 URSP 规则以及 5G 网络是否需要或者应该采取什么行动。
- 是否需要支持在 5GC 和 EPC 之间提供一致的 URSP;如果需要,采用什么机制。
- URSP 描述器如何支持标准化的流类别和运营商特定的流类别。

3. 5G 系统基于邻近通信的业务(第二阶段)

Release 18 主要研究 Release 17 中由于时间关系没能标准化的特性,如支持通信路径在 PC5 与 Uu 口切换、UE-to-UE 中继,还包括新的需求,如中继支持紧急通信业务等。Release 18 主要研究以下关键技术[8]。

- 支持 UE-to-UE 中继单跳的技术,包括发现中继发现和选择、相关授权配置下发、端到端 QoS 的保障等。
- 支持在 UE-to-Network 中继间的切换,其中包括层 3 UE-to-Network 中继间切换,层 2 UE-to-Network 中继间切换,及层 2 与层 3 UE-to-Network 中继间切换,同时层 3 还需要考虑是否支持 N3IWF 的情况。
- 研究当 UE 与 UE 间通过直接 PC5 连接时,切换到通过基站相互连接;反之当 UE 与 UE 通过基站相互通信时,切换到通过 PC5 连接直接通信。
- 研究 UE 和网络直接通信与 UE 通过层 2 中继间接通信之间的切换,比如 UE 通过 Uu 口与网络直接通信,切换到 UE 通过层 2 中继与网络间接通信。同时考虑如何保障会话连续性。
- 研究 UE-to-Network 中继的多径传输,可以用来为远端 UE 提高可靠性和速率。这里限制双路径,只能一路为直接通信路径,一路为通过 UE-to-Network 中继间接通信路径。
- 研究 UE-to-Network 中继支持紧急通信,如在法律允许下,远端 UE 有紧急业务的需求,中继 UE 如何识别、支持远端 UE 的紧急业务。

4. RedCap(第二阶段)

RAN2 在对 NR RedCap 终端的研究中得出一些关于省电模式终端在 RRC_INACTIVE 和/或 RRC_IDLE 状态下扩展的 DRX 值的结论。

- LTE 的 e-DRX 机制,包括 H-SFN、PH 和 PTW,重用于 RedCap 终端。
- PTW 和 PH 不用于 e-DRX 周期小于等于 10.24 秒的情况;e-DRX 周期等于 10.24 秒时,对处于 RRC_IDLE 和 RRC_INACTIVE 状态下的终端采用相同的机制。
- 如果 RAN4 没有说明大于 10 485.76 秒的 e-DRX 周期的 UE 在 PTW 之外时对服务小区执行 RRM,RRC_IDLE 状态下的终端的 e-DRX 周期可以延长至 10 485.76 秒。

- RRC_INACTIVE 状态下的终端的 e-DRX 周期可以延长超过 10.24 秒。

SA2 在 Release 17 就定义了对 NR RedCap 终端的支持,但 RRC_INACTIVE 状态下的终端的 e-DRX 周期最大值是 10.24 秒。

RRC_INACTIVE 状态下的终端对大于 10.24 秒 e-DRX 周期的支持对于要求省电的终端设备至关重要,因而有必要在 Release 18 对此进行研究。

针对以上一系列的问题,RedCap[33]课题将对此进行进一步的研究,主要包括对 RRC_INACTIVE 状态下的终端,支持超过 10.24 秒的 e-DRX 周期:

- 大于 10.24 秒小于 10 485.76 秒的 e-DRX 周期对 RAN 寻呼的支持(例如,PTW 和 e-DRX 周期值)。
- RRC_INACTIVE 状态下支持长 e-DRX 周期的终端的信令和数据处理。

5. 个人 IoT 网络架构

随着互联网设备的大力发展,围绕个人、居所、办公室或工厂等的智能设备丰富多样,比如摄像机、耳麦、智能手表、健康监测设备、智能电灯、传感器、智能音箱、打印机等。很多 IoT 出于能力及成本的考虑,不具备 USIM 能力,无法接入 5G 系统。个人 IoT 网络架构课题主要研究如何通过 5GS 对个人互联网络中的设备进行组网、互联、通信及管理等。

Release 18 PIN 立项主要研究以下关键技术[9]。

- 架构部分增强支持个人互联网。
- PIN 网络及 PINE 的发现和选择,其中包括 PEMC(具备网关功能的 PINE)、PEGC(具备管理功能的 PINE)发现。
- PIN 和 PINE 的管理,包括如何创建和管理 PIN 网络,如何管理 PINE。
- PINE 与 PINE 间的通信,这里仅限于 PEMC 与 PEGC 间的通信可以使用 PC5,其他 PINE 之间的通信可以使用非 3GPP 接入技术,如蓝牙、WiFi,但是不可以使用 PC5。
- PIN 相关策略及预配置,PIN 和 PINE 标识的管理。

6. 卫星接入(第二阶段)

3GPP Release 17 定义了 5GC 支持卫星作为接入技术的架构,并对用户使用卫星接入 5GC 的接入管理、移动性管理、QoS 增强以及卫星通行的法规监管实现等进行了深入研究和技术标准化。卫星通信存在的一个比较突出的问题是非连续性覆盖,即由于提供接入的卫星数量受限及卫星覆盖范围有限,往往为特定区域提供卫星信号覆盖并非全时段的,3GPP RAN 相关工作组已经在 Release 17 阶段对卫星接入的非连续覆盖进行了相关研究,并且相关技术的标准化需要 5GC 进行相应的支持。因此 3GPP SA2 将在 Release 18 阶段重点研究支持卫星接入在非连续覆盖情况下的终端省电和移动性管理,包括[17]:

- 支持卫星提供非连续性覆盖的移动性增强(例如寻呼增强技术);
- 支持卫星覆盖可预测情况下的终端省电技术(例如 PSM、e-DRX 等)。

7. 5G 系统架构对不同接入技术接入的数据流的驱动、交换和拆分(ATSSS_Ph3)

5G ATSSS 特性支持 UE 和 UPF 之间同时通过多条路径开展通信,典型地,UE 同时采用 3GPP 接入和非 3GPP 接入两条路径开展通信。ATSSS 特性可以帮助 5G 系统提高数据传输速率,改善用户体验。3GPP Release 17 定义了支持 ATSSS 特性的增强网络架构以及 PDU 会话增强机制,Release 18 在此基础上继续对 ATSSS 进行特性增强,主要包括如下内容[18]。

- 研究针对非 TCP 数据流(例如 UDP 流、IP 流)的 ATSSS 实现,尤其针对基于 QUIC 协议和基于 DCCP 协议的数据流的 ATSSS 实现,例如支持数据包级别的分流,即同一数据流的数据包使用不同的路径进行传输。
- 研究属于同一个 MA PDU 会话的数据流如何在接入同一个 PLMN 的两个非 3GPP 接入之间实现切换,例如,一条路径为 UE 通过 N3IWF 接入 PLMN-1,另一条路径为 UE 通过 TNGF 接入 PLMN-1。在数据流从源非 3GPP 接入路径向目标非 3GPP 接入路径切换之前,UE 需要同时通过这两个接入进行注册,并且网络需要维护所述 UE 的两个注册,当切换完成后,UE 需要从不在使用数据传输的接入中去注册。
- Release 17 支持在通过非 3GPP 接入技术接入 5GC 和通过 3GPP 接入技术接入 EPC 之间建立 MA PDU 会话,Release 18 需要研究在通过 3GPP 接入技术接入 5GC 和通过非 3GPP 接入技术接入 ePDG/EPC 之间如何建立 MA PDU 会话。

8. 下一代实时通信业务的系统架构

3GPP 网络运营商一直致力于努力满足快速增长的数据流的需求。这些需求来源于对现有业务的支持以及对新兴业务的支持。同时,出现了越来越多的终端设备类型,例如,AR/VR 眼镜、摄像头、机器人、智能可穿戴设备和集群设备等。另外,实时通信也扩展到了新的领域,例如工业互联网。对这些新业务、新终端、新领域的支持对运营商是巨大的挑战。新的业务需求,尤其是对垂直行业的支持,与现有的传统电话业务有很大的区别,因而 IMS 架构也需要有新的增强。

SA1 在 Release 18 已完成 IMS 多媒体电话业务的需求研究;SA4 在 Release 16 定义了数据频道服务器来支持 MTSI 用户,包括对实时屏幕共享、虚拟交互菜单和多媒体 CLIP 以及 COLP 的支持;GSMA 也讨论了数据频道服务器的控制平面和媒体平面分离的问题。这些都要求 3GPP 能进一步研究对 IMS 架构的增强,以支持数据频道的新需求。

3GPP 在 Release 16 就定义了基于服务化接口的 Cx/Dx 和 Sh/Dh,并用 HTTP 协议替换了 Diameter 协议,所以值得研究一下是否有必要将服务化扩展到 IMS 的其他接口,这将对媒体控制、处理和路由带来一定的好处。

针对以上一系列的问题,下一代实时通信业务的系统架构课题[29]将对此进行进一步研究,主要包括以下研究内容。

- 是否以及如何增强 IMS 架构和功能以支持 SA1 Release 18 eMMTEL 中定义的需求:支持 AR 电话通信;支持第三方通过运营商网络验证呼叫方可以被授权使用或参考特定的身份信息,以安全地显示给被叫用户。
- 对 IMS 架构和流程的影响,以支持在 IMS 网络中使用数据频道,包括是否需要以及如何在 IMS 架构中定义数据频道服务器的哪些功能,支持控制平面和媒体平面分离以及数据频道应用的存储;数据频道服务器和 IMS 应用服务器之间的交互流程,以支持呼叫事件通知。

- 除 Cx/Dx 和 Sh/Dh 之外,是否需要以及哪个 IMS 媒体控制接口可以实现基于服务化的接口,以支持现有的能力和新的能力(包括对新应用的支持和有效的媒体处理),并考虑后向兼容以及采用 SIP 作为 IMF 核心协议。

9. 网络切片的增强(第三阶段)

经过 R15 以来的三个版本的研究,对于 5GC 网络切片,依然有一些切实的需求尚未解决。例如,对于特定场景的业务连续性问题;注册区域中对于某些切片在部分 TA 不支持但其他 TA 中支持的注册流程处理;漫游场景下,UE 想要发起的业务在部分 PLMN 中支持而部分 VPLMN 不支持时的 VPLMN 选择;对网络切片执行接纳控制时,如何更好地支持到那些真正或立即有业务需求的 UE 和会话;PLMN 内或漫游场景中,涉及多 NSACF,且它们动态地共享同一个最大允许注册 UE 数或激活 PDU 会话数时,避免阈值碎片化的机制支持等。

针对以上一系列的问题,SA2 Release 18 切片课题[10]将对此进行进一步的研究,主要包括以下研究内容。

- 针对以下场景提供业务连续性支持,具体包括:现有切片或切片实例不支持该 PDU 会话,或者现有切片实例不能满足应用的性能要求。研究当前的部署是否足够优化,如果需要可考虑系统的进一步优化。
- 研究对于 RA 中的 TA,不支持注册而拒绝的切片,当 RA 中其他 TA 支持该切片时,是否以及如何继续执行到该切片的注册。
- 研究是否及如何支持 TS 22.261 中的新增需求;漫游场景中,UE 如何根据自身需求选择到支持 UE 想要使用业务的 VPLMN。例如,UE 想要使用的业务在当前 VPLMN 不支持,但其他 VPLMN 支持的场景,HPLMN 为漫游 UE 提供有效信息来支持注册到相应 VPLMN,获取服务。
- 研究是否以及如何增强系统,以确保网络切片使用的网络控制行为,包括 UE 注册和 PDU 会话建立。例如,当执行 NSAC 时,网络切片可以尽可能地接纳那些有实际业务需求的 UE 或 PDU 会话。
- 当某个业务的部署具有不同于 TA 的服务区域限制,或者有特定时间的声明周期时,当前机制不支持这一需求。研究相应部署,以及对这类场景的支持。
- 研究是否以及如何支持,对于 PLMN 内存在多个 NSACF 且这些 NSACF 共享最大允许注册用户和 PDU 会话场景下的 NSAC,避免最大允许数的碎片化;也包括漫游场景下的多 NSACF 共享最大数的研究。

以上 Release 18 切片课题的研究,将尽可能重用现有机制,解决上述目标中各类场景的需求。除非证明现有机制无法满足相应需求,否则不会引入新机制。根据研究中得出的部署指南,将总结是否及如何在后续规范阶段记录相应部署指南,以及,相应 RAN 侧的影响将和 RAN 工作组协作讨论。

10. 5G 组播广播业务的架构增强

Release 17 定义的 5G 组播服务架构增强使得运营商能够适应各种组播和广播服务,并特别在本地服务、移动性、MBS 会话管理、QoS、与 E-UTRAN 互通，以及基于 EPC 的 eMBMS 公共安全等方面进行了方案研究和标准化。但是 Release 17 对于一些场景仍然需要开展 MBS 研究，例如对于特定区域内的大量 UE 如果使用了省电功能，UE 如何在 RRC 非激活态下也能接收组播 MBS 会话数据。另外，3GPP RAN 相关工作组研究的 MBS 特性，例如 SFN 增强，将会影响 5GC 组播服务架构，因此在 Release 18 阶段 3GPP SA2 将从如下方面继续研究 MBS 增强[19]。

- 如何为大量终端提供端到端 MBS 流量传输，特别是让处于 RRC 非激活态的 UE 接收组播数据，为 5G MOCN 网络共享场景（多个核心网络连接相同的 NG-RAN）提供相同的广播内容的可行性以及如何高效利用网络资源。
- 研究支持由 AF 触发按需组播 MBS 会话的可行性及实现，以及为特定业务选择组播和/或单播的有效资源利用。
- 研究针对能力受限终端的群组消息传递的可行性和实现，包括 NEF 增强、现有省电机制下的 MBS 实现。
- 研究针对大量公共安全终端是否存在影响性能的问题。如果存在，则需要研究对应场景下对 MBS 的必要增强。

11. 终端上下文的无缝恢复

有些事件在终端发生时，对这些事件的处理完全基于终端实现来决定，这些事件包括：
- 重启调制解调器；
- 安全更新；
- 操作系统升级；
- 调制解调器软件升级；
- 被 OMA-DM 更新调制解调器设置后的设备重启。

但完全基于终端实现会带来一些问题。执行上面提到的事件需要三方参与：终端设备制造商、运营商和应用功能。一旦 UE 下载了操作系统升级或调制解调器软件升级的二进制文件，终端进行升级的时间由终端实现来决定，有些终端可能期待用户输入指令，而不是运营商或应用功能。当这些终端设备执行系统升级时，在几分钟之内不可用，但网络并不知道终端设备不可用。在终端临时不可用的这段时间，如果网络仍然与它交互，会造成对终端行为和状态的误判，从而影响重要的应用服务器的操作。所以，终端设备制造商、运营商和应用功能之间需要相互协调，以避免问题的发生。

针对上面提到的问题，终端上下文的无缝恢复课题[36]将对此进行进一步的研究，主要包括研究内容为：5G 系统如何判断和处理终端设备由于上述事件造成的临时不可用。

15.3.2 车联网与垂直行业

1. 5G 定位业务的架构增强（第三阶段）

5G 系统从 R15 开始就实现了对定位业务的支持。到 Release 17，已实现了对监管和商用定位业务的支持，包括对垂直行业（例如工业互联网）中低时延、高准确度定位的支持。

3GPP 的边缘计算使得终端设备可以通过 RAN 和本地部署的 UPF 接入应用服务器，不仅减少了时延，而且降低了回传网络的流量负担。但是如何减少定位业务的时延以及如何将定位业务的能力开放给部署在网络边缘的应用还没有进行过研究。

3GPP 从 Release 16 开始即引入 NWDAF，用以向其他网络功能提供网络数据分析。然而，网络数据分析如何应用于定位业务还未进行过研究。

GSMA 也曾经提到过关于网络切片的定位参数。然而，由于时间有限，在以前的版本中，并未进行过相关的研究。

SA1 也定义了一些工业互联网场景下低功耗、高准确率的定位需求。

定位的准确性严重依赖于可视路径的数目，如果没有足够的可视路径，将大大地减少定位的准确性。室内定位的环境是非常复杂的，因为会存在很多因素，减少可视路径的数目。为能提供更多的可视路径而部署更多的 RAN 节点既复杂又不经济。所以，需要考虑部署一些更经济的节点用于提供参考终端和目标终端之间的可视路径，以辅助 5G 系统对目标终端的定位。

当终端通过卫星接入 5G 系统时，有些监管业务要求采用更可信的方法来进行定位，而不是完全依赖终端上报的定位信息。然而，在 Release 17 基于网络的定位没有被研究过。另外，由于卫星接入引入了一定的时延，现有定位方法不确定是否能满足 SA1 定义的对定位的时延和准确性的性能要求。

此外，Release 17 阶段由于时间的局限性，有一些技术方向没有完全完成。

针对上面提到的问题，5G 定位业务的架构增强（第三阶段）[32] 课题将对此进行进一步的研究，主要包括以下研究内容。

- 边缘计算场景下的定位业务架构增强，支持通过用户平面传递定位信令。
- 边缘计算场景下的定位业务架构增强，减少定位业务的时延、信令开销和定位的能力开放。
- 如何利用 NWDAF 来辅助定位以及如何用定位业务辅助数据分析。
- 如何支持低功耗终端的定位，以实现 SA1 提出的低功耗、高精度定位的需求，具体参见 TS 22.104。
- 对监管业务的支持，即在定位会话过程中网络不可以用任何方式通知 UE。
- 出于终端省电的目的，支持灵活和有效的周期性和事件驱动的定位。
- 通过定位参考单元进行定位的网络增强，以及通过参考终端提高定位的准确性并减少信令。
- 终端在 EPS 和 5GS 移动时的业务连续性的增强。
- 对于卫星接入的终端，支持网络验证的终端定位以符合 TS 22.261 中定义的相关需求。

2. 基于测距侧行链路定位业务的架构增强

测距和侧行链路定位业务可以应用在很多行业中，例如公共安全、自动驾驶、智能家居、智慧城市、智能交通、智能零售等。这些需求和场景分别定义在多个 3GPP 研究报告中。

另外，5GAA 也定义了高精度侧行链路定位的需求，以支持车联网相关的场景，例如 VRU 保护、自动驾驶、远程驾驶、动态十字路口管理等。

为实现上面的需求和场景,基于测距侧行链路定位业务的架构增强课题[37]将对此进行进一步的研究,主要包括对 5G 核心网架构的增强,以支持商用、车联网和公共安全应用案例,以及终端在网络覆盖下,部分覆盖和无网络覆盖的场景。

- 对一个和多个终端设备的测距和侧行链路定位的授权和策略参数的配置。
- 测距和侧行链路定位的设备发现和业务操作流程,包括在一个终端与一个或多个终端之间的,或者通过辅助终端进行的测距和侧行链路定位。
- 面向发送业务请求的第三方终端、网络设备或第三方应用服务器的测距和侧行链路定位的能力发现。

在研究中,对于直接通信相关的功能,采用 V2X 或邻近通信的架构作为基础,并尽可能重用 V2X 或邻近通信的现有功能,同时还需要考虑节能的需求。

3. 车载中继的架构增强

随着 5G 的演进,提高蜂窝网的网络覆盖和通信连接的需求持续增强,为室外和移动性的场景带来巨大的挑战。

在某些城市环境下,在建筑上安装基站会面临一定的部署难题和负担,比如建筑是否可用和费用问题或被相关法规所约束。在相同的城市环境下,随着人口密度的增加,会出现很多车辆,例如公交车、私家车、运输车等,这些车辆可以低速运行或临时停靠。有些车辆可以沿着预定义的路线行走,或被放置在特定的位置(例如体育场外)。这些路径或区域可能需要额外的覆盖和容量。上述车辆可以方便有效地提供安装基站的场所,这些基站可以作为中继向车内和附近的终端设备提供 5G 的覆盖和连接。这种中继使用 5G 无线回传接入连接到 5G 核心网的宏基站。

车载中继明显更方便车内的终端使用,因为无须担心车辆以任何速度行驶到任何地方。在其他场景,例如室外的体育运动或需要行走的事件,装有中继的车辆可以伴随前行,向车外的终端提供覆盖服务。

车载中继由于拥有更好的 RF/天线,从而可以向附近终端提供比直接的宏覆盖更好的覆盖以及连接,而且,与普通终端相比,车载中继不用担心电量消耗的问题。

除了对运营商和终端用户的好处,车载中继还给车辆制造商提供了一个新的商机。例如运营商可以和汽车制造商、交通运营公司或车辆所有者签订协议安装车载中继,以获得相应的奖励或报酬。

SA1 已经完成了车载中继的业务需求的制定,包括:

- 支持移动基站中继的运营、提供、控制和配置;
- 终端设备的接入控制、计费、QoS、多 PLMN 的 RAN 共享;
- 业务连续性(包括终端设备和/或中继的移动性);
- 多连接(例如在宏基站和中继之间和中继之间等);
- 中继的漫游、监管需求、紧急业务、安全、高优先级业务、RAN 管理。

因此,有必要研究对网络架构的增强,以支持上述通过在移动的车辆上装载中继基站来提供网络覆盖的新业务需求。

为实现上面的需求和场景,车载中继的架构增强课题[35]将对此进行进一步的研究,主要包括如下内容。

- 移动基站中继的移动性场景下,一个或多个终端的移动性和业务连续性,以有效地传送数据。
- 管理中继配置、地理限制、QoS、授权、控制终端通过中继接入的配置、策略和机制。
- 支持移动基站中继的漫游(包括 MT 和 DU 的漫游),支持监管需求(例如,紧急通信、优先级业务、公共安全业务)以及支持通过移动基站中继接入的终端的定位业务。

以上研究基于 IAB,对任何其他形式的基站中继的支持需要和 RAN 工作组保持一致。单跳的中继是本研究课题的主要场景。

4. 扩展 TSC 架构以支持确定性网络 DetNet

确定性网络 DetNet,由 IETF 标准组织定义,它在 IP 和多协议标签交换(MPLS)层上运行,提供时间敏感特性的支持,可以保证近乎零的丢包率和限定的时延。DetNet 针对的是单一管理控制或封闭管理控制域内的网络,不适合例如 Internet 这样的大型网络场景。IETF 确定性网络 DetNet 工作组和 IEEE 时间敏感网络 TSN 技术组有着密切的合作,DetNet 功能与 TSN 功能十分相似。

在 IETF 中,DetNet 技术研究已经相对成熟,成功包括已发布的许多 RFC 和一些正待发布的 IETF 草案。DetNet 可应用于工业自动化垂直领域的许多场景,比如工业领域的 M2M 通信、智能电网。当传送确定性领域的 UDP/IP 时,DetNet 能够提供确定的 QoS 保障。

基于以上应用需求和研究进展,SA2 Release 18 DetNet 确定性网络课题[11]将对此进行进一步的研究:研究是否以及如何在 3GPP 内支持 DetNet,以便在中心 DetNet 控制器和 5G 系统之间提供映射,映射具体包括 DetNet 流量模板和流描述转换为 5GS QoS 参数和时间敏感容器辅助信息 TSCAI;研究哪些信息需要从 5G 系统开放给 DetNet 控制器。

Release 18 确定性网络课题的研究,基于以下设定进行,具体如下。

- 只研究基于 IP 的 DetNet 网络,不包括基于 MPLS 的 DetNet。
- 基于 IP 的 DetNet 流承载在 IP 类型的 PDU 会话中。(不包括基于以太网 TSN 的 DetNet,因为该场景现有 3GPP 和 IETF 标准已支持。)
- 相应方案将适当重用 Release 17 中已定义的 TSC 架构功能。
- DetNet 的映射功能,在 TSCTSF 中已经实现。
- 方案支持来自 DetNet 控制器的请求,请求还包括建立流路径的 DetNet 配置。
- 可用同步机制不在 IETF DetNet 范围内,不对 Release 17 中的时间同步架构做修改。
- 现有 3GPP 路由机制可以重用于 DetNet,不在 3GPP 中定义新的路由功能。
- 现有过滤机制可重用于 UE 和 UPF 中,存在的 QoS 差异根据数据流识别。

此外,现有 3GPP 组播能力可重用于 DetNet,但课题不对 3GPP 组播机制做扩展。同时,Release 18 不支持 3GPP 网络内的边缘 DetNet 功能。如果确认存在依赖关系,则 5G TSC 和 URLLC 增强的研究结论也可应用于 DetNet 课题。

5. 5G 时间弹性和 TSC 与 URLLC 的增强(5TRS_URLLC)

SA1 Release 18 定义了新的需求,具体包括在卫星导航定位系统(GNSS)故障时的 5G

系统的回弹能力需求,以及 5G 系统作为备份为其他应用(例如金融、电网系统)提供无线和室内时间同步服务的需求。

当前 5G 网络能力开放架构允许 AF 请求 QoS 参数,提供流量特征,但不支持可靠性参数。但可靠性的相关信息对于一些 IP 和 ETH 应用尤为重要,需要对 5GS 通用 TSC 和能力开放做增强。

为支持低延迟和低抖动,可研究如何与 TSN 传输网络交互。如果在传输网络中应用 TSN 网络可行,这样的部署可让传输网也提供低时延保障。

针对以上一系列的需求,SA2 Release 18 时间弹性和时间敏感通信增强课题[12]将对此做进一步的研究,主要包括以下研究内容。

- 支持以上 SA1 定义的 5G 时间回弹需求。研究如何向 UE 和 AF 报告 5GS 网络时间同步状态(比如 UTC 和 5GS 网络的计时误差),研究 RAN 和 5GC 如何获知网络 5GS 网络时间同步状态以便能够通知 UE 和 AFs,研究关于 5GS 网络时间同步状态,是否还需要向 UE 和 AFs 提供其他信息;研究如何保障 AF 可在特定覆盖区域内请求时间同步业务,以及如何划分这些覆盖区域;研究如何基于订阅控制 5G 时间同步业务,也就是引入时间同步签约参数并强制执行。
- 研究 AF 如何显式地提供 PER 给 NEF/PCF。
- 支持低延迟研究。研究与 TSN 传输网络互通的机制,研究和 TSN 传输网络互通的机制,以支持端到端确定性、低时延通信,以及高效的 N3 数据传输;研究是否需要应用适配下行流的时序来支持 5GS 的低时延需求(例如 2 ms);研究是否有需要来自 RAN 的相应反馈(例如,支持应用考虑下行数据包的传送时隙,避免在 RAN 缓存)。

6. 支持非公众网络的增强

非公共网络(Non-Public Network,NPN)在 Release 16 引入基本的功能,Release 17 增强支持非签约的 UE 接入 NPN 网络,同时支持 IMS 业务及专业音视频业务场景。Release 17 的研究中有两个关键问题"支持 equivalent SNPN"和"支持非 3GPP 技术接入 SNPN 业务",由于时间关系,没有完成标准化,在 Release 18 中继续标准化。

除了 Release 17 遗留的以上关键问题,Release 18 主要研究用户如何通过托管网络(hosting network)接入本地化服务(localized service),其中托管网络是指能提供本地化服务的网络,这里限定为 NPN 网络(即 SNPN,或 PNI-NPN),本地化服务指的是,特定时间或区域提供的业务(如现场舞台节目)或网络连接服务,主要研究的关键技术如下[13]。

- 识别托管网络与 NPN 网络的区别,及本地化服务与普通服务的区别。
- 如何发现、选择和接入托管网络,以便接收本地化服务,包括网络选择增强、相关证书下发等。
- UE 如何利用托管网络资源接入家乡网络提供的服务,如何利用家乡网络与托管网络的协定。
- 如何在 UE 结束通过托管网络访问的本地化服务后,返回家乡网络,不引起家乡网络的拥塞。

7. 边缘计算(第二阶段)

5GS 从 R15 开始便支持边缘计算。Release 17 进一步增强了对边缘计算的研究,具体包括:边缘应用服务器(EAS)的发现和重发现、边缘重定位等问题。基于 Release 17 的研究,最终对 4 个关键问题进行了规范化工作。由于 R17 的时间限制,不同 N6-LAN 中数据流的连续性传送未进行研究。同时,在 R 17 的研究过程中还明确了一些新的问题,比如,漫游场景下 VPLMN 边缘承载环境(EHE)的接入、通过本地 UPF/NEF 向边缘应用服务器 EA 开放 UE 数据流相关信息、UE 更细粒度的流量卸载策略等。

针对以上一系列的问题,SA2 Release 18 边缘计算课题[14]将对此进行进一步的研究,主要包括以下研究内容。

- 对漫游的增强,支持在 VPLMN 中接入边缘承载环境(EHE)。
- 定义通过本地 UPF/NEF 开放其他数据而有所受益的其他应用场景用例,包括满足这些应用场景用例的数据特征和数据传送。
- 研究通过本地 UPF/NEF 将 UE 数据流相关信息(例如网络拥塞状态),开放给通用 EAS 的解决方案、可行性和适用性。需要说明的是,课题研究用例和需要开放的数据,不涉及具体 UPF 能力开放机制或源于 UPF 的数据;同时,关于虚拟增强现实 XR 业务和人工智能机器学习(AI/ML)业务的 QoS 信息能力开放,将采用边缘计算课题研究定义的能力开放架构,在其具体的相应课题中研究。
- 研究在不向第三方 AFs 开放运营商内部配置前提下,流量卸载策略的潜在需求和解决方案,以匹配 UE 策略的细分。
- 研究特定场景,例如 UE 不是预定义组的成员,但需要使用相同 EAS 时,对关联 UE 的 EAS 重定位和 PSA-UPF 重定位的影响,相应的潜在需求和解决方案。
- 研究 GSMA 运营商平台组工作相关的潜在影响,以及当 5GC 和 EHE 由不同组织运营的潜在增强。
- 研究为避免由于设备中相互冲突的接入优先级导致 UE 在执行切换时将 EC 数据流从 EC PDU 会话和 5GS 系统同时切出的潜在需求和方案。
- 研究 AF 获取或决策关联特定已选择的 EAS 的 DNAI 潜在方案,以便后续使用 AF 提供的服务。

Release 18 边缘计算课题,将以 R15 以来的现有方案为基础进行研究。根据需要,和 SA6 边缘应用的工作保持一致。

8. 无人机系统、无人机和城市空中交通(第二阶段)

SA1 在 Release 17 定义了一些新的需求,但并没有被 SA2 的 Release 17 ID_UAS 项目实现,包括:

- 允许 USS 请求获得无人机的实时状态信息,包括在特定地理位置和/或特定时间的通信链接状态以及业务状态信息(是否对无人机的通信业务提供 QoS 保障);
- USS/UTM 监控预定义 C2 通信模式下 C2 通信的 QoS。

ACJA(Aerial Joint Connectivity)作为 GSMA 和 GUTMA 的联合项目,制定了"MNO 和 UTM 数据交换的接口-网络覆盖业务定义"的规范,其中包括一系列相关的接口和业务,可以作为本研究课题的输入。

SA1 的需求以及航空行业的需求不仅可以用于传统的无人机,也可以用于城市空中交通的场景。

由于时间有限,原计划在 Release 17 实现的基于 PC5 的无人机之间通信的接口没有进行研究,有必要进一步研究 PC5 在广播远程身份识别和 C2 通信中的应用,这将对部署无人机和城市空中交通有很大帮助。

航空业正在为"发现和避免"制定新的需求,以满足无人机通信中"发现和避免"的需求,确保在拥挤的航天环境下对无人机和城市空中交通的支持。其中,需要考虑在 5G 覆盖和不在 5G 覆盖的两种场景以及 PLMN 互通的场景。SA1 在 Release 17 定义的新需求也包含无人机基于 PC5 直接通信方面的要求。

针对以上一系列的需求,无人机系统、无人机和城市空中交通(第二阶段)课题[31],将对此做进一步的研究,主要包括 5GS 和 EPS 的架构增强,以支持无人机和城市空中交通:

- 支持广播远程身份识别和 C2 通信,是否可以重用现有机制以及对架构和功能的增强;
- 支持航空应用的"发现和避免"的需求,是否可以重用现有机制以及对架构和功能的增强。

15.3.3 人工智能/机器学习

1. 5G 系统对基于人工智能/机器学习业务的支持

Release 17 关于人工智能的研究主要集中在网络侧,即 NWDAF(网络数据分析功能)特性中,主要用于网络自动化,但是基于设备终端侧支持应用层 AI/ML 训练和推断的传输解决方案并没有支持。Release 18 人工智能和机器学习(AI/ML)主要解决该问题[10],即研究 5G 系统如何支持 AI/ML 业务的传输,包括 AI/ML 模型分发和传输,识别出不同应用(语音和图像识别、机器控制、自动化、智能车)的 AI/ML 模型分发和传输特性。其中包括三类主要 AI/ML 操作:

- AI/ML 终端分离的 AI/ML 操作;
- 通过 5G 系统支持 AI/ML 模型数据分发和共享;
- 5G 系统支持分布式/联邦学习。

该课题具体研究的关键技术如下。

- 如何检测与 UE 性能相关的网络资源使用情况,如数据吞吐量,用来支持 AI/ML 模型和数据的传输和共享等操作。
- 如何将 5GC 信息开放或分析的数据给 UE,以及具体哪些信息或数据。
- 如何将 5GC 信息开放给授权的第三方,如辅助信息、事件信息等开放给 AF,包括网络或 UE 性能的预测(比如,位置、QoS、负载、拥塞等)。
- 如何使第三方能够提供相关预配置信息到网络,如 UE 的预置行为,以及具体哪些预配置信息。
- 5GC 如何增强用来支持 AI/ML 业务的传输。
- QoS 和策略的增强,增强现有的 QoS 模型或需要新的 QoS 模型。
- 5G 系统如何提供辅助给第三方来支持联邦学习的相关操作,如联邦成员选择、组性能监控。

2. 5G 网络自动化使能（第三阶段）

Release 18 主要针对多种不同部署场景下 NWDAF 的增强，具体研究以下关键技术[16]。

- 通常一个错误的计算或采集到不合适的反馈数据会导致数据分析的偏差或错误，因此需要研究如何提升 NWDAF 的正确性，包括如何检测到需要提升正确率的分析样本（Analytics ID），需要哪些信息来计算或标识 NWDAF 分析的正确性等。
- 研究 NWDAF 如何或是否能辅助探测应用业务，包括利用应用服务提供商提供的信息。
- 在漫游场景下，家乡网络或拜访地网络需要另外一个网络收集数据或获取分析数据，数据可能涉及特定的 UEs 或组 UE，家乡网络和拜访地网络需要有能力控制这些数据的开放，基于用户授权、运营商策略、国家法律等。研究漫游场景如何支持数据的交互。
- 如何增强数据的收集和存储，包括多 DCCF 部署下，多 DCCF 与 MFAF 间如何交互；多 ADRF 部署下，如何选择 ADRF 等技术问题。
- 支持在多个运营商 NWDAF 间的共享 ML 模型，如何发现和选择包含 MTLF 的 NWDAF 来交互训练过的 ML 模型数据。
- 当前已经支持 NWDAF 提供网络分析到 PCF 来确定策略，但是目前并不支持基于 NWDAF 辅助的 URSP 生成。
- NWDAF 当前支持扇区粒度的 QoS 持续性分析，比如在基站 UE 间有限的吞吐量等，但是还需要进一步研究是否需要或如何实现更细粒度的 QoS 持续性的分析。
- 当前 NWDAF 还面临由于用户数据隐私安全保护，收集用户粒度网络数据困难，对于支持 MTLF 的 NWDAF 收集所有不同区域的分布式数据存在难度，针对这些问题采用联邦机器学习技术来解决如何在多个支持 MTLF 的 NWDAFs 间共享机器学习模型和结果。
- 在 Release 17 中 NWDAF 收集 UE 位置只能针对 TA/cell 粒度，当前位置服务可以提供更高精度的水平、垂直方向的定位，以及速度、朝向等信息，需要研究这些额外信息如何提高 NWDAF。

15.3.4 其他增强

1. 通用组管理、能力开放和通信增强

3GPP 针对工业数字化、工厂自动化等多样化需求，启动了面向垂直行业的 5G 网络系统研究，例如 IIOT、NPN、URLLC 等。其中，Release 16 中 5G 局域网类型服务通过单个 SMF 控制的优化通信路径，为 UE 及 UE 之后的其他设备提供 IP 或 non-IP 类型的私密通信。然而，在 Release 16 中，即使 5G 虚拟网络（5G VN，Virtual Network）非常大，一个 5G VN 也只能配置一个 SMF。对行政区域、大型公司或者跨国工厂等，应支持多个 SMF 配置。同时，SMF 需要支持单个和/或通用的广域 5G VN。

在 Release 18 SA1 关于 5G 智能能源和基础设施的研究中，"5SEI"提出了新的要求，包括 5G 系统应允许 UE 请求通信服务以同时向不同的 UE 组发送数据，并且 5G 系统应允许 UE 与之通信的每个组使用不同的 QoS 策略。

5G 互联工业和自动化联盟（5G Alliance for Connected Industries and Automation，5G-ACIA）向 3GPP 提供了一份白皮书，其中包括 5G 系统必须满足的一套功能要求，包括支持 5GC 和工业应用领域之间的某些信息交换，以及 5G 能力的开放[20]。其主要目标是从企业的角度轻松实现此类网络和网络服务的管理、运营、监控和使用，而无须依赖复杂、重量级的工具和对基础 5G 技术的深入了解。设备管理方面的一些要求，如连通性管理、连通性监控、分组管理等需要被进一步研究。

Release 18 对 GMEC 的研究集中在以下几个方向：

- 研究工业和自动化应用中 5G 能力开放，增强组属性管理和组状态事件报告；
- 5G VN 组通信增强；
- 研究是否需要额外的机制或增强，以及如何支持群通信，从而允许 UE 同时向不同的群发送数据，并且每个群具有不同的 QoS 策略。

2. 5G 系统的卫星回传网络

卫星具备为移动宽带接入提供覆盖的能力，移动网络运营商使用卫星为边缘地区或紧急情况下的基站提供回程服务。R17 对 5GS 卫星回程连接进行了研究，主要集中在单颗卫星（GEO 或 NGSO 卫星）参与 CP 和 UP 回程连接的基本情形，但缺乏对于卫星间链路的研究。对 5GS 卫星回程的增强包括以下几个方面[21]：

- 根据网络配置检测卫星回程类别；
- 向 PCF 报告回程更改的事件；
- 基于卫星类别的策略确定；
- 通知 AF 卫星回程类别的变化。

Release 17 缺乏对下列情况下 5GS 卫星回程连接的研究：

- gNB 通过具有 ISL（Inter Satellite Link，卫星间链路）的卫星连接到 5GC；
- gNB 通过混合回程（例如，卫星和地面回程，或不同类型的卫星回程）连接到 5GC。

在上述这些情况下，如果回程连接中涉及 ISL，则仅根据网络配置无法确定卫星回程类别，这使得 PCF 和 AF 无法知晓现有的 QoS 要求是否被满足。Release 18 对于该课题的研究内容包括以下两个方面：

- 支持可变时延，仅具有卫星回程的 gNB 的有限带宽的架构增强；
- 支持在 UPF 的 GEO 卫星部署与 gNB 的地面部署。

3. 能力开放和服务化架构的 UPF 增强

能力开放和服务化架构的 UPF 增强通过增强以下方面，将 UPF 更好地集成到核心网服务化架构中[22]：

- 避免重复数据传输，减少传输路径，例如 PCF 可以直接订阅/取消订阅 UPF 服务以获得 QoS 监测时延报告；
- 从 UPF 中检索原始状态或实时业务流信息，例如 NWDAF 服务可以订阅/取消订

阅 UPF 以检索实时服务流信息,考虑不同服务的有效采样间隔,以便于数据收集和分析;

- UPF 事件开放,例如 5G 物联网解决方案需要将 UPF 连接到 NEF/本地 NEF,以便将网络信息开放给应用服务器。

Release 18 确定了该课题的主要研究方向。

- UPF 的事件开放服务注册/注销以及通过 NRF 发现。
- UPF 事件开放服务相关的以下方面:
  - PCF、NWDAF、CHF、NEF、Trusted AF 和其他 NFs 使用 UPF 开放服务;
  - UPF 使用 SMF 服务、PCF 服务、NWDAF 服务、CHF 服务、NEF 服务、受信 AF 服务;
  - 相关事件 ID。
- UPF 事件开放服务对核心网架构的影响。

4. 5G 接入和移动性策略

接入和移动策略控制包括 PCF 对服务区域限制的管理、RFSP 功能的管理、UE-AMBR 的管理、UE Slice-MBR 的管理以及对 SMF 选择的管理。基于 Release 17 SA2 问题和要求,Release 18 确定了 AM 策略控制的潜在增强方向,即 AM 策略在 4G/5G 互通场景下由 PCF 提供给 AMF,而在 EPC 场景下不支持。RFSP 索引可以通过更新将 UE 从 5G 引导到 4G,而 UE 的订阅数据或本地配置的策略是 5G 优先的。由于 MME 无法从 PCF 接收 RFSP 索引更新,如果网络在 4G 和 5G 中提供不同的 RFSP 索引,将会导致乒乓问题。如果将"回到 4G"的 RFSP 指标从 5G 保持到 4G,核心网就没有办法要求 UE 回到 5G。因此,支持 EPC 侧的 AM 策略更新的机制。

对于该课题,Release 18 确定的研究方向为研究当前的机制以在 UE 从/到 5GC 到/从 EPC 移动时提供 AM 策略控制,并对当前机制进行增强[23]。

5. 支持 5WWC(第二阶段)

TS 23.501/502/503[24] 和 Release 16 的 TS 23.316[25] 确定了对有线接入的支持。然而,在 Release 16 研究/规范工作中,一些场景尚未得到解决或只有部分被解决。为了更好地支持 5G 系统中的有线接入和受信任的非 3GPP 接入网络,Release 18 对 Release 16 中尚未完成的研究/规范工作进行进一步的研究。此外,SA2 从 BBF 收到不同的联络函,要求 5GC 支持 Release 16 5WWC 不支持的功能,例如,支持 5G-RG 后面不同非 3GPP 设备的差异化服务。

Release 18 在该课题下的具体内容包括以下两个方面:

- 是否以及如何进一步支持经由 5G-RG 接入的设备,例如为 5G-RG 后接入的 UE 和非 3GPP 设备提供差异化服务(如 QoS 和计费);
- 受信任及不受信任的非 3GPP 接入网络,例如如何选择支持 UE 所需的 S-NSSAI 的 TNGF/N3IWF。

6. 业务功能链的系统使能(SFC)

Release 18 第一阶段的研究工作明确了对功能服务链的基本要求,例如允许第三方根据运营商的 SFC 策略为其应用向网络运营商请求 SFC,以及对第三方请求的服务功能和 SFC 进行管理和计费。基于 Release 17 SA2 规范,Release 18 确定了 SFC 需要进一步研究的问题[26]:

- 研究是否需要以及如何为 5G 网络定义 SFC 策略,以识别/检测用户平面流量、执行流量分类以及引导流量流进行 SFC 处理;
- 研究北向 API 的增强,以允许 AF 根据与第三方的服务水平协议请求网络能力开放功能;
- 为了继续进行 SFC 处理,需要一些机制和接口增强功能,以便在非漫游和归属路由漫游场景中导致需要 SFC 处理的用户平面流量的路由路径改变的情况下应用相同的 SFC 策略,在漫游支持的情况下,本研究需要调查 HPLMN 是否以及如何将流量引导策略和服务功能链策略应用于本地路由流量;
- 对于基于 SFC 策略的 SFC 处理,研究在非漫游和本地路由漫游场景中 SFC 处理的解决方案和程序。

Release 18 中本课题的研究内容如下:

- 研究流量导向策略是否能够满足支持 SA1 要求,研究是否以及如何定义 SFC 策略,并研究具有 SFC 功能的 5G 网络的解决方案和程序,以识别/检测/分类用户平面流量并引导流量到非漫游和归属路由漫游场景中用于 SFC 处理的一系列有序服务功能;
- 北向 API 的增强,允许 AF 基于与第三方的服务水平协议请求网络能力开放功能。

7. 通过 WLAN 接入 EPC/5GC 的紧急通信业务

在灾难场景中,3GPP 接入网(LTE、NR)不可用或降级时,对于 UE 使用 WLAN 接入的情况需要支持 MPS。此外,在某些情况下,WLAN 可能是唯一可用的访问途径(例如,在建筑物、酒店、机场、商场和体育场内),因此支持 WLAN 对于 MPS 通信至关重要。

Release 18 为支持 WLAN 访问 EPC/5GC 时的 MPS,确定了本课题的研究内容[38]:

- 当 UE 具有对 EPC 的 WLAN 访问权限时,用于 MMTEL 语音/视频呼叫的 MPS;
- 当 UE 具有对 5GC 的 WLAN 访问权限时,用于 MMTEL 语音/视频呼叫的 MPS;
- 当 UE 或 IoT 设备具有对 EPC 的 WLAN 访问权限时,用于数据传输服务会话的 MPS;
- 当 UE 或 IoT 设备具有对 5GC 的 WLAN 访问权限时,用于数据传输服务会话的 MPS。

参 考 文 献

[1] ITU-R M. 2083-0, IMT Vision—Framework and overall objectives of the future development of IMT for 2020 and beyond, Sep. 2015.

[2] RP-213589. New WI: In-Device Co-existence (IDC) enhancements for NR and MR-DC, Xiaomi . RAN♯94-e, December 6-17, 2021.

[3] RP-213568. New WID: Enhancements of NR Multicast and Broadcast Services, CATT . RAN♯94-e, December 6-17, 2021.

[4] RP-213583. New WI: Mobile Terminated-Small Data Transmission (MT-SDT) for NR, ZTE Corporation . RAN♯94-e, December 6-17, 2021.

[5] RP-213588, New WI: Study on expanded and improved NR positioning, Intel, RAN♯ 94-e, December 6-17, 2021.

[6] SP-211646. Study on XR (Extended Reality) and media services. 3GPP SA♯94e, e-meeting, 14th-20th December 2021.

[7] SP-211649. Study on enhancement of 5G UE Policy. 3GPP SA♯94e, e-meeting, 14th-20th December 2021.

[8] SP-211653. Study on Proximity-based Services in 5GS Phase 2. 3GPP SA♯94e, e-meeting, 14th-20th December 2021.

[9] SP-211643. Study on Personal IoT Networks. 3GPP SA♯94e, e-meeting, 14th-20th December 2021.

[10] SP-220073. Study on Enhancement of Network Slicing Phase 3. 3GPP SA♯95e, e-meeting, 15th-24th March 2022.

[11] SP-211633. Study on Extensions to the TSC Framework to support DetNet. 3GPP SA♯94e, e-meeting, 14th-20th December 2021.

[12] SP-211634. Study on 5G Timing Resiliency and TSC & URLLC enhancements. 3GPP SA♯94e, e-meeting, 14th-20th December 2021.

[13] SP-211656. Study on enhanced support of Non-Public Networks Phase 2. 3GPP SA ♯94e, e-meeting, 14th-20th December 2021.

[14] SP-220352. Study on Stage 2 of Edge Computing phase 2. 3GPP SA♯95e, e-meeting, 15th-24th March 2022.

[15] SP-211648. New SID on 5G System Support for AI/ML-based Services. 3GPP SA ♯94e, e-meeting, 14th-20th December 2021.

[16] SP-211650. Study on Enablers for Network Automation for 5G-Phase 3. 3GPP SA ♯94e, e-meeting, 14th-20th December 2021.

[17] SP-211651. Study on satellite access Phase 2. 3GPP SA♯94e, e-meeting, 14th-20th December 2021.

[18] SP-211612. Study on Access Traffic Steering, Switching and Splitting support in the 5G system architecture; Phase 3. 3GPP SA♯94e, e-meeting, 14th-20th

December 2021.

[19] SP-220072. Architectural enhancements for 5G multicast-broadcast services Phase 2. 3GPP SA♯95e,e-meeting,15th-24th March 2022.

[20] S2-210218. 5G capabilities exposure for factories of the future. 3GPP SA WG2 ♯ S2-144e,e-meeting,12th-16th April 2021.

[21] SP-211639. Study on 5G System with Satellite Backhaul. 3GPP SA ♯ 94e, e-meeting ,14th-20th December 2021.

[22] SP-211652. Study on UPF enhancement for Exposure and SBA. 3GPP SA♯94e, e-meeting ,14th-20th December 2021.

[23] SP-211642. Study on 5G AM Policy. 3GPP SA♯94e,e-meeting,14th-20th December 2021.

[24] TS 23.501. System architecture for the 5G System (5GS).

[25] TS 23.316. Wireless and wireline convergence access support for the 5G System (5GS).

[26] SP-211594. Study on System Enabler for Service Function. 3GPP SA ♯ 94e, e-meeting ,14th-20th December 2021.

[27] SP-211648. New SID on 5G System Support for AI/ML-based Services. 3GPP SA ♯94e,e-meeting,14th-20th December 2021.

[28] SP-211643. Study on Personal IoT Networks. 3GPP SA♯94e,e-meeting,14th-20th December 2021.

[29] SP-211656. Study on enhanced support of Non-Public Networks Phase 2. 3GPP SA ♯94e,e-meeting,14th-20th December 2021.

[30] SP-211650. Study onEnablers for Network Automation for 5G-Phase 3. 3GPP SA ♯94e,e-meeting,14th-20th December 2021.

[31] SP-211632. Study on Phase 2 of UAS,UAV and UAM. 3GPP SA♯94e,e-meeting, 14th-20th December 2021.

[32] SP-220069. Study on Enhancement to the 5GC LoCation Services-Phase 3. 3GPP SA♯95e,e-meeting,15th-24th March 2022.

[33] SP-220074. Study on RedCap Phase 2. 3GPP SA ♯ 95e, e-meeting, 15th-24th March 2022.

[34] SP-220288. Study on system architecture for next generation real time communication services. 3GPP SA♯95e,e-meeting,15th-24th March 2022.

[35] SP-211636. Study on Architecture Enhancements for Vehicle Mounted Relays. 3GPP SA♯94e,e-meeting,14th-20th December 2021.

[36] SP-211654. Study on Seamless UE context recovery. 3GPP SA♯94e,e-meeting, 14th-20th December 2021.

[37] SP-211647. Study on Ranging based services and sidelink positioning. 3GPP SA♯ 94e,e-meeting,14th-20th December 2021.

[38] SP-211595. Stage 2 of MPS_WLAN. 3GPP SA♯94e,e-meeting,14th-20th December 2021.

缩　略　语

2D	2 Dimension	2 维
3GPP	3rd Generation Partnership Project	第三代合作伙伴计划
5G-ACIA	5G Alliance for Connected Industries and Automation	5G 互联工业和自动化联盟
5G-AN	5G Access Network	5G 接入网
5GC	5G Core Network	5G 核心网
5G-GUTI	5G Globally Unique Temporary Identifier	5G 全球唯一临时标识
5GS	5G System	5G 系统
5G-S-TMSI	5G S-Temporary Mobile Subscription Identifier	5G 短格式临时移动签约标识
5QI	5G QoS Identifier	5G 业务质量标识
5WWC	Wireless and Wireline Convergence for the 5G system architecture	固定移动融合的 5G 系统架构
AA	Antenna Array	天线阵列
AAA	Authentication Authorization Accounting	认证授权计费
AAS	Active Antenna System	有源天线系统
AAU	Active Antenna Unit	有源天线单元
ACK	Acknowledgement	确认
ACLR	Adjacent Channel Leakage Ratio	邻道泄露比
ACS	Adjacent Channel Selectivity	邻道选择性
A-CSI	Aperiodic Channel State Information	非周期信道状态信息
ADC	Analogue-to-Digital Converter	模拟-数字转换器
AF	Application Function	应用功能

AGC	Automatic Gain Control	自动增益控制
AL	Aggregation Level	聚合等级
AMBER	Aggregate Maximum Bit Rate	最大比特聚合率
AMC	Adaptive Modulation and Coding	自适应调制编码
AMF	Access and Mobility Management Function	接入与移动管理功能
A-MPR	Additional Maximum Power Reduction	附加最大功率回退
AMPS	American Mobile Phone System	美国移动电话系统
AN	Access Network	接入网
ANR	Automatic Neighbour Relation	自动邻区关系
AOA	Azimuth of Arrival	水平到达角
AOD	Azimuth of Departure	水平发射角
AP CSI-RS	Aperiodic CSI-RS	非周期 CSI-RS
API	Application Programming Interface	应用程序编程接口
AR	Augmented Reality	增强现实
ARP	Allocation and Retention Priority	分配和保留优先级
AS	Access Stratum	接入层
AS	Angle Spread	角度扩展
ASA	Azimuth Spread of Arrival Angle	水平到达角角度扩展
ASD	Azimuth Spread of Departure Angle	水平发射角角度扩展
A-SRS	Aperiodic SRS	非周期 SRS
ATSSS	Access Traffic Steering，Switching and Splitting	接入传输的驱动、交换和拆分
AWGN	Additive White Gaussian Noise	高斯白噪声
BCCH	Broadcast Control Channel	广播控制信道
BCH	Broadcast Channel	广播信道
BCS	Bandwidth Combination Set	带宽组合集
BD	Blind Decoding	盲检
BER	Bit Error Ratio	误比特率
BFD	Beam Failure Detection	波束失效检测

BFR	Beam Failure Recovery	波束失败恢复
BFRQ	Beam Failure Recovery Request	波束失败恢复请求
BFRR	Beam Failure Recovery Response	波束失败恢复响应
BI	Backoff Indicator	回退指示
BLER	Block Error Ratio	误块率
BM	Beam Management	波束管理
BPSK	Binary Phase-Shift Keying	二进制相移键控
BS	Base Station	基站
BSD	Bucket Size Duration	令牌桶深
BSR	Buffer Status Report	缓存状态报告
BW	Band Width	带宽
BWP	Band Width Part	带宽部分
CA	Carrier Aggregation	载波聚合
CAPIF	Common API Framework	通用 API 框架
CB	Code Block	码块
CB	CodeBook	码本
CBC	Cell Broadcast Centre	小区广播中心
CBG	Code Block Group	码块组
CBM	Common Beam Management	共同波束管理
CBR	Channel Busy Ratio	信道占用率
CBRA	Contention Based Random Access	竞争随机接入
CBSR	Code Book Subset Restriction	码本子集限制
CBW	Channel Band Width	信道带宽
CC	Component Carrier	成员载波
CCCH	Common Control Channel	公共控制信道
CCE	Control Channel Element	控制信道单元
CCSA	China Communications Standards Association	中国通信标准化协会
C-DAI	Counter DAI	计数 DAI
CDD	Cyclic Delay Diversity	循环时延分集

CDF	Cumulative Distribution Function	累积分布函数
CDL	Clustered Delay Line	簇延时线
CDM	Code Division Multiplexing	码分复用
CDMA	Code Division Multiple Access	码分多址
C-DRX	Connected mode DRX	连接态 DRX
CD-SSB	Cell Defining SSB	小区定义 SSB
CE	Coverage Enhancement	覆盖增强
CE	Control Element	控制单元
CFFDNF	Combined Far-Field Direct Near-Field	联合远场/直接近场
CFFNF	Combined Far-Field Near-Field	联合远场/近场
CFRA	Contention Free Random Access	非竞争随机接入
CG	Configured Grant	可配置授权
CGI	Cell Global Identifier	全球小区标识
CHF	Charging Function	计费功能
CHO	Conditional Handover	条件切换
CI	Cancelation Indication	取消指示
C-JT	Coherent Joint Transmission	相干联合传输
CMAS	Commercial Mobile Telephone Alerts	商业移动警报服务
CM-IDLE	Connection Management IDLE	连接管理 IDLE
CMR	Channel Measurement Resource	信道测量资源
CN	Core Network	核心网
CoMP	Coordinated Multiple Points	协作多点传输
CORESET	Control Resource Set	控制资源集合
CoSdG	Cooperative Short Distance Grouping	协同短距离组
CP	Cyclic Prefix	循环前缀
CP	Control Plane	控制平面
CPA	Cross-Polarized Array	交叉极化阵列
CPE	Common Phase Error	共相位误差
CPE	Customer Premise Equipment	用户前置设备

CP-OFDM	Cyclic Prefix OFDM	循环前缀 OFDM
CPS	Contiguous Partial Sensing	连续的部分监听
CQI	Channel Quality Indicator	信道质量指示
CRB	Common Resource Block	公共资源块
CRC	Cyclic Redundancy Check	循环冗余校验
CRI	CSI-RS Resource Indicator	CSI-RS 资源指示
C-RNTI	Cell Radio Network Temporary Identifier	小区无线网络临时标识
CRS	Cell-specific Reference Signal	小区公共参考信号
CRT	Contention Resolution Timer	竞争解决定时器
CS	Cyclic Shift	循环移位
CSG	Closed Subscriber Group	闭合用户组
CSI	Channel State Information	信道状态信息
CSI-IM	CSI Interference Measurement	CSI 干扰测量资源
CSI-RS	Channel State Information-Reference Signal	信道状态信息参考信号
CSI-RSRP	Channel State Information based Reference Signal Received Power	基于信道状态信息的接收信号强度
CSI-RSRQ	Channel State Information based Reference Signal Received Quality	基于信道状态信息的接收信号质量
CSS	Common Search Space	公共搜索空间
CTIA	Cellular Telecommunication and Internet Association	蜂窝通信和互联网协会
CU	Centralized Unit	集中单元
CW	Continuous Wave	连续波
DAC	Digital-to-Analogue Converter	数字-模拟转换器
DAI	Downlink Assignment Index	下行分配索引
DC	Dual Connectivity	双连接
DCCP	Datagram Congestion Control Protocol	数据包拥塞控制协议
DCI	Downlink Control Information	下行控制信息
DFI	Downlink Feedback Information	下行反馈信息

DFT	Discrete Fourier Transform	离散傅里叶变换
DFT-s-OFDM	Discrete Fourier Transform-Spread-Orthogonal Frequency Division Multiplexing	基于离散傅里叶变换的扩频正交频分复用
DL	Downlink	下行
DL Grant	Downlink Grant	下行调度许可
DL PRS	Downlink Positioning Reference Signal	下行定位参考信号
DL-AoD	Downlink Angle-of-Departure	下行离开角
DL-TDOA	Downlink Time Difference of Arrival	下行到达时差
DML	Data Mode Landscape	数据模式水平倾斜姿态
DMP	Data Mode Portrait	数据模式垂直倾斜姿态
DM-RS	DeModulation-Reference Signal	解调参考信号
DMSU	Data Mode Screen Up	数据模式水平姿态
DN	Data Network	数据网络
DNF	Direct Near-Field	直接近场
DNN	Data Network Name	数据网络名称
DNN	Data Network Name	数据网络名称
DNS	Domain Name System	域名系统
DOA	Direction-of-Arrival	到达方向
DPB	Dynamic Point Blanking	动态传输点静默
DPS	Dynamic Point Switching	动态传输点切换
DRB	Data Radio Bearer	数据无线承载
DRX	Discontinuous Reception	非连续接收
DS	Delay Spread	时延扩展
DSCP	Differentiated Services Code Point	差分服务代码点
DTX	Discontinuous Transmission	不连续发送
DU	Distributed Unit	分布式单元
E1AP	E1 Application Protocol	E1 接口应用协议
EAS	Edge Application Server	边缘应用服务器

EASDF	Edge Application Server Discovery Function	边缘应用服务器 EAS 发现功能
EBB	Eigenvector-Based Beamforming	基于特征向量的波束赋形
E-CID	Enhanced Cell-ID	增强小区标识
E-DRX	Extended DRX	扩展非连续接收
eFD-MIMO	enhanced Full-Dimension MIMO	增强的全维度 MIMO
EHE	Edge Hosting Environment	边缘承载环境
eICIC	enhanced Inter-cell Interference Coordination	增强型小区间干扰协调技术
EIRP	Effective Isotropic Radiated Power	等效全向辐射功率
EIS	Equivalent Isotropic Sensitivity	等效全向灵敏度
EMBB	Enhanced Mobile Broadband	增强移动宽带
EMC	Electro Magnetic Compatibility	电磁兼容
eNB	evolved Node B	演进 B 节点
EN-DC	E-UTRA-NR Dual Connectivity	LTE 和 NR 的双连接
EOA	Elevation of Arrival	到达仰角
EOD	Elevation of Departure	离开仰角
EPC	Evolved Packet Core	演进型分组核心网
EPDCCH	Enhanced PDCCH	增强 PDCCH
ePDG	enhanced Packet Data Gateway	增强的分组数据网关
EPRE	Energy Per Resource Element	每资源单元发送能量
EPS	Evolved Packet System	演进型分组系统
ET PA	Envelope Track PA	包络跟踪功率放大器
ETWS	Earthquake & Tsunami Warning System	地震和海啸预警系统
E-UTRA	Evolved UTRA	增强 UTRA
E-UTRAN	Evolved UTRAN	演进的 UTRAN
EVD	Eigen Value Decomposition	特征值分解
EVM	Error Vector Magnitude	矢量误差幅度
EVM	Evaluation Methodology	评估方法
F1AP	F1 Application Protocol	F1 接口应用协议

FAR	Forwarding Action Rule	转发规则
FBRM	Full Buffer Rate Matching	满缓存速率匹配
FCC	Federal Communications Commission	美国联邦通信委员会
FDD	Frequency Division Duplex	频分双工
FDM	Frequency Division Multiplexing	频分复用
FD-MIMO	Full-Dimension MIMO	全维度 MIMO
FDRA	Frequency Domain Resource Allocation	频域资源分配
FEC	Forward Error Correction	前向纠错
FFT	Fast Fourier Transform	快速傅里叶变换
FH	Frequency Hopping	跳频
FI	Flushing out Information	清空信息
FQDN	Fully Qualified Domain Name	完全限定域名
FR	Frequency Range	频率范围
FRC	Fixed Reference Channel	固定参考信道
FRIV	Frequency Reservation Indication Value	频域预留资源指示
FTP	File Transfer Protocol	文件传输协议
GAD	General Area Description	一般区域描述
GBR	Guaranteed Bit Rate	保障比特率
GC PDCCH	Group Common PDCCH	组播 PDCCH
GCS	Global Coordinate System	全局坐标系
GEO	Geostationary Orbit	地球静止轨道
GF	Grant-Free	免调度
GMLC	Gateway Mobile Location Centre	网关移动定位中心
gNB	next Generation Node B	下一代 B 节点
GNSS	Global Navigation Satellite System	全球导航卫星系统
GPS	Global Positioning System	全球定位系统
GPSI	Generic Public Subscription Identifier	通用公共用户标识符
GST	Generic Network Slice Template	通用网络切片模板
GT	Guard Time	保护时间

GTP	GPRS Tunnelling Protocol	GPRS 隧道协议
GUAMI	Globally Unique AMF Identifier	全球唯一 AMF 标识
HARQ	Hybrid Automatic Repeat Request	混合自动重传请求
HARQ-ACK	Hybrid Automatic Repeat request-ACKnowledgement	混合自动重传请求确认
HD-FDD	Half Duplex-Frequency Division Duplex	半双工-频分双工
HEO	Highly Eccentric Orbit	高椭圆轨道
HFN	Hyper Frame Number	超帧号
HGMLC	Home GMLC	归属地 GMLC
HMTC	High Performance Machine Type Communications	高性能机器类通信
HO	Handover	切换
HPLMN	Home PLMN	归属地 PLMN
HR	Home Routed（roaming）	归属地路由
HST-SFN	High Speed Train-Single Frequency Network	高速列车-单频网络
HTTP	HyperText Transfer Protocol	超文本传输协定
IBM	Independent Beam Management	独立波束管理
IC	In Coverage	网络覆盖内
ICI	Inter-Carrier Interference	子载波间干扰
ICNIRP	Non-Ionizing Radiation Protection	非电离辐射防护
ICS	In-Channel Selectivity	信道内选择性
ID	Identification	标识
IE	Information Element	信息元素
IFFT	Inverse Fast Fourier Transform	逆快速傅里叶变换
IFRI	Intra Frequency Reselection Indication	同频重选标识
IIoT	Industry Internet of Things	工业物联网
IM	Implement Margin	实现余量
IMEI	International Mobile Equipment Identity	国际移动设备识别码
IMS	IP Multimedia Subsystem	IP 多媒体子系统

IMSI	International Mobile Subscriber Identity	国际移动用户识别码
IMT-2020	International Mobile Telecommunication-2020	国际移动通信-2020
IRC	Interference Rejection Combining	干扰抑制合并
I-RNTI	Inactive RNTI	非激活态 RNTI
IS	In-Sync	同步
ISL	Inter Satellite Link	卫星间链路
ITU	International Telecommunication Union	国际电信联盟
JT	Joint Transmission	联合传输
KPI	Key Performance Indicator	关键绩效指标
L1	Layer 1	层 1
L1-RSRP	Layer 1 RSRP	层 1 参考信号接收功率
L1-SINR	L1 Signal-to-Interference plus Noise Ratio	层 1 信干噪比
L2	Layer 2	层 2
L3	Layer 3	层 3
LBO	Local Break Out (roaming)	本地疏导
LBRM	Limited Buffer Rate Matching	受限缓存速率匹配
LCG	Logical Channel Group	逻辑信道组
LCID	Logical Channel IDentification	逻辑信道标识
LCP	Logical Channel Prioritization	逻辑信道优先级
LCS	Local Coordinate System	局部坐标
LCS	LoCation Services	位置服务
LDPC	Low Density Parity Check	低密度奇偶校验码
LEO	Low Earth Obrit	近地轨道
LI	Layer Indicator	层指示
LMF	Location Management Function	位置管理功能
LMMSE	Linear Minimum Mean Squared Error	线性 MMSE
LO	Local Oscillator	本振
LoA	Level of Automation	自动化等级
LOS	Line-Of-Sight	直视径

LPI	Location Privacy Indicator	位置隐私指示
LPP	LTE Positioning Protocol	LTE 定位协议
LPWA	Low Power Wide Area	低功率广域
LRF	Location Retrieval Function	位置检索功能
LS	Least Square	最小二乘
LSB	Least Significant Bit	最低比特位
LTE	Long-Term Evolution	长期演进
LTE-Advanced	LTE-Advanced	先进 LTE
MA PDU	Multi-Access Protocol Data Unit	多接入协议数据单元
MAC	Medium Access Control	媒体接入控制
MAC-CE	MAC-Control Element	媒体接入控制-控制单元
MASC	MIMO Average Spherical Coverage	多输出多输入平均球面覆盖
MBMS	Multimedia Broadcast and Multicast Service	多媒体广播多播业务
MBR	Maximum Bit Rate	最大比特速率
MBSFN	Multimedia Broadcast multicast service Single Frequency Network	多媒体广播多播服务单频网络
MCC	Mobile Country Code	移动国家代码
MCG	Master Cell Group	主小区集合
MCS	Mission Critical Service	关键业务
MCS	Modulation and Coding Scheme	调制和编码方案
M-DCI	Multiple DCI	多 DCI
MEO	Medium Earth Orbit	中地球轨道
MG	Measurement Gap	测量间隙
MGL	Measurement Gap Length	测量间隙长度
MGRP	Measurement Gap Repetition Period	测量间隙重复周期
MIB	Master Information Block	主信息块
MIMO	Multiple Input Multiple Output	多输入多输出
MIoT	Massive Internet of Things	海量物联网

ML	Maximum Likelihood	最大似然
MME	Mobility Management Entity	移动管理实体
MMSE	Minimum Mean Squared Error	最小均方误差
MMTC	Massive MTC	大规模机器通信
MMTEL	MultiMediaTelephony	多媒体电话
MN	Master Node	主节点
MNC	Mobile Network Code	移动网络代码
MO	Monitoring Occasion	监听机会
MOCN	Multi-Operator Core Network	多运营商共享核心网
MO-LR	Mobile Originated Location Request	终端始发定位请求
MPAC	Multi-Probe Anechoic Chamber	多探头暗室
MPE	Maximum Permissible Exposure	最大允许暴露量
MPR	Maximum Power Reduction	最大功率回退
MPS	Multimedia Priority Service	多媒体优先级服务
MP-UE	Multiple Panel User Equipment	多面板用户设备
MRC	Maximum Ratio Combining	最大比合并
MR-DC	Multi-Radio Dual Connectivity	多空口双连接
MRT	Maximum Ratio Transmission	最大比发送
MSB	Most Significant Bit	最高比特位
MSD	Maximum Sensitivity Degradation	最大减敏
Msg.	Message	消息
MSIN	Mobile Station Identification Number	移动用户识别号码
MTC	Machine Type Communication	机器间通信
MT-LR	Mobile Terminated Location Request	终端终止定位请求
Multi-RTT	Multi-Round Trip Time	多小区往返行程时间
Multi-TRP	Multiple TRP	多 TRP
MU-MIMO	Multi-User MIMO	多用户 MIMO
N3IWF	Non-3GPP InterWorking Function	非 3GPP 网络互通功能

N5CW	Non-5G-Capable over WLAN	通过 WLAN 接入没有 5G 能力
NACK	Negative ACKnowledgement	否定性应答
NAS	Non-Access Stratum	非接入层
NBI	New Beam Identification	新波束标识
NB-IoT	Narrow-Band Internet of Things	窄带物联网
NCD-SSB	Non Cell Defining SS/PBCH block	非小区定义 SSB
NCGI	NR Cell Global Identifier	NR 小区全球标识
NC-JT	Non-Coherent Joint Transmission	非相干联合传输
NDI	New Data Indicator	新数据指示
NE-DC	NR-E-UTRA Dual Connectivity	NR 和 E-UTRA 的双连接
NEF	Network Exposure Function	网络开放功能
NF	Network Function	网络功能
NFV	Network Function Virtualization	网络功能虚拟化
NGAP	NG Application Protocol	NG 接口应用协议
NGEN-DC	NG-RAN E-UTRA-NR Dual Connectivity	NG-RAN 和 E-UTRA-NR 的双连接
NG-RAN	Next Generation-Radio Access Network	下一代无线接入网络
NGSO	Non-GeoStationary Orbit	非对地静止轨道
NH	Next Hop parameter	下一跳参数
NI-LR	Network Induce Location Request	网络触发定位请求
NLOS	Non Line Of Sight	非直视径
NMT	Nippon Mobile Telegraph & Telephone	电报电话系统
Non-GBR	Non-Guaranteed Bit Rate	非保障比特率
NPN	Non-Public Network	非公共网络
NR	New Radio	新空口
NRF	Network Repository Function	网络仓储功能
NR-NR DC	NR-NR Dual Connectivity	NR 和 NR 的双连接
NRPPa	NR Positioning Protocol A	NR 定位协议 A

NSAC	Network Slice Admission Control	网络切片接纳控制
NSAG	Network Slice AS Group	网络切片接入层分组
NSCI	New Security Context Indicator	新安全上下文标识
NSSAA	Network Slice Specific Authentication and Authorization	网络切片特定认证和授权
NSSAI	Network Slice Selection Assistance Information	网络切片选择辅助信息
NSSF	Network Slice Selection Function	网络切片选择功能
NSSP	Network Slice Selection Policy	网络切片选择策略
NSSRG	Network Slice Simultaneous Registration Group	网络切片同时注册组
NTN	Non-Terrestrial Networks	非地面网络
NUL	Normal Uplink	普通上行链路
NWDAF	Network Data Analytics Function	网络数据分析功能
NZP CSI-RS	Non-Zero Power CSI-RS	非零功率信道状态信息参考信号
OAM	Operations And Maintenance	运行维护
OCC	Orthogonal Cover Code	正交覆盖码
OFDM	Orthogonal Frequency Division Multiplexing	正交频分复用
OFDMA	Orthogonal Frequency Division Multiple Access	正交频分多址接入
OOB	Out-of-band	带外
OOC	Out Of Coverage	覆盖范围外
OOS	Out-Of-Sync	失步
OSDD	OTA Sensitivity Direction Declarations	空口灵敏度方向声明
OSI	Other System Information	其他系统信息
OTA	Over The Air	空口
O-to-I	Outdoor-to-Indoor	室外覆盖室内
P2P	Peer to Peer	点对点协议
PA	Power Amplifier	功率放大器

PAPR	Peak-to-Average Power Ratio	峰值平均功率比
PBCH	Physical Broadcast Channel	物理广播信道
PBPS	Periodic-Based Partial Sensing	基于周期的部分监听
PBR	Prioritized Bit Rate	优先比特速率
PC	Precoder Cycling	预编码矩阵轮询
PC	Power Class	功率等级
PCB	Printed Circuit Board	印制电路板
PCC	Primary Component Carrier	主成员载波
PCell	Primary Cell	主小区
PCF	Policy Control Function	策略控制功能
PCI	Physical Cell Identity	物理小区标识
PCO	Protocol Configuration Option	协议配置单元
PCS	Proximity Communication Service	近距离通信业务
P-CSI	Periodic CSI	周期 CSI
PD	Power Density	功率密度
PDB	Packet Delay Budget	包时延预算
PDCCH	Physical Downlink Control Channel	物理下行控制信道
PDCP	Packet Data Convergence Protocol	分组数据汇聚协议
PDN	Public Data Network	公共数据网络
PDSCH	Physical Downlink Shared Channel	物理下行共享信道
PDU	Protocol Data Unit	协议数据单元
PEI	Permanent Equipment Identifier	永久设备标识符
PEI	Paging Early Indication	寻呼提前指示
PEI-O	Paging Early Indication Occasion	寻呼提前指示时机
PER	Packet Error Rate	误包率
PF	PFS Factor	部分频带探测系数
PF	Paging Frame	寻呼帧
PFS	Partial Frequency Sounding	部分频带探测

PGW-C	Packet Data Network Gateway Control Plane Function	PDN 网关控制面功能
PHR	Power Headroom Report	功率余量报告
PI	Preemption Indication	抢占指示
PIN	Personal IoT Network	个人物联网网络
PINE	Personal IoT Network Element	个人物联网网元
PLL	Phase Locked Loop	锁相环
PLMN	Public Land Mobile Network	公共陆地移动网络
PL-RS	Pathloss Reference Signal	路损参考信号
PMI	Precoding Matrix Indicator	预编码矩阵标识
P-MPR	Power Management Maximum Power Reduction	功率管理最大功率回退
PN	Phase Noise	相位噪声
PN	Pseudo-random Noise	伪随机噪声
PO	Paging Occasion	寻呼时机
PO	PDCCH monitoring occasion	PDCCH 监听机会
PRACH	Physical Random Access CHannel	物理随机接入信道
PRB	Physical Resource Block	物理资源块
PRG	Precoding Resource block Group	预编码资源块组
PRI	PUCCH resource indicator	PUCCH 资源指示
P-RNTI	Paging RNTI	寻呼 RNTI
ProSe	Proximity Service	邻近业务
PRS	Positioning Reference Signals	定位参考信号
PSA	PDU Session Anchor	PDU 会话锚点
PSCCH	Physical Sidelink Control Channel	物理直连控制信道
PSCell	Primary SCG Cell	主辅小区
PSD	Power Spectral Density	功率谱密度
PSFCH	Physical Sidelink Feedback Channel	物理直连反馈信道
PSM	Power Saving Mode	省电模式

PSS	Paging Search Space	寻呼搜索空间
PSS	Primary Synchronization Signal	主同步信号
PSSCH	Physical Sidelink Shared Channel	物理直连共享信道
PTAG	Primary Timing Advance Group	主定时提前量组
PTRS	Phase Tracking Reference Signals	相位追踪参考信号
PTT	Push To Talk	一键通对讲业务
PTW	Paging Transmission Window	寻呼发送窗口
PUCCH	Physical Uplink Control Channel	物理上行控制信道
PUSCH	Physical Uplink Shared Channel	物理上行共享信道
PWS	Public Warning System	公共告警系统
QAM	Quadrature Amplitude Modulation	正交幅度调制
QCL	Quasi Co-Location	准共站址
QFI	QoS Flow ID	QoS 流标识
QoE	Quality of Experience	体验质量
QoS	Quality of Service	服务质量
QPSK	Quadrature Phase-Shift Keying	四进制相移键控
QUIC	Quick UDP Internet Connection	快速 UDP 互联网连接
R15	Release 15	公开发布版本 15
R16	Release 16	公开发布版本 16
R17	Release 17	公开发布版本 17
R18	Release 18	公开发布版本 18
RA	Registration Area	注册区域
RA	Resource Allocation	资源分配
RA	Random Access	随机接入
RACH	Random Access Channel	随机接入信道
RAN	Radio Access Network	无线接入网
RAPID	Random Access Preamble IDentity	随机接入前导标识
RAR	Random Access Response	随机接入响应
RA-RNTI	Random Access RNTI	随机接入 RNTI

RAT	Radio Access Technology	无线接入技术
RB	Resource Block	资源块
RBG	Resource Block Group	资源块组
RDN	Radio Distribution Network	射频分配网络
RDR	Reference DL Region	参考下行区域
RE	Resource Element	资源单元
RedCap	Reduced Capability	能力简化
REFSENS	Reference Sensitivity	参考灵敏度
REG	Resource Element Group	资源单元组
RF	Radio Frequency	射频
RFSP	RAT/Frequency Selection Priority	接入/频率选择优先级
RI	Rank Indicator	秩指示
RIB	Radiated Interface Boundary	辐射接口界面
RIV	Resource Indication Value	资源指示值
RLC	Radio Link Control	无线链路控制
RLF	Radio Link Failure	无线链路失败
RLM	Radio Link Monitoring	无线链路监测
RLM-RS	RLM-Reference Signal	RLM 参考信号
RMa	Rural Macro	乡村宏小区
RMR	Rate Matching Resource	速率匹配资源
RMS	Root Mean Square	均方根
RMSI	Remaining Minimum System Information	剩余最小系统信息
RNA	RAN Notification Area	接入网通知区域
RNAU	RAN-based Notification Area Update	接入网通知区域更新
RNTI	Radio Network Temporary Identifier	无线网络临时标识
RO	RACH Occasion	随机接入时机
RoAoA	Range of Angles of Arrival	来波到达角范围
RPFS	RB-Level PFS	RB 级别的 PFS
RRC	Radio Resource Control	无线资源控制

RRM	Radio Resource Management	无线资源管理
RS	Reference Signal	参考信号
RS-EPRE	RS-Energy Per Resource Element	参考信号-每资源单元能量
RSRP	Reference Signal Received Power	参考信号接收功率
RSRPP	Reference Signal Received Path Power	参考信号接收路径功率
RSRQ	Reference Signal Received Quality	参考信号接收质量
RSSI	Received Signal Strength Indicator	接收信号强度指示
RSTD	Reference Signal Time Difference	参考信号时间差
RSU	Road Side Unit	路侧单元
RTD	Round Trip Delay	往返时延
RTT	Round Trip Time	往返时间
RV	Redundancy Version	冗余版本
RX	Receive/Reception/Receiver	接收/接收机
SA2	Service and Systems Aspects Work Group 2	服务和系统第二工作组
SAR	Specific Absorption Rate	比吸收率
SBA	Service-Based Architecture	基于服务架构
SCC	Secondary Component Carrier	辅成员载波
SCDD	Small-delay Cyclic Delay Diversity	小时延的循环时延发射分集
SCell	Secondary Cell	辅小区
SCG	Secondary Cell Group	辅小区组
SCI	Sidelink Control Information	直连控制信息
SCS	Subcarrier Spacing	子载波间隔
SCTP	Steam Control Transmission Protocol	流控制传输协议
SD	Slice Differentiator	切片区分标识
SD	Sidelink Discovery	直连发现
SDAP	Service Data Adaptation Protocol	业务数据适配协议
S-DCI	Single DCI	单 DCI
SDM	Spatial Division Multiplexing	空分复用
SDMA	Spatial Division Multiple Access	空分多址

SDN	Software Defined Network	软件定义网络
SDT	Small Data Transmission	小数据传输
SDU	Service Data Unit	服务数据单元
SEM	Spectrum Emission Mask	频谱辐射模板
SF	Shadow Fading	阴影衰落
SFBC	Space Frequency Block Coding	空频分组编码
SFC	Service Function Chain	业务功能链
SFI	Slot Format Indicator	时隙格式指示
SFN	Single Frequency Network	单频网络
SFN	System Frame Number	系统帧号
SGW	Serving Gate Way	服务网关
SI	System Information	系统信息
SI	Study Item	研究项目
SIB	System Information Block	系统信息块
SIB1	System Information Block Type 1	系统信息块 1
SIC	Serial Interference Cancellation	串行干扰消除
SINR	Signal-to-Interference plus Noise Ratio	信干噪比
SI-RNTI	System Information RNTI	系统信息 RNTI
SISO	Single Input Single Output	单输入单输出
SL	Sidelink	直连通信
SLA	Service Level Agreement	服务水平协议
SLIV	Start and length indicator value	起始和长度指示值
SMF	Session Management Function	会话管理功能
SMTC	SSB based RRM Measurement Timing Configuration	SSB RRM 测量定时配置
SN	Secondary Node	辅节点
SN	Sequence Number	序列号
SNPN	Stand-alone Non-Public Network	独立非公共网络
SNR	Signal-to-Noise Ratio	信噪比

S-NSSAI	Single Network Slice Selection Assistance Information	单个网络切片选择辅助信息
SOI	Slot Offset Indication	时隙偏置指示
SPCell	Special Cell	MCG 和 SCG 上的主小区
SP-CSI	Semi-Persistent CSI	半持续 CSI
SP-CSI-RS	Semi-Persistent CSI-RS	半持续 CSI-RS
SPS	Semi-Persistent Scheduling	半持续调度
SR	Scheduling Request	调度请求
SRAP	Sidelink Relay Adaptation Layer	直连中继适配协议层
SRB	Signaling Radio Bearer	信令无线承载
SRI	SRS Resource Indicator	SRS 资源指示
SRS	Sounding Reference Signal	探测参考信号
SS	Search Space	搜索空间
SS	Synchronization Signal	同步信号
SSB	Synchronization Signal/PBCH Block	同步块
SSB Burst	Synchronization Signal Burst	SSB 突发集
SSBRI	Synchronization Signal/PBCH Block Resource Indicator	同步块资源指示
SS-RSRP	Synchronization Signal based Reference Signal Received Power	基于 SSB 的接收信号强度
SS-RSRQ	Synchronization Signal based Reference Signal Received Quality	基于 SSB 的接收信号质量
SSS	Secondary Synchronization Signal	辅同步信号
S-SSB	Sidelink Synchronization Signal Block	直连同步信号资源块
SSSG	Search Space Set Group	搜索空间组
SS-SINR	Synchronization Signal based Signal to Noise and Interference Ratio	基于 SSB 的信干噪比
SST	Slice/Service Type	切片/业务类型
STAG	Secondary Timing Advance Group	辅定时提前量组
STBC	Spatial-Time Block Code	空时块码

S-TRP	Single TRP	单 TRP
SUL	Supplementary Uplink	补充上行链路
SU-MIMO	Single-User MIMO	单用户 MIMO
SUPI	Subscription Permanent Identifier	用户永久标识符
SVD	Singular Value Decomposition	奇异值分解
TA	Tracking Area	跟踪区域
TA	Timing Advance	定时提前
TAB	Transceiver Array Boundary	收发信机阵列边界
TAC	Tracking Area Code	跟踪区域码
TAC	Time Advance Command	定时提前量命令字
TACS	Total Access Communications System	全接入通信系统
TAE	Time Alignment Error	定时误差
TAI	Tracking Area Indicator	跟踪区域标识
TAT	Timing Advanced Timer	定时提前定时器
TAU	Tracking Area Update	跟踪区域更新
TB	Transport Block	传输块
TBS	Transport Block Size	传输块大小
TC9	the 9th Technical Committee	第九技术委员会
TCI	Transmission Configuration Indicator	传输配置指示
TCP	Transmission Control Protocol	传输控制协议
TC-RNTI	Temporary C-RNTI	临时的 C-RNTI
T-DAI	Total DAI	总数 DAI
TDD	Time Division Duplex	时分双工
TDM	Time Division Multiplexing	时分复用
TDMA	Time Division Multiple Access	时分多址
TDOA	Downlink Time Difference of Arrival	下行到达时间差
TD-OCC	Time Domain OCC	时域 OCC
TDRA	Time Domain Resource Allocation	时域资源分配

TD-SCDMA	Time Division-Synchronous Code Division Multiple Access	时分同步的码分多址
TEG	Timing Error Group	时间误差组
TEID	Tunnel Endpoint ID	隧道端点标识
TI	Transmission Indication	传输指示
TN	Terrestrial Network	陆地网络
TNGF	Trusted Non-3GPP Gateway Function	信任的非 3GPP 网关功能
TNL	Transport Network layer	传输网络层
TNLA	Transport Network Layer Association	传输网络层偶联
TO	Transmission Occasion	传输机会
TP	Transmission Point	传输点
TPC	Transmit Power Control	发射功率控制
TPC-PUCCH-RNTI	Transmit Power Control PUCCH RNTI	PUCCH 发射功率控制 RNTI
TPC-PUSCH-RNTI	Transmit Power Control PUSCH RNTI	PUSCH 发射功率控制 RNTI
TPC-RNTI	Transmit Power Control RNTI	发射功率控制 RNTI
TPMI	Transmit Pre-coding Matrix Indicator	发送预编码矩阵指示
TRIV	Time Reservation Indication Value	时域预留资源指示
TRMS	Total Radiated Multi-antenna Sensitivity	全辐射多天线灵敏度
TRP	Total Radiated Power	总辐射功率
TRP	Transmission-Reception Point	传输接收点
TRS	Total Radiated Sensitivity	总辐射灵敏度
TRS	Tracking Reference Signal	时间/频率跟踪 RS
TRX	Transceiver	收发信机
TRXUA	Transceiver unit array	收发信机单元阵列
TS	Technical Specification	技术规范
TSD	Power Spectrum Density	功率谱密度
TSN	Time Sensitive Network	时间敏感网络

TTI	Transmission Time Interval	传输时间间隔
TWIF	Trusted WLAN Interworking Function	可信 WLAN 接入网络功能
TX	Transmit/Transmission/Transmitter	发送/发射机
TXRU	Transceiver Unit	发送接收单元
U2N	UE-to-Network	UE 到网络
UAC	Unified Access Control	统一接入控制
UAI	UE Assistance Information	UE 辅助信息
UBF	UE Beamlock Function	终端波束锁定功能
UCI	Uplink Control Information	上行控制信息
UDM	Unified Data Management	统一数据管理
UDP	User Datagram Protocol	用户数据协议
UDR	Unified Data Repository	统一数据存储
UE	User Equipment	用户设备
UE-Slice-MBR	per UE per Slice-Maximum Bit Rate	UE 单个切片的最大比特率
UL	UpLink	上行
UL RTOA	Uplink Relative Time of Arrival	上行相对到达时间
UL SRS	Uplink Surrounding Reference Signal	上行环境探测参考信号
ULA	Uniform Linear Array	均匀平面阵
UL-AOA	Uplink Angle of Arrival	上行到达角
UL-SCH	Uplink Shared Channel	上行共享信道
UL-TDOA	Uplink Time Difference of Arrival	上行到达时差
UMa	Urban Macro	城区宏小区
UMi	Urban Micro	城区微小区
UP	User Plane	用户平面
UPF	User Plane Function	用户平面功能
URA	Uniform Rectangular Array	均匀矩形阵列
URLLC	Ultra-Reliable Low Latency Communication	超可靠低时延通信
URSP	UE Route Selection Policy	UE 路由选择策略

USIM	Universal Subscriber Identity Module	全球用户识别卡
USS	UE-specific Search Space	UE 专属搜索空间
UTC	Coordinated Universal Time	协调世界时
V2X	Vehicle to Everything	车联网
VGMLC	Visited GMLC	拜访地 GMLC
VN	Virtual Network	虚拟网络
VPLMN	Visted PLMN	访问地 PLMN
VR	Virtual Reality	虚拟现实
VRB	Virtual Resource Block	虚拟资源块
W-AGF	Wireline Access Gateway Function	无线接入网关功能
WCDMA	Wideband Code Division Multiple Access	宽带码分复用
WI	Work Item	标准制定阶段
WIMAX	World Interoperability for Microwave Access	全球微波接入互操作性
XnAP	Xn Application Protocol	Xn 接口应用协议
XPD	Cross Polarization Discrimination	交叉极化鉴别率
ZF	Zero Forcing	迫零
ZOA	Zenith of Arrival	垂直到达角
ZOD	Zenith of Departure	垂直发射角
ZP CSI-RS	Zero Power CSI-RS	零功率信道状态信息参考信号
ZSA	Zenith Spread of Arrival Angle	垂直到达角角度扩展
ZSD	Zenith Spread of Departure Angle	垂直发射角角度扩展